"十二五"普通高等教育本科国家级规划教材配套教材
国家卫生健康委员会"十四五"规划教材配套教材
全 国 高 等 学 校 配 套 教 材
供八年制及"5+3"一体化临床医学等专业用

第 **2** 版

系统解剖学
习题集

主 编 张晓明 崔慧先
副主编 孙晋浩 黄文华 李 莎 李 岩

人民卫生出版社
·北京·

图书在版编目（CIP）数据

系统解剖学习题集 / 张晓明，崔慧先主编 . -- 2 版 . 北京 ：人民卫生出版社，2025. 7. --（全国高等学校八年制及"5+3"一体化临床医学专业第四轮规划教材配套教材）. -- ISBN 978-7-117-38248-9

Ⅰ. G322-44

中国国家版本馆 CIP 数据核字第 2025W5T996 号

人卫智网	www.ipmph.com	医学教育、学术、考试、健康，购书智慧智能综合服务平台
人卫官网	www.pmph.com	人卫官方资讯发布平台

系统解剖学习题集
Xitong Jiepouxue Xitiji
第 2 版

主　　编：张晓明　崔慧先
出版发行：人民卫生出版社（中继线 010-59780011）
地　　址：北京市朝阳区潘家园南里 19 号
邮　　编：100021
E - mail：pmph @ pmph.com
购书热线：010-59787592　010-59787584　010-65264830
印　　刷：北京华联印刷有限公司
经　　销：新华书店
开　　本：787×1092　1/16　　印张：23
字　　数：589 千字
版　　次：2005 年 11 月第 1 版　　2025 年 7 月第 2 版
印　　次：2025 年 8 月第 1 次印刷
标准书号：ISBN 978-7-117-38248-9
定　　价：69.00 元

打击盗版举报电话：010-59787491　E-mail：WQ @ pmph.com
质量问题联系电话：010-59787234　E-mail：zhiliang @ pmph.com
数字融合服务电话：4001118166　E-mail：zengzhi @ pmph.com

编　委

（以姓氏笔画为序）

马　隽　河北医科大学

马　超　中国医学科学院北京协和医学院

申新华　中国医学科学院北京协和医学院

吕　捷　中国医科大学

刘　芳　海军军医大学

刘宝全　哈尔滨医科大学

孙晋浩　山东大学齐鲁医学院

严小新　中南大学湘雅医学院

李　华　四川大学华西基础医学与法医学院

李　岩　上海交通大学医学院

李　莎　河北医科大学

李云庆　空军军医大学

汪华侨　中山大学中山医学院

张　平　天津医科大学

张　静　山东大学齐鲁医学院

张红旗　复旦大学上海医学院

张晓明　浙江大学医学院

陆　利　山西医科大学

陈雪梅　郑州大学医学院

赵小贞　福建医科大学

钱亦华　西安交通大学医学部

高　艳　首都医科大学

黄文华　南方医科大学

崔慧先　河北医科大学

臧卫东　郑州大学医学院

廖燕宏　华中科技大学同济医学院

前　言

在努力推进健康中国建设的进程中，八年制及"5+3"一体化临床医学专业作为国际化、创新型医学人才培养的主渠道，其培养质量越来越受到重视。教材作为知识传授的重要载体，在人才培养中发挥着重要作用。

本次修订的第2版《系统解剖学习题集》是《系统解剖学》第4版的配套教材，注重对八年制及"5+3"一体化临床医学专业学生宽厚的基础知识、科学的思维能力和较强的创新精神的培养。解剖学是一门形态学学科，形态结构复杂，描述多、名词多、内容多，如仅是死记硬背，则如同嚼蜡，索然无味且事倍功半。本书拟帮助学生在学习了相关理论知识后，将习题中的问题作为抓手，以不同的形式和视角系统复习和自我检测，在学习中把握大纲要求，提炼归纳总结，提高分析问题、解决问题的能力，以期提高学习效果。

全书分九章，本次修订和前版相比，做了较大改动，每章除了习题以外，还以《系统解剖学》第4版和教学大纲为依据，同时参考临床执业医师资格考试大纲，梳理了每个章节的学习目的，系统总结学习要点，因此不仅可作为八年制及"5+3"一体化临床医学专业学生的配套教材，也可作为临床执业医师资格考试的参考书，并可供预防、口腔医学类等专业师生参考和使用。

复习思考题部分有选择题（分为A1、A2、A3、B1四种题型）、名词解释、问答题和病例讨论，各种题型均附参考答案。基于问题的学习（problem based learning，PBL）和基于案例的学习（case based learning，CBL）等需要大量的病例作为教学蓝本，本书的病例讨论部分可为教师引导和把握讨论提供素材，也可供学生自主学习和讨论，以拓宽学生的视野，加强医学思维，同时保证教材的创新性和人文性。病例讨论联系基础医学其他学科和临床医学的相关内容，学生在讨论病例前需要查阅相关的文献资料，归纳整理、分析和解释病例所涉及的问题。通过讨论，学生主动参与并形成良性互动，不仅能相互启发，而且能提高逻辑思维能力和表达能力，有利于学生把所学的知识融会贯通，提高自主学习、综合分析问题和解决问题的能力。

本书的编委来自全国21所高等医学院校长期从事人体解剖学教学和研究工作的26位专家、教授，他们在撰写过程中精益求精地推敲内容，认真仔细地互审纠错。但是由于水平和时间有限，疏漏之处在所难免，敬请各位同仁及使用本书的教师和学生不吝赐教，批评指正，以使本书不断提高，不断完善。

张晓明　崔慧先
2025 年 2 月

目　录

第一章

运 动 系 统

第一节 骨

学 习 指 导

(一) 学习目的

能分析说明：骨的形态、分类、构造和功能；椎骨的一般形态、各部椎骨的特征性结构；骶骨、胸骨的结构；肋骨、脊椎骨的序数；颈椎、腰椎、胸椎的区别与联系；脑颅骨与面颅骨的组成，各颅骨分布及其周边毗邻结构和交通；颅底内面、外面，颅的侧面、正面观；眶、鼻腔结构及鼻旁窦的毗邻和交通；肩胛骨、肱骨、桡骨、尺骨的形态和结构；髋骨的组成部分和骨性标志物；股骨、胫骨的形态与结构；新生儿颅的形态与特征；重要的骨性标志物及临床意义。

了解：骨的化学成分及物理特性；骨的发生与发育过程；上肢骨的分类与结构，锁骨、肩胛骨的形态和功能；腕骨、掌骨、指骨的形态与结构；下肢骨的分类与结构；髌骨的结构与功能；跗骨、跖骨的形态和结构。

(二) 学习要点

1. 总论

（1）骨的分类：长骨；短骨；扁骨；不规则骨。

（2）骨的表面形态：骨面突起；骨面凹陷；骨的空腔；骨端的膨大；其他特征。

（3）骨的构造：骨质；骨膜；骨髓；骨的血管、淋巴管和神经。

（4）骨质的化学成分和物理性质。

（5）骨的发生和发育：膜化骨；软骨化骨；全身各骨骨化特点。

（6）骨的生长、维持和重建。

2. 中轴骨骼

（1）躯干骨：椎骨的一般形态；各部椎骨的主要特征；胸骨；肋骨。

（2）颅：颅的整体观，脑颅骨的外形、组成、结构、骨性标志及位置关系；面颅骨；颅顶面；颅后面；颅内面；颅底外面；颅侧面；颅前面。

（3）新生儿颅的特征及生后变化：前囟；后囟。

3. 四肢骨

（1）上肢骨：自由上肢骨，自由上肢骨的组成、结构及骨性标志；上肢带骨，上肢带骨的组成、结构及骨性标志；上肢骨常见的变异和畸形。

（2）下肢骨：下肢带骨，下肢带骨的组成、结构及骨性标志；自由下肢骨；下肢骨常见的变异和畸形。

复习思考题

一、选择题

(一) A1 型题

1. 关于骨的叙述,正确的说法是
   A. 又称骨骼
   B. 由骨组织构成
   C. 构成人体的支架和外形
   D. 成人共有 206 块
   E. 分躯干骨和四肢骨两部分

2. 关于骨的构造,正确的说法是
   A. 由骨密质、骨松质和骨膜构成
   B. 由骨密质、骨松质和骨髓构成
   C. 由骨质、骨膜、骨髓、神经和血管构成
   D. 由骨密质、骨松质和黄骨髓构成
   E. 骨密质在骨骺处厚,在骨干处薄

3. 下列各骨中,属于典型长骨的是
   A. 胸骨　　　B. 肋骨　　　C. 锁骨　　　D. 距骨　　　E. 指骨

4. 骨的理化性质,正确的说法是
   A. 无机质形成骨的支架
   B. 有机质使骨具有弹性和韧性
   C. 壮年人骨的有机质约占 2/3
   D. 老年人骨的无机质约占 2/3
   E. 幼儿骨的有机质比例大于 2/3

5. 构成人体中轴的骨包括
   A. 椎骨、尾骨、骶骨
   B. 椎骨、肋骨、胸骨柄
   C. 椎骨、胸骨、12 对肋
   D. 胸骨、肋骨、肩胛骨
   E. 椎骨、颅骨、胸骨

6. 胸骨角两侧平对
   A. 第 5 肋
   B. 第 4 肋
   C. 第 3 肋
   D. 第 2 肋
   E. 第 1 肋

7. 关于肋骨的叙述,正确的说法是
   A. 属长骨
   B. 简称肋
   C. 后端与胸椎相关节
   D. 前端与胸骨相连
   E. 内面近上缘处有肋沟

8. 肋的组成为
   A. 真肋:1~7 肋,假肋:8~12 肋
   B. 真肋:1~5 肋,假肋:6~10 肋,浮肋:11、12 肋
   C. 真肋:1~8 肋,假肋:9~12 肋
   D. 真肋:1~7 肋,假肋:8~10 肋,浮肋:11、12 肋
   E. 真肋:1~10 肋,假肋:11、12 肋

9. 下列有关椎骨的叙述正确的是
   A. 颈椎棘突分叉
   B. 颈椎均有肋凹
   C. 第 12 胸椎无肋凹
   D. 第 6 颈椎棘突长
   E. 腰椎关节突关节面几乎呈矢状位

10. 关于骶骨的叙述,正确的是
    A. 由 5 块骶椎融合而成   B. 与第 4 腰椎相关节
    C. 借韧带与耻骨结节连结   D. 前面隆凸,后面凹陷
    E. 骶管由骶椎的椎间孔连接而成

11. 脊柱各部椎间盘的形态特点是
    A. 颈部最薄   B. 胸部最薄   C. 腰部前薄后厚
    D. 各部等厚   E. 各部前后等厚

12. 关于脊椎的生理弯曲,正确的说法是
    A. 颈曲后凸,胸曲前凸   B. 骶曲前凸,腰曲前凸   C. 颈曲前凸,胸曲前凸
    D. 颈曲前凸,胸曲后凸   E. 胸曲前凸,腰曲后凸

13. 上肢带骨为
    A. 肩胛骨和胸骨   B. 肩胛骨和肋骨   C. 肋骨和锁骨
    D. 胸骨和锁骨   E. 锁骨和肩胛骨

14. 尺骨下端的骨性结构为
    A. 尺骨粗隆、尺骨头和尺骨茎突   B. 桡切迹、尺骨粗隆和尺骨茎突
    C. 环状关节面、尺骨头和桡切迹   D. 尺骨粗隆、尺骨头和桡切迹
    E. 尺骨头、环状关节面和尺骨茎突

15. 近侧列腕骨有
    A. 手舟骨、月骨、三角骨、骰骨   B. 小多角骨、大多角骨、头状骨、距骨
    C. 手舟骨、月骨、三角骨、头状骨   D. 楔骨、钩骨、头状骨、大多角骨
    E. 手舟骨、月骨、三角骨、豌豆骨

16. 合成髋臼的骨是
    A. 髂、坐、耻三骨的体   B. 坐骨体、坐骨支和髂骨体
    C. 耻骨体、耻骨支和髂骨体   D. 髂骨翼、坐骨支和耻骨支
    E. 髂骨翼、耻骨体和坐骨体

17. 胫骨下端骨性结构有
    A. 内踝、腓切迹和距骨关节面   B. 外踝和腓切迹
    C. 腓关节面、腓切迹和外踝   D. 腓关节面和内踝
    E. 内踝、腓切迹和胫骨粗隆

18. 桡骨的主要骨性标志是
    A. 桡骨粗隆和桡骨茎突   B. 桡骨头和桡骨茎突   C. 桡骨粗隆和桡骨头
    D. 桡骨颈和桡骨粗隆   E. 桡骨头和尺切迹

19. 肩胛骨的主要骨性标志是
    A. 肩胛下角、肩胛冈和肩胛骨内侧角   B. 肩峰、喙突、冈上窝和肩胛切迹
    C. 肩胛骨内侧角、肩峰、肩胛下窝   D. 外侧角、内侧缘、冈下窝和肩峰
    E. 肩胛下角、肩胛冈、肩峰和喙突

20. 肱骨下端的主要骨性标志是
    A. 内上髁和外上髁   B. 肱骨小头和内上髁
    C. 肱骨滑车和外上髁   D. 尺神经沟和肱骨滑车
    E. 肱骨小头和尺神经沟

21. 关于肩胛骨的叙述,正确的说法是
    A. 位于胸廓的后内下份
    B. 前面由肩胛冈分成冈上窝和冈下窝
    C. 上缘的肩胛切迹与锁骨的肩峰端相关节
    D. 下角平对第 7 肋(或第 7 肋间隙)
    E. 上角平对第 3 肋

22. 两相邻椎骨的上、下切迹围成
    A. 椎孔   B. 椎管   C. 横突孔
    D. 椎间孔   E. 棘孔

23. 尺骨粗隆是
    A. 肱二头肌的止点   B. 喙肱肌的止点   C. 肱桡肌的起点
    D. 肱三头肌的止点   E. 肱肌的止点

24. 关于椎孔的叙述,正确的说法是
    A. 由椎体与椎弓根围成   B. 有脊神经通过   C. 由椎体与椎板围成
    D. 由椎体与椎弓围成   E. 由椎板与椎弓围成

25. 骶管是
    A. 骶前孔连接而成   B. 骶后孔连接而成   C. 骶椎椎孔连接而成
    D. 骶管裂孔连接而成   E. 骶前后孔连接而成

26. 关于锁骨的叙述,正确的说法是
    A. 与喙突相关节   B. 胸骨端扁平
    C. 借关节盘与胸骨体相关节   D. 肩峰端粗大
    E. 常见骨折在中、外 1/3 交点处

27. 关于肩胛骨的叙述,正确的说法是
    A. 喙突与肩胛冈相延续   B. 肩峰是肩胛冈向外侧的伸展和扩大
    C. 喙突向前内侧突出   D. 上角增厚形成关节盂
    E. 关节盂位于喙突的内侧

28. 关于肱骨的叙述,正确的说法是
    A. 内上髁前方有尺神经沟   B. 肱骨滑车位于下端外侧部
    C. 肱骨小头位于下端内侧部   D. 外上髁较小,在体表摸不到
    E. 肱骨大结节和内、外上髁都可在体表摸到

29. 关于尺骨的叙述,正确的说法是
    A. 鹰嘴突向前下方,伸肘时进入鹰嘴窝内
    B. 桡切迹位于冠突的外侧面
    C. 冠突突向后上方,屈肘时进入冠突窝内
    D. 伸肘时尺骨鹰嘴和肱骨内、外上髁呈等腰三角形
    E. 冠突后下方的粗糙隆起称尺骨粗隆

30. 关于桡骨和尺骨的叙述,正确的说法是
    A. 两骨的长度相等   B. 两骨均参与桡腕关节的构成
    C. 两骨在旋后时均旋转   D. 桡骨与肱骨滑车相关节
    E. 手着地时桡骨是前臂的主要传重或传力骨

31. 关于手骨的叙述,正确的说法是
    A. 由 7 块腕骨组成
    B. 各指均有 3 节长骨
    C. 钩骨与第 5 掌骨头构成关节
    D. 三角骨与尺骨相连结
    E. 包括腕骨、掌骨和指骨

32. 下列骨中属脑颅骨的是
    A. 颧骨　　B. 额骨　　C. 犁骨　　D. 腭骨　　E. 鼻骨

33. 下列骨中属面颅骨的是
    A. 额骨　　B. 筛骨　　C. 上颌骨　　D. 顶骨　　E. 颞骨

34. 冠状缝连接的骨是
    A. 额骨、顶骨和颞骨
    B. 额骨和顶骨
    C. 额骨和颞骨
    D. 顶骨、枕骨和蝶骨
    E. 两顶骨之间

35. 眼眶内侧壁的主要组成为
    A. 上颌骨、泪骨、筛骨和蝶骨体
    B. 鼻骨、泪骨、蝶骨小翼和筛骨
    C. 蝶骨大翼、额骨、颞骨和鼻骨
    D. 筛骨、额骨、蝶骨大翼和蝶骨小翼
    E. 泪骨、额骨、筛骨和蝶骨体

36. 具有鼻窦的骨是
    A. 额骨、蝶骨、颧骨、上颌骨
    B. 筛骨、上颌骨、下颌骨、蝶骨
    C. 颞骨、下颌骨、颧骨、上颌骨
    D. 上颌骨、蝶骨、额骨、筛骨
    E. 筛骨、蝶骨、额骨、枕骨

37. 参与颅前窝组成的骨为
    A. 额骨、顶骨、颞骨
    B. 筛骨、犁骨、蝶骨
    C. 筛骨、额骨、蝶骨
    D. 蝶骨、枕骨、颧骨
    E. 筛骨、顶骨、额骨

38. 参与颅中窝构成的骨为
    A. 蝶骨、颞骨
    B. 筛骨、蝶骨
    C. 颞骨、枕骨、犁骨
    D. 枕骨、颞骨、蝶骨
    E. 蝶骨、颞骨、筛骨

39. 参与颅后窝组成的骨为
    A. 颞骨和顶骨
    B. 枕骨和蝶骨
    C. 额骨和蝶骨
    D. 枕骨和颞骨
    E. 蝶骨和额骨

40. 蝶鞍包括
    A. 垂体窝和颈动脉沟
    B. 垂体窝和交叉前沟
    C. 垂体窝和斜坡
    D. 垂体窝和蝶窦
    E. 垂体窝和鞍背

41. 组成颧弓的是
    A. 颧骨颞突和上颌骨颧突
    B. 颞骨颧突和颧骨眶下突
    C. 颧骨颞突和颞骨颧突
    D. 上颌骨颧突和颞骨颧突
    E. 颧骨颞突和颧骨眶下突

42. 颅的顶面观可观察到
    A. 冠状缝、人字缝、上项线
    B. 冠状缝、矢状缝、枕鳞
    C. 冠状缝、矢状缝、人字缝
    D. 上项线、下项线、人字缝
    E. 上项线、颞线、矢状缝

43. 硬腭的组成为
    A. 两侧上颌骨腭突和腭骨水平板　　　　B. 上颌骨腭突和蝶骨翼突
    C. 腭骨水平板和筛板　　　　D. 两侧上颌骨腭突
    E. 两侧腭骨水平板
44. 骨性鼻中隔的构成为
    A. 鼻骨和筛骨　　　B. 犁骨和筛骨垂直板　　　C. 额骨和犁骨
    D. 泪骨和筛骨　　　E. 蝶骨和筛骨
45. 穿棘孔的结构是
    A. 眼神经　　　B. 视神经　　　C. 颈内动脉
    D. 脑膜中动脉　　　E. 上颌神经
46. 关于颅骨的叙述,正确的说法是
    A. 含有黄骨髓　　　　B. 额骨与顶骨在人字缝处相连结
    C. 各骨是成对的　　　　D. 均为膜化骨
    E. 颅后窝由枕骨和颞骨构成
47. 属颅中窝的结构有
    A. 内耳门　　　B. 圆孔　　　C. 颈静脉孔
    D. 舌下神经管内口　　　E. 枕骨大孔
48. 卵圆孔位于
    A. 额骨　　　B. 颞骨　　　C. 蝶骨　　　D. 筛骨　　　E. 枕骨
49. 位于垂体窝下面的结构是
    A. 筛窦　　　B. 额窦　　　C. 上颌窦　　　D. 蝶窦　　　E. 筛板
50. 关于蝶骨大翼的叙述,正确的说法是
    A. 构成颅前窝底的一部分　　　　B. 构成眶上裂的上缘
    C. 根部有圆孔、卵圆孔和棘孔　　　　D. 参与眶上壁构成
    E. 参与鼻腔外侧壁构成
51. 参与构成翼点的骨为
    A. 额骨、蝶骨小翼、枕骨、顶骨　　　　B. 顶骨、蝶骨大翼、额骨、枕骨
    C. 额骨、顶骨、颞骨、蝶骨大翼　　　　D. 颧骨、额骨、枕骨、颞骨
    E. 额骨、顶骨、枕骨、颞骨
52. 围成眶上裂的骨是
    A. 上颌骨和蝶骨大翼　　　　B. 上颌骨和蝶骨小翼
    C. 蝶骨小翼和筛骨　　　　D. 蝶骨小翼和蝶骨大翼
    E. 额骨和蝶骨大翼
53. 通过眶下裂的结构是
    A. 动眼神经和上颌动脉　　　　B. 眶下神经和眶下动脉
    C. 展神经和上颌动脉　　　　D. 动眼神经和眶下动脉
    E. 视神经和视网膜中央动脉
54. 中鼻甲参与构成的骨是
    A. 犁骨　　　B. 上颌骨　　　C. 筛骨
    D. 蝶骨　　　E. 鼻骨

55. 鼻泪管开口于
    A. 上鼻道　　　　　　 B. 中鼻道　　　　　　 C. 半月裂孔
    D. 中鼻道前份　　　　 E. 下鼻道

56. 额窦开口于
    A. 上鼻道　　　　　　 B. 中鼻道前部　　　　 C. 中鼻道后部
    D. 下鼻道　　　　　　 E. 蝶筛隐窝

57. 筛窦后群开口于
    A. 中鼻道中部　　　　 B. 蝶筛隐窝　　　　　 C. 中鼻道后部
    D. 上鼻道　　　　　　 E. 下鼻道

58. 前囟闭合的时间是
    A. 出生前　　　　　　 B. 出生后 6 个月　　　 C. 出生后 1~2 岁
    D. 出生后 3~4 岁　　　 E. 出生后 5~6 岁

59. 关于肱骨的叙述,正确的说法是
    A. 大结节在小结节的外上方　　　　　 B. 小结节位于肱骨上端内侧
    C. 解剖颈位于大、小结节的下方　　　 D. 肱骨头在大、小结节的前内方
    E. 结节间沟位于肱骨头与大、小结节之间

60. 关于股骨的叙述,正确的是
    A. 大转子在小转子的后外方　　　　　 B. 大转子在小转子的外上方
    C. 大转子在小转子的外侧　　　　　　 D. 转子间嵴在前,转子间线在后
    E. 转子窝在小转子之后

61. 关于肱骨内、外上髁与尺骨鹰嘴正常时的位置关系,正确的说法是
    A. 伸肘关节时,三点连线构成一等腰三角形
    B. 屈肘关节时,三点在一横线上
    C. 伸肘关节时,三点在一横线上
    D. 屈肘关节时,三点连线构成一尖端朝上的等腰三角形
    E. 肱骨髁上骨折时,此三点位置关系发生改变

62. 关于跗骨的叙述,正确的说法是
    A. 由 8 块骨组成　　　　　　　　　　 B. 大部分属于短骨
    C. 距骨位于前上方,跟骨位于后下方　 D. 骰骨位于距骨前方
    E. 足舟骨位于跟骨前方

63. 关于腓骨的叙述,正确的说法是
    A. 有一定的负重功能　　　　　　　　 B. 下端与胫骨构成胫腓关节
    C. 腓骨头的外上方有腓骨头关节面　　 D. 下端膨大为内踝
    E. 腓骨头和外踝可在体表扪到

64. 关于股骨的叙述,正确的说法是
    A. 长度约为成人身高的 1/6
    B. 股骨头朝向外上方
    C. 颈与体连接处上外侧方有大转子
    D. 在大、小转子间后方的隆起称转子间线
    E. 内上髁与外上髁侧面最突起处分别称内侧髁和外侧髁

65. 两侧髂嵴最高点间的连线恰好通过
    A. 第 3 腰椎棘突尖　　　　B. 第 3 腰椎体中部　　　　C. 第 4 腰椎棘突尖
    D. 第 4 腰椎体中部　　　　E. 第 5 腰椎体中部

66. 关于耻骨的叙述,正确的说法是
    A. 闭孔由耻骨围成　　　　　　　　B. 耻骨体构成髋臼的大部分
    C. 耻骨支伸向后下外与坐骨体结合　　D. 耻骨梳向前终于耻骨结节
    E. 构成髋骨前上部

67. 关于坐骨的叙述,正确的说法是
    A. 坐骨大孔由坐骨围成
    B. 坐骨结节是坐骨最低部,可在体表扪到
    C. 坐骨小切迹位于坐骨棘上方
    D. 坐骨支是从坐骨结节向下、前、内伸出的较细的骨板
    E. 坐骨支末端与耻骨上支结合

68. 关于髂骨的叙述,正确的说法是
    A. 髂嵴最高点通过第 3 腰椎棘突　　B. 成人髂骨体与耻骨、坐骨骨性结合
    C. 髂后下棘下方有坐骨小切迹　　　　D. 髂粗隆与骶骨形成关节
    E. 髂骨翼后上方粗糙的耳状面与骶骨相关节

69. 关于喙肩弓的叙述,正确的说法是
    A. 连于肩胛骨喙突与锁骨肩峰端　　B. 位于肩关节前方
    C. 防止肩关节向上脱位　　　　　　D. 由纤维软骨构成
    E. 由喙肩韧带、喙锁韧带、喙肱韧带共同构成

70. 在直立姿势下,最不易引流的鼻窦是
    A. 额窦　　　　　　　　B. 蝶窦　　　　　　　　C. 上颌窦
    D. 筛窦前群　　　　　　E. 筛窦后群

71. 下述各骨中,不属于长骨的是
    A. 股骨　　B. 肱骨　　C. 跖骨　　D. 指骨　　E. 肋骨

72. 下述各骨中,不属于短骨的是
    A. 月骨　　B. 钩骨　　C. 髌骨　　D. 骰骨　　E. 距骨

73. 下述各骨中,不属于不规则骨的是
    A. 蝶骨　　B. 上颌骨　　C. 筛骨　　D. 椎骨　　E. 跟骨

74. 在体表不能摸到的结构是
    A. 肩峰　　　　　　　　B. 尺骨冠突　　　　　　C. 桡骨茎突
    D. 肱骨内上髁　　　　　E. 肩胛骨下角

75. 关于闭孔的叙述,不正确的说法是
    A. 由耻骨和坐骨共同围成　　　　B. 有闭孔膜完全封闭
    C. 内面有闭孔内肌附着　　　　　D. 外面有梨状肌附着
    E. 闭膜管内有闭孔神经、血管通过

76. 在股骨骨折的类型中,导致股骨头缺血性坏死的可能是
    A. 大转子撕脱型骨折　　B. 股骨颈骨折　　　　C. 转子间骨折
    D. 股骨髁上骨折　　　　E. 股骨干中段骨折

77. 鼻腔感染可沿嗅神经扩散至脑膜,嗅神经从鼻腔黏膜至嗅球要穿经

    A. 半月裂孔   B. 筛孔   C. 筛前孔

    D. 蝶腭孔   E. 筛后孔

78. 触摸尺神经的标志是

    A. 肩峰   B. 桡骨茎突

    C. 桡骨粗隆   D. 尺骨粗隆

    E. 肱骨内上髁

79. 青枝骨折的特征**不包括**

    A. 多发生在儿童   B. 是一种不完全骨折

    C. 无明显功能障碍   D. 无局部压痛及纵向叩击痛

    E. 畸形不严重

(二) A2 型题

1. 男,25 岁,高空坠落伤,血压下降,腹胀,腹痛。查体见髂骨挤压分离试验阳性,双下肢不等长,会阴部瘀斑。首先考虑的骨折是

    A. 股骨颈   B. 股骨干   C. 髋骨

    D. 骨盆   E. 脊柱

2. 男,35 岁,头痛、恶心、呕吐、发热,诊断为脑脊髓膜炎,要行腰椎穿刺抽取脑脊液化验,其进针部位应在

    A. 第 12 胸椎与第 1 腰椎棘突间隙   B. 第 1 腰椎与第 2 腰椎棘突间隙

    C. 第 3 腰椎与第 4 腰椎棘突间隙   D. 第 5 腰椎与骶椎间隙

    E. 第 2 对骶后孔处

3. 男,65 岁,在大雪天气不慎滑倒,右手掌首先着地,被扶起后,经医院检查发现尺骨上 1/3 处骨折,桡骨头向桡侧及掌侧脱位。有关上肢的力传导,下列选项正确的是

    A. 掌—腕—尺骨—肱骨   B. 掌—腕—桡骨—肱骨

    C. 掌—腕—尺骨—骨间膜   D. 掌—腕—桡骨—尺骨—肱骨

    E. 掌—腕—桡骨—骨间膜—尺骨—肱骨

4. 女,25 岁,被车撞倒,头部摔伤造成颅底骨折及脑膜和鼻窦损伤,有血液和脑脊液从鼻腔流出,此情况提示最可能损伤的鼻窦是

    A. 额窦   B. 上颌窦   C. 额窦和上颌窦

    D. 蝶窦   E. 筛窦

5. 女,56 岁,步行时被车撞倒,仰卧倒地,流较多鼻血,被送到当地急救中心。经体检发现:该患者神志清,心率 102 次/分,呼吸 42 次/分,嗅觉丧失,CT 扫描报告提示有颅骨骨折。该患者可能发生骨折的颅骨是

    A. 顶骨   B. 枕骨   C. 筛骨

    D. 颞骨   E. 蝶骨

6. 男,14 岁,跑步时向前摔倒,右手掌着地,前臂肿胀疼痛而就诊。X 线检查发现右桡骨干稍下方骨折。骨折因肌牵拉而移位的情况应是

    A. 骨折远侧断端向后旋转   B. 骨折近侧断端向后旋转

    C. 骨折近侧断端向前旋转   D. 骨折远侧断端向前旋转

    E. 骨折远侧断端处于中立位

7. 男,20岁,骑自行车不慎摔倒,造成骨折,医生检查发现左、右两大转子尖与同侧的髂前上棘连线的延长线相交于脐的右下方。这提示

    A. 右耻骨上支骨折   B. 右坐骨支骨折   C. 左坐骨结节骨折

    D. 左髂骨骨折   E. 左股骨颈骨折

8. 女,21岁,被车撞伤造成骨盆骨折。骨折愈合后发现患者伤腿伸屈自如,但在卧位和坐位时不能将患肢放到健侧腿上,且大腿内侧皮肤感觉丧失,据此推断患者可能是

    A. 耻骨上支根部骨折,伤及闭孔神经   B. 坐骨结节骨折,伤及阴部神经

    C. 髋骨骨折,伤及股神经   D. 股骨骨折,伤及坐骨神经

    E. 髋骨骨折,伤及生殖股神经

9. 男,20岁,右上臂撞伤后中下段成角畸形,伤后腕关节不能主动背伸,各掌指关节不能主动伸直,除考虑肱骨干中下段骨折外,还应首先考虑的合并伤是

    A. 臂丛神经损伤   B. 皮神经损伤   C. 正中神经损伤

    D. 桡神经损伤   E. 尺神经损伤

10. 男,54岁,外伤造成右肱骨外科颈骨折,臂不能外展,三角肌表面皮肤麻木,考虑是损伤了

    A. 桡神经   B. 尺神经   C. 腋神经

    D. 正中神经   E. 肌皮神经

11. 男,45岁,不慎跌倒摔伤右肩,以左手托右肘部来诊,头向右倾。查体见右肩下沉,右上肢功能障碍,胸骨柄至右肩峰连线中点隆起,并有压痛。其可能发生骨折的部位是

    A. 肩关节   B. 锁骨   C. 肱骨外科颈

    D. 肩胛骨   E. 肱骨解剖颈

12. 女,68岁,不慎摔倒,左髋部着地,当即左髋剧痛,不能站立,急诊来院。检查见左下肢缩短,外旋畸形。其最有可能的诊断是

    A. 左髋关节前脱位   B. 左髋关节后脱位   C. 左髋关节中心脱位

    D. 左股骨颈骨折   E. 左股骨干骨折

(三) A3 型题

(1~4 题共用题干)

男,5岁,摔倒,左手撑地,立即出现左肘部疼痛、肿胀,桡动脉搏动减弱。

1. 最可能的诊断是

    A. 桡骨头半脱位   B. 桡骨头骨折   C. 肱骨髁上骨折

    D. 肱骨干骨折   E. 尺骨鹰嘴骨折

2. 伤后有垂腕表现,可能是

    A. 肌损伤   B. 正中神经损伤   C. 桡神经损伤

    D. 尺神经损伤   E. 缺血性肌挛缩

3. 肱骨外科颈骨折的部位是

    A. 肱骨大、小结节交界处

    B. 肱骨大、小结节移行为肱骨干的交界处

    C. 肱骨头周围的环状浅沟

    D. 肱骨头与肱骨干的交界处

    E. 肱骨上端干骺端处

4. 伸直型肱骨髁上骨折多见于
    A. 老年女性　　　　　　B. 老年男性　　　　　　C. 儿童
    D. 中年女性　　　　　　E. 中年男性

（5、6题共用题干）

男，38岁，高空坠落，头部着地。查体：熊猫眼征，鼻腔漏出脑脊液。

5. 颅前窝骨折最易损伤的脑神经是
    A. 嗅神经　　　　　　　B. 面神经　　　　　　　C. 三叉神经
    D. 展神经　　　　　　　E. 滑车神经

6. 颅中窝骨折最易损伤的脑神经是
    A. 嗅神经　　　　　　　B. 舌下神经　　　　　　C. 动眼神经
    D. 迷走神经　　　　　　E. 面神经

（7~9题共用题干）

女，60岁，下楼梯时跌倒，左髋部剧烈疼痛，不能活动。患肢外旋45°。

7. 最有可能的骨折是
    A. 胫骨骨折　　　　　　B. 腓骨骨折　　　　　　C. 股骨颈骨折
    D. 股骨转子间骨折　　　E. 髋骨骨折

8. 如果是股骨头骨折，最容易损伤的血管是
    A. 自股骨干发出的营养动脉升支　　　　B. 旋股内侧动脉分支
    C. 旋股外侧动脉分支　　　　　　　　　D. 旋股内、外侧动脉发出的营养支
    E. 股动脉

9. 最容易导致股骨头缺血坏死的是
    A. 股骨颈骨折　　　　　B. 股骨头下骨折　　　　C. 股骨颈基底骨折
    D. 股骨中端骨折　　　　E. 股骨下端骨折

（10、11题共用题干）

女，35岁，跌倒摔伤左肩。体检见左肩下沉，左上肢功能障碍，胸骨柄至右肩峰连线中点隆起，有压痛。

10. 可能的诊断是
    A. 肩胛骨骨折　　　　　B. 肩关节骨折　　　　　C. 锁骨骨折
    D. 肱骨下1/3骨折　　　 E. 肱骨外科颈骨折

11. 如果是肱骨下1/3骨折，容易合并
    A. 臂丛损伤　　　　　　B. 肱动脉损伤　　　　　C. 正中神经损伤
    D. 桡神经损伤　　　　　E. 腋神经损伤

（12、13题共用题干）

男，5岁，跌倒时手掌着地，肘关节半屈，肘部明显肿胀及压痛，骨折远侧端向后外突出，肘关节呈半屈畸形，桡动脉搏动消失，肘后三角存在。被动伸指时有剧烈疼痛。

12. 最有可能的诊断是
    A. 肘关节脱位　　　　　B. 桡骨小头半脱位　　　C. 尺骨鹰嘴骨折
    D. 屈曲型肱骨髁上骨折　E. 伸直型肱骨髁上骨折

13. 正确的治疗方案为
    A. 立即切开筋膜减压，敞开皮肤

    B. 急症手术切开复位及钢板内固定

    C. 持续尺骨鹰嘴骨牵引

    D. 臂丛阻滞下行手法复位,应用血管扩张剂解除血管痉挛,无效后即手术探查

    E. 立即手法复位,后侧石膏托固定

(14~16 题共用题干)

男,40 岁,自青少年时起就经常有鼻腔堵塞、流涕、不适等症状。在五官科检查时,医生考虑患者可能患鼻炎或鼻窦炎。

14. 患者中鼻道的内容物可能来自

    A. 筛窦后群   B. 蝶窦   C. 上颌窦

    D. 中鼻甲的炎性物质   E. 鼻泪管

15. 患者直立时最不容易引流的鼻窦是

    A. 额窦   B. 蝶窦   C. 上颌窦

    D. 筛窦前群   E. 筛窦后群

16. 鼻窦中开口高于窦底的是

    A. 额窦   B. 蝶窦   C. 上颌窦

    D. 筛窦前、中群   E. 筛窦后群

(四) B1 型题

(1、2 题共用备选答案)

    A. 椎骨   B. 指骨   C. 骰骨   D. 髌骨   E. 髋骨

1. 属于长骨的是

2. 属于短骨的是

(3、4 题共用备选答案)

    A. 颈椎   B. 胸椎   C. 腰椎   D. 寰椎   E. 隆椎

3. 无椎体的是

4. 椎体横断面呈心形

(5~8 题共用备选答案)

    A. 视神经管   B. 圆孔   C. 卵圆孔

    D. 棘孔   E. 舌下神经管

5. 上颌神经穿经

6. 脑膜中动脉穿经

7. 下颌神经穿经

8. 舌下神经穿经

(9、10 题共用备选答案)

    A. 脑膜中动脉   B. 顶骨   C. 颞骨

    D. 蝶骨   E. 大脑中动脉

9. 翼点的深面有

10. 内有蝶窦的骨是

(11~14 题共用备选答案)

    A. 肩胛骨   B. 肱骨   C. 尺骨

    D. 胫骨   E. 髋骨

11. 关节盂位于

12. 三角肌粗隆位于

13. 尺神经沟位于

14. 髁间隆起位于

（15~18 题共用备选答案）

　　A. 喙突　　　　B. 乳突　　　　C. 髁突　　　　D. 关节突　　　　E. 齿突

15. 属于下颌骨的结构是

16. 属于颞骨的结构是

17. 属于肩胛骨的结构是

18. 属于枢椎的结构是

（19、20 题共用备选答案）

　　A. 股骨　　　　　　　B. 腓骨　　　　　　　C. 胫骨

　　D. 跟骨　　　　　　　E. 距骨

19. 内踝属于上述哪块骨的结构

20. 收肌结节属于上述哪块骨的结构

（21~23 题共用备选答案）

　　A. 桡切迹　　　　　　B. 尺切迹　　　　　　C. 弓状线

　　D. 内踝　　　　　　　E. 髁间窝

21. 髋骨有

22. 桡骨有

23. 股骨有

（24、25 题共用备选答案）

　　A. 上鼻道　　　　　　B. 中鼻道　　　　　　C. 下鼻道

　　D. 蝶筛隐窝　　　　　E. 咽隐窝

24. 额窦开口在

25. 蝶窦开口在

二、名词解释

1. 骨质	2. 红骨髓	3. 骺线
4. 隆椎	5. 钩椎关节（Luschka 关节）	6. 椎体钩
7. 岬（骶骨）	8. 骶角	9. 筛板
10. 垂体窝	11. 翼管	12. 鼓室盖
13. 颈动脉管	14. 人字缝	15. 骨性鼻中隔
16. 颞下窝	17. 翼点	18. 翼腭窝
19. 蝶筛隐窝	20. 前囟	21. 后囟
22. 关节盂	23. 桡神经沟	24. 尺神经沟
25. 桡骨粗隆	26. 髂前上棘	27. 胸骨角
28. 胫骨粗隆	29. 耻骨梳	30. 收肌结节
31. 椎孔	32. 椎间孔	33. 肋弓
34. 桡神经沟	35. 鼻旁窦	

三、问答题

1. 试述骨的构造。
2. 椎骨分几类？它们有哪些共同形态？
3. 老年人的骨为什么易骨折而不易变形？
4. 试述骨性鼻腔的四个壁、两个口及交通。
5. 简述鼻窦及其开口，并解释为什么直立位时上颌窦积液不易引流。

四、病例讨论

男，29岁，工人，因"右上肢外伤2小时"入院。患者骑自行车被汽车撞倒在地，当时觉右上肢疼痛难忍，活动受限，被送往医院。检查发现右肩部、右臂部肿胀明显，皮肤有擦伤，局部压痛明显，活动受限，右臂中部隆起，出现畸形，稍活动可感骨擦音。右腕下垂，各掌指关节不能伸直，拇指也不能伸直，手背桡侧皮肤感觉麻木。X线片示右肱骨中段骨折。诊断为右肱骨中段骨折并神经损伤。

问题：

（1）肱骨中段骨折最易损伤什么结构，为什么？

（2）为什么出现右腕下垂以及掌指关节和拇指不能伸？为什么右手背桡侧皮肤感觉麻木？

（3）若实行内固定术治疗骨折，应作什么切口？须经哪些层次方可暴露骨折部位？应注意避免损伤哪些结构？

参 考 答 案

一、选择题

（一）A1 型题

1. D　2. C　3. E　4. B　5. E　6. D　7. C　8. D　9. E　10. A　11. B　12. D　13. E　14. E　15. E　16. A　17. A　18. B　19. E　20. A　21. D　22. D　23. E　24. D　25. C　26. E　27. B　28. E　29. B　30. E　31. C　32. B　33. C　34. B　35. A　36. D　37. C　38. A　39. D　40. E　41. C　42. C　43. A　44. B　45. D　46. E　47. B　48. C　49. D　50. C　51. C　52. D　53. B　54. C　55. E　56. C　57. C　58. C　59. A　60. B　61. C　62. E　63. C　64. C　65. C　66. C　67. B　68. B　69. C　70. C　71. E　72. C　73. E　74. B　75. D　76. B　77. E　78. E　79. D

（二）A2 型题

1. D　2. C　3. E　4. E　5. C　6. D　7. E　8. A　9. D　10. C　11. B　12. D

（三）A3 型题

1. C　2. C　3. B　4. C　5. A　6. E　7. C　8. A　9. B　10. C　11. C　12. E　13. D　14. C　15. C　16. C

（四）B1 型题

1. B　2. C　3. D　4. B　5. B　6. D　7. C　8. E　9. A　10. D　11. A　12. D　13. B　14. D　15. C　16. B　17. A　18. E　19. C　20. A　21. C　22. B　23. E　24. B　25. D

二、名词解释

1. 骨质：骨的主要成分，由骨组织构成，分骨密质、骨松质。骨密质由紧密排列的骨板层构成，分布于骨的表层。骨松质为交织成网的骨小梁构成，主要见于长骨两端(骺)和短骨内部。颅盖的骨松质称为板障。

2. 红骨髓：骨髓位于髓腔和骨松质间隙内，分红骨髓和黄骨髓。胎儿及幼儿的骨内，髓腔和骨松质间隙内全是红骨髓，有造血作用，成人仅见于骨松质腔隙内。髂骨、胸骨、椎骨及肱骨和股骨上端的红骨髓终生存在。

3. 骺线：幼年时，骨干与骺之间有骺软骨，软骨细胞的分裂、繁殖、骨化使骨不断伸长；成年后，骺软骨停止生长，并被骨化，在干骺结合处形成骺线。

4. 隆椎：第 7 颈椎又名隆椎，棘突特别长，末端不分叉，活体易触及，常作为计数椎骨序数的标记。

5. 钩椎关节(Luschka 关节)：椎体钩与上位椎体下面两侧唇缘相接，形成钩椎关节。如过度增生，可使椎间孔狭窄，压迫脊神经，为颈椎病的病因之一。

6. 椎体钩：为 3~7 颈椎椎体上面侧缘向上的突起。

7. 岬(骶骨)：骶骨底上缘中份向前隆凸，称岬。

8. 骶角：骶管裂孔两侧向下突出的骨角，是骶管麻醉时的骨性标志。

9. 筛板：为筛骨的水平骨板，构成鼻腔的顶，筛板上有筛孔，内有嗅神经通过，板的前份中央有鸡冠。

10. 垂体窝：蝶骨体上面称蝶鞍，其中央凹陷为垂体窝，容纳垂体。

11. 翼管：蝶骨翼突根部的矢状方向的管称翼管，向前通翼腭窝。

12. 鼓室盖：颞骨岩部中央的弓状隆起的外侧较薄，称鼓室盖，是鼓室的上壁。

13. 颈动脉管：位于颞骨岩部内，向下开口于岩部下面中央的颈动脉管外口，先垂直上行，继而折向前内，开口于岩尖部的颈动脉管内口，内有颈内动脉穿行。

14. 人字缝：两侧顶骨与枕骨之间的连接称人字缝。

15. 骨性鼻中隔：由上部的筛骨垂直板和下部的犁骨构成，将骨性鼻腔分为左右两半。

16. 颞下窝：是上颌骨体和颧骨后方的不规则间隙，容纳咀嚼肌和血管神经等，向上与颞窝通连。

17. 翼点：在颅的侧面，额、顶、颞、蝶骨会合处最为薄弱，常构成 H 形的缝，称翼点。其内面有脑膜中动脉前支通过。

18. 翼腭窝：为上颌骨体、蝶骨翼突和腭骨之间的间隙，称翼腭窝。此窝向外通颞下窝，向前通眶，向内通鼻腔，向后通颅中窝，向下经腭大管、腭大孔通口腔。

19. 蝶筛隐窝：上鼻甲后上方与蝶骨之间的间隙称蝶筛隐窝，是蝶窦的开口处。

20. 前囟：位于矢状缝与冠状缝相接处，呈菱形，较大，生后 1~2 岁闭合。

21. 后囟：位于矢状缝与人字缝会合处，呈三角形，较小，生后不久闭合。

22. 关节盂：肩胛骨外侧角的梨形浅窝，与肱骨头构成肩关节。

23. 桡神经沟：肱骨体后面中部有一自内上斜向外下的浅沟，称桡神经沟，有桡神经和肱深动脉经过。

24. 尺神经沟：肱骨内上髁后方的一浅沟，称尺神经沟，有尺神经经过。

25. 桡骨粗隆：桡骨颈内下侧的突起，为肱二头肌肌腱抵止处。

26. 髂前上棘:髂嵴前端称为髂前上棘。

27. 胸骨角:胸骨柄与体连接处微向前突,称胸骨角,两侧平对第 2 肋,是计数肋的重要标志。

28. 胫骨粗隆:胫骨上端前面的隆起,称胫骨粗隆,是股四头肌肌腱抵止处。

29. 耻骨梳:耻骨上支上面有一条锐嵴,称耻骨梳,向后移行于弓状线,向前终于耻骨结节。

30. 收肌结节:股骨内上髁上方的小突起,是大收肌一个肌腱的抵止处。

31. 椎孔:椎体和椎弓共同围成一孔,称椎孔。全部椎骨的椎孔连接成椎管。椎管内容纳脊髓等。

32. 椎间孔:椎弓根上、下缘各有一切迹,相邻椎骨的上、下切迹共同围成椎间孔,有脊神经和血管通过。

33. 肋弓:第 8~10 对肋骨的前端借肋软骨连于上位肋软骨形成肋弓,常作为腹部触诊确定肝、脾位置的标志。

34. 桡神经沟:肱骨体的后面中份有由上内向下外斜行的浅沟,称为桡神经沟,有桡神经和肱深动、静脉经过。

35. 鼻旁窦:在鼻腔周围并借管、孔、裂与鼻腔相交通的腔,有上颌窦、额窦、蝶窦和筛窦(前、中、后群)。

三、问答题

1. 试述骨的构造。

答:骨由骨质、骨膜、骨髓和神经、血管等构成。

骨质为骨的主要成分,分为骨密质、骨松质。骨密质由紧密排列的骨板层构成,抗压、抗扭曲能力强,分布于骨的表层。长骨的骨干(中间较细的部分)由骨密质构成。在颅盖,骨密质构成内板与外板。骨松质为交织成网的骨小梁构成,主要见于长骨两端(骺)和短骨内部。颅盖的骨松质称为板障。

骨膜是紧贴于骨表面的一层结缔组织膜,富有血管、神经和成骨细胞,对骨具有营养、生长和修复作用。

骨髓充填于骨髓腔和骨松质间隙内,分为红骨髓和黄骨髓。红骨髓有造血作用,胎儿及幼儿的骨内全是红骨髓,成人仅见于骨松质腔隙内;黄骨髓为脂肪组织,无造血作用,5 岁以后存在于长骨骨髓腔内。

长骨的动脉包括滋养动脉、干骺端动脉、骺动脉及骨膜动脉。上述动脉均有静脉伴行。不规则骨、短骨、扁骨的动脉来自骨膜动脉或滋养动脉。

神经伴滋养血管进入骨内,分布到哈弗斯管的血管间隙中,以内脏传出纤维较多,分布到血管壁;躯体传入纤维多分布到骨膜。

2. 椎骨分几类?它们有哪些共同形态?

答:椎骨可分为颈椎、胸椎、腰椎、骶椎、尾椎五类。椎骨的共同形态一般具有椎体、椎弓和突起。椎体位于椎骨的前方,呈短圆柱形。椎弓位于椎体的后方,可分为椎弓根和椎弓板两部分。每个椎骨的椎弓上有 7 个突起、2 个横突、2 个上关节突、2 个下关节突和 1 个棘突。

3. 老年人的骨为什么易骨折而不易变形?

答:老年人骨的有机质较少,而无机质增多,因此骨质较脆,韧性较差,在受暴力时容易发生骨折。

4. 试述骨性鼻腔的四个壁、两个口及交通。

答：鼻腔顶主要由筛板构成，有筛孔通颅前窝。底由骨腭构成，前端有切牙管通口腔。外侧壁自上而下由上、中、下鼻甲及相对应的鼻道构成。内侧壁为骨性鼻中隔。鼻腔向前的开口称梨状孔，向后的开口称鼻后孔，通咽腔。

5. 简述鼻窦及其开口，并解释为什么直立位时上颌窦积液不易引流。

答：鼻窦是位于上颌骨、额骨、蝶骨及筛骨内的空腔，在鼻腔周围并开口于鼻腔。额窦位于眉弓后方，开口于中鼻道。筛窦又称筛骨迷路，其前中群开口于中鼻道，后群开口于上鼻道。蝶窦位于蝶骨体内，开口于蝶筛隐窝。上颌窦最大，在上颌骨体内，开口于中鼻道。因上颌窦口高于窦底，所以直立位不易引流。

四、病例讨论

答：

（1）肱骨常因直接或间接暴力而发生骨折。在肱骨体中、下 1/3 段交界处后外侧有一桡神经沟，沟内有桡神经和肱深动脉相伴而行。因此，肱骨中段骨折易损伤桡神经及肱深动脉。

（2）本例患者因骑车时被汽车撞倒在地，右臂中部隆起，出现畸形，有骨擦音，说明右肱骨已经骨折，X 线片已证实右肱骨中段骨折。患者右腕下垂，各掌指关节不能伸直，拇指不能伸直，手背桡侧皮肤感觉麻木，提示已发生骨折伴有桡神经损伤。桡神经支配肱三头肌、肱桡肌和前臂肌后群。桡神经在臂部损伤，引起肱桡肌和前臂肌后群的瘫痪。前臂肌后群几乎都跨过腕关节后方，故这些肌肉瘫痪后不能伸腕，当患者将臂抬起时，手和指呈下垂状，临床称为腕下垂。肱桡肌属于前臂前群的肌肉，是强而有力的屈肘肌，由桡神经支配。此肌瘫痪时，影响肘关节的屈曲，尤其是前臂处于既不旋前也不旋后的中间位置时，患者屈肘会感到困难。除前臂伸腕肌外，指伸肌、小指伸肌、拇短伸肌、拇长伸肌和示指伸肌等均由桡神经支配，故患者各掌指关节不能伸，拇指亦不能伸直。桡神经浅支主要是感觉神经纤维，分布于手背桡侧和桡侧2 个半指近节的皮肤。由于周围神经在皮肤的分布区互相之间有重叠，单独由桡神经分布的范围实际上很小，所以桡神经受损时，主要表现在手背"虎口"区的感觉缺失。拇指和示指中、远节背面的感觉是正中神经分布，故手指无感觉障碍。肱深动脉与桡神经相伴走行于桡神经沟内，肱骨干骨折时，不仅能损伤桡神经，同时也损伤肱深动脉，从而造成患肢局部肿胀。

（3）骨折治疗的原则是复位、固定和功能锻炼。复位的方法有手法复位和切开复位。用手法使骨折复位称手法复位。手法复位失败者，可采用切开复位内固定。本例患者若采用切开复位内固定，则取仰卧患肢外展位。以骨折处为中心，在臂外侧作纵切口。依次切开皮肤、浅筋膜、深筋膜，将三角肌、肱三头肌外侧头拉向外，肱三头肌内侧头向内拉开，纵分肱肌外侧部，暴露骨折处，然后作内固定。术中应注意勿损伤头静脉及桡神经和肱深动脉等。

（黄文华）

第二节 骨 连 结

学 习 指 导

(一) 学习目的

能分析说明:滑膜关节的基本结构、辅助结构及其运动形式;脊柱的组成和连结,骨性胸廓的组成;新生儿颅囟的构成、颞下颌关节的组成、结构特点和运动形式;肩关节、肘关节和桡腕关节的组成、结构特点及运动形式;骨盆的组成、性别差异和界线;髋关节、膝关节和距小腿关节的组成、结构特点和运动形式。

了解:骨连结的概念及分类;脊柱整体观的形态与功能特点;肋和脊柱、胸骨的连结概况;颅骨的连结形式;上肢带骨连结的形式、结构和功能特点;前臂骨的连结、腕骨间关节、腕掌关节、掌指关节和指骨间关节的组成、结构特点及运动;骶髂关节和耻骨联合的组成;小腿骨间连结的组成;跗骨间关节、跗跖关节、跖骨间关节、跖趾关节和趾骨间关节的组成,足弓的组成和功能意义。

(二) 学习要点

1. 总论   直接连结分类,间接连结:滑膜关节的基本结构和辅助结构,运动形式。

2. 中轴骨的连结

(1) 脊柱的构成和连结结构。

(2) 脊柱的整体观及其运动。

(3) 骨性胸廓的组成,胸廓上口和胸廓下口的组成。

(4) 颞下颌关节的组成,结构特点和运动形式。

3. 上肢骨的连结   肩关节、肘关节、桡腕关节和拇指腕掌关节的组成、结构特点及运动形式。

4. 下肢骨的连结

(1) 骨盆的构成及其性别差异,界线的构成。

(2) 髋关节、膝关节和距小腿关节的组成、结构特点及运动形式。

(3) 足弓的概念及其生理意义。

复习思考题

一、选择题

(一) A1 型题

1. 滑膜关节的基本结构是

    A. 关节面、关节囊、关节内韧带   B. 关节面、关节盘、关节内软骨

    C. 关节腔、关节囊、关节内软骨   D. 关节面、关节囊、关节腔

    E. 关节面、关节腔、关节软骨

2. 关节的附属结构有

    A. 关节面   B. 关节囊   C. 关节腔

    D. 关节滑液   E. 关节盘

3. 属于直接连结的有
   A. 肩关节
   B. 肘关节
   C. 腕骨间连结
   D. 前臂骨间膜
   E. 跗骨间连结

4. 幼儿的冠状缝属于
   A. 韧带连结
   B. 纤维连结
   C. 骨性结合
   D. 滑膜关节
   E. 透明软骨连结

5. 关于滑膜关节,下列说法正确的是
   A. 两骨相连结叫关节
   B. 关节囊由纤维结缔组织构成
   C. 均由关节面、关节囊和关节腔所组成
   D. 关节囊由滑膜层构成
   E. 辅助结构只有韧带

6. 属于囊内韧带的有
   A. 股骨头韧带
   B. 髂股韧带
   C. 腓侧副韧带
   D. 髌韧带
   E. 骶髂韧带

7. 关于关节运动,下列说法错误的是
   A. 屈和伸通常是指关节沿冠状轴进行的运动
   B. 收和展是关节沿矢状轴进行的运动
   C. 旋转是关节沿垂直轴进行的运动
   D. 环转运动实际上是屈、展、伸、收依次结合的连续动作
   E. 旋内是手掌向桡侧转动

8. 下列有关椎间盘的说法,错误的是
   A. 外周为纤维环
   B. 内部为髓核
   C. 属于间接连结
   D. 腰段椎间盘最厚
   E. 损伤时髓核可突出

9. 脊柱的正常生理弯曲是
   A. 颈曲凸向前
   B. 胸曲凸向前
   C. 腰曲凹向前
   D. 骶曲凹向后
   E. 胚胎时形成

10. 下列有关脊柱的说法,正确的是
    A. 共由 24 块椎骨连结而成
    B. 仅能做少量的屈、伸运动
    C. 椎间盘的厚度约占脊柱全长一半
    D. 胸腰部承重最大
    E. 有颈、胸、腰、骶 4 个生理性弯曲

11. 位于各椎体的后面,几乎纵贯脊柱全长的韧带是
    A. 前纵韧带
    B. 后纵韧带
    C. 棘间韧带
    D. 棘上韧带
    E. 黄韧带

12. 连结相邻椎弓板的结构是
    A. 前纵韧带
    B. 后纵韧带
    C. 棘间韧带
    D. 棘上韧带
    E. 黄韧带

13. 连结相邻椎体的结构是
    A. 前纵韧带
    B. 横突间韧带
    C. 棘间韧带
    D. 棘上韧带
    E. 黄韧带

14. 连结相邻椎体之间最宽的韧带是
    A. 前纵韧带　　　　　　B. 后纵韧带　　　　　　C. 棘间韧带
    D. 棘上韧带　　　　　　E. 黄韧带

15. 属于连结相邻椎体之间的结构是
    A. 棘间韧带　　　　　　B. 棘上韧带　　　　　　C. 黄韧带
    D. 椎间盘　　　　　　　E. 横突间韧带

16. 下列有关椎间盘的说法，**错误**的是
    A. 连结相邻两个椎体的纤维软骨盘　　　B. 中央部为髓核
    C. 周围部为纤维环　　　　　　　　　　D. 具有"弹性垫"样作用
    E. 成人有 24 个椎间盘

17. 寰枕关节是
    A. 枕髁与寰椎上关节凹构成的单关节　　B. 属平面关节
    C. 可使头做俯仰和侧屈运动　　　　　　D. 关节囊和寰枕前、中、后膜相连结
    E. 属直接连结

18. 下列有关脊柱的说法，正确的是
    A. 椎间盘的总厚度约为脊柱全长的 1/4　　B. 4 个生理性弯曲在胚胎时已形成
    C. 腰曲使身体重心垂线前移　　　　　　　D. 不能做环转运动
    E. 不能做旋转运动

19. 限制脊柱过度后伸的韧带是
    A. 前纵韧带　　　　　　B. 后纵韧带　　　　　　C. 棘上韧带
    D. 项韧带　　　　　　　E. 棘间韧带

20. 覆有关节软骨的结构是
    A. 关节面　　　　　　　B. 关节囊　　　　　　　C. 关节腔
    D. 关节滑膜　　　　　　E. 关节韧带

21. 最稳定的骨连结是
    A. 肩关节　　　　　　　B. 髋关节　　　　　　　C. 膝关节
    D. 踝关节　　　　　　　E. 缝

22. 活动度最大的关节是
    A. 肩关节　　　　　　　B. 髋关节　　　　　　　C. 膝关节
    D. 踝关节　　　　　　　E. 缝

23. 下列有关前纵韧带的说法，正确的是
    A. 为连接相邻两椎弓的韧带　　　　　　B. 可防止椎间盘向后脱出
    C. 可防止脊柱过伸　　　　　　　　　　D. 可防止脊柱过屈
    E. 下达第 2 腰椎下缘

24. 椎体间的连结是
    A. 滑膜关节　　　　　　B. 直接连结　　　　　　C. 微动关节
    D. 韧带连结　　　　　　E. 骨性结合

25. 成人骶椎间的连结是
    A. 滑膜关节　　　　　　B. 直接连结　　　　　　C. 微动关节
    D. 韧带连结　　　　　　E. 骨性结合

26. 下列有关胸廓的说法,正确的是
    A. 由 12 个胸椎、12 对肋骨及胸骨连结而成
    B. 上口由第 1 胸椎、第 1 肋、锁骨和胸骨柄构成
    C. 下口由第 12 胸椎及肋弓构成
    D. 形状大小与年龄有关,与疾病无关
    E. 呈圆形

27. 下列有关肋弓的说法,正确的是
    A. 由第 7 肋参与构成　　　B. 由浮肋参与构成　　　C. 由假肋参与构成
    D. 为胸廓下口　　　　　　E. 由第 8 肋参与构成

28. 下列有关肋弓的说法,正确的是
    A. 由 8~10 肋软骨形成　　　　　　B. 由第 11、12 肋软骨形成
    C. 最低点为第 12 肋软骨　　　　　　D. 最低点为第 10 肋
    E. 为胸廓下口

29. 下列有关颞下颌关节的说法,**错误**的是
    A. 下颌头与颞骨的下颌窝和关节结节构成　　B. 关节面表面覆盖的是纤维软骨
    C. 关节囊内有纤维软骨构成的关节盘　　　　D. 囊外有外侧韧带加强
    E. 关节囊紧张

30. 下列有关肩关节的描述,正确的是
    A. 运动范围较小　　　　　　　　　　　B. 由肱骨小头和关节盂构成
    C. 关节窝较深　　　　　　　　　　　　D. 关节囊四周有韧带加强
    E. 关节囊相对薄而松弛

31. 肩关节脱位常发生在
    A. 前上方　　B. 后上方　　C. 下方　　D. 前下方　　E. 后下方

32. 具有囊内韧带的关节是
    A. 肩关节　　　　　　　B. 肘关节　　　　　　　C. 腕关节
    D. 膝关节　　　　　　　E. 踝关节

33. 通过肩关节囊内的肌腱是
    A. 肱二头肌长头腱　　　B. 肱二头肌短头腱　　　C. 肱三头肌长头腱
    D. 大圆肌腱　　　　　　E. 冈上肌腱

34. 关节腔内的滑液来自
    A. 关节囊滑膜层　　　　B. 关节囊的纤维层　　　C. 关节软骨
    D. 滑膜囊　　　　　　　E. 关节面

35. 下列有关胸锁关节的说法,正确的是
    A. 是上肢骨与躯干骨连结的唯一关节　　B. 锁骨的胸骨端与胸骨的锁切迹构成
    C. 囊内无关节盘　　　　　　　　　　　D. 无旋转和环转运动
    E. 关节囊松弛

36. 下列有关胸锁关节的叙述,**错误**的是
    A. 锁骨的胸骨端与胸骨的锁切迹及第一肋软骨的上面构成
    B. 关节囊坚韧
    C. 属于单轴关节

    D. 可做旋转和环转运动

    E. 关节盘能阻止锁骨向内上方脱位

37. 下列有关肘关节的说法,**错误**的是

    A. 肱骨下端与尺、桡骨上端构成的复关节   B. 肘关节囊前、后壁薄而松弛

    C. 两侧壁厚而紧张   D. 常见桡、尺两骨向前脱位

    E. 允许做屈、伸运动

38. 关于肘关节的正确描述是

    A. 属于复关节   B. 由肱尺关节和肱桡关节组成

    C. 可做外展运动   D. 关节腔内有环状韧带

    E. 关节囊前、后壁有韧带加强

39. 下列有关肘关节的说法,正确的是

    A. 由肱骨和尺骨构成   B. 由肱骨和桡骨构成

    C. 关节囊前、后壁有韧带加强   D. 关节囊两侧有韧带加强

    E. 可做屈、展运动

40. 下列有关桡腕关节的说法,正确的是

    A. 手舟骨、月骨和三角骨的近侧关节面作为关节头

    B. 桡骨和尺骨头下面作为关节窝而构成

    C. 关节的前、后无韧带加强

    D. 关节的两侧无韧带加强

    E. 桡腕关节不可做环转运动

41. 有关桡腕关节的正确描述是

    A. 由桡骨、尺骨下端与腕骨构成   B. 是典型的椭圆关节

    C. 关节囊紧张   D. 不能做内收运动

    E. 关节的两侧无韧带加强

42. **不参加**腕关节构成的骨是

    A. 尺骨   B. 手舟骨   C. 手月骨   D. 手三角骨   E. 桡骨

43. 下列有关拇指腕掌关节的说法,正确的是

    A. 大多角骨与第1掌骨底构成的椭圆关节 B. 是微动关节

    C. 可做屈、伸、收、展、环转和对掌运动   D. 屈、伸运动发生在水平面上

    E. 关节囊薄而松弛

44. 当手握拳时

    A. 掌指关节显露于手背的凸出处是掌骨头 B. 拇指外展

    C. 桡腕关节掌侧屈   D. 拇指对掌

    E. 示指对掌

45. 腕骨间关节是

    A. 鞍状关节   B. 平面关节   C. 椭圆关节

    D. 屈戌关节   E. 直接连结

46. 指骨间关节是

    A. 鞍状关节   B. 平面关节   C. 椭圆关节

    D. 屈戌关节   E. 直接连结

47. 下列有关骶髂关节的说法,**错误**的是
    A. 骶骨和髂骨的耳状面构成
    B. 关节面凹凸不平,彼此结合十分紧密
    C. 骶髂关节具有相当大的稳固性
    D. 妊娠妇女其活动度不可增大
    E. 关节囊紧张

48. 下列关于骨盆的描述,正确的是
    A. 由左、右髋骨和骶骨构成
    B. 以界线为界,可分为大骨盆及小骨盆
    C. 人体直立时,骨盆向后倾斜
    D. 小骨盆下口平直
    E. 大骨盆下口平直

49. **不构成**骨盆界线的结构是
    A. 骶骨岬   B. 弓状线   C. 耻骨梳
    D. 坐骨结节   E. 耻骨联合上缘

50. 下列关于耻骨联合的说法,正确的是
    A. 由两侧耻骨联合面借韧带连结构成   B. 男性较女性的厚
    C. 上方有耻骨上韧带   D. 下方有耻骨下韧带
    E. 中间无关节盘

51. **不构成**骨盆下口的结构是
    A. 尾骨尖   B. 骶结节韧带   C. 坐骨结节
    D. 坐骨支   E. 耻骨梳

52. 下列关于髋关节的说法,正确的是
    A. 属双轴的球窝关节
    B. 髋臼的周缘附有纤维软骨构成的髋臼唇
    C. 股骨颈全部位于关节囊里面
    D. 关节腔内无韧带
    E. 是人体最大、最复杂的关节

53. 下列有关髋关节的叙述,**错误**的是
    A. 关节囊坚韧致密
    B. 关节囊向上附着于髋臼周缘及髋臼横韧带
    C. 髂股韧带可限制大腿过伸
    D. 耻股韧带可限制大腿的内收运动
    E. 轮匝带可约束股骨头向外脱出

54. 构成膝关节的骨有
    A. 股骨、胫骨和髌骨   B. 股骨、胫骨、腓骨和髌骨
    C. 股骨、胫骨和腓骨   D. 股骨、腓骨和髌骨
    E. 腓骨、胫骨和髌骨

55. 下列有关膝关节的叙述,**错误**的是
    A. 是人体最大、最复杂的关节

B. 关节囊厚而紧张

C. 髌韧带止于胫骨粗隆

D. 前交叉韧带在伸膝时最紧张,能防止胫骨前移

E. 后交叉韧带在屈膝时最紧张,可防止胫骨后移

56. 下列有关半月板的叙述,**错误**的是

A. 位于股骨内、外侧髁与胫骨内、外侧髁关节面之间

B. 内侧半月板呈 C 形

C. 外侧半月板近似 O 形

D. 屈膝时,半月板滑向前方

E. 增加关节窝的深度

57. 阻止胫骨向前移位的主要结构是

A. 髌韧带　　　　　　B. 内侧半月板　　　　　　C. 外侧半月板

D. 前交叉韧带　　　　E. 后交叉韧带

58. 下列有关踝关节的说法,正确的是

A. 由胫骨的下端与距骨滑车构成　　B. 近似双轴的屈戌关节

C. 囊的前、后壁和两侧有韧带加强　　D. 能做背屈(伸)和跖屈(屈)运动

E. 不能做侧方运动

59. 关于踝关节的说法,正确的是

A. 跟骨与胫骨相关节　　　　　　B. 外侧由三角韧带加固

C. 属于滑车关节　　　　　　　　D. 内侧由 3 条独立的韧带加强

E. 双轴的屈戌关节

60. 关于踝关节的说法,正确的是

A. 由胫骨与距骨构成　　　　　　B. 由胫、腓两骨下端与跟骨构成

C. 由腓骨下端与距骨构成　　　　D. 当背屈时,踝关节不稳定

E. 踝关节扭伤多发生在跖屈

61. 关于足弓的说法,正确的是

A. 跗骨和跖骨借其连结形成凸向上的弓　　B. 内侧纵弓的最高点为骰骨

C. 外侧纵弓的最高点在距骨头　　　　　　D. 内侧纵弓活动性小

E. 外侧纵弓更有弹性

62. **不参**与组成足外侧纵弓的骨是

A. 跟骨　　　　　　　　B. 骰骨　　　　　　　　C. 第 4 跖骨

D. 舟骨　　　　　　　　E. 第 5 跖骨

63. 下列有关跗横关节的叙述,**错误**的是

A. 跟骰关节和距跟舟关节联合构成　　B. 又称 Chopart 关节

C. 关节线横过跗骨中份,呈横位的 S 形　　D. 两个关节的关节腔相通

E. 临床上常可沿此线进行足的离断

64. 具有关节唇的关节是

A. 肘关节　　B. 腕关节　　C. 膝关节　　D. 踝关节　　E. 髋关节

65. 具有囊内韧带的关节是

A. 肘关节　　B. 腕关节　　C. 肩关节　　D. 踝关节　　E. 髋关节

66. 具有关节盘的关节是
    A. 肘关节　　　　　　　B. 腕关节　　　　　　　C. 肩关节
    D. 踝关节　　　　　　　E. 髋关节

67. **不能**做环转运动的关节是
    A. 膝关节　　　　　　　B. 腕关节　　　　　　　C. 肩关节
    D. 拇指腕掌关节　　　　E. 髋关节

68. 人体最大、最复杂的关节是
    A. 肘关节　　　　　　　B. 膝关节　　　　　　　C. 肩关节
    D. 踝关节　　　　　　　E. 髋关节

69. 踝关节最不稳定的状态是
    A. 跖屈　　　　　　　　B. 背屈　　　　　　　　C. 内翻
    D. 外翻　　　　　　　　E. 旋内

70. 下列有关前臂骨间膜的叙述,**错误**的是
    A. 连结尺骨和桡骨的骨间缘之间的坚韧纤维膜
    B. 当前臂处于旋前位时,骨间膜松弛
    C. 当前臂处于旋后位时,骨间膜松弛
    D. 纤维方向是从尺骨斜向下内达桡骨
    E. 当前臂处于半旋前位时,骨间膜最紧张

(二) A2 型题

1. 男,1 岁。遭用力拉左手后,其前臂处于旋前位,不能旋后,疼痛明显,诊断为
    A. 桡尺近侧关节脱位　　　　　　　B. 桡尺远侧关节脱位
    C. 肘关节脱位　　　　　　　　　　D. 肱桡关节脱位
    E. 肱尺关节脱位

2. 男,48 岁。弯腰搬重物后,突感腰背部疼痛,并向下肢放射,经诊断为腰部椎间盘突出。以下关于其解剖学基础的说法,**错误**的是
    A. 腰椎的活动度较大
    B. 腰部的椎间盘前薄后厚
    C. 髓核容易向后外侧脱出
    D. 压迫相邻的脊髓或神经根引起放射性痛
    E. 纤维环破裂

3. 男,21 岁。踢球时突感右膝关节剧痛,检查发现患者右膝关节屈膝时,胫骨可向后移位,是因为损伤了
    A. 前交叉韧带　　　　　　B. 后交叉韧带　　　　　　C. 髌韧带
    D. 外侧半月板　　　　　　E. 内侧半月板

4. 女,60 岁。大笑时发生下颌关节脱位,其原因是
    A. 大笑时下颌骨下降并伴有向后的运动
    B. 下颌骨体降向下前方
    C. 下颌头可滑至关节结节前方而不能退回关节窝
    D. 下颌头可滑至关节结节后方而不能退回关节窝
    E. 下颌骨体降向下后方

5. 男,28 岁。单手拉单杠时突感肩部非常疼痛,不能活动肩关节,诊断为肩关节脱位,其原因**不包括**

　　A. 关节盂浅而小　　　　　　　　　B. 肩关节囊薄而松弛

　　C. 上壁有喙肱韧带　　　　　　　　D. 肩关节囊的下壁相对最为薄弱

　　E. 关节的上方有肩锁韧带加强

6. 女,6 岁。倒地后右手撑地,肘关节疼痛,不能活动,诊断为肘关节脱位,其检查主要依据是

　　A. 肱骨内、外上髁和尺骨鹰嘴,此 3 点位置关系发生改变

　　B. 前臂不能旋前

　　C. 前臂不能旋后

　　D. 关节肿胀

　　E. 肘关节疼痛

7. 男,41 岁。因车祸右膝顶撞于前座椅背上,右髋部剧痛,活动均受限,弹性固定于屈曲、内收、内旋位,大转子上移,右下肢短缩,主要考虑

　　A. 股骨颈骨折　　　　　B. 髋关节脱位　　　　　C. 髋臼骨折

　　D. 股骨干骨折　　　　　E. 股骨头坏死

8. 男,9 岁。雪地中滑倒,腕部受到撞击。X 线片示,该患者未发生前臂骨及舟骨骨折,但是参与构成腕关节的近侧列腕骨的中间骨发生了脱位,脱位的骨是

　　A. 头状骨　　　　　　　B. 月状骨　　　　　　　C. 舟骨

　　D. 大多角骨　　　　　　E. 小多角骨

9. 男,5 岁。不慎跌倒,右手着地,当即肘部疼痛不已,诊断为肘关节后脱位。下列与后脱位的描述**无关**的是

　　A. 关节囊前后松弛

　　B. 小儿冠突较小

　　C. 关节腔相对宽大

　　D. 脱位后肱骨内、外上髁与鹰嘴呈尖朝上的三角形

　　E. 尺侧副韧带对于防止后脱位有重要作用

10. 男,52 岁。患者在下楼时不慎踩空,扭伤了右踝部,当即踝部肿痛不能行走,检查发现右踝后外侧部明显肿胀、压痛,X 线检查未见骨折,提示相关的软组织被拉伤,但**不包括**

　　A. 距腓前韧带　　　　B. 距腓后韧带　　　　C. 三角韧带

　　D. 跟腓韧带　　　　　E. 腓骨短肌

11. 男,22 岁。打架时被对方踹击膝关节外侧,膝关节的稳定性受到严重破坏。最大可能发生的损伤是

　　A. 半月板撕裂　　　　B. 胫侧副韧带断裂　　　　C. 腓侧副韧带断裂

　　D. 髌骨骨折　　　　　E. 前交叉韧带撕裂

12. 男,26 岁,篮球运动员,在跳起投篮后着地时,发生踝关节内翻扭伤,**无关**因素为

　　A. 内侧的三角韧带坚强　　B. 内踝短　　　　　　C. 外侧的韧带较薄弱

　　D. 外踝长　　　　　　　　E. 内侧纵弓较外侧的高

13. 女,20 岁。滑冰时跌倒,当时左手掌着地支撑身体。被扶起后,感到手腕上方疼痛并伴有运动障碍。诊断为桡骨远端骨折,当即进行了手法复位。桡腕关节的组成及特点**不包括**

A. 关节头有舟骨、月骨、三角骨的近侧关节面

B. 关节窝为桡骨、尺骨下端关节面

C. 关节囊松弛,周围有韧带加固

D. 屈腕的范围大于伸腕的范围

E. 内收的范围大于外展的范围

14. 女,52 岁,小学教师,自诉站立和行走时双足疼痛,且日渐加重,每当下班回家时,便感双足灼痛和肿胀,尤以内侧及底部最重。诊断为平足所致慢性足劳损。有关足弓的描述,**不正确**的是

A. 足弓分为纵弓和横弓

B. 纵弓分为内侧纵弓和外侧纵弓

C. 内侧纵弓曲度大,弹性强,适应于动态的跳跃

D. 外侧纵弓曲度小,弹性弱,主要与负重直立的静态功能有关

E. 横弓的最高点在外侧楔骨

15. 女,61 岁。大口咬苹果时,突感双侧耳屏前剧痛,此后不能完全闭口,咀嚼困难,言语不清。张口、闭口时双颞下颌关节疼痛,诊断为双侧关节下颌前脱位。原因**不可能**为

A. 外侧韧带限制下颌骨后移

B. 关节囊的前份较弱

C. 关节囊过分松弛

D. 张口过大导致下颌头滑至关节结节前方不能退回

E. 翼内肌有力地不自觉收缩

16. 男,5 岁。因剧烈头痛、呕吐、颈肌强直、高热而入院,为确诊须抽取脑脊液。下列有关描述,**错误**的是

A. 穿刺通常在腰 3 和腰 4 椎骨之间或腰 4 和 5 椎骨之间

B. 腰椎棘突水平后伸,有利于进针

C. 患者抱膝弯腰可使腰椎棘突间隙增宽

D. 两侧髂结节最高点连线通过腰 4 棘突,其上下相邻的棘突间隙可作为穿刺部位

E. 穿刺针通过的韧带依次有棘上韧带、棘间韧带、黄韧带

17. 男,8 岁。溜冰时不慎跌倒,髋部撞击地面,髋部当即疼痛、肿胀、皮下淤血,运动受限,X 线检查无骨折发生,应考虑

A. 股骨头脱位　　　　B. 股骨头韧带损伤　　　　C. 髋臼横韧带损伤

D. 耻股韧带损伤　　　　E. 股骨颈骨裂

18. 男,34 岁。诊断前臂桡骨旋前圆肌止点以下骨折,应将前臂固定于

A. 屈肘、中间位　　　　B. 旋前位　　　　C. 旋后位

D. 屈肘、旋前位　　　　E. 屈肘、旋后位

(三) A3 型题

(1~4 题共用题干)

某患者因患脑膜脑炎须脑脊液穿刺。

1. 穿刺部位一般位于

A. 腰 1、2 椎间隙　　　　B. 腰 2、3 椎间隙　　　　C. 腰 3、4 椎间隙

D. 腰 5 椎间隙　　　　E. 腰骶椎间隙

2. 上述穿刺部位的体表定位是

    A. 两侧髂嵴连线约平第 4 腰椎棘突

    B. 两侧髂结节连线约平第 5 腰椎棘突

    C. 两侧髂结节连线约平第 4 腰椎棘突

    D. 两侧髂后上棘连线约平第 3 腰椎棘突

    E. 两侧髂嵴连线约平第 5 腰椎棘突

3. 穿刺最先穿过的韧带是

    A. 棘上韧带　　　　　　　B. 棘间韧带　　　　　　　C. 后纵韧带

    D. 黄韧带　　　　　　　　E. 前纵韧带

4. 穿刺最后穿过的韧带是

    A. 棘上韧带　　　　　　　B. 棘间韧带　　　　　　　C. 后纵韧带

    D. 黄韧带　　　　　　　　E. 前纵韧带

（5~8 题共用题干）

某患者长期弯腰，导致腰背部疼痛，并向下肢后面放射，诊断为椎间盘突出。

5. 椎间盘突出的解剖学基础是

    A. 腰椎的活动度较小　　　　　　　　B. 腰部的椎间盘前厚后薄

    C. 前纵韧带薄弱　　　　　　　　　　D. 髓核破裂

    E. 前纵韧带坚韧

6. 下列关于椎间盘结构的说法，**不正确**的是

    A. 为连结相邻两个椎体的纤维软骨盘　　B. 成人有 23 个椎间盘

    C. 为胚胎时脊索的残留物　　　　　　　D. 腰部最厚，容易破裂

    E. 成人有 24 个椎间盘

7. 关于椎间盘的描述，正确的是

    A. 大约占新生儿脊柱长度的一半　　　　B. 构成椎间孔前界的一部分

    C. 大约占成年人脊柱长度的 1/3　　　　D. 使脊柱发生原始的和继发的弯曲

    E. 老年椎间盘高度没有变化

8. 椎间盘突出的常见部位是

    A. 前方　　　　　　　　　B. 前外侧　　　　　　　　C. 后方

    D. 后外侧　　　　　　　　E. 后内侧

（9~12 题共用题干）

某患儿因被用力牵拉右手，前臂处于旋前位，不能旋后，肘后外侧窝肿胀，压痛明显。

9. 其最有可能的诊断是

    A. 桡尺近侧关节脱位　　　B. 桡尺远侧关节脱位　　　C. 肱桡关节脱位

    D. 肱尺关节脱位　　　　　E. 桡骨头骨折

10. 下列关于其解剖学基础的描述，**不正确**的是

    A. 桡骨环状韧带松弛

    B. 桡骨头尚在发育之中

    C. 在肘关节伸直位猛力牵拉前臂时，桡骨头易被环状韧带卡住

    D. 前臂骨间膜发育不良

    E. 以上都不是

11. 下列关于肘关节的描述,正确的是
    A. 是肱骨下端与尺、桡骨上端构成的单关节
    B. 囊的后壁最薄弱,常见桡、尺两骨向后脱位
    C. 肘关节囊四周壁厚而紧张
    D. 3 个关节包在不同关节囊内
    E. 肘关节囊四周有韧带加强

12. 以下**不属于**肘关节的运动是
    A. 屈　　　　B. 伸　　　　C. 旋前　　　　D. 旋后　　　　E. 外展

(13~16 题共用题干)

某运动员在踢球时,突感右膝关节剧痛,关节肿胀。检查发现患者右膝关节屈膝,牵拉小腿时胫骨可向前移位。

13. 其最有可能损伤的是
    A. 外侧半月板　　　　B. 内侧半月板　　　　C. 髌韧带
    D. 前交叉韧带　　　　E. 后交叉韧带

14. 以下关于其解剖学结构的描述,**不正确**的是
    A. 膝交叉韧带牢固地连结股骨和胫骨
    B. 前交叉韧带在伸膝时最紧张,能防止胫骨前移
    C. 后交叉韧带在屈膝时最紧张,可防止胫骨后移
    D. 交叉韧带没有滑膜衬覆
    E. 两侧有韧带加强

15. 下列关于膝关节的描述,**不正确**的是
    A. 股骨下端、胫骨上端和髌骨构成　　　　B. 人体最大、最复杂的关节
    C. 关节囊薄而松弛　　　　D. 髌下深囊是与关节腔相通的滑液囊
    E. 内有半月板

16. 下列关于半月板的描述,正确的是
    A. 内侧半月板较小,呈 C 形
    B. 外侧半月板较大,近似 O 形
    C. 半月板上面和下面平坦
    D. 不能连同股骨髁一起对胫骨做旋转运动
    E. 内侧半月板与关节囊及胫侧副韧带紧密相连

(17~20 题共用题干)

某患者在人行道不慎踩空,当即踝部肿痛,不能行走。检查发现右踝后外侧部明显肿胀、压痛,X 线检查未见骨折。

17. 其最**不可能**损伤的是
    A. 距腓前韧带　　　　B. 距腓后韧带　　　　C. 跟腓韧带
    D. 腓骨短肌　　　　E. 三角韧带

18. 踝关节跖屈时容易受伤的原因是
    A. 跖屈时较宽的滑车前部嵌入关节窝内
    B. 跖屈时,较窄的滑车后部进入关节窝内
    C. 距骨滑车前窄后宽

D. 囊的前、后壁有韧带增厚加强

E. 囊的两侧有韧带增厚加强

19. 下列关于踝关节的描述,正确的是

A. 胫、腓骨的下端与跟骨构成　　　　　　B. 胫下端与跟骨构成

C. 胫、腓骨的下端与距骨滑车构成　　　　D. 多轴屈戌关节

E. 内侧有跟腓韧带

20. 不属于踝关节的韧带是

A. 内侧韧带　　　　　B. 三角韧带　　　　　C. 距腓前韧带

D. 距腓中韧带　　　　E. 距腓后韧带

(四) B1 型题

(1~5 题共用备选答案)

A. 前交叉韧带　　　　B. 内侧韧带　　　　　C. 喙肩韧带

D. 分歧韧带　　　　　E. 桡骨环状韧带

1. 属于囊内韧带的是

2. 属于肘关节的韧带是

3. 具有防止肱骨头向上脱位作用的是

4. 跗骨各骨之间的韧带连结是

5. 或称三角韧带的是

(6~10 题共用备选答案)

A. 内收　　B. 外展　　C. 屈　　D. 伸　　E. 背屈

6. 小腿向后贴近大腿称为

7. 示指向中指靠拢称为

8. 上肢远离躯干称为

9. 踝关节的伸称为

10. 冠状轴运动时,相关关节的两骨角度增大称为

(11~15 题共用备选答案)

A. 球窝关节　　　　　B. 屈戌关节　　　　　C. 鞍状关节

D. 椭圆关节　　　　　E. 车轴关节

11. 拇指腕掌关节是

12. 肱桡关节是

13. 桡尺近侧关节是

14. 膝关节是

15. 桡腕关节是

(16~20 题共用备选答案)

A. 肩关节　　　　　　B. 桡腕关节　　　　　C. 拇指腕掌关节

D. 膝关节　　　　　　E. 骶髂关节

16. 最灵活的关节是

17. 能对掌的关节是

18. 运动幅度极小的关节是

19. 最复杂的关节是

20. 最大的关节是

（21~25 题共用备选答案）

    A. 连结相邻两个椎体　　B. 连结相邻两椎弓板　　C. 位于椎体后面

    D. 位于椎体前面　　E. 位于相邻棘突之间

21. 前纵韧带

22. 后纵韧带

23. 椎间盘

24. 黄韧带

25. 棘间韧带

二、名词解释

1. 关节腔	2. 关节囊	3. 滑膜襞
4. 椎间盘	5. 髓核	6. 坐骨大孔
7. 坐骨小孔	8. 骨盆	9. 轮匝带
10. 界线	11. 胸廓	12. 肋弓
13. 胸廓下口	14. 项韧带	15. 耻骨下角
16. 喙肩弓	17. 提携角	18. 半月板
19. Chopart 关节	20. 足弓	21. 脊柱
22. 胸廓上口	23. 前囟	24. 对掌运动
25. 胸骨下角		

三、问答题

1. 简述关节的主要结构。
2. 何为直接连结？分哪几类？
3. 从功能学角度分析肩关节的结构特点。
4. 简述脊柱的构成、功能与运动。
5. 简述肘关节的构成与结构特点。
6. 简述髋关节的结构特点与运动。
7. 简述膝关节的结构特点与运动。
8. 为什么当足跖屈内翻位时，易发生损伤？
9. 椎体间如何连结？
10. 简述髋骨与脊柱间的韧带连结。
11. 何为足弓？
12. 内含关节盘的关节主要有哪些？
13. 简述髋关节囊周围的韧带。
14. 临床上常沿何结构进行足的离断，为什么？
15. 临床上常用的腰穿会穿过哪些结构？
16. 简述颞下颌关节的组成与运动。
17. 简述胸廓的构成及其出口。
18. 椎弓之间的连结有哪些？

四、病例讨论

1. 某男 30 岁,所乘公共汽车突然急刹车,右膝顶撞于前座椅背上,即感右髋部剧痛,不能活动 4 小时。患者以前身体健康,无特殊疾病,查体可见仰卧位时右下肢短缩,右髋呈屈曲、内收、内旋畸形。各项活动均受限,右股骨大转子上移,右膝踝及足部关节活动均可,右下肢感觉正常。

问题:

(1)患者最有可能的诊断是什么,为什么?

(2)髋关节韧带有哪些?

(3)要注意哪个结构损伤而有股骨头坏死风险,为什么?

2. 某男打篮球投篮时向右起跳,落地的时候右膝屈曲猛烈受挫,关节部位有严重的扭曲感并剧烈疼痛,不能正常走路。检查所见:右膝明显肿胀和压痛,关节屈伸困难并疼痛,特别是下蹲时。右膝关节不能完全屈曲。活动时关节内有异响和异物感,自感有轻度的交锁。半屈位时胫骨可向前移动。

问题:

(1)患者最有可能损伤了什么结构,为什么?

(2)膝关节的结构特点是什么?

参 考 答 案

一、选择题

(一) A1 型题

1. D 2. E 3. D 4. B 5. B 6. A 7. E 8. C 9. A 10. E 11. B 12. E 13. A 14. A 15. D 16. E 17. C 18. A 19. A 20. A 21. E 22. A 23. C 24. B 25. E 26. A 27. E 28. D 29. E 30. E 31. D 32. D 33. A 34. A 35. A 36. C 37. D 38. A 39. D 40. A 41. B 42. A 43. C 44. A 45. B 46. D 47. D 48. B 49. D 50. C 51. E 52. B 53. D 54. A 55. B 56. C 57. D 58. D 59. C 60. E 61. A 62. D 63. D 64. E 65. D 66. E 67. A 68. B 69. A 70. D

(二) A2 型题

1. A 2. B 3. B 4. C 5. E 6. A 7. B 8. C 9. D 10. C 11. E 12. C 13. B 14. E 15. E 16. D 17. B 18. A

(三) A3 型题

1. C 2. A 3. A 4. D 5. B 6. E 7. B 8. D 9. A 10. D 11. B 12. E 13. D 14. D 15. D 16. E 17. E 18. B 19. C 20. D

(四) B1 型题

1. A 2. E 3. C 4. D 5. B 6. C 7. A 8. B 9. D 10. D 11. C 12. A 13. E 14. B 15. D 16. A 17. C 18. E 19. D 20. D 21. C 22. C 23. A 24. B 25. E

二、名词解释

1. 关节腔:由关节囊滑膜层和关节面共同围成的密闭腔隙。

2. 关节囊:由纤维结缔组织膜构成的囊,附着于关节面的周围,它包围关节,封闭关节腔,可分为内、外两层,外层为纤维膜,内层为滑膜。

3. 滑膜襞:有些关节囊的滑膜表面积大于纤维层,滑膜重叠卷折并突入关节腔形成滑膜襞。

4. 椎间盘:是连接相邻两个椎体的纤维软骨盘(第 1 及第 2 颈椎之间除外),由中央的髓核和周围的纤维环两部分构成,可缓冲外力对脊髓的震荡,增加脊柱的运动幅度。

5. 髓核:椎间盘中央部为髓核,是柔软而富有弹性的胶状物质,为胚胎时脊索的残留物。

6. 坐骨大孔:骶棘韧带与坐骨大切迹围成坐骨大孔,有肌肉、血管和神经等通过,达臀部和会阴。

7. 坐骨小孔:由骶棘韧带、骶结节韧带和坐骨小切迹围成,有肌肉、血管和神经等通过,达臀部和会阴。

8. 骨盆:由左、右髋骨和骶、尾骨以及其间的骨连结构成。

9. 轮匝带:是髋关节囊的深层纤维围绕股骨颈的环形增厚,可约束股骨头向外脱出。

10. 界线:由骶骨岬向两侧经弓状线、耻骨梳、耻骨结节至耻骨联合上缘构成的环形线,将骨盆分为上方的大骨盆和下方的小骨盆。

11. 胸廓:由 12 块胸椎、12 对肋、1 块胸骨和它们之间的连结共同构成。

12. 肋弓:第 8~10 肋借肋软骨依次与上位肋软骨形成弓形的肋软骨缘,称为肋弓。

13. 胸廓下口:宽而不整,由第 12 胸椎、第 11 及 12 对肋前端、肋弓和剑突围成。

14. 项韧带:棘上韧带在颈部,从颈椎棘突尖向后扩展成三角形板状的弹性膜层,称为项韧带。

15. 耻骨下角:是两侧耻骨下支之间的夹角,有性别差异。

16. 喙肩弓:喙肩韧带与喙突、肩峰共同构成喙肩弓,架于肩关节上方,有防止肱骨头向上脱位的作用。

17. 提携角:当伸前臂时,前臂偏向外侧,与臂形成约 10°~15° 的角度,称为提携角。

18. 半月板:是垫在股骨内、外侧髁与胫骨内、外侧髁关节面之间的两块半月形纤维软骨板,分别称为内、外侧半月板。

19. Chopart 关节:由跟骰关节和距跟舟关节联合构成的横过跗骨中部的横位 S 形关节,临床上可沿此线进行足的离断。

20. 足弓:跗骨和跖骨借其连结形成凸向上的弓,称为足弓,可分为内、外侧纵弓和横弓。

21. 脊柱:躯干骨的 24 块椎骨、1 块骶骨和 1 块尾骨借骨连结形成脊柱,构成人体的中轴,上端承载颅,下端连结肢带骨。

22. 胸廓上口:由胸骨柄上缘、第 1 肋和第 1 胸椎椎体围成,是胸腔与颈部的通道。

23. 前囟:位于矢状缝与冠状缝相接处,呈菱形,较大,生后 1~2 岁闭合。

24. 对掌运动:是拇指与其他各指的掌面相对,是人类握持工具或精细操作时所必需的动作。

25. 胸骨下角:两侧肋弓在中线构成向下开放的角称为胸骨下角。

三、问答题

1. 简述关节的主要结构。

答:①关节面:至少两个,一般凸者为关节头,凹者为关节凹,关节面上有关节软骨。②关节囊:外层为纤维层,内层为滑膜层,可产生滑液。③关节腔:腔内呈负压,有少量滑液。

2. 何为直接连结? 分哪几类?

答:直接连结是骨与骨借纤维结缔组织或软骨相连结,较牢固,不活动或少许活动。可分为纤维连结、软骨连结和骨性结合三类。

3. 从功能学角度分析肩关节的结构特点。

答:肩关节是全身最灵活的关节,它的灵活性体现在①肱骨头大,关节盂小而浅,相对关节面面积之差较大,活动时关节头无深嵌、阻挡的限制;②关节囊薄而松弛;③关节腔大而宽,很少坚强韧带限制关节运动。它的稳固性在很大程度上取决于关节周围大量肌肉的主动收缩。关节后、外及前方皆有肌和肌腱加强,特别是喙肩弓从上方保护。唯有下方缺乏肌和肌腱,是薄弱点。

4. 简述脊柱的构成、功能与运动。

答:脊柱位于背部正中,是躯干的中轴。它是由 24 块椎骨、1 块骶骨、1 块尾骨以及其间的连结构成的柱形体,支撑颅并参与胸腔、腹腔及盆腔后壁的构成。具有支持、保护、运动等功能。可做屈、伸、侧屈、旋转和环转运动。

5. 简述肘关节的构成与结构特点。

答:肘关节属于复合关节,由肱桡、肱尺、桡尺近侧三个关节构成,共同包在一个关节囊内。关节囊前、后壁较薄而松弛,内、外侧壁增厚,分别形成尺侧副韧带和桡侧副韧带。关节囊的下部有桡骨环状韧带。

6. 简述髋关节的结构特点与运动。

答:髋关节除了能做多种运动外,还要承受体重,故非常稳固。其稳定性表现在:①髋臼深,周围还有髋臼唇加深关节窝,使其紧抱股骨头;②关节囊坚韧而紧张;③囊内有股骨头韧带,囊外有髂股韧带、耻股韧带、坐股韧带分别从前、前下、后方对关节加固,关节囊深层纤维增厚成轮匝带,约束股骨头向外脱出。关节囊后下方相对薄弱。髋关节可做三轴的屈、伸、展、收、旋内、旋外以及环转运动。

7. 简述膝关节的结构特点与运动。

答:膝关节是全身最大,关节面最不适应,而稳固性最好的关节。它由股骨下端、胫骨上端和髌骨共同构成。关节囊周围有韧带加强,特别是前面有强大的髌韧带,内、外侧面附有胫侧副韧带和腓侧副韧带。关节囊内有前交叉韧带和后交叉韧带,腔内有内、外半月板。关节囊滑膜层结构复杂,除形成滑膜皱襞(翼状襞)外,在髌骨上方还形成髌上囊。膝关节能做屈伸运动,由于有半月板,半屈膝时能做轻度旋转运动。

8. 为什么当足跖屈内翻位时,易发生损伤?

答:踝关节由胫、腓骨下端与距骨连结而成。距骨上面前宽后窄,故足背屈时较宽的前部进入窝内,踝关节较稳定。当跖屈时,由于较窄的滑车后部进入关节窝内,关节不稳定,活动度大。另外,踝关节内侧韧带坚韧,外侧韧带较弱,所以当足跖屈内翻位时易发生损伤。

9. 椎体间如何连结?

答:椎体间通过以下结构相连结:①椎间盘。中央部为髓核,是柔软而富弹性的胶状物质;周围部为纤维环,为纤维软骨按同心圆排列,富有坚韧性。②前纵韧带。位于椎体前面,宽而厚,可防止脊柱过度后伸。③后纵韧带。位于椎体后面,窄而薄,可防止脊柱过度前屈。

10. 简述髋骨与脊柱间的韧带连结。

答:髋骨与脊柱之间常借下列韧带加固:①髂腰韧带,由第 5 腰椎横突横行放散至髂嵴的后上部。②骶结节韧带,起自骶、尾骨的侧缘,呈扇形,集中附着于坐骨结节内侧缘。③骶棘韧带,位于骶结节韧带的前方,起自骶、尾骨侧缘,呈三角形,止于坐骨棘。

11. 何为足弓?

答:跗骨和跖骨借其连结形成凸向上的弓,称足弓。足弓分为内、外侧纵弓和横弓。内侧纵弓由跟骨、距骨、舟骨、3块楔骨和内侧3块跖骨连结而成;外侧纵弓由跟骨、骰骨和外侧2块跖骨连结而成;横弓由骰骨、3块楔骨和距骨连结构成。足弓增强了足的弹性,对足底血管、神经等有保护作用。

12. 内含关节盘的关节主要有哪些?

答:内含关节盘的关节主要有颞下颌关节、膝关节、胸锁关节。另外,尺骨下端有个三角形的关节盘,参与构成桡腕关节。

13. 简述髋关节囊周围的韧带。

答:①髂股韧带,最为强健,起自髂前下棘,呈人字形向下经关节囊的前方止于转子间线。可限制大腿过伸,对维持人体直立姿势有很大作用。②股骨头韧带,位于关节内,连结股骨头凹和髋臼横韧带,为滑膜所包被,内含营养股骨头的血管。当大腿半屈并内收时,该韧带紧张,外展时韧带松弛。③耻股韧带,由耻骨上支向外下于关节囊前下壁与髂股韧带的深部融合。可限制大腿的外展及旋外运动。④坐股韧带,加强关节囊的后部,起自坐骨体,斜向外上与关节囊融合,附着于大转子根部。可限制大腿的旋内运动。⑤轮匝带,是关节囊的深层纤维围绕股骨颈的环形增厚,可约束股骨头向外脱出。

14. 临床上常沿何结构进行足的离断,为什么?

答:跟骰关节和距跟舟关节联合构成跗横关节,又称 Chopart 关节,其关节线横过跗骨中份,呈横位的 S 形,内侧部凸向前,外侧部凸向后。实际上这两个关节的关节腔互不相通,在解剖学上是两个独立的关节,临床上常可沿此线进行足的离断。

15. 临床上常用的腰穿会穿过哪些结构?

答:临床上常用的腰穿会穿过皮肤,浅筋膜,深筋膜,棘上韧带,棘间韧带,黄韧带,硬脊膜,蛛网膜。

16. 简述颞下颌关节的组成与运动。

答:颞下颌关节又称下颌关节,由下颌骨的下颌头与颞骨的下颌窝和关节结节构成。颞下颌关节属于联合关节,两侧必须同时运动。下颌骨可做上提、下降、前进、后退和侧方运动。

17. 简述胸廓的构成及其出口。

答:胸廓由12块胸椎、12对肋、1块胸骨和它们之间的连结共同构成。它上窄,下宽,前后扁平。胸廓上口较小,由胸骨柄上缘、第1肋和第1胸椎椎体围成,是胸腔与颈部的通道。胸廓下口宽而不整,由第12胸椎、第11及12对肋前端、肋弓和剑突围成。

18. 椎弓之间的连结有哪些?

答:椎弓之间的连结包括椎弓板间的黄韧带,棘突间的棘间韧带,棘上韧带,横突间韧带和由上、下关节突构成的关节突关节。

四、病例讨论

1. 某男30岁,所乘公共汽车突然急刹车,右膝顶撞于前座椅背上,即感右髋部剧痛,不能活动4小时。患者以前身体健康,无特殊疾病,查体可见仰卧位时右下肢短缩,右髋呈屈曲、内收、内旋畸形。各项活动均受限,右股骨大转子上移,右膝踝及足部关节活动均可,右下肢感觉正常。

问题:

(1)患者最有可能的诊断是什么,为什么?

(2)髋关节韧带有哪些?

(3)要注意哪个结构损伤而有股骨头坏死风险,为什么?

答:

(1)患者最有可能的诊断是右侧髋关节脱位。因为有典型的受伤过程,体格检查有右股骨大转子上移和典型的右下肢畸形表现。右下肢其他关节功能正常,感觉正常,说明未合并神经损伤。

(2)髋关节囊周围有:①髂股韧带,最为强健,起自髂前下棘,呈人字形向下经关节囊的前方止于转子间线。可限制大腿过伸,对维持人体直立姿势有很大作用。②股骨头韧带,位于关节内,连结股骨头凹和髋臼横韧带,为滑膜所包被,内含营养股骨头的血管。当大腿半屈并内收时,韧带紧张,外展时韧带松弛。③耻股韧带,由耻骨上支向外下于关节囊前下壁与髂股韧带的深部融合,可限制大腿的外展及旋外运动。④坐股韧带,加强关节囊的后部,起自坐骨体,斜向外上与关节囊融合,附着于大转子根部。可限制大腿的旋内运动。⑤轮匝带,是关节囊的深层纤维围绕股骨颈的环形增厚,可约束股骨头向外脱出。

(3)需要注意股骨头韧带的损伤,因为髋关节脱位一般是由强大的外力所导致的。股骨头脱出髋臼,导致股骨头韧带被牵拉断裂,韧带内含营养股骨头的血管,也常有不同程度的损伤,所以容易发生股骨头缺血性坏死。

2.某男打篮球投篮时向右起跳,落地的时候右膝屈曲猛烈受挫,关节部位有严重的扭曲感并剧烈疼痛,不能正常走路。检查所见:右膝明显肿胀和压痛,关节屈伸困难并疼痛,特别是下蹲时。右膝关节不能完全屈曲。活动时关节内有异响和异物感,自感有轻度的交锁。半屈位时胫骨可向前移动。

问题:

(1)患者最有可能损伤了什么结构,为什么?

(2)膝关节的结构特点是什么?

答:

(1)患者最有可能损伤的是内侧半月板、前交叉韧带。膝关节处于屈曲位并受压后,半月板尚未来得及前滑,被膝关节上、下关节面挤住,即可发生半月板挤伤或破裂。由于内侧半月板与关节囊及胫侧副韧带紧密相连,所以内侧半月板损伤的机会较多。该患者活动时关节内有异响和异物感,提示内侧半月板损伤撕裂,并形成关节内碎片。半屈位时胫骨可向前移动提示前交叉韧带受伤,因为前交叉韧带在伸膝时最紧张,能防止胫骨前移。

(2)膝关节是全身最大,关节面最不适应,而稳固性最好的关节,由股骨下端、胫骨上端和髌骨共同构成。关节囊周围有韧带加强,特别是前面有强大的髌韧带,内、外侧面附有胫侧副韧带和腓侧副韧带。囊内有前交叉韧带和后交叉韧带,腔内有内、外半月板。关节囊滑膜层结构复杂,除形成滑膜皱襞(翼状襞)外,在髌骨上方还可形成髌上囊。

(张晓明)

第三节 骨 骼 肌

学 习 指 导

(一) 学习目的

能够描述肌的形态结构、起止点、命名原则和作用；肌的辅助装置。能够说明重要肌的名称、配布、起止点和作用。能够分析全身肌形成的局部记载。

(二) 学习要点

1. 肌的形态结构、起止点、命名原则和作用；肌的辅助装置。

2. 全身重要肌的位置、起止、作用。咀嚼肌、胸锁乳突肌、斜方肌、背阔肌、胸大肌、胸小肌、前锯肌、三角肌、大圆肌、肱二头肌、肱三头肌、梨状肌、缝匠肌、股四头肌、股二头肌。

3. 重要肌群的组成和作用。表情肌、舌骨上肌群、舌骨下肌群、背浅、深层肌、背肌、胸固有肌、上肢带肌、腹前外侧肌群、臂肌、前臂肌、手肌、髋肌、大腿肌、小腿肌、足肌。

4. 膈的位置、形态结构、功能和裂孔。

5. 重要的局部记载的位置、组成。斜角肌间隙、腹直肌鞘、腹股沟管、收肌管。

6. 体表主要的肌性标志。

复习思考题

一、选择题

(一) A1 型题

1. 包绕一整块肌的结构是
   A. 筋膜　　　　　　　　B. 肌外膜　　　　　　　　C. 滑膜囊
   D. 肌内膜　　　　　　　E. 肌束膜

2. 关于肌的起止和作用,正确的描述是
   A. 肌的两端皆以肌腱附着于骨
   B. 肌在运动时的定点和动点是固定不变的
   C. 肌运动时多以起点作为定点
   D. 躯干肌多起自远离身体中线的部分
   E. 四肢肌多起自肢体的远端

3. 属于肌的辅助装置的结构是
   A. 腱划　　　B. 腱膜　　　C. 中间腱　　　D. 腱鞘　　　E. 肌腱

4. 下列关于腱鞘的描述,正确的是
   A. 是包围在肌腱外面的鞘管
   B. 腱纤维鞘可分为脏、壁两层
   C. 存在于活动性较小的部位
   D. 腱系膜将肌腱固定于骨的表面
   E. 腱纤维鞘的脏层包在肌腱的表面

5. 下列属于面肌的是
    A. 颞肌   B. 咬肌   C. 颊肌
    D. 翼外肌   E. 翼内肌

6. 下列属于咀嚼肌的是
    A. 颊肌   B. 颧肌   C. 口轮匝肌
    D. 翼内肌   E. 颈阔肌

7. 收缩时上提下颌骨的肌是
    A. 翼外肌   B. 下颌舌骨肌   C. 颊肌
    D. 翼内肌   E. 二腹肌

8. 收缩时可做张口的肌是
    A. 翼内肌   B. 口轮匝肌   C. 颊肌
    D. 咬肌   E. 翼外肌

9. 使下颌骨上提和后退的肌是
    A. 颞肌   B. 翼外肌   C. 二腹肌
    D. 翼内肌   E. 咬肌

10. 属于舌骨下肌群的是
    A. 下颌舌骨肌   B. 茎突舌骨肌   C. 颏舌骨肌
    D. 二腹肌   E. 甲状舌骨肌

11. 胸锁乳突肌的作用为
    A. 当一侧收缩时,使头向对侧倾斜,脸转向同侧
    B. 当一侧收缩时,使头向对侧倾斜,脸转向对侧
    C. 当一侧收缩时,使头向同侧倾斜,脸转向对侧
    D. 当一侧收缩时,使头向同侧倾斜,脸转向同侧
    E. 当两侧收缩时,可使头前倾

12. 使肩胛骨向脊柱靠拢,上部的肌束可上提肩胛骨,下部的肌束使肩胛骨下降的肌是
    A. 前锯肌   B. 胸小肌   C. 背阔肌
    D. 斜方肌   E. 胸大肌

13. 使肱骨内收、旋内和后伸的肌是
    A. 大圆肌   B. 背阔肌   C. 斜方肌
    D. 三角肌   E. 前锯肌

14. 拉肩胛骨向前和紧贴胸廓,下部肌束使肩胛骨下角旋外,助臂上举的肌是
    A. 斜方肌   B. 胸小肌   C. 背阔肌
    D. 前锯肌   E. 胸大肌

15. 当背阔肌收缩时,其作用为
    A. 脊柱向同侧屈   B. 肩关节内收和旋外
    C. 肩关节伸和内收   D. 肩关节伸和旋外
    E. 肩胛骨后移和旋内

16. 可降肋助呼气的肌是
    A. 肋间外肌   B. 肋间内肌   C. 前、中、后斜角肌
    D. 胸小肌   E. 前锯肌

17. 当上肢上举固定时,可做引体向上的肌是
    A. 夹肌　　　　　　　　B. 背阔肌　　　　　　　　C. 肩胛提肌
    D. 菱形肌　　　　　　　E. 前锯肌

18. 关于竖脊肌的叙述,正确的是
    A. 位于脊柱棘突的两侧,斜方肌的浅面
    B. 是背部强大的屈肌
    C. 双侧收缩可使脊柱后伸和仰头
    D. 肌纤维向外上分出两组
    E. 起自骶骨的前面和髂嵴的前部

19. 关于胸腰筋膜的叙述,正确的是
    A. 为背部的浅筋膜　　　　　　　　　B. 浅层分隔竖脊肌和腰方肌
    C. 中层覆盖在腰方肌的前面　　　　　D. 浅、中层参与构成竖脊肌鞘
    E. 包裹在竖脊肌和背阔肌的周围

20. 属于胸肌的是
    A. 前锯肌　　　　　　　B. 三角肌　　　　　　　　C. 肩胛下肌
    D. 斜方肌　　　　　　　E. 肩胛提肌

21. 胸大肌的止点是
    A. 结节间沟　　　　　　B. 肱骨大结节　　　　　　C. 肱骨小结节嵴
    D. 肱骨大结节嵴　　　　E. 肱骨小结节

22. 拉肩胛骨向前紧贴胸廓的肌是
    A. 大圆肌　　　　　　　B. 前锯肌　　　　　　　　C. 胸骨舌骨肌
    D. 肩胛下肌　　　　　　E. 胸大肌

23. 伴随食管穿过膈肌食管裂孔的结构是
    A. 胸导管　　　　　　　B. 胸廓内动脉　　　　　　C. 奇静脉
    D. 迷走神经　　　　　　E. 膈神经

24. 使脊柱前屈和旋转的肌是
    A. 竖脊肌　　　　　　　B. 背阔肌　　　　　　　　C. 胸锁乳突肌
    D. 斜方肌　　　　　　　E. 腹前外侧群肌

25. 腹内斜肌腱膜参与形成的结构是
    A. 腹股沟韧带　　　　　B. 腹股沟管皮下环　　　　C. 腹股沟镰
    D. 耻骨梳韧带　　　　　E. 陷窝韧带

26. 腹外斜肌腱膜参与形成的结构是
    A. 弓状线　　　　　　　B. 腹股沟镰　　　　　　　C. 提睾肌
    D. 腹股沟管深环　　　　E. 腹股沟韧带

27. 下列关于腹直肌鞘的叙述,正确的是
    A. 在平脐处鞘的后层形成弓状线
    B. 前层与腹直肌的腱划疏松相贴
    C. 鞘的前层全部由腹内斜肌腱膜组成
    D. 腹横筋膜参与构成鞘的后层
    E. 在弓状线以下鞘的后层缺如

28. 关于提睾肌的来源,下列正确的是
    A. 腹外斜肌和腹横肌   B. 腹内斜肌和腹横肌
    C. 腹外斜肌和腹内斜肌   D. 腹内斜肌和腹直肌
    E. 腹直肌和腹横肌

29. 腹股沟管的深环位于
    A. 腹股沟韧带中点的上方约 1.5cm 处
    B. 腹股沟韧带中、外 1/3 交接处的上方约 1.5cm 处
    C. 腹股沟韧带中、内 1/3 交接处的上方约 2.5cm 处
    D. 腹股沟韧带中、内 1/3 交接处的上方约 1.5cm 处
    E. 腹股沟韧带中点的上方约 2.5cm 处

30. 腹股沟(海氏)三角的内侧界是
    A. 腹直肌的外侧缘   B. 白线   C. 腹直肌的内侧缘
    D. 腹壁下动脉   E. 腹股沟韧带

31. 按作用命名的骨骼肌是
    A. 斜方肌   B. 股二头肌   C. 前锯肌
    D. 胸大肌   E. 旋后肌

32. 斜角肌间隙通过的结构是
    A. 锁骨下动脉   B. 锁骨下静脉   C. 膈神经
    D. 椎动脉   E. 胸长神经

33. 背阔肌的止点是
    A. 肱骨大结节   B. 肱骨小结节
    C. 肱骨小结节嵴   D. 结节间沟
    E. 肱骨大结节嵴

34. 属于胸上肢肌的是
    A. 前锯肌   B. 三角肌   C. 肩胛下肌
    D. 肩胛提肌   E. 斜方肌

35. 肩胛下肌的作用是
    A. 肩关节内收和旋内   B. 肩关节外展
    C. 肩胛骨贴紧胸壁   D. 肩关节后伸
    E. 肩关节旋外

36. 止于肱骨小结节的肌是
    A. 冈上肌   B. 冈下肌   C. 小圆肌
    D. 大圆肌   E. 肩胛下肌

37. 臂肌
    A. 可分为前群、后群和内侧群   B. 肱三头肌属于前群
    C. 前群肌均起自肩胛骨   D. 前群肌均能屈肘关节
    E. 分为前群和后群

38. 肌纤维未编入肩关节囊的肌是
    A. 肩胛下肌   B. 冈上肌   C. 三角肌
    D. 冈下肌   E. 小圆肌

39. 构成腋窝前壁的肌
    A. 胸大肌　　　　　　B. 背阔肌　　　　　　C. 前锯肌
    D. 斜方肌　　　　　　E. 冈上肌

40. 外展肩关节的肌是
    A. 肩胛下肌　　　　　B. 大圆肌　　　　　　C. 小圆肌
    D. 冈上肌　　　　　　E. 冈下肌

41. 肩关节外展的重要一对肌是
    A. 三角肌和冈上肌　　B. 冈上肌和大圆肌　　C. 冈下肌和胸大肌
    D. 三角肌和冈下肌　　E. 冈上肌和胸大肌

42. 使肩关节内收的肌是
    A. 胸小肌　　　　　　B. 胸大肌　　　　　　C. 冈上肌
    D. 冈下肌　　　　　　E. 三角肌

43. 使肩关节旋内的肌是
    A. 肩胛下肌　　　　　B. 冈上肌　　　　　　C. 冈下肌
    D. 小圆肌　　　　　　E. 胸小肌

44. 使肩关节旋外的肌是
    A. 胸大肌　　　　　　B. 小圆肌　　　　　　C. 大圆肌
    D. 肩胛下肌　　　　　E. 冈上肌

45. 既可屈肘又可使前臂旋后的肌是
    A. 肱桡肌　　　　　　B. 肱肌　　　　　　　C. 肱二头肌
    D. 旋后肌　　　　　　E. 肘肌

46. 下列有关肱三头肌的叙述,正确的是
    A. 是肘关节唯一的伸肌
    B. 长头起自肩胛骨盂上结节
    C. 助肩关节后伸及外展
    D. 止于尺骨粗隆
    E. 助肩关节屈及内收

47. 能屈腕又能使腕内收的肌是
    A. 肱桡肌　　　　　　B. 桡侧屈腕肌　　　　C. 掌长肌
    D. 拇长屈肌　　　　　E. 尺侧屈腕肌

48. 下列有关蚓状肌的叙述,正确的是
    A. 屈指间关节,伸掌指关节
    B. 屈指间关节,又屈掌指关节
    C. 屈远侧指间关节,伸近侧指间关节
    D. 伸指间关节,屈掌指关节
    E. 伸指间关节,伸掌指关节

49. 指深屈肌的起点是
    A. 肱骨外上髁　　　　　　　　　　B. 肱骨内上髁
    C. 尺骨上端前面及附近骨间膜面　　D. 桡骨上端前面
    E. 尺骨上端前面

50. 关于肘窝的描述,**错误**的是
    A. 位于肘关节前面
    B. 外侧界为桡侧腕伸肌
    C. 内侧界为旋前圆肌
    D. 上界为肱骨内、外上髁之间的连线
    E. 内有肱二头肌腱、肱动脉和正中神经

51. 伸髋关节并可使其旋外的肌是
    A. 臀大肌
    B. 臀中肌和臀小肌
    C. 股二头肌
    D. 半腱肌和半膜肌
    E. 梨状肌

52. 使髋关节旋内的肌是
    A. 长收肌
    B. 耻骨肌
    C. 臀大肌
    D. 臀中肌
    E. 梨状肌

53. 对髋关节没有旋外作用的肌是
    A. 梨状肌
    B. 闭孔内肌
    C. 股方肌
    D. 大收肌
    E. 半膜肌

54. 既屈髋又使其旋外的肌是
    A. 股直肌
    B. 股薄肌
    C. 髂腰肌
    D. 阔筋膜张肌
    E. 臀中肌后部纤维

55. 既屈髋又屈膝的肌是
    A. 股直肌
    B. 缝匠肌
    C. 大收肌
    D. 阔筋膜张肌
    E. 半腱肌

56. 股四头肌的作用是
    A. 伸髋关节,屈膝关节
    B. 屈髋关节,伸膝关节
    C. 屈和外展髋关节
    D. 屈和内收髋关节
    E. 屈髋关节,屈膝关节

57. 半腱肌和半膜肌的作用
    A. 屈髋关节,屈膝关节
    B. 屈髋关节,伸膝关节
    C. 伸髋关节,伸膝关节
    D. 伸髋关节,屈膝关节
    E. 屈和旋外膝关节

58. 收肌管内通过的结构为
    A. 股血管
    B. 大隐静脉
    C. 股深动脉
    D. 小隐静脉
    E. 闭孔神经

59. 起自骶骨经坐骨大孔止于大转子的肌是
    A. 梨状肌
    B. 臀中肌
    C. 臀小肌
    D. 闭孔内肌
    E. 闭孔外肌

60. 参与屈膝关节的肌是
    A. 股四头肌
    B. 趾长伸肌
    C. 胫骨后肌
    D. 腓肠肌
    E. 胫骨前肌

61. 使膝关节屈和旋内的肌是
   A. 半腱肌和半膜肌　　B. 股二头肌　　C. 股四头肌
   D. 比目鱼肌　　E. 大收肌

62. 小腿三头肌的作用是
   A. 屈膝关节、屈踝关节　　B. 屈膝关节、伸踝关节
   C. 伸膝关节、伸踝关节　　D. 屈膝关节,使足外翻
   E. 屈膝关节,使足内翻

63. 构成腘窝上外侧界的肌是
   A. 半腱肌　　B. 半膜肌　　C. 股二头肌
   D. 腓骨长肌　　E. 腓骨短肌

64. 经内踝后方进入足底的是
   A. 腓肠肌　　B. 腓骨长肌　　C. 腓骨短肌
   D. 𧿹长屈肌　　E. 比目鱼肌

65. 屈膝及外旋小腿的肌是
   A. 腘肌　　B. 半腱肌　　C. 半膜肌
   D. 股二头肌　　E. 比目鱼肌

66. 使足内翻的肌是
   A. 腓肠肌　　B. 比目鱼肌　　C. 腓骨长肌
   D. 腓骨短肌　　E. 胫骨后肌

67. 使足外翻的肌是
   A. 胫骨前肌　　B. 胫骨后肌　　C. 腓肠肌
   D. 腓骨长肌　　E. 腘肌

68. 股三角的内侧界是
   A. 耻骨肌内侧缘　　B. 髂腰肌内侧缘
   C. 股薄肌内侧缘　　D. 长收肌内侧缘
   E. 大收肌内侧缘

69. 附着于坐骨结节的肌是
   A. 闭孔内肌　　B. 闭孔外肌　　C. 股四头肌
   D. 长收肌　　E. 股二头肌

70. 与髌韧带相延续的肌是
   A. 股二头肌　　B. 大收肌　　C. 阔筋膜张肌
   D. 股四头肌　　E. 闭孔内肌

(二) A2 型题

1. 男,5岁。诊断为先天性斜颈,通常引起该病的肌是
   A. 前斜角肌　　B. 颈阔肌　　C. 胸锁乳突肌
   D. 斜方肌　　E. 背阔肌

2. 男,24岁。打篮球时伤及右上肢,致肩关节活动受限,产生"塌肩"。其最可能受损的肌是
   A. 斜方肌　　B. 三角肌　　C. 背阔肌
   D. 冈上肌　　E. 肩胛下肌

3. 女,38 岁。1 天前外出受凉后出现右侧面部不适,进食困难,食物滞留于右侧齿龈。主要受损的肌是

    A. 咬肌   B. 翼外肌   C. 颊肌

    D. 颧肌   E. 口轮匝肌

4. 女,50 岁。乳腺癌改良根治术后 3 个月,患者出现左侧上肢后伸、内收无力,最可能受累的肌是

    A. 斜方肌   B. 三角肌   C. 背阔肌

    D. 冈上肌   E. 肩胛下肌

5. 男,24 岁。踢足球时被队友手肘击中左侧面部,导致张口困难,与症状最相关的肌是

    A. 咬肌   B. 翼内肌   C. 翼外肌

    D. 降口角肌   E. 颞肌

6. 男,36 岁。维修机器时腕部被突然启动的机器割伤,急诊入院。体检发现右腕的两条表浅肌腱和一根神经被切断。患者可内收拇指,但不能对掌,不能自如控制示、中两指的运动。该患者此运动障碍最可能的原因是

    A. 鱼际肌和第 1、2 蚓状肌瘫痪   B. 拇长展肌瘫痪

    C. 掌长肌瘫痪   D. 拇短伸肌瘫痪

    E. 桡侧腕长伸肌瘫痪

7. 女,48 岁。晨起负重锻炼时突然感到右肩部有响声。入院检查发现患者肩部的结节间沟有压痛,屈肘及前臂旋后无力,可见臂前部异常凸起。该患者可能损伤的肌肉是

    A. 三角肌   B. 喙肱肌   C. 肱三头肌

    D. 肱二头肌   E. 肩胛下肌

8. 男,21 岁。射击训练时持续瞄靶 1 小时后感左上臂外展和前屈无力,1 个月后发现左肩变小,经医院检查,发现肩部失去丰满外形,呈现"方肩"畸形。引起该症状的是萎缩的

    A. 冈上肌   B. 肩胛下肌   C. 三角肌

    D. 喙肱肌   E. 胸大肌

9. 男,18 岁,举重运动员。在一次训练挺举下蹲翻站起及上挺过程中突然感觉肩胛部酸胀疼痛,肩胛与胸壁间疼痛,深呼吸后加重。胸大肌放射痛,由肩部深面向胸大肌放射。体检让患者做伤侧推墙动作,可见肩胛骨内侧缘和下角外翘。该患者可能损伤了

    A. 前锯肌   B. 肩胛提肌   C. 背阔肌

    D. 斜方肌   E. 肩胛下肌

10. 女,22 岁。骑马时不慎从马背上摔下,当时下意识地双腿用力夹持马背,引起下肢拉伤。急诊检查发现大腿不能做内收动作。该患者最可能损伤的肌肉是

    A. 缝匠肌   B. 股二头肌   C. 半膜肌

    D. 长收肌   E. 股直肌

11. 男,40 岁。打乒乓球时最初感到踝关节后方疼痛,随后小腿肚出现疼痛,之后继续运动,再次感到疼痛并听到一声弹响,随之患者既不能抬脚尖,也不能上台阶,但踝关节的背屈运动较为容易。患者不能踮脚尖和上台阶是因为

    A. 胫骨前肌损伤   B. 跟腱断裂

    C. 腓骨长肌损伤   D. 腓骨短肌损伤

    E. 胫骨后肌损伤

12. 男,20 岁,玩滑板时不慎跌倒,左侧小腿疼痛剧烈,左侧全足呈弥漫性高度肿胀,不能伸 2~5 趾。急诊入院诊断为急性小腿前筋膜间隙综合征。该患者可能损伤了

    A. 胫骨前肌   B. 长伸肌   C. 趾长伸肌

    D. 腓骨长肌   E. 腓骨短肌

13. 女,16 岁。山路骑行时摔倒,急诊入院检查后诊断为大腿中段骨折,累及股四头肌致运动受限。其最主要的表现为

    A. 伸大腿困难   B. 不能伸膝   C. 仰卧起坐困难

    D. 内收大腿困难   E. 外旋大腿困难

14. 女性,15 岁,上学路上骑自行车与电动车相撞,致右小腿骨折,体检发现足内翻障碍,其可能损伤并瘫痪的肌是

    A. 腓肠肌   B. 胫骨前肌   C. 腓骨长肌

    D. 腓骨短肌   E. 比目鱼肌

（三）A3 型题

（1~3 题共用题干）

男性,20 岁,大学生,学校放假乘长途车回家,由于车窗长时间打开,所以其受寒致使左侧面肌瘫痪。根据临床症状和体格检查结果,初步诊断为左侧面神经麻痹。

1. 患者不能做吹口哨的动作,与此症状相关的肌是

    A. 口轮匝肌   B. 翼内肌和翼外肌

    C. 颊肌   D. 咬肌

    E. 颊肌与口轮匝肌

2. 患者左侧额部的皮肤不出现皱纹,与此症状相关的肌是

    A. 颅顶肌额腹   B. 颅顶肌枕腹   C. 眼轮匝肌

    D. 鼻肌   E. 颞肌

3. 患侧的口角低垂并向病灶侧偏斜,流涎,主要原因为

    A. 翼内肌麻痹   B. 口轮匝肌麻痹   C. 咬肌麻痹

    D. 颊肌麻痹   E. 颞肌麻痹

（4~7 题共用题干）

女性,40 岁,乳腺癌患者。在乳癌手术切除并清扫右腋窝区淋巴结几周后,上肢运动时发现右侧肩胛骨异常突出,抬右手臂梳头困难。医生让患者双手推墙,可见其右侧肩胛骨的内侧缘翘起,呈"翼状肩"。

4. "翼状肩"受损的肌肉是

    A. 三角肌   B. 冈上肌   C. 大圆肌

    D. 背阔肌   E. 前锯肌

5. 腋窝后壁除由背阔肌、肩胛下肌和肩胛骨构成外,还包括

    A. 大圆肌   B. 小圆肌   C. 前锯肌

    D. 冈下肌   E. 喙肱肌

6. 腋窝后壁三边孔的构成包括

    A. 小圆肌和冈下肌及肱三头肌长头   B. 冈下肌和肩胛下肌及肱三头肌短头

    C. 大圆肌和肩胛下肌及肱三头肌长头   D. 大圆肌和小圆肌及肱三头肌长头

    E. 大圆肌和小圆肌及肱三头肌短头

7. 参与腋窝内侧壁构成的肩带肌是
    A. 肩胛下肌　　　　　　　B. 小圆肌　　　　　　　C. 大圆肌
    D. 前锯肌　　　　　　　　E. 胸小肌

（8~11题共用题干）

男性,27岁,冰球运动员。比赛时受伤,导致左侧膝关节外侧损伤,表现为伤口深处疼痛剧烈,小腿无力,无法继续运动。小腿外侧及足背部麻木和刺痛感,表现为足内翻及足下垂。经检查诊断为腓骨颈骨折并神经损伤。

8. 根据该患者的症状,判断损伤的神经是
    A. 腓浅神经　　　　　　　B. 腓总神经　　　　　　C. 隐神经
    D. 股神经　　　　　　　　E. 胫神经

9. 参与足背屈的肌是
    A. 小腿前群肌　　　　　　B. 腓骨长肌　　　　　　C. 趾长伸肌
    D. 腓骨短肌　　　　　　　E. 腓肠肌

10. 参与足外翻的肌是
    A. 胫骨前肌　　　　　　　B. 趾长屈肌　　　　　　C. 腓骨长肌
    D. 胫骨后肌　　　　　　　E. 姆长伸肌

11. 腓总神经损伤表现为
    A. 钩状足　　　　　　　　B. 足外翻　　　　　　　C. 马蹄内翻足
    D. 足内翻　　　　　　　　E. 仰脚趾

(四) B1 型题

（1~5题共用备选答案）
    A. 胸大肌　　　　　　　　B. 背阔肌　　　　　　　C. 冈上肌
    D. 小圆肌　　　　　　　　E. 三角肌

1. 外展并参与屈、伸肩关节的肌是
2. 主要内收和内旋肩关节的肌是
3. 外旋肩关节的肌是
4. 只能外展肩关节的肌是
5. 能旋内和后伸肩关节的肌是

（6~10题共用备选答案）
    A. 咬肌　　　　　　　　　B. 颞肌　　　　　　　　C. 翼内肌
    D. 翼外肌　　　　　　　　E. 二腹肌

6. 使下颌向上和前方运动的肌是
7. 能上提和后退下颌骨的肌是
8. 可上提下颌骨的肌是
9. 能牵拉下颌骨向前下并做侧方运动的肌是
10. 可下降下颌骨的肌是

（11、12题共用备选答案）
    A. 斜方肌上部的纤维收缩　　　　　　　B. 斜方肌下部的纤维收缩
    C. 双侧斜方肌同时收缩　　　　　　　　D. 当肩胛骨固定时一侧斜方肌收缩
    E. 当肩胛骨固定时双侧斜方肌收缩

11. 可下降肩胛骨的是

12. 可上提肩胛骨的是

（13~16 题共用备选答案）

A. 肱二头肌   B. 肱三头肌   C. 喙肱肌

D. 肱桡肌   E. 桡侧腕屈肌

13. 可屈肩关节、屈肘关节并能使前臂旋后的是

14. 可屈肩关节、内收肩关节的是

15. 位于前臂肌前群浅层最外侧的是

16. 可屈肘关节、外展桡腕关节的是

（17~19 题共用备选答案）

A. 腓肠肌   B. 胫骨前肌   C. 胫骨后肌

D. 腓骨长肌   E. 比目鱼肌

17. 使足跖屈和外翻的是

18. 使足跖屈和内翻的是

19. 使足背屈和内翻的是

（20~22 题共用备选答案）

A. 拇长屈肌   B. 拇短屈肌   C. 蚓状肌

D. 骨间背侧肌   E. 拇收肌

20. 能屈拇指指骨间关节的是

21. 可与骨间背侧肌互为协同肌的是

22. 使拇指内收的是

（23、24 题共用备选答案）

A. 股二头肌   B. 缝匠肌   C. 股四头肌

D. 髂腰肌   E. 股薄肌

23. 屈髋关节、屈膝关节的肌是

24. 伸髋关节、屈膝关节的肌是

二、名词解释

1. 肌腱   2. 腱膜   3. 起点

4. 止点   5. 拮抗肌   6. 肌间隔

7. 滑膜囊   8. 腱鞘   9. 胸腰筋膜

10. 斜角肌间隙   11. 主动脉裂孔   12. 食管裂孔

13. 腔静脉孔   14. 腹股沟韧带   15. 腱划

16. 腹直肌鞘   17. 弓状线   18. 白线

19. 肩峰下囊   20. 三边孔   21. 四边孔

22. 腕管   23. 梨状肌上孔   24. 梨状肌下孔

25. 跟腱   26. 三角胸肌间沟   27. 肘窝

28. 股管   29. 股三角   30. 收肌管

31. 腘窝   32. 收肌腱裂孔   33. 腋窝

34. 血管腔隙   35. 肌腔隙   36. 鱼际

三、问答题

1. 运动肩胛骨的肌有哪些？各自的作用是什么？
2. 哪些肌可做引体向上运动？
3. 哪些肌能使头后仰？
4. 哪些肌能使肩关节外展与内收？
5. 哪些肌参与呼吸运动？
6. 腹前外侧壁的肌都包括哪些？其作用如何？
7. 描述腹直肌鞘的形成及其结构特点。
8. 叙述白线的形成及其结构特点。
9. 叙述哪些肌参与了张口与闭口的动作。
10. 描述胸锁乳突肌的位置、起止和作用。
11. 试述胸大肌和背阔肌的位置、起止和作用。
12. 描述膈肌的位置、形态、分部、起止、通过结构和作用。
13. 试述参加肩关节屈、伸运动的肌的名称及作用。
14. 简述肱三头肌的起止点和作用。
15. 前臂前群肌有哪些？各有什么作用？
16. 使肘关节屈、伸和前臂旋前、旋后的肌各主要有哪些？
17. 列出可使足内翻、足外翻的肌的名称。
18. 完成髋关节各方向运动的主要肌肉分别有哪些？
19. 使膝关节屈、伸、旋内和旋外的肌各有哪些？
20. 简述小腿三头肌的起止点和作用。
21. 简述缝匠肌的起止和作用。
22. 简述半腱肌、半膜肌的起点、止点和作用。
23. 试述可使腕关节内收、外展的肌的名称。
24. "翼状肩""方形肩""猿手""爪形手"各是由哪些肌肉瘫痪所致？

四、病例讨论

1. 男孩,5 岁,因颈部疼痛且头总是歪向一侧而去医院就诊。医生检查后发现他的头歪向左侧,该侧胸锁乳突肌的下部有可触及的肿块。诊断为先天性肌性斜颈。

问题:

（1）是什么原因导致该男孩的歪头症状？

（2）如果该斜颈得不到及时治疗,进而可能导致什么结构异常？

2. 男性,25 岁,1 小时前驾驶摩托车不慎跌倒,左肘部着地受伤。检查发现左上臂长度较右臂短,臂中部肿胀,触压疼痛明显。"虎口"区皮肤感觉丧失,不能屈腕。诊断为左肱骨中段骨折伴桡神经损伤。

问题:

（1）请解释患者上臂外伤畸形的形态学机制。

（2）肘功能是否受到影响？

参 考 答 案

一、选择题

(一) A1 型题

1. B 2. C 3. D 4. A 5. C 6. D 7. D 8. E 9. A 10. E 11. C 12. D 13. B
14. D 15. C 16. B 17. B 18. C 19. D 20. A 21. D 22. B 23. D 24. E 25. C
26. E 27. E 28. B 29. A 30. A 31. E 32. A 33. C 34. A 35. A 36. D 37. E
38. C 39. A 40. D 41. A 42. B 43. A 44. B 45. C 46. A 47. E 48. D 49. C
50. B 51. A 52. D 53. E 54. C 55. B 56. B 57. D 58. A 59. A 60. D 61. A
62. A 63. C 64. D 65. D 66. E 67. D 68. C 69. E 70. D

(二) A2 型题

1. C 2. A 3. C 4. C 5. C 6. A 7. D 8. C 9. A 10. D 11. B 12. C 13. B
14. B

(三) A3 型题

1. C 2. A 3. B 4. E 5. A 6. D 7. D 8. B 9. A 10. C 11. C

(四) B1 型题

1. E 2. A 3. D 4. C 5. B 6. C 7. B 8. A 9. D 10. E 11. B 12. A 13. A
14. C 15. D 16. E 17. D 18. C 19. B 20. A 21. C 22. E 23. B 24. A

二、名词解释

1. 肌腱:长肌的腱性部分呈圆索状,称为肌腱。

2. 腱膜:阔肌的腱性部分呈薄片状,称为腱膜。

3. 起点:通常把接近身体正中或四肢靠近近侧端的附着点看作是肌的起点。

4. 止点:通常把远离身体正中或四肢靠近远侧端的附着点看作是肌的止点。

5. 拮抗肌:每一个关节至少配布有两组运动方向完全相反的肌,这些在作用上相互对抗的肌称为拮抗肌。

6. 肌间隔:在四肢,深筋膜插入肌群之间并附着于骨,形成将各肌群分隔开来的肌间隔。

7. 滑膜囊:由疏松结缔组织分化而成,为封闭的扁囊,内有滑液,多位于肌或肌腱与骨面相接触处,以减少两者之间的摩擦。

8. 腱鞘:为包围在肌腱外面的鞘管,存在于腕、踝、手指和足趾等活动较频繁的部位。腱鞘可分为纤维层和滑膜层两部分。

9. 胸腰筋膜:为包裹在竖脊肌和腰方肌周围的深筋膜,在腰部明显增厚,分浅、中、深三层。浅层在竖脊肌的浅面,与背阔肌的腱膜紧密愈合;中层分隔竖脊肌和腰方肌;深层在腰方肌的前面。三层筋膜在腰方肌的外侧缘会合,成为腹内斜肌和腹横肌的起点。

10. 斜角肌间隙:前、中斜角肌与第1肋之间的间隙为斜角肌间隙,内有锁骨下动脉和臂丛通过。

11. 主动脉裂孔:为膈上的裂孔,位于第12胸椎的前方,左、右两膈脚与脊柱之间,有主动脉和胸导管通过。

12. 食管裂孔:为膈上的裂孔,位于第10胸椎的水平,在主动脉裂孔的左前上方,有食管和迷走神经通过。

13. 腔静脉孔:为膈上的孔,位于第8胸椎的水平,有下腔静脉通过。

14. 腹股沟韧带:腹外斜肌腱膜的下缘卷曲增厚连于髂前上棘与耻骨结节之间,称为腹股沟韧带。

15. 腱划:为组成腹直肌的原始肌节融合的痕迹,由结缔组织构成,有三四条,与腹直肌鞘的前层紧密结合。

16. 腹直肌鞘:由腹外侧壁三层阔肌的腱膜构成,包绕腹直肌。鞘分为前、后两层,前层由腹外斜肌腱膜和腹内斜肌腱膜的前层构成,后层由腹内斜肌腱膜的后层与腹横肌腱膜构成。

17. 弓状线:在脐以下4~5cm处,腹直肌鞘的后层缺如,此处的后层游离下缘呈凸向上方的弧形,故称弓状线。

18. 白线:位于腹前壁的正中线上,为左、右腹直肌鞘之间的隔,由两侧三层扁肌腱膜的纤维交织而成,上方起自剑突,下方止于耻骨联合。

19. 肩峰下囊:又称三角肌下滑囊,是全身最大的滑囊之一,位于肩峰、喙肩韧带和三角肌深面筋膜的下方,肩袖和肱骨大结节的上方。

20. 三边孔:位于肩胛下肌(前面观)或小圆肌(后面观)下方、大圆肌上方、肱三头肌长头之间的三边形间隙,有旋肩胛血管通过。

21. 四边孔:位于肩胛下肌(前面观)或小圆肌(后面观)下方、大圆肌上方、肱三头长头和肱骨上端内侧之间的间隙,有腋神经、旋肱后动脉和静脉通过。

22. 腕管:位于腕部掌面,由腕骨沟及横架于其上的韧带构成,内有指浅屈肌腱、指深屈肌腱、拇长屈肌腱及正中神经通过。

23. 梨状肌上孔:位于臀大肌深面,上缘为骨性的坐骨大切迹上部,下缘为梨状肌,有臀上血管、神经穿过此孔出盆腔。

24. 梨状肌下孔:坐骨大孔被梨状肌穿行,其下方的孔为梨状肌下孔,其内有臀下血管和神经、阴部内血管和神经及坐骨神经穿过。

25. 跟腱:位于踝关节的后方,是指小腿后面的腓肠肌和比目鱼肌(小腿三头肌)共同会合形成的一个粗大的肌腱,此腱止于跟骨结节。

26. 三角胸肌间沟:位于胸大肌和三角肌的锁骨起端之间,为一狭窄的裂隙,有头静脉穿过。

27. 肘窝:位于肘关节的前面,为三角形凹窝。上界为肱骨内、外上髁的连线,外侧界为肱桡肌,内侧界为旋前圆肌。

28. 股管:在血管腔隙最内侧,为一小间隙,长约1.2cm,为腹横筋膜向下突出的漏斗形盲管。

29. 股三角:位于股前部上1/3,为底在上、尖朝下的三角形凹陷。上界为腹股沟韧带,内侧界为长收肌内侧缘,外侧界为缝匠肌的内侧缘。从外向内有股神经、股动脉和股静脉及其分支,还有股管等结构。

30. 收肌管:又称Hunter管,位于股中1/3段前内侧,缝匠肌深面,大收肌和股内侧肌之间。由股内侧肌、缝匠肌、长收肌和大收肌围成。

31. 腘窝:为膝后区的菱形凹陷,外上界为股二头肌腱,内上界主要为半腱肌和半膜肌,下内、外界分别为腓肠肌内、外侧头。腘窝内含有重要的血管和神经,由浅至深依次为胫神经、腘静脉和腘动脉。其外上界还有腓总神经,血管周围有腘深淋巴结。

32. 收肌腱裂孔:是指大收肌腱止于股骨内上髁上方的收肌结节,与股骨之间形成的裂孔称收肌腱裂孔,有股动脉和股静脉通过此孔,延续为腘动脉和腘静脉。

33. 腋窝:位于臂上部内侧和胸外侧壁之间的锥形腔隙,有顶、底和前、后、内侧、外侧四个壁。顶是腋窝的上口,向上内通颈根部,由锁骨中 1/3 段、第 1 肋外缘和肩胛骨上缘围成。有臂丛通过,锁骨下血管于第 1 肋外缘移行为腋血管。底由皮肤、浅筋膜和腋筋膜构成。皮肤借纤维隔与腋筋膜相连。腋筋膜中央因有皮神经、浅血管和浅淋巴管穿过而呈筛状,故又称筛状筋膜。前壁由胸大肌、胸小肌、锁骨下肌和锁胸筋膜构成。锁胸筋膜是位于锁骨下肌、胸小肌和喙突之间的胸部深筋膜,有头静脉、胸肩峰血管和胸外侧神经穿过。后壁由背阔肌、大圆肌、肩胛下肌和肩胛骨构成。内侧壁由前锯肌、上 4 位肋骨及肋间肌构成。外侧壁由喙肱肌,肱二头肌长、短头和肱骨结节间沟构成。腋窝内主要有臂丛锁骨下部及其分支、腋动脉及其分支、腋静脉及其属支、腋淋巴结和疏松结缔组织等。

34. 血管腔隙:腹股沟韧带与髋骨间被髂耻弓(连于腹股沟韧带和髋骨的髂耻隆起之间的韧带)分隔成内、外侧两部,内侧部为血管腔隙。血管腔隙前界为腹股沟韧带内侧部,后界为耻骨肌筋膜及耻骨梳韧带,内侧界为腔隙韧带(陷窝韧带),外界为髂耻弓。腔隙内有股鞘及其包裹的股动、静脉以及生殖股神经股支和淋巴管等。

35. 肌腔隙:腹股沟韧带与髋骨间被髂耻弓(连于腹股沟韧带和髋骨的髂耻隆起之间的韧带)分隔成内、外侧两部,外侧部为肌腔隙。肌腔隙前界为腹股沟韧带外侧部,后外界为髂骨,内侧界为髂耻弓。内有髂腰肌、股神经和股外侧皮神经通过。

36. 鱼际:为手肌外侧群在手掌拇指侧形成的肌隆起,有 4 块肌,分为浅、深两层排列,包括拇短展肌、拇收肌、拇对掌肌和拇短屈肌。

三、问答题

1. 运动肩胛骨的肌有哪些?各自的作用是什么?

答:使肩胛骨向脊柱靠拢的肌有:斜方肌、菱形肌;上提肩胛骨的肌有:肩胛提肌、斜方肌的上部肌束;下降肩胛骨的肌有:斜方肌的下部肌束;拉肩胛骨向前下的肌有:胸小肌;拉肩胛骨向前并使其紧贴胸廓的肌为:前锯肌;使肩胛骨下角旋外的肌为:前锯肌的下部肌束、斜方肌的上部肌束。

2. 哪些肌可做引体向上运动?

答:当起止点互换时,胸大肌和背阔肌能做引体向上运动。

3. 哪些肌能使头后仰?

答:两侧的竖脊肌、斜方肌和胸锁乳突肌同时收缩可使头后仰。

4. 哪些肌能使肩关节外展与内收?

答:使肩关节外展的肌有:三角肌、冈上肌;使其内收的肌包括:背阔肌、胸大肌、大圆肌、喙肱肌、肱三头肌的长头、肩胛下肌。

5. 哪些肌参与呼吸运动?

答:膈肌为主要呼吸肌。其他可提肋助吸气的肌包括肋间外肌、胸小肌、斜角肌、胸大肌和前锯肌等;可降肋助呼气的肌包括肋间内肌、腹前外侧肌群、腰方肌和胸横肌等。

6. 腹前外侧壁的肌都包括哪些?其作用如何?

答:腹前外侧壁的肌包括腹外斜肌、腹内斜肌、腹横肌和腹直肌。它们可降肋助呼气,并能使脊柱前屈、侧屈、旋转以及增加腹压助排便和分娩等。

7. 描述腹直肌鞘的形成及结构特点。

答:腹直肌鞘分为前层和后层两部分。前层由腹外斜肌腱膜与腹内斜肌腱膜的前层形成,后层由腹内斜肌腱膜的后层与腹横肌的腱膜组成。其结构特点是,在脐以下 4~5cm 处,鞘的后层缺如,形成一游离的下缘,称为弓状线。自此处以下缺乏鞘的后层,腹直肌直接与腹横筋膜相贴。

8. 叙述白线的形成及其结构特点。

答:白线位于腹前壁的正中线上,为左、右腹直肌鞘之间的隔,由两侧三层扁肌腱膜的纤维交织而成,上方起自剑突,下方止于耻骨联合。白线坚韧而少血管,上部较宽,约 1cm,自脐以下变窄呈线状。约在白线的中点有疏松的瘢痕组织区,即脐环,在胎儿时期有脐血管通过,为腹壁的一个薄弱点。若腹腔脏器由此处膨出,则称为脐疝。

9. 叙述哪些肌参与了张口与闭口的动作。

答:张口肌包括翼外肌、二腹肌、下颌舌骨肌和颏舌骨肌,闭口肌有咬肌、颞肌和翼内肌。

10. 描述胸锁乳突肌的位置、起止和作用。

答:胸锁乳突肌位于颈部的两侧,大部分被颈阔肌所覆盖。它起自胸骨柄的前面和锁骨的胸骨端,二头会合后斜向后上方,止于颞骨的乳突。其作用为:一侧肌收缩使头向同侧倾斜,脸转向对侧;两侧收缩可使头后仰;当仰卧时,双侧肌肉收缩可抬头。该肌的作用主要是维持头的正常端正姿势以及使头在水平方向上从一侧到另一侧进行观察物体运动。

11. 试述胸大肌和背阔肌的位置、起止和作用。

答:胸大肌位置表浅,宽而厚,呈扇形,覆盖着胸廓前壁的大部。它起自锁骨的内侧半、胸骨和第 1~6 肋软骨等处,各部肌束聚合向外,以扁腱止于肱骨大结节嵴。其作用为:使肩关节内收、旋内和前屈。如果上肢固定,胸大肌可上提躯干,与背阔肌一起完成引体向上的动作,也可提肋助吸气。

背阔肌位于背的下半部及胸的后外侧,以腱膜起自下 6 个胸椎的棘突、全部腰椎的棘突、骶正中嵴及髂嵴的后部等处,肌束向外上方集中,以扁腱止于肱骨的肱骨小结节嵴。其作用为:使肱骨内收、旋内和后伸;当上肢上举固定时,可引体向上。

12. 描述膈肌的位置、形态、分部、起止、通过结构和作用。

答:膈肌是分隔胸、腹腔的扁肌,呈穹隆形,其隆凸的上面朝向胸腔,凹陷的下面朝向腹腔。膈的肌纤维起自胸廓下口的周缘和腰椎的前面,可分为 3 部:胸骨部起自剑突的后面;肋部起自下 6 对肋骨和肋软骨;腰部以左、右两个膈脚起自上 2 或 3 个腰椎,并起自腰大肌表面的腱性组织、内侧弓状韧带和腰方肌表面的腱性组织和外侧弓状韧带。各部肌纤维向中央移行于中心腱。

膈肌上有 3 个裂孔:在第 12 胸椎的前方,左、右两个膈脚与脊柱之间有主动脉裂孔,内有主动脉和胸导管通过;主动脉裂孔的左前上方,约在第 10 胸椎水平,有食管裂孔,内有食管和迷走神经通过;在食管裂孔右前上方的中心腱内有腔静脉孔,约在第 8 胸椎水平,内有下腔静脉通过。

13. 试述参加肩关节屈、伸运动的肌的名称及作用。

答:屈肩关节的肌有胸大肌、三角肌前部肌束、肱二头肌、喙肱肌,伸肩关节的肌有背阔肌、三角肌后部肌束、肱三头肌长头。

14. 简述肱三头肌的起止点和作用。

答:起点:长头为盂下结节,外侧头为肱骨后面桡神经沟外上方的骨面,内侧头为桡神经沟以下的骨面。止点为尺骨鹰嘴。作用为伸肘关节,长头还可使肩关节后伸和内收。

15. 前臂前群肌有哪些? 各有什么作用?

答:肱桡肌:屈肘;旋前圆肌:屈肘、前臂旋前;桡侧腕屈肌:屈肘、屈腕、腕外展;掌长肌:屈腕、紧张掌腱膜;尺侧腕屈肌:屈腕、腕内收;指浅屈肌:屈肘、屈腕、屈掌指关节和近侧指间关节;拇长屈肌:屈腕、屈拇指掌指关节和指间关节;指深屈肌:屈腕、屈 2~5 指间关节和掌指关节;旋前方肌:使前臂旋前。

16. 使肘关节屈、伸和前臂旋前、旋后的肌各主要有哪些?

答:屈肘关节的肌有肱二头肌和肱肌,伸肘关节的肌主要是肱三头肌,使前臂旋前的肌有旋前圆肌和旋前方肌,使前臂旋后的肌有旋后肌和肱二头肌。

17. 列出可使足内翻、足外翻的肌的名称。

答:使踝关节背屈的肌有胫骨前肌、拇长伸肌和趾长伸肌,使踝关节跖屈的肌有腓肠肌、比目鱼肌(小腿三头肌)、胫骨后肌、拇长屈肌和趾长屈肌,使足内翻的肌有胫骨前肌和胫骨后肌,使足外翻的肌有腓骨长肌和腓骨短肌。

18. 完成髋关节各方向运动的主要肌肉分别有哪些?

答:屈髋:髂腰肌、阔筋膜张肌、缝匠肌、股直肌、臀中肌、臀小肌;伸髋:臀大肌、股二头肌、半腱肌、半膜肌、臀中肌、臀小肌;外展:臀中肌、臀小肌;使髋关节内收:内收肌群;旋内:臀中肌、小肌前部纤维;旋外:髂腰肌、臀大肌。

19. 使膝关节屈、伸、旋内和旋外的肌各有哪些?

答:屈膝关节的肌有股二头肌、半腱肌、半膜肌、缝匠肌和腓肠肌,伸膝关节的肌有股四头肌,使膝关节旋外的肌有股二头肌,使膝关节旋内的肌有半腱肌和半膜肌。

20. 简述小腿三头肌的起止点和作用。

答:腓肠肌内侧头起于股骨内侧髁后面,外侧头起于股骨外侧髁后面,比目鱼肌起于腓、胫骨后面的上部(比目鱼肌线)。小腿三头肌止于跟骨。其作用为屈膝和使踝关节跖屈。

21. 简述缝匠肌的起止和作用。

答:缝匠肌的起点为髂前上棘,止点为胫骨上端内侧面。作用为屈髋关节、屈膝关节和使已屈的膝关节旋内。

22. 简述半腱肌、半膜肌的起点、止点和作用。

答:半腱肌和半膜肌的起点是坐骨结节,止点分别是胫骨上端内侧和胫骨内侧髁后面。作用为伸髋、屈膝,屈时使小腿旋内。

23. 试述可使腕关节内收、外展的肌的名称。

答:使腕内收的肌是尺侧腕屈肌和尺侧腕伸肌,使腕外展的肌是桡侧腕屈肌、桡侧腕长伸肌和桡侧腕短伸肌。

24. "翼状肩""方形肩""猿手""爪形手"各是由哪些肌肉瘫痪所致?

答:

(1)"翼状肩":由前锯肌瘫痪所致。前锯肌作用为拉肩胛骨向前并紧贴胸廓,此肌瘫痪后肩胛骨内侧缘与下角离开胸廓而突出于皮下,称"翼状肩",见于胸长神经损伤。

(2)"方形肩":由三角肌瘫痪引起。三角肌可使肩部呈圆隆形,瘫痪后肩峰突出于皮下,使肩部呈方形,见于腋神经损伤。

(3)"猿手":由鱼际肌瘫痪引起。鱼际肌位于手掌桡侧,形成一隆起,可使拇指做外展、屈、对掌等运动,其瘫痪后萎缩,手掌扁平呈"猿手",见于正中神经损伤。

（4）"爪形手"：由拇收肌，骨间肌，第3、4蚓状肌瘫痪所致。拇收肌瘫痪者拇指不能内收；骨间肌和第3、4蚓状肌萎缩致各指不能相互靠拢，各掌指关节过伸；第4、5指的指间关节弯曲，表现为"爪形手"。见于尺神经损伤。

四、病例讨论

1. 男孩，5岁，因颈部疼痛且头总是歪向一侧而去医院就诊。医生检查后发现他的头歪向左侧，该侧胸锁乳突肌的下部有可触及的肿块。诊断为先天性肌性斜颈。

问题：

（1）是什么原因导致该男孩的歪头症状？

（2）如果该斜颈得不到及时治疗，进而可能导致什么结构异常？

答：

（1）胸锁乳突肌位于颈部的两侧，大部分被颈阔肌所覆盖，其为一强有力的肌且在颈部形成了明显的标志。它起自胸骨柄的前面和锁骨的胸骨端，二头会合后斜向后上方，止于颞骨的乳突。其作用为：一侧肌收缩使头向同侧倾斜，脸转向对侧；两侧收缩可使头后仰；当仰卧时，双侧肌肉收缩可抬头。该肌的作用主要是维持头的正常端正姿势以及使头在水平方向上从一侧到另一侧的观察物体运动。

本病例为颈部畸形，俗称"歪脖子"。先天性斜颈是在出生前发生的。由于胎儿的头部和颈部在子宫内的位置不良，所以在分娩的过程中可能发生胸锁乳突肌的肌纤维撕裂并出血，进而引起血肿的纤维化。分娩过程中难产也可造成颈部的牵拉从而导致肌纤维撕裂和出血。

（2）由于较长时期的肌纤维变性和缩短，所以慢慢发展为斜颈。通常该病在儿童到5、6岁时才被注意到。对儿童进行全面体检可能会在胸锁乳突肌上发现肿块，如能及时治疗，预后良好。如未能及时治疗，斜颈会导致颈椎发生畸形，颅骨也可能发育不对称。

2. 男性，25岁，1小时前驾驶摩托车不慎跌倒，左肘部着地受伤。检查发现左上臂长度较右臂短，臂中部肿胀，触压疼痛明显。"虎口"区皮肤感觉丧失，不能屈腕。诊断为左肱骨中段骨折伴桡神经损伤。

问题：

（1）请解释患者上臂外伤畸形的形态学机制。

（2）肘功能是否受到影响？

答：

（1）肱骨中段骨折可造成桡神经损伤。桡神经肌支支配肱三头肌、肱桡肌及所有前臂后群肌；皮支分布于臂、前臂背侧和手背桡侧半及桡侧两个半手指近节背面皮肤。桡神经损伤可导致：①感觉障碍。前臂背侧、手背桡侧半及桡侧两个半手指近节背面感觉迟钝，"虎口"区皮肤感觉丧失。②运动障碍。不能伸腕和伸指，拇指不能外展，伸肘时前臂旋后功能减弱。③由于前臂后群肌瘫痪及重力作用，抬起前臂时，出现"垂腕"。

（2）患者上臂缩短是由肱骨骨折的近、远段被肌肉牵拉所致。三角肌的收缩使肱骨的近段外展，肱三头肌、肱二头肌和喙肱肌的收缩牵拉使骨折远段向上。

（3）肘功能不会受到影响。因为伸肘运动是肱三头肌的功能，桡神经在进入桡神经沟之前已经分出分支支配肱三头肌。

（高　艳）

内脏学总论

学 习 指 导

(一) 学习目的

能够复述内脏的概念、胸部标志线和腹部分区;分析中空性器官与实质性器官的形态特点。

(二) 学习要点

1. 内脏的概念。

2. 胸部的标志线和腹部分区。

3. 中空性器官、实质性器官的形态特点。

复习思考题

一、选择题

(一) A1 型题

1. 属中空性器官的是

   A. 肝　　　　　B. 脾　　　　　C. 肾　　　　　D. 胃　　　　　E. 胰

2. 以下描述,错误的是

   A. 内脏按构造可分为中空性器官和实质性器官

   B. 中空性器官呈管状或囊状

   C. 实质性器官多属腺组织

   D. 实质性器官多有神经、血管等出入的门

   E. 中空性器官多有神经、血管等出入的门

3. 关于胸骨线的叙述,正确的是

   A. 在胸骨旁线与锁骨中线连线的中点所作的垂直线

   B. 沿胸骨最宽处外侧缘所作的垂直线

   C. 沿胸骨正中线所作的垂直线

   D. 沿锁骨中线与前正中线连线的中点所作的垂直线

   E. 沿胸骨角外侧所作的垂直线

4. 关于胸骨旁线的叙述,正确的是

   A. 沿胸骨外侧缘所作的垂直线

   B. 经锁骨中点偏内侧所作的垂直线

   C. 经胸骨线与锁骨中线连线中点所作的垂直线

   D. 沿胸骨旁的垂直线

   E. 经锁骨中点所作的垂直线

55

5. 左、右腹股沟区又可称为
    A. 左、右腹外侧区   B. 左、右季肋区   C. 左、右脐区
    D. 左、右耻区   E. 左、右髂区

（二）B1 型题

（1、2 题共用备选答案）
    A. 胃   B. 肺   C. 骨骼肌
    D. 肾上腺   E. 心

1. 有门的内脏器官是
2. 没有门的内脏器官是

（3、4 题共用备选答案）
    A. 右季肋区   B. 左腹外侧区   C. 脐区
    D. 左髂腹股沟区   E. 右腹外侧区

3. 属于腹部下部分区的是
4. 属于腹部上部分区的是

二、名词解释

1. 前正中线   2. 胸骨旁线

三、问答题

1. 列举内脏中的实质性器官。
2. 按构造可将内脏器官分为哪几类？各举 3 个例子。
3. 胸部有哪些标志线？
4. 将腹部分为 3 部 9 区的标志线有哪些？如何画线？

参 考 答 案

一、选择题

（一）A1 型题

1. D 2. E 3. B 4. C 5. E

（二）B1 型题

1. B 2. A 3. D 4. A

二、名词解释

1. 前正中线：沿胸骨前面正中所作的垂直线。
2. 胸骨旁线：经胸骨线与锁骨中线之间连线的中点所作的垂直线。

三、问答题

1. 列举内脏中的实质性器官。
答：呼吸系统的实质性器官是肺；消化系统的实质性器官是肝、胰、三大唾液腺；泌尿系统

的实质性器官是肾;男性生殖系统的实质性器官是睾丸、前列腺、尿道球腺;女性生殖系统的实质性器官是卵巢、前庭大腺。

2. 按构造可将内脏器官分为哪几类? 各举 3 个例子。

答:按构造可将内脏器官分为中空性器官和实质性器官 2 大类,例如食管、胃、膀胱为中空性器官,肝、胰、肺为实质性器官。

3. 胸部有哪些标志线?

答:胸部标志线单条的有前正中线、后正中线,成对的有胸骨线、胸骨旁线、锁骨中线、腋前线、腋中线、腋后线、肩胛线。

4. 将腹部分为 3 部 9 区的标志线有哪些? 如何画线?

答:将腹部分为 3 部 9 区的标志线是上、下横线和左、右垂线(或纵线)。上横线是通过两侧肋弓最低点(或两侧第 10 肋最低点)的连线,下横线为通过两侧髂结节作的连线,左、右垂线(或纵线)为通过左、右腹股沟中点作的垂线。

(赵小贞)

第二章

消 化 系 统

学 习 指 导

(一) 学习目的

能分析说明:牙的形态结构及牙式;大唾液腺名称、位置和导管开口位置;咽的分部、结构及交通;食管的位置、分部及生理性狭窄;胃的形态、分部、位置和毗邻;十二指肠的分部、Treitz韧带、大肠的分部;阑尾的位置、形态及阑尾根部的体表投影;直肠的位置及弯曲、肛管的形态结构;肝的形态和位置,肝外胆道的组成、走行及开口部位;胆囊的形态和位置、胆囊三角及胰的形态、位置和分部;消化系统的组成;腭的结构、舌乳头、颏舌肌;十二指肠的形态结构,空肠和回肠的位置及形态特点,结肠和盲肠的特征性结构,盲肠的位置。

了解:口腔的分部;口唇的结构;牙的萌出和脱落;舌肌;胃壁的结构;肛管齿状线上、下结构的比较;肝段;胃肠道的神经内分泌功能。

(二) 学习要点

1. 口腔:口腔分部及其境界,唇、颊和腭的形态,咽峡的构成;乳牙和恒牙的牙式,牙的形态和构造;舌的形态和黏膜的特征;舌肌的一般配布和功能;颏舌肌的起止、位置和作用;大唾液腺(腮腺、下颌下腺和舌下腺)的名称、位置和腺管的开口部位。

2. 咽:咽的形态、位置、分部以及各部的形态结构和交通;扁桃体的位置和功能。

3. 食管:食管的形态、位置及狭窄的部位。

4. 胃:胃的形态、分部、位置;胃壁的构造及胃黏膜的结构特点。

5. 小肠:小肠的分部;十二指肠的形态、位置、分部及其形态特征;空、回肠的位置和形态,小肠壁的构造特点。

6. 大肠:大肠的分部及其形态特点;盲肠和阑尾的位置、形态结构及阑尾根部的体表投影;回盲瓣;结肠的分部和各部的位置;直肠和肛管的形态、位置和黏膜构造。

7. 胃肠道神经内分泌功能:胃肠的神经支配;胃肠激素及其作用。

8. 肝:肝的形态(分叶、肝门)和位置,肝的主要功能;肝外胆道的组成;胆囊位置、功能和胆囊底的体表投影;输胆管道的组成;胆总管、胰管的汇合和开口的位置;胆汁的排泄途径。

9. 胰:胰的形态和位置;胰的功能。

复习思考题

一、选择题

（一）A1 型题

1. 不含味蕾的结构是
   - A. 轮廓乳头
   - B. 菌状乳头
   - C. 软腭的黏膜上皮
   - D. 丝状乳头
   - E. 会厌的黏膜上皮

2. 关于颏舌肌的叙述，正确的是
   - A. 为成对的舌内肌
   - B. 起于下颌骨的颏结节
   - C. 止于舌的两侧
   - D. 两侧收缩时可拉舌向前下
   - E. 单侧收缩时，使舌尖伸向同侧

3. ⌐6 表示
   - A. 左上颌第 1 乳磨牙
   - B. 左上颌第 2 前磨牙
   - C. 左上颌第 1 恒磨牙
   - D. 右上颌第 1 恒磨牙
   - E. 右上颌第 2 恒磨牙

4. Ⅳ⌐ 表示
   - A. 左下颌第 1 乳磨牙
   - B. 左下颌第 1 前磨牙
   - C. 右下颌第 1 乳磨牙
   - D. 右下颌第 1 前磨牙
   - E. 右下颌第 2 乳磨牙

5. 关于腮腺管的叙述，正确的是
   - A. 发自腮腺的上缘
   - B. 在颧弓下 2 横指处越过咬肌表面
   - C. 开口于与上颌第 2 前磨牙相对的颊黏膜处
   - D. 开口于与上颌第 2 磨牙相对的颊黏膜处
   - E. 穿咬肌开口于腮腺管乳头

6. 食管的第二个狭窄约距中切牙
   - A. 15cm
   - B. 25cm
   - C. 40cm
   - D. 45cm
   - E. 50cm

7. 食管的第三个狭窄约平
   - A. 第 8 胸椎
   - B. 第 9 胸椎
   - C. 第 10 胸椎
   - D. 第 11 胸椎
   - E. 第 12 胸椎

8. 关于胃的叙述，正确的是
   - A. 胃在中等充盈时，位于右季肋区
   - B. 胃分为胃弯、胃体和胃窦
   - C. 角切迹将胃窦分为幽门窦和幽门管
   - D. 幽门窦与幽门管之间有中间沟
   - E. 胃入口称幽门，出口称贲门

9. 左腮腺导管开口的颊黏膜对应的牙是
   - A. ⌐5
   - B. ⌐7
   - C. ⌐8
   - D. 6⌐
   - E. 5⌐

10. 关于咽峡的描述,正确的是
    A. 是咽腔最窄处   B. 其上界为硬腭
    C. 是消化道和呼吸道的交叉处   D. 下界为舌根
    E. 两侧有咽扁桃体

11. 关于大唾液腺的描述,正确的是
    A. 腮腺管位于颧弓下方,横过颊肌,穿过咬肌
    B. 腮腺管开口于上颌第 2 磨牙牙冠
    C. 舌下阜是舌下腺管的唯一开口
    D. 下颌下腺大管开口于舌下襞
    E. 腮腺为唾液腺中最大的一对

12. 结肠带、结肠袋、肠脂垂存在于
    A. 直肠   B. 阑尾   C. 大肠
    D. 结肠   E. 回肠

13. 阑尾根部的体表投影是
    A. 脐与右髂前上棘连线的中、外 1/3 交点处
    B. 脐与右髂前上棘连线中、内 1/3 交点处
    C. 两侧髂前上棘连线的中点处
    D. 两侧髂结节连线的中、右 1/3 交点处
    E. 脐与右髂前下棘连线的中、外 1/3 交点处

14. 关于阑尾的描述,正确的是
    A. 是腹膜间位器官   B. 没有系膜
    C. 以回肠前位多见   D. 结肠带是找阑尾的标志
    E. 由腹腔干供血

15. 结肠带存在于
    A. 肛管   B. 直肠   C. 阑尾
    D. 盲肠   E. 小肠

16. 关于直肠的描述,正确的是
    A. 分为盆部和会阴部   B. 有凸向前的骶曲
    C. 有凹向前的会阴曲   D. 在第 1 骶椎平面与乙状结肠相续
    E. 中间的直肠横襞最大且恒定

17. 有关口腔的叙述,错误的是
    A. 口腔前庭和固有口腔互不相通
    B. 口角约平第 1 磨牙
    C. 口腔的下壁为黏膜、肌肉和皮肤
    D. 口腔的上壁由硬腭和软腭构成
    E. 在平上颌第 2 磨牙的颊黏膜处有腮腺导管的开口

18. 关于腭的叙述,正确的是
    A. 前 1/3 为硬腭,后 2/3 为软腭   B. 腭舌弓在腭咽弓后方
    C. 腭帆的后缘游离   D. 骨腭与硬腭是一个完全相同的概念
    E. 硬腭由腭骨被覆黏膜而成

19. 关于牙的叙述,正确的是
    A. 牙由牙根、牙冠和牙髓构成
    B. 记录牙的位置通常以检查者的方位为准
    C. 以阿拉伯数字表示乳牙
    D. 牙釉质为全身最坚硬的组织
    E. 牙龈是位于牙颈周围的牙组织

20. 有关舌的描述,**错误**的是
    A. 舌扁桃体位于舌根背部黏膜内
    B. 舌系带根部两侧的一对圆形黏膜隆起,称为舌下阜
    C. 舌下腺位于舌下阜内
    D. 下颌下腺导管及舌下腺大管都开口于舌下阜
    E. 舌下腺小导管开口于舌下襞

21. 有关舌肌的描述,**错误**的是
    A. 舌肌的起止全在舌内
    B. 颏舌肌是一对强有力的舌外肌
    C. 两侧颏舌肌同时收缩可使舌伸向前下方
    D. 一侧颏舌肌收缩,舌尖伸向对侧
    E. 舌内肌纤维可分纵行、横行和垂直三种

22. 有关咽的叙述,**错误**的是
    A. 位于第 1~7 颈椎的前方
    B. 在环状软骨高度续于食管
    C. 咽的后壁、侧壁完整,前壁不完整
    D. 以腭帆游离缘和会厌上缘为界,分为三部分
    E. 鼻咽部介于颅底与腭帆游离缘之间

23. 位于口咽部的结构是
    A. 咽鼓管圆枕　　　　B. 咽扁桃体　　　　C. 咽隐窝
    D. 腭扁桃体　　　　　E. 梨状隐窝

24. **不参与**构成咽淋巴环的结构是
    A. 舌扁桃体　　　　　B. 咽扁桃体　　　　C. 腭扁桃体
    D. 咽鼓管扁桃体　　　E. 扁桃体窝

25. 细菌易于停留、繁殖的部位是
    A. 扁桃体窝　　　　　B. 扁桃体小窝　　　C. 咽隐窝
    D. 梨状隐窝　　　　　E. 扁桃体上窝

26. 鼻咽癌的好发部位是
    A. 咽鼓管圆枕　　　　B. 咽隐窝　　　　　C. 梨状隐窝
    D. 扁桃体隐窝　　　　E. 扁桃体上窝

27. 咽炎诱发中耳炎,通过的结构是
    A. 咽鼓管圆枕　　　　　　　　　B. 咽鼓管扁桃体
    C. 咽鼓管　　　　　　　　　　　D. 咽隐窝
    E. 梨状隐窝

28. 咽峡的构成是
    A. 腭垂、两侧腭咽弓和舌根
    B. 腭帆后缘、两侧腭咽弓和舌根
    C. 软腭、两侧腭舌弓和舌根
    D. 腭垂、腭帆后缘、两侧腭舌弓、腭咽弓和舌根
    E. 腭垂、腭帆后缘、两侧腭舌弓和舌根

29. 下列关于咽鼓管咽口的叙述,正确的是
    A. 位于咽鼓管圆枕后上方
    B. 位于下鼻甲后约 1cm 处
    C. 保持开放状态,呈圆形或椭圆形
    D. 开口于喉咽部的侧壁
    E. 周围有咽扁桃体

30. 关于食管的叙述,正确的是
    A. 介于第 6 颈椎与第 10 胸椎之间   B. 分为胸、腹两部
    C. 全长约 40cm   D. 食管胸部最长
    E. 食管壁全部由平滑肌构成

31. 有关胃的描述,错误的是
    A. 角切迹是胃体、幽门部在胃小弯的分界
    B. 分为贲门部、胃底、胃体、幽门部
    C. 胃底又称胃穹窿
    D. 幽门部又可分为左侧的幽门管和右侧的幽门窦
    E. 胃溃疡和胃癌好发于幽门窦近胃小弯处

32. 下列有关十二指肠的叙述,正确的是
    A. 分为水平部、降部、升部和球部四部
    B. 十二指肠球部为溃疡的好发部位
    C. 降部的外侧壁上有十二指肠大乳头
    D. 十二指肠空肠曲是手术时确定空肠起点的标志
    E. 是小肠中活动度最大的部分

33. 有关空、回肠的描述,错误的是
    A. 空、回肠活动度较大
    B. 孤立淋巴滤泡在空、回肠均可见到
    C. 集合淋巴滤泡只见于空肠的黏膜内
    D. 空肠肠壁较厚,管径较大,血管较丰富,黏膜皱襞高而密
    E. 空肠约占空、回肠全长的 2/5,回肠则占 3/5

34. 下列有关 Meckel 憩室的叙述,正确的是
    A. 位于空肠壁上的囊状突起
    B. 为胚胎期卵黄消失而形成的囊状突起
    C. 位于回肠末端系膜缘上的囊状突起
    D. 位于盲肠壁上的囊状突起
    E. 在成人其出现率约为 20%

35. 有关结肠的描述,**错误**的是
    A. 分为升结肠、横结肠、降结肠和乙状结肠
    B. 结肠右曲又称肝曲,结肠左曲又称脾曲
    C. 乙状结肠和横结肠活动度甚小
    D. 结肠脾曲的位置较肝曲高而深
    E. 乙状结肠末端是结肠肠腔最细的部位

36. 下列有关肝的叙述,正确的是
    A. 大部分位于左季肋区和腹上区
    B. 上界平对第 5 肋
    C. 下界完全与右肋弓一致
    D. 脏面有 H 形沟,称肝门
    E. 膈面无腹膜覆盖处称裸区

37. 下列有关肝的叙述,正确的是
    A. 膈面被冠状韧带分为左、右两叶
    B. 裸区由两层腹膜构成
    C. 分泌胆汁
    D. 左纵沟前部有肝镰状韧带
    E. 右纵沟前部有静脉韧带

38. 下列有关胆总管的叙述,正确的是
    A. 由左、右肝管汇合而成
    B. 左前方有肝门静脉伴行
    C. 位于肝十二指肠韧带内
    D. 开口于胆囊
    E. 参与围成胆囊三角

39. 关于胰的叙述,**错误**的是
    A. 胰是人体最大的消化腺
    B. 质软,色灰红
    C. 可分为头、颈、体、尾
    D. 胰管纵贯胰的全长
    E. 胰管与胆总管汇合开口于十二指肠

40. 关于胆囊的叙述,正确的是
    A. 位于肝下面,右纵沟后半的胆囊窝内
    B. 呈梨形,可分泌胆汁
    C. 胆囊底可突出肝下缘
    D. 参与围成胆囊三角
    E. 胆囊颈续胆总管

41. 出肝门的结构是
    A. 肝静脉
    B. 肝门静脉
    C. 肝固有动脉
    D. 肝左、右管
    E. 胆囊管

42. 关于肝毗邻的叙述,**错误**的是
    A. 左叶邻胃前壁
    B. 右叶前部邻结肠右曲
    C. 右叶中部邻十二指肠降部
    D. 右叶后部邻右肾
    E. 肝上方为膈

43. 关于肝的叙述,**错误**的是
    A. 以镰状韧带为界分为肝左、右叶
    B. 连接肝下面左、右纵沟的横沟为肝门
    C. 肝上界在右锁骨中线平第 5 肋

D. 肝右叶小而薄

E. 肝下界在剑突下约 3cm

44. 关于胆囊的叙述,**错误**的是

    A. 位于肝下面的胆囊窝内　　　　　　　B. 胆囊底可在肝的前缘露出

    C. 可分为底、体、颈、管 4 部分　　　　　D. 分泌胆汁

    E. 属于腹膜间位器官

45. 关于胰的叙述,**错误**的是

    A. 只有外分泌功能

    B. 分为胰头、胰颈、胰体和胰尾

    C. 胰头被十二指肠包绕

    D. 在第 1、2 腰椎水平

    E. 胰管与胆总管汇合成肝胰壶腹

46. 肝外胆道**不包括**

    A. 肝左管　　　　　　B. 肝右管　　　　　　C. 胆囊管

    D. 胰管　　　　　　　E. 肝总管

47. 胰头后方的结构**不包括**

    A. 胆总管　　　　　　B. 肝门静脉　　　　　C. 下腔静脉

    D. 横结肠系膜　　　　E. 右肾静脉

48. 胰管开口于

    A. 十二指肠　　　　　B. 空肠　　　　　　　C. 回肠

    D. 升结肠　　　　　　E. 横结肠

49. 人体最大的消化腺是

    A. 腮腺　　　　　　　B. 舌下腺　　　　　　C. 肝

    D. 下颌下腺　　　　　E. 胰

50. 通过肝的脏面左纵沟后半的结构是

    A. 肝固有动脉　　　　　　　　　　　　　B. 静脉韧带

    C. 肝圆韧带　　　　　　　　　　　　　　D. 肝静脉

    E. 门静脉

51. 关于肝总管的叙述,正确的是

    A. 由肝左、右管汇合而成　　　　　　　　B. 长约 5cm

    C. 走行于胰头后方　　　　　　　　　　　D. 分泌胆汁

    E. 开口于十二指肠大乳头

52. 肝胰壶腹开口于

    A. 十二指肠上部　　　　　　　　　　　　B. 十二指肠降部

    C. 十二指肠水平部　　　　　　　　　　　D. 十二指肠升部

    E. 十二指肠球部

53. 下列关于胆总管的叙述,正确的是

    A. 位于肝胃韧带内　　　　　　　　　　　B. 起始于胆囊颈

    C. 位于肝门静脉的右前方　　　　　　　　D. 开口于十二指肠上部

    E. 与下腔静脉相贴

54. 关于胰的叙述,正确的是
    A. 胰位于网膜囊内
    B. 胰尾位于胃脾韧带内
    C. 胰前面隔腹膜与十二指肠相贴
    D. 胰颈后面有肝门静脉起始部
    E. 由肠系膜下动脉的分支供血

55. 通过第二肝门的结构是
    A. 肝门静脉
    B. 肝静脉
    C. 肝固有动脉
    D. 肝管
    E. 肝总动脉

(二) A2 型题

1. 男,31 岁,发生上消化道出血。上消化道出血最常见的原因是
    A. 消化性溃疡
    B. 急性糜烂性胃炎
    C. 慢性胃炎
    D. 胃癌
    E. 肝硬化食管胃底静脉曲张破裂

2. 男,31 岁,发生上消化道出血,出血的范围**不可能**是
    A. 食管
    B. 胃
    C. 十二指肠
    D. 回肠
    E. 口腔

3. 男,31 岁,是一胃溃疡患者,其溃疡最可能发生的位置是
    A. 胃大弯
    B. 胃小弯
    C. 幽门
    D. 胃底
    E. 贲门

4. 男,1 岁半,口内检查发现,上下颌乳中切牙和乳侧切牙均已萌出,按照一般乳牙萌出顺序,在其口内萌出的下一颗牙为
    A. 乳尖牙
    B. 下颌第 2 乳磨牙
    C. 上颌第 1 乳磨牙
    D. 下颌第 2 乳磨牙
    E. 下颌第 2 乳磨牙

5. 男,31 岁,一位肛瘘患者行瘘道关闭手术,术后出现大便失禁,估计是术中伤及了
    A. 肛门内括约肌
    B. 肛门外括约肌皮下部
    C. 肛门外括约肌皮下部及肛门内括约肌
    D. 肛门外括约肌浅部及深部
    E. 肛门外括约肌皮下部及浅部

6. 男,31 岁,诊断为小肠内容物反流入胃内。胃是消化道的囊状器官,对食物有储存、粗消化和排空功能,控制其排空和防止小肠内容物反流入胃的结构位于
    A. 胃底
    B. 贲门
    C. 胃窦
    D. 胃小弯
    E. 幽门

7. 男,40 岁,反复肛门有物脱出 4 年,加重伴便血 1 周,入院诊断:混合痔。混合痔是指
    A. 同时存在内痔和外痔
    B. 两个以上内痔
    C. 两个以上外痔
    D. 齿状线上、下静脉丛互相吻合而成
    E. 痔与肛裂同时存在

8. 女,12 岁,持续牙疼 3 个月,诊断:龋齿。龋齿时疼痛是因为伤及了
    A. 牙釉质
    B. 牙骨质
    C. 牙质
    D. 牙髓
    E. 牙龈

9. 男,50岁,进行性吞咽困难 3 个月余,伴胸骨后烧灼感。医院做胃镜检查示:食管癌。食管癌一般发生于

    A. 食管颈部　　　　　　B. 食管胸部　　　　　　C. 食管腹部

    D. 食管与胃相连处　　　E. 食管狭窄处

10. 男,50岁,出现长期、间歇性吞咽困难,X 线钡餐可见食管下端呈光滑鸟嘴样,可能出现功能异常的结构是

    A. 胃　　　　　　　　　B. 贲门　　　　　　　　C. 幽门

    D. 口咽　　　　　　　　E. 舌

11. 女,9岁,出现腹痛、呕吐、便血及右下腹部包块,钡剂灌肠 X 线检查见钡剂在右髂窝附近处受阻,阻端钡剂呈弹簧状阴影,判断为肠套叠。本病例发生肠套叠的部位是

    A. 盲肠　　　　　　　　B. 横结肠　　　　　　　C. 空肠

    D. 回肠　　　　　　　　E. 乙状结肠

12. 男,8个月,便秘呈进行性加重,腹部逐渐膨隆,伴肠鸣音亢进。患儿呈蛙形腹,伴有腹壁静脉怒张,有时可见到肠型及肠蠕动波,触诊时可触及粪石。诊断为巨结肠。巨结肠最常发生于

    A. 盲肠　　　　　　　　B. 升结肠　　　　　　　C. 横结肠

    D. 降结肠　　　　　　　E. 乙状结肠

13. 男,13岁,晨起突然脐周持续性剧痛,阵发性加重,渐波及全腹,伴频繁呕吐,停止排便、排气 13 小时。腹部透视见多处气液平面。按绞窄性肠梗阻急诊手术。术中见自脐至回肠有一索状粘连带,与腹前壁间形成裂隙,似一内疝环,约有 1m 长小肠自左向右呈 U 形套入疝环。该索状结构可能是

    A. Meckel 憩室　　　　　　　　　B. 卵黄囊管

    C. 卵黄囊管窦　　　　　　　　　D. 卵黄囊管韧带

    E. 卵黄囊管囊肿

14. 女,26岁,表现为腹痛、腹泻、发热、呕吐 20 小时。麦氏点压痛和反跳痛。诊断为急性阑尾炎。手术中寻找阑尾的标志结构是

    A. 结肠袋　　　　　　　B. 结肠带　　　　　　　C. 肠脂垂

    D. 回盲瓣　　　　　　　E. 回盲口

15. 男,10岁,颈部正中线上可见 2~3cm 直径的圆形肿物,位于舌骨前下方和甲状舌骨膜前方。肿物表面光滑,界限清楚,并可随吞咽活动或伸舌运动上下活动。诊断为甲状舌管囊肿。甲状舌管多开口于

    A. 舌盲孔　　　　　　　B. 咽鼓管咽口　　　　　C. 腭大孔

    D. 腭小孔　　　　　　　E. 切牙孔

16. 男,45岁,吸痰带血,耳鸣,听力下降,临床诊断为鼻咽癌。鼻咽癌多发于

    A. 咽鼓管咽口　　　　　B. 咽鼓管圆枕　　　　　C. 咽隐窝

    D. 咽鼓管扁桃体　　　　E. 咽扁桃体

17. 女,34岁,吃鱼肉后出现明显咽部刺痛,吞咽时明显加重,伴有流涎及吞咽困难。异物最可能停留于

    A. 扁桃体窝　　　　　　B. 扁桃体小窝　　　　　C. 扁桃体上窝

    D. 腭舌弓　　　　　　　E. 会厌谷

18. 男,26岁,有发热、呕吐、腹泻等症状,血培养后见伤寒杆菌生长。诊断为肠伤寒。肠伤寒发生穿孔或出血的部位多位于

    A. 孤立淋巴滤泡   B. 小肠绒毛

    C. 小肠系膜缘   D. 集合淋巴滤泡

    E. 小肠对系膜缘

19. 男,30岁,出现便血,无痛,有坠胀感。肛门镜确诊为内痔。内痔位于

    A. 齿状线以上   B. 肛直肠线以上   C. 齿状线以下

    D. 跨齿状线   E. 白线以下

20. 男,48岁,因胆总管结石行胆总管切开探查引流术。最易显露胆总管的部位是

    A. 十二指肠上段   B. 十二指肠后段

    C. 胰腺段   D. 肝胰壶腹

    E. 十二指肠壁内段

21. 女,42岁,因右上腹绞痛伴发热3小时就诊。查体发现,在右腹直肌外侧缘与右肋弓交界处有明显压痛,深吸气时加剧。皮肤和巩膜未见黄疸。该女性最大可能患有

    A. 阑尾炎   B. 胆囊炎   C. 胃窦炎

    D. 胰腺炎   E. 十二指肠球炎

22. 胆囊结石多停留于

    A. 胆囊管   B. 胆囊颈   C. Hartmann 囊

    D. 胆囊体   E. 胆囊底

23. 男,37岁,患有胆道梗阻,但未出现黄疸,阻塞部位可能在

    A. 胆总管   B. 肝总管   C. 胆囊管

    D. 肝左、右管   E. Vater 壶腹

24. 男,44岁,工人,因右上腹持续性钝痛半年,加重伴上腹部包块1个月而就诊入院。查体见到:巩膜轻度黄染,在右肋弓下5cm处触及肝,肝边缘钝、质韧、有触痛。脾未触及,Murphy征(−)。血生化检查显示甲胎蛋白显著升高,B超检查显示肝右叶有实质性占位性病变,肝内外胆管不扩张。诊断:右肝原发性肝癌。施行同种异体原位肝脏移植术。以下关于肝蒂内结构的位置关系,正确的是

    A. 肝门静脉左、右支在中间   B. 左、右肝管在最后方

    C. 肝固有动脉左、右支在最前方   D. 肝门静脉左、右支在最后方

    E. 肝固有动脉左、右支在最后方

25. 男,49岁,因右上腹胀痛2个月,加重伴发热半个月就诊。MRI 显示肝脏右叶可见 7.0cm × 7.0cm × 4.5cm 的不规则病灶。诊断为肝脏右叶恶性肿瘤,拟施行经皮肝动脉灌注栓塞术。肝的营养血管是

    A. 肝门静脉   B. 肝静脉   C. 肝固有动脉

    D. 胆囊动脉   E. 肠系膜上动脉

(三) A3 型题

(1、2题共用题干)

男,40岁,今天上午牙齿疼痛,自行口服止痛片仍坚持工作。下午上班后疼痛愈加剧烈,跳痛明显,难以忍受,前往医院急诊。查体发现右下颌第1前磨牙有明显摇痛和叩打痛,给予钻开引流,疼痛立减。经后续治疗后,该牙成为无髓牙,并不影响功能。

1. 根据检查,病齿应是

    A. |4   B. 4| C. |5

    D. 4| E. 5|

2. 覆盖在牙冠表面的组织是

    A. 牙釉质   B. 牙骨质   C. 牙本质

    D. 牙龈   E. 牙周膜

（3~5 题共用题干）

男,42 岁,因肛门周围流脓前来就医。查体见肛门周围 4 点钟、7 点钟方向可见两个小指尖大小的开口,口周有脓性结痂,探针探查可分别进入肛管,但两口之间并不相通。诊断为肛瘘并予以手术治疗。

3. 根据解剖学知识,肛瘘的内口多数位于

    A. 肛柱   B. 肛瓣   C. 肛窦

    D. 齿状线   E. 白线

4. 肛周手术要注意保护肛直肠环,以免术后大便失禁。构成肛直肠环的肌不包括

    A. 肛门内括约肌   B. 耻骨直肠肌

    C. 肛门外括约肌深部   D. 肛门外括约肌浅部

    E. 尾骨肌

5. 关于齿状线上、下方的特点,正确的是

    A. 齿状线上方痛觉敏感   B. 齿状线下方的痔疮为混合痔

    C. 齿状线下方由躯体神经支配   D. 齿状线上方被覆单层扁平上皮

    E. 齿状线下方由门静脉营养

（6~8 题共用题干）

男,55 天,主诉喷射样呕吐 25 天。患儿出生后 30 天左右无明显诱因情况下出现呕吐,始为溢奶,继而转变为喷射状呕吐,8~10 次/天,常于喂奶后 20~30 分钟出现,呕吐物为奶汁或凝乳块,不含绿色胆汁样物。呕吐后患儿食欲旺盛,吸吮用力,但进奶后不久再次出现呕吐。患儿发病以来体重增长不明显,近 1 周明显消瘦,皮肤松弛,大、小便量较前减少。前来就诊,以呕吐待查收入内科。查体结果为体重 3.4kg,呼吸 36 次/分,脉搏 108 次/分,精神稍差,反应良好,消瘦,全身皮肤黄染,皮下脂肪少,眼窝凹陷,睡眠时眼睛不能闭合,口唇干。双肺呼吸音粗,右下肺可闻及细湿啰音。心音有力,节律齐。上腹膨隆,可见胃型及蠕动波,下腹平坦。行钡餐检查,发现幽门处鸟嘴样改变。

6. 根据临床症状及体格检查,初步诊断为

    A. 幽门括约肌松弛   B. 幽门狭窄   C. 胃溃疡

    D. 十二指肠溃疡   E. 胃穿孔

7. 关于幽门的叙述,错误的是

    A. 远端与十二指肠相连   B. 是胃的出口

    C. 幽门前静脉常横过其上方   D. 幽门处的黏膜形成环形的幽门瓣

    E. 幽门瓣有延缓胃内容物排空的作用

8. 下列说法,正确的是

    A. 幽门的活动度较大

    B. 幽门约在第 1 腰椎体左侧

C. 幽门部小弯侧有不明显的中间沟

D. 幽门括约肌是由胃壁肌层的中层环形肌形成的

E. 幽门括约肌是由胃壁肌层的纵行肌形成的

(9~12 题共用题干)

男,45 岁,反复黑便 3 周,呕血 1 天。3 周前,自觉上腹部不适,偶有嗳气、反酸,口服西咪替丁有好转,但发现大便色黑,次数大致同前,1 或 2 次/天,仍成形,未予注意。1 天前,进食辣椒及烤馒头后,觉上腹不适,伴恶心,并有便意如厕,排出柏油便约 600ml,并呕鲜血约 500ml,当即晕倒,家人急送入院。发病以来乏力明显,睡眠、体重大致正常,无发热。20 世纪 70 年代在农村插队,1979 年发现 HbsAg(+),有"胃溃疡"史 10 年,常用制酸剂。否认高血压、心脏病史,否认结核史、药物过敏史。查体结果为体温 37℃,脉搏 120 次/分,血压 90/70mmHg,重病容,皮肤苍白,无出血点,面颊可见蜘蛛痣 2 个,浅表淋巴结不大,结膜苍白,巩膜可疑黄染,心界正常,心率 120 次/分,律齐,未闻杂音,肺无异常,腹饱满,未见腹壁静脉曲张,全腹无压痛、肌紧张,肝脏未及,脾肋下 10cm,并过正中线 2cm,质硬,肝浊音界平第 7 肋间,移动性浊音阳性,肠鸣音 3~5 次/分。

9. 根据临床症状及体格检查,初步诊断为

A. 上消化道出血 B. 下消化道出血 C. 肝癌

D. 胆道出血 E. 胰头癌

10. 关于胃的说法,**错误**的是

A. 胃溃疡多发生于幽门窦近小弯处 B. 胃底通常是胃的最低处

C. 胃底通常是胃的最高处 D. 幽门窦通常是胃的最低处

E. 胃底位于贲门平面以上

11. 关于胃道的说法,正确的是

A. 胃道是由环行平滑肌增厚形成的

B. 胃道是由纵行平滑肌增厚形成的

C. 胃道位于胃大弯侧

D. 胃道是纵行黏膜皱襞间的沟

E. 胃道是环行黏膜皱襞形成的

12. 关于胃壁结构的说法,**错误**的是

A. 胃壁分四层 B. 胃空虚时黏膜层形成很多皱襞

C. 黏膜下层富含血管、神经及淋巴管 D. 环行肌环绕于胃的全部

E. 肌层由外斜、中环、内纵 3 层平滑肌构成

(13~15 题共用题干)

男,35 岁,因间歇性腹胀、腹泻、消瘦 2 年,加重伴呕吐 20 天入院。有"胃病史",无肝炎、结核等病史。胃肠钡餐检查食管、胃无异常,十二指肠球部和降部明显扩张,水平部狭窄,仅有少量钡剂通过,肠管边缘光滑、规则,黏膜未见明显改变。胃镜检查发现,胃黏膜广泛充血,有较多胆汁反流。B 超检查结果为肝、胆、胰、脾、双肾均无异常,后腹膜、主动脉旁、十二指肠下段未见明显肿块。胸片、腹部平片无异常。

13. 根据临床症状及体格检查,诊断为

A. 反流性胃炎 B. 慢性肠炎 C. 十二指肠梗阻

D. 胃癌 E. 胆囊炎

14. 下列关于十二指肠的说法,**错误**的是
    A. 介于胃和空肠之间   B. 属于下消化道
    C. 是小肠中长度最短的一部分   D. 呈 C 形包绕胰头
    E. 可分四部

15. 下列关于十二指肠的说法,正确的是
    A. 十二指肠上部在十二指肠各部中活动度较小
    B. 十二指肠降部是十二指肠中活动度最大的一部分
    C. 肠系膜上动静脉行于十二指肠水平部后方
    D. 十二指肠升部行于腰椎左侧
    E. 十二指肠水平部横跨第 1 腰椎前方

（16~18 题共用题干）

女,64 岁,间歇腹胀、停止排便、排气伴腹痛 2 个月,加重 5 天急诊入院。右下腹压痛,腹部不对称隆起,上腹部触及一弹性包块,早期肠鸣音活跃。X 线腹平片发现右下腹可见气液平面。

16. 根据临床症状及体格检查,诊断为
    A. 小肠扭转   B. 乙状结肠扭转
    C. 盲肠扭转   D. 急性阑尾炎
    E. 横结肠扭转

17. 下列关于盲肠的说法,**错误**的是
    A. 是大肠的起始处   B. 有结肠带、结肠袋及肠脂垂结构
    C. 与空肠末端相连   D. 上接升结肠
    E. 末端有阑尾相连

18. 下列关于盲肠的说法,正确的是
    A. 位于左髂窝   B. 大多具有较大的活动范围
    C. 是腹膜外位器官   D. 回肠末端向盲肠的开口称回盲口
    E. 无结肠带

（19~21 题共用题干）

女,50 岁,因胆囊炎反复发作而接受胆囊切除术。因为患者胆囊炎症使胆囊与周围结构广泛粘连、分离困难,术野突然充满动脉血。外科医生快速作了止血处理,准确地找到并结扎胆囊动脉,完成胆囊切除术。

19. 为尽快定位准确结扎出血动脉,其办法是
    A. 结扎肝总动脉   B. 结扎肝固有动脉
    C. 结扎肝左动脉   D. 结扎肝门静脉
    E. 暂时压迫肝蒂

20. 医生寻找胆囊动脉的部位是
    A. 胆囊管、肝总管和肝脏下面围成的三角
    B. 肝左动脉、肝总管和肝脏下面围成的三角
    C. 胆囊管、肝总动脉和肝脏下面围成的三角
    D. 门静脉、胆囊管和十二指肠上部围成的三角
    E. 胆总管、十二指肠和肝固有动脉围成的三角

21. 胆囊动脉发自
    A. 肝左动脉　　　　　　B. 肝右动脉　　　　　　C. 肝固有动脉
    D. 肝总动脉　　　　　　E. 胃十二指肠动脉

（22~24 题共用题干）

女,45岁,进食油腻食物后出现右上腹部剧烈疼痛,伴恶心、呕吐、发热和右肩疼痛,被送入院。查体发现,腹壁坚硬,右上腹有触痛,吸气时为重,全身皮肤和巩膜出现黄疸,体温 39.8℃。内镜下逆行性胰胆管造影显示,胆总管下端充盈缺损,局部可见类圆形透亮影,胆总管、肝总管、肝左管、肝右管及肝内胆管不同程度扩张。诊断为胆总管结石,建议手术治疗。

22. 最易显露胆总管的部位是
    A. 十二指肠上段　　　　B. 十二指肠后段　　　　C. 胰腺段
    D. 肝胰壶腹　　　　　　E. 十二指肠壁段

23. 术中寻找胆总管应切开
    A. 肝胃韧带　　　　　　B. 十二指肠悬韧带　　　C. 胃结肠韧带
    D. 胃脾韧带　　　　　　E. 肝十二指肠韧带

24. 一般胆总管直径为
    A. 0.4~0.6cm　　　　　B. 0.6~0.8cm　　　　　C. 0.8~1.8cm
    D. 1.0~1.2cm　　　　　E. 1.2~1.4cm

（25~27 题共用题干）

男,53岁,因腹部剧痛伴背部疼痛就诊入院。查体:皮肤和巩膜黄疸,有轻度腹水和脾大。CT 确诊为胰腺癌。

25. 推测肿瘤位于
    A. 胰头　　　　　　　　B. 胰颈　　　　　　　　C. 胰体
    D. 胰尾　　　　　　　　E. 钩突

26. 该患者出现黄疸,是由于
    A. 十二指肠受压迫　　　B. 胆总管受压迫　　　　C. 肝总管受压迫
    D. 胆囊管受压迫　　　　E. 胰管受压迫

27. 该患者出现腹水和脾大,是由于
    A. 肝静脉受压迫　　　　　　　　　　　B. 肝门静脉受压迫
    C. 肠系膜下静脉受压迫　　　　　　　　D. 胆总管受压迫
    E. 髂内静脉受压迫

（28~30 题共用题干）

女,40岁,因间断右上腹钝痛 10 天入院。体格检查发现,腹部稍微膨隆,以右上腹明显,墨菲征阳性。肝脏在右肋缘下约 6cm,剑突下约 10cm,质硬,有触痛,肝区叩痛明显。腹部超声显示,胆囊区可见 10.90cm×5.11cm 低回声实性占位。腹部 CT 显示,胆囊区可见 12cm×11cm×10cm 实性占位,侵及肝右叶,第 1 肝门受压左移,腹膜后未见肿大淋巴结影。PET/CT 提示,胆囊区及肝右叶 S7、S8 段高密度聚集影,余脏器未见明显异常。诊断:原发性胆囊未分化肉瘤,施行胆囊及部分肝脏切除术。

28. 推测术中切开肝的位置是
    A. 正中裂　　　　　　　B. 左叶间裂　　　　　　C. 右叶间裂
    D. 左段间裂　　　　　　E. 右段间裂

29. 关于肝裂的叙述,**错误**的是

    A. 肝裂是 Glisson 系统在肝内的分布部位

    B. 肝裂是肝内分叶、分段的自然分界线

    C. 肝裂是肝部分切除的适宜部位

    D. 正中裂在肝脏面以胆囊窝和腔静脉沟为界

    E. 右段间裂在肝脏面相当于肝门右端与肝右缘中点的连线

30. 关于胆囊的叙述,正确的是

    A. 分为头、体、颈 3 部分　　　　　　B. 位于肝膈面胆囊窝内

    C. 主要功能是分泌和浓缩胆汁　　　　D. 借结缔组织与肝相连

    E. 容积为 20~30ml

(四) B1 型题

(1~4 题共用备选答案)

    A. 舌扁桃体　　　　　　B. 咽扁桃体　　　　　　C. 梨状隐窝

    D. 腭扁桃体　　　　　　E. 咽隐窝

1. 位于咽上壁后部的是

2. 位于扁桃体窝的是

3. 位于舌根部黏膜内的是

4. 位于喉口两侧的是

(5~8 题共用备选答案)

    A. 十二指肠上部(球部)　B. 十二指肠升部　　　　C. 十二指肠降部

    D. 十二指肠水平部　　　E. 十二指肠空肠曲

5. 胆总管和胰管开口于

6. 十二指肠溃疡好发于

7. 十二指肠悬肌附于

8. 肠系膜上血管的后方为

(9~13 题共用备选答案)

    A. 肛梳　　　　　　　　B. 肛管　　　　　　　　C. 肛柱

    D. 齿状线　　　　　　　E. 白线

9. 直肠穿过盆膈开口于肛门的一段称

10. 肛门内括约肌与肛门外括约肌之间的环形线称

11. 肛管内的纵行黏膜皱襞称

12. 肛管黏膜与皮肤的分界线称

13. 肛门内括约肌紧缩形成的环状带称

(14~17 题共用备选答案)

    A. 十二指肠空肠曲　　　B. 十二指肠升部　　　　C. 十二指肠水平部

    D. 十二指肠降部　　　　E. 十二指肠上部近侧段

14. 大、小网膜附着于

15. 十二指肠悬韧带附着于

16. 前方有肠系膜上动、静脉跨过

17. 胆总管和胰管共同开口于

（18~21 题共用备选答案）

    A. 胆总管   B. 胰头

    C. 小肠袢   D. 肠系膜上动、静脉

    E. 右输尿管、下腔静脉和腹主动脉

18. 经过十二指肠水平部前方的结构是

19. 位于十二指肠水平部下方的结构是

20. 经过十二指肠水平部后方的结构是

21. 位于十二指肠水平部上方的结构是

（22~25 题共用备选答案）

    A. 左半肝   B. 腹前壁   C. 膈

    D. 胰腺   E. 右半肝

22. 构成胃床的结构是

23. 与胃后壁相邻的结构是

24. 与胃前壁右侧份相邻的结构是

25. 与胃前壁左侧份下部接触的结构是

（26~29 题共用备选答案）

    A. 肝圆韧带裂   B. 静脉韧带裂   C. 胆囊窝

    D. 腔静脉沟   E. 肝门静脉

26. 肝右侧纵沟后部是

27. 肝左侧纵沟前部是

28. 肝左侧纵沟后部是

29. 肝右侧纵沟前部是

（30~33 题共用备选答案）

    A. 第 1 肝门   B. 第 2 肝门   C. 肝十二指肠韧带

    D. 肝圆韧带   E. 肝镰状韧带

30. 肝管出

31. 肝左静脉汇入

32. 脐静脉遗迹走行在

33. 肝总管走行于

（34~37 题共用备选答案）

    A. 左纵沟前部   B. 左纵沟后部   C. 右纵沟前部

    D. 右纵沟后部   E. 横沟

34. 胆囊位于

35. 肝门位于

36. 肝圆韧带位于

37. 下腔静脉位于

二、名词解释

1. 上消化道   2. 下消化道   3. 口腔前庭

4. 咽峡   5. 十二指肠悬韧带   6. 牙髓

7. 回盲瓣   8. 咽隐窝   9. 梨状隐窝

10. 麦氏点   11. 齿状线   12. 角切迹

13. 幽门窦   14. 肛白线   15. 肛梳

16. 肝蒂   17. 肝门   18. Vater 壶腹

19. Oddi 括约肌   20. Calot 三角

三、问答题

1. 简述固有口腔。

2. 牙按形态和功能可分哪几类？举例说明如何用牙式来标示恒牙和乳牙。

3. 简述直肠横襞。

4. 人体有哪些大唾液腺,它们的导管各开口于何处？

5. 试述食管的狭窄。

6. 咽的位置和分部如何？

7. 咽各部有哪些重要结构及各部的交通如何？

8. 试述胃的位置、分部和毗邻。

9. 在腹部可扪及或观察到哪些骨性和软组织标志？

10. 试述直肠的位置、内面结构和毗邻。

11. 肛管内面有哪些结构？

12. 试述肝的形态结构和体表投影。

13. 简述肝的毗邻。

14. 肝有哪些门,各有何结构通行？

15. 为何暴饮暴食易诱发胰腺炎？

16. 试述胆汁的产生和排泄途径。

17. 简述胰的位置和分部。

四、病例讨论

1. 患者,男性,53 岁,进行性吞咽困难 6 个月,近来出现呼吸困难而急诊入院。患者自诉 6 个月前在吞咽食物后偶感胸骨后停滞或异样感,但不影响进食,有时呈间歇性。此后出现进行性吞咽困难,初时对固体食物,而后对半流质、流质饮食也有困难。吞咽时胸骨后有灼痛、钝痛,近来出现持续性胸背疼。自 2 个月前开始出现剧烈的阵发性咳嗽,伴血痰,近几周来出现声音嘶哑。检查发现患者极度消瘦,虚弱,口唇发绀,呼吸困难,体温 38.3℃,脉搏 89 次/分,左锁骨上淋巴结肿大,质硬,不活动。胸部 X 线片示纵隔增宽,食管钡餐显示食管在平气管杈平面梗阻,食管镜活检病理报告为食管鳞状上皮癌。诊断为食管癌侵及气管并广泛转移。

问题:用所学解剖学知识解释患者的症状与体征。

2. 患者,男,32 岁,2 年前无明显诱因感上腹部疼痛,为节律性疼痛,进食后疼痛明显缓解,常有夜间痛、空腹痛。2 天前上腹部持续性疼痛,呕吐。3 小时前出现右下腹剧烈疼痛。体温 37.9℃,脉搏 98 次/分,呼吸 22 次/分,血压 120/80mmHg,神志清楚,腹壁紧张,板状腹,上腹部和右下腹明显压痛、反跳痛。手术中发现右髂窝内有较多淡黄色混浊液体。

问题:临床诊断应是什么疾病？

3. 患者,女,45 岁,会计。突发右上腹部阵发性绞痛伴右肩疼痛就诊入院。查体:腹肌紧张,右上腹压痛,Murphy 征阳性。B 超检查显示胆囊内有结石阴影。诊断为胆囊结石、急性胆囊炎。

问题:

(1)右上腹有哪些脏器?

(2)简述 Murphy 征阳性的解剖学基础。

(3)试述胆囊和输胆管道的关系。

(4)思考该患者出现右肩疼痛的可能机制。

参 考 答 案

一、选择题

(一)A1 型题

1. D 2. D 3. C 4. C 5. D 6. B 7. C 8. C 9. B 10. D 11. E 12. D 13. A
14. D 15. D 16. E 17. A 18. C 19. D 20. C 21. A 22. A 23. D 24. E 25. B
26. B 27. C 28. E 29. B 30. D 31. E 32. B 33. C 34. E 35. D 36. E 37. D
38. C 39. A 40. C 41. D 42. C 43. D 44. D 45. A 46. D 47. D 48. A 49. C
50. B 51. A 52. D 53. C 54. D 55. B

(二)A2 型题

1. A 2. D 3. B 4. A 5. D 6. E 7. A 8. D 9. E 10. B 11. A 12. E 13. D
14. B 15. A 16. C 17. E 18. D 19. A 20. A 21. B 22. C 23. C 24. D 25. C

(三)A3 型题

1. D 2. A 3. C 4. E 5. C 6. B 7. C 8. D 9. A 10. B 11. D 12. E 13. C
14. B 15. A 16. C 17. D 18. D 19. E 20. A 21. B 22. A 23. C 24. E 25. A
26. B 27. B 28. B 29. A 30. D

(四)B1 型题

1. B 2. D 3. A 4. C 5. C 6. A 7. E 8. D 9. E 10. E 11. C 12. D 13. A
14. E 15. C 16. C 17. D 18. D 19. A 20. E 21. B 22. D 23. C 24. D 25. B
26. D 27. A 28. B 29. C 30. A 31. B 32. D 33. C 34. C 35. E 36. A 37. D

二、名词解释

1. 上消化道:临床上通常把口腔至十二指肠的消化管称为上消化道,包括口腔、咽、食管、胃和十二指肠等。

2. 下消化道:临床上通常把空肠以下的消化管称为下消化道,包括空肠、回肠和大肠(分为盲肠、阑尾、结肠、直肠、肛管)等。

3. 口腔前庭:口腔借上、下牙弓(包括牙槽突,牙列)和牙龈分为前、后两部分,位于前外侧部的为口腔前庭,是在上、下唇,颊和上、下牙弓间的狭窄空隙。

4. 咽峡:腭帆游离缘、腭垂,两侧腭舌弓及舌根共同围成的口称为咽峡,是口腔与口咽部相通的门户。

5. 十二指肠悬韧带:十二指肠悬肌把十二指肠空肠曲的上后壁固定于右膈脚上,故将十二指肠悬肌和包绕于其下段表面的腹膜皱襞共同称为十二指肠悬韧带,是用以确定空肠起始部的重要标志。

6. 牙髓:牙的神经、血管通过牙根尖端的牙根尖孔和牙根管进入牙髓腔内,并与腔内结缔组织共同构成牙髓。

7. 回盲瓣:由回肠末端突入盲肠所形成的上、下两个半月形的瓣膜称为回盲瓣,可阻止小肠内容物过快地流入大肠,以便食物充分消化吸收,又可阻止盲肠内容物反流入回肠。

8. 咽隐窝:位于鼻咽部的咽鼓管圆枕后方与咽后壁之间的纵行深窝即咽隐窝,是鼻咽癌的好发处。

9. 梨状隐窝:为位于喉咽部侧壁上深陷的凹窝,恰在喉口两侧,左右各一,是异物容易停留的部位。

10. 麦氏点:是阑尾根部的体表投影点,通常为右髂前上棘与脐连线的中外 1/3 交点处。

11. 齿状线:由肛瓣的边缘和肛柱下端共同连成的锯齿状环形线环,绕肛管的内面,称为齿状线,是黏膜与皮肤等的重要分界线。

12. 角切迹:在胃小弯的最低点弯度明显折转处可见到一切迹,称角切迹,是胃体与幽门部在胃小弯的分界。

13. 幽门窦:胃的幽门部被中间沟分为两部分,左侧部为幽门窦,此部较膨大。

14. 肛白线:肛管内肛梳下缘的一条不甚明显的环形线,称为白线。活体肛门指检时可触知此白线处有一环形浅沟,是肛门内、外括约肌的分界线。

15. 肛梳:在肛管内面齿状线的下方有一宽约 1cm 的环状区域,称肛梳或痔环,外观浅蓝,光滑,其皮下组织内富含静脉丛。

16. 肝蒂:出入肝门的肝固有动脉左、右支,肝左、右管,肝门静脉左、右支及神经和淋巴管被结缔组织包绕形成肝蒂。

17. 肝门:肝脏面的横沟,有肝固有动脉左、右支,肝左、右管,肝门静脉左、右支及神经和淋巴管等出入,称肝门。

18. Vater 壶腹:胆总管在十二指肠降部后内侧壁内与胰管汇合,形成略膨大的肝胰壶腹,即 Vater 壶腹,开口于十二指肠大乳头。

19. Oddi 括约肌:胆总管和胰管汇合称肝胰壶腹,开口于十二指肠大乳头。在肝胰壶腹周围有肝胰壶腹括约肌(Oddi 括约肌)包绕。Oddi 括约肌平时保持收缩状态,使胆汁经肝管、肝总管和胆囊管进入胆囊贮存;进食后,在神经体液因素作用下,胆囊收缩,Oddi 括约肌舒张,使胆汁自胆囊经胆囊管、胆总管排入十二指肠腔内。

20. Calot 三角:胆囊三角,是由胆囊管、肝总管和肝脏面围成的三角形区域,是胆囊手术中寻找胆囊动脉的标志。

三、问答题

1. 简述固有口腔。

答:口腔借上、下牙弓(牙槽突,牙列)和牙龈分为前、后两部分,位于后内侧部的即为固有口腔。其向后经咽峡通口咽部,上壁为硬腭和软腭,下壁即口腔底,由黏膜、骨骼肌和舌构成。

2. 牙按形态和功能可分哪几类? 举例说明如何用牙式来标示恒牙和乳牙。

答:牙按形态和功能可分切牙、尖牙和磨牙 3 类。其中,恒牙有前磨牙和磨牙,乳牙无前磨牙。

　　临床上,用牙式标示牙的位置,常以被检查者的方位为准,以"+"记号划分上、下颌和左、右半共 4 个区。以罗马数字Ⅰ~Ⅴ依次标示:乳中切牙、乳侧切牙、乳尖牙、第 1 乳磨牙、第 2 乳磨牙。以阿拉伯数字 1~8 依次标示:中切牙、侧切牙、尖牙、第 1 前磨牙、第 2 前磨牙、第 1 磨牙、第 2 磨牙、第 3 磨牙。

　　3. 简述直肠横襞。

　　答:在直肠壁上常有 2 或 3 片由环行肌和黏膜形成的半月形皱襞,称为直肠横襞,其中一个大而恒定者存在于直肠前右壁上,距肛门约 7cm,为直肠镜检时的定位标志。

　　4. 人体有哪些大唾液腺,它们的导管各开口于何处?

　　答:腮腺开口于上颌第 2 磨牙所对颊黏膜上的腮腺管乳头,下颌下腺开口于舌下阜,舌下腺开口于舌下阜和舌下襞。

　　5. 试述食管的狭窄。

　　答:食管有三个狭窄:①位于食管起始处,距中切牙约 15cm;②位于食管在左主支气管的后方与其交叉处,距中切牙约 25cm;③位于食管穿过膈的食管裂孔处,距中切牙约 40cm。

　　6. 咽的位置和分部如何?

　　答:咽位于第 1~6 颈椎前方,上固定于颅底,向下至第 6 颈椎体下缘平面续于食管。咽腔以软腭和会厌上缘为界自上而下分为:①鼻咽,是在颅底与软腭平面之间的咽腔;②口咽,是软腭至会厌上缘平面之间的咽腔;③喉咽,是会厌上缘至第 6 颈椎体下缘平面(环状软骨下缘平面)之间的咽腔。

　　7. 咽各部有哪些重要结构及各部的交通如何?

　　答:咽各部的重要结构:鼻咽有咽鼓管咽口、咽鼓管圆枕、咽隐窝、咽扁桃体和咽鼓管扁桃体;口咽有扁桃体窝及窝内的腭扁桃体,还有舌会厌正中襞、会厌谷;喉咽有梨状隐窝。咽各部的交通关系是:鼻咽向前经鼻后孔通鼻腔,向两侧以咽鼓管咽口、咽鼓管通中耳的鼓室;口咽向前经咽峡通口腔;喉咽向前经喉口通喉腔,向下与食管相续。

　　8. 试述胃的位置、分部和毗邻。

　　答:胃在中等度充盈时,大部分位于左季肋区,小部分位于腹上区,贲门位于第 11 胸椎体左侧,幽门在第 1 腰椎体右侧。

　　胃可分为 4 部:①贲门部,是位于贲门周围的部分;②胃底,是贲门平面向左上方凸出的部分;③胃体,是胃的中间部;④幽门部,为胃体下界与幽门之间的部分,此部又可分为左侧份较粗大的幽门窦和右侧份呈管状的幽门管。

　　胃前壁的右侧部与肝左叶相邻,左侧部上份与膈相邻,下份与腹前壁相贴。胃后壁隔网膜囊与膈的左侧部、胰、左肾、左肾上腺、脾、横结肠及其系膜相邻,这些器官构成胃床。

　　9. 在腹部可扪及或观察到哪些骨性和软组织标志?

　　答:骨性标志有剑突、肋弓、髂嵴、髂前上棘、耻骨结节和耻骨联合等。软组织标志有腹白线、腹直肌、半月线、脐、腹股沟。

　　10. 试述直肠的位置、内面结构和毗邻。

　　答:直肠位于小骨盆腔后部,骶、尾骨的前方。其上端在第 3 骶椎平面与乙状结肠相接。向下穿盆膈移行于肛管。直肠上端管径较细,向下肠腔显著扩大,直肠下部为直肠壶腹。

　　在直肠内面有 3 个直肠横襞,由黏膜和环行肌构成。其中,上直肠横襞位于直肠左壁,距肛门约 11cm。中直肠横襞位于直肠右前壁,距肛门约 7cm。下直肠横襞多位于直肠左壁或缺如。3 个横襞以中间一个位置最恒定、最大而明显。

直肠毗邻:直肠后面借疏松结缔组织与骶骨、尾骨和梨状肌邻接,在疏松结缔组织内有骶正中血管、骶外侧血管、骶静脉丛、骶丛、骶交感干及奇神经节等。直肠两侧的上部为腹膜腔的直肠旁窝,下部与盆丛、直肠上血管、直肠下血管及肛提肌等邻贴。直肠前方的毗邻在男、女两性有很大的差别。在男性,腹膜返折线以上的直肠隔直肠膀胱陷凹与膀胱底上部和精囊相邻,返折线以下的直肠借直肠膀胱隔与膀胱底下部、前列腺、精囊、输精管壶腹及输尿管盆部相邻。在女性,腹膜返折线以上的直肠隔直肠子宫陷凹与子宫及阴道穹后部相邻,返折线以下的直肠借直肠阴道隔与阴道后壁相邻。

11. 肛管内面有哪些结构?

答:肛管内面的结构有:①肛柱,为 6~8 条纵行的黏膜皱襞,柱内有动、静脉及纵行肌;②肛瓣,为半月形的黏膜皱襞,连于相邻肛柱下端之间;③肛窦,为肛瓣和相邻肛柱下端围成的小隐窝;④齿状线,是肛柱下端与肛瓣基部连成的锯齿状环形线,此线以上为黏膜,以下为皮肤;⑤肛梳,是位于齿状线下方,宽约 1cm 的光滑微隆凸的环形带;⑥白线,是活体肛门上方1.0~1.5cm 处皮肤上浅蓝色的环形线,其位置相当于肛门内、外括约肌之间。

12. 试述肝的形态结构和体表投影。

答:肝呈不规则楔形。膈面被镰状韧带分为肝左叶和肝右叶,后部有裸区。脏面有 H 形沟。左纵沟前部有肝圆韧带裂,有肝圆韧带通过;后部有静脉韧带裂,有静脉韧带通过。右纵沟前部为胆囊窝容纳胆囊;后部为腔静脉沟,有下腔静脉通过。横沟又称肝门,有肝固有动脉左、右支,肝左、右管,肝门静脉左、右支及神经和淋巴管等出入。在脏面以 H 形沟分肝左叶、肝右叶、方叶和尾状叶。肝下缘为脏面与膈面分界线。

肝的体表投影:肝上界平右锁骨中线平第 5 肋,前正中线平胸骨体与剑突结合处,左锁骨中线平左第 5 肋间隙。肝下界于前正中线在剑突下 3cm,于右锁骨中线的右侧与右肋弓大体一致。

13. 简述肝的毗邻。

答:肝上方为膈,膈上有右侧胸膜腔、右肺和心。肝右叶下面前部与结肠右曲相邻,中部近肝门处邻接十二指肠上曲,后部邻接右肾上腺和右肾。肝左叶下面与胃前壁相邻,后上方邻接食管腹部。

14. 肝有哪些门,各有何结构通行?

答:肝门有肝固有动脉左、右支,肝左、右管,肝门静脉左、右支,神经和淋巴管等通行。第 2 肝门有肝左、中、右静脉出肝。第 3 肝门有副肝右静脉和尾状叶的小静脉出肝。

15. 为何暴饮暴食易诱发胰腺炎?

答:暴食,特别是吃高蛋白或高脂食物,引起胰液大量分泌,胰管内压急剧升高;大量饮酒,除刺激胰液大量分泌外,还可使胃、十二指肠充血,十二指肠大乳头水肿,肝胰壶腹括约肌痉挛,使胰液进入肠道的通路受阻,胰液逆行入胰腺。当胰腺内胰液含量超过胰蛋白酶抑制剂的含量时,消化酶被激活,对胰组织本身进行消化,引起急性胰腺炎。

16. 试述胆汁的产生和排泄途径。

答:肝产生胆汁。胆汁排泄途径:未进食时,肝分泌的胆汁经肝左、右管→肝总管→胆总管→胆囊管→胆囊(浓缩、贮存)。进食时,肝分泌的胆汁经肝左、右管→肝总管→胆总管→肝胰壶腹→十二指肠大乳头→十二指肠降部(稀薄胆汁),或胆囊收缩→胆囊管→胆总管→肝胰壶腹→十二指肠大乳头→十二指肠降部(浓缩胆汁)。

17. 简述胰的位置和分部。

答:胰横置于腹上区和左季肋区,平对第1、2腰椎椎体。胰分胰头、胰颈、胰体和胰尾。

四、病例讨论

1. 患者男性,53岁,进行性吞咽困难6个月,近来出现呼吸困难而急诊入院。患者自诉6个月前在吞咽食物后偶感胸骨后停滞或异样感,但不影响进食,有时呈间歇性。此后出现进行性吞咽困难,初时对固体食物,而后对半流质、流质饮食也有困难。吞咽时胸骨后有灼痛、钝痛,近来出现持续性胸背疼。自2个月前开始出现剧烈的阵发性咳嗽,伴血痰,近几周来出现声音嘶哑。检查发现患者极度消瘦,虚弱,口唇发绀,呼吸困难,体温38.3℃,脉搏89次/分,左锁骨上淋巴结肿大,质硬,不活动。胸部X线片示纵隔增宽,食管钡餐显示食管在平气管杈平面梗阻,食管镜活检病理报告为食管鳞状上皮癌。诊断为食管癌侵及气管并广泛转移。

问题:用所学解剖学知识解释患者的症状与体征。

答:早期食管癌病灶很小,局限于食管黏膜内,故早期患者并无吞咽困难,但可有咽下食物哽噎感或异样感。随着癌肿增大,累及食管全周,突入腔内,患者出现进行性吞咽困难,初时对固体食物,而后对半流质、流质也有困难,因此患者严重营养不良、脱水而逐渐消瘦。由于食管黏膜受损,出现水肿、糜烂,继发感染,所以吞咽时出现胸骨后灼痛、钝痛。癌肿可穿透食管壁,侵入纵隔或心包等食管外组织,引起持续性胸痛等一系列症状。如侵犯喉返神经,引起声音嘶哑;侵犯胸主动脉,引起大量呕血;侵入气管,形成食管气管瘘,食物反流入呼吸道,可引发阵发性咳嗽,进食时呛咳及肺部感染等。

2. 患者,男,32岁,2年前无明显诱因感上腹部疼痛,为节律性疼痛,进食后疼痛明显缓解,常有夜间痛、空腹痛。2天前上腹部持续性疼痛,呕吐。3小时前出现右下腹剧烈疼痛。体温37.9℃,脉搏98次/分,呼吸22次/分,血压120/80mmHg,神志清楚,腹壁紧张,板状腹,上腹部和右下腹明显压痛、反跳痛。手术中发现右髂窝内有较多淡黄色混浊液体。

问题:临床诊断应是什么疾病?

答:十二指肠球部溃疡穿孔。据胃和十二指肠的解剖毗邻特点,其穿孔可出现三种情况:①十二指肠球部前壁溃疡或胃前壁溃疡穿孔,其胃肠内容物进入腹腔而引起急性弥漫性腹膜炎,属急性穿孔或游离穿孔;②十二指肠球部后壁或胃后壁溃疡穿孔,溃穿受阻于其后实质性脏器(肝、胰、脾),胃肠内容物不流入腹腔而被包裹,属慢性穿孔或穿透性溃疡;③胃和十二指肠溃疡溃穿入胆总管或横结肠等空腔脏器形成瘘管。

3. 患者,女,45岁,会计。突发右上腹部阵发性绞痛伴右肩疼痛就诊入院。查体:腹肌紧张,右上腹压痛,Murphy征阳性。B超检查显示胆囊内有结石阴影。诊断为胆囊结石、急性胆囊炎。

问题:

(1)右上腹有哪些脏器?

(2)简述Murphy征阳性的解剖学基础。

(3)试述胆囊和输胆管道的关系。

(4)思考该患者出现右肩疼痛的可能机制。

答:

(1)右上腹有肝、胆囊等器官。

(2)胆囊底在肝前缘的胆囊切迹处露出,与腹前壁相贴。胆囊底的体表投影:右锁骨中线与右肋弓相交处。当胆囊病变时,胆囊炎对腹膜造成刺激,此处有压痛。

（3）肝外胆道包括胆囊和输胆管道。胆囊分胆囊底、胆囊体、胆囊颈和胆囊管。胆囊体向下变细成胆囊颈,胆囊颈移行于胆囊管;胆囊管在肝十二指肠韧带内与肝总管合成胆总管,胆总管向下经十二指肠上部后方,降至胰头后方,再转向十二指肠降部后内侧壁与胰管汇成肝胰壶腹,开口于十二指肠大乳头。

（4）胆囊炎引起右肩疼痛——牵涉痛。可能机制:胆囊炎刺激右膈神经→3、4颈髓→颈神经→颈丛→右锁骨下神经等→右肩。

（赵小贞）

第三章

呼 吸 系 统

学 习 指 导

（一）学习目的

掌握并能够分析:鼻腔各壁的形态结构以及鼻旁窦的位置和开口;喉的位置和主要体表标志;喉软骨的名称和基本结构;喉的连结名称和结构;喉口的组成、喉腔的分部和各部的形态结构;气管的位置和构造;左、右主支气管的形态差异及临床意义;肺的形态、位置和分叶;支气管肺段的概念;胸膜和胸膜腔的概念以及壁胸膜的分部;胸膜隐窝的概念和肋膈隐窝的位置;纵隔的概念、位置和分区。

了解:呼吸系统的组成;外鼻各部的结构名称;喉肌的名称、位置和作用;左、右肺的肺段名称;胎儿和婴幼儿肺的特点;各级支气管和支气管树的概念;肺和胸膜的体表投影;肋纵隔隐窝和膈纵隔隐窝的位置。

（二）学习要点

呼吸系统由呼吸道和肺组成。呼吸道包括鼻、咽、喉、气管和支气管等。通常称鼻、咽、喉为上呼吸道,气管和各级支气管为下呼吸道。肺由肺实质和肺间质构成。前者包括支气管树和肺泡;后者包括结缔组织、血管、淋巴管和神经等。呼吸系统的主要功能是进行气体交换,即吸入氧,呼出二氧化碳。

1. 鼻　外鼻以鼻骨和鼻软骨为支架,外被皮肤,内覆黏膜,分为骨部和软骨部。鼻腔由骨和软骨及其表面被覆的黏膜和皮肤构成,是顶部窄、底部宽、前后狭长的腔隙。鼻旁窦包括额窦、筛窦(前、中、后群)、蝶窦和上颌窦。额窦、前筛窦、中筛窦、上颌窦开口于中鼻道,后筛窦开口于上鼻道,蝶窦开口于蝶筛隐窝。

2. 喉

（1）喉的位置:喉位于颈前部的正中,第 3~6 颈椎的前方。上界是会厌的上缘,下界为环状软骨的下缘。喉借喉口通喉咽,以环状软骨气管韧带连接气管。前方有皮肤、颈筋膜、舌骨下肌群等,后方为咽,两侧有大血管、神经和甲状腺侧叶等。

（2）喉软骨:包括甲状软骨、环状软骨、会厌软骨和杓状软骨等。

（3）喉的连结:包括喉软骨间的连结及舌骨、气管与喉之间的连结。环杓关节:由杓状软骨底和环状软骨板上缘的关节面构成;环甲关节:由环状软骨的甲关节面和甲状软骨下角构成;弹性圆锥:声韧带;方形膜:前庭韧带;甲状舌骨膜;环状软骨气管韧带。

（4）喉肌:包括环甲肌、环杓后肌、环杓侧肌、甲杓肌、杓横肌、杓斜肌、杓会厌肌等。

（5）喉腔:是由喉软骨、韧带、纤维膜、喉肌和喉黏膜等共同围成的管腔。喉口由会厌上缘、杓状会厌襞和杓间切迹围成。喉腔内有两对黏膜皱襞,即前庭襞和声襞,分别形成前庭裂和声门裂。声门裂是喉腔最狭窄的部位;喉腔被前庭襞和声襞分为喉前庭、喉中间腔和声门下腔三部分。

3. 气管与支气管

（1）气管：位于喉与气管杈之间，起自环状软骨的下缘，向下至胸骨角平面，分成左、右主支气管，分叉处称气管杈，内有气管隆嵴。气管以胸廓上口为界，分为颈部和胸部。气管由气管软骨、平滑肌和结缔组织构成。气管软骨由 14~17 个缺口向后、呈 C 形的透明软骨环构成。甲状腺峡多位于第 2~4 气管软骨环的前方，气管切开术常在第 3~5 气管软骨环处施行。

（2）支气管：左、右主支气管自气管分出后，各自向外下方走行，经肺门入肺，再分出肺叶支气管。右主支气管粗而短，长 2~3cm，走向较陡直；左主支气管细而长，长 4~5cm，走向较水平，故气管异物更易进入右主支气管。

4. 肺

（1）肺的形态：肺呈圆锥形。肺尖钝圆，经胸廓上口突入颈根部，高出锁骨内侧部上方约 2~3cm。肺底向上凹陷，与膈相毗邻。肋面圆凸，与胸壁的内面贴近。纵隔面即内侧面，与纵隔相邻，此面的中部凹陷称肺门，是主支气管、血管、神经、淋巴管等出入肺的部位。这些结构被结缔组织包绕，称为肺根。肺的前缘和下缘锐利，后缘钝圆。左肺前缘的下部有心切迹，心切迹的下方有一突起，称左肺小舌。左肺被斜裂分为上、下两叶，右肺被水平裂和斜裂分为上、中、下三叶。

（2）肺内支气管及支气管肺段：左、右主支气管在肺门处分出肺叶支气管。肺叶支气管进入肺叶后再分为肺段支气管，此后反复分支，呈树枝状，称支气管树。支气管肺段简称肺段，是每一肺段支气管及其分支分布区的全部肺组织的总称。肺段呈圆锥形，尖端朝向肺门，底朝向肺的表面，构成肺的形态学和功能学的基本单位。右肺有 10 个肺段。

5. 胸膜

（1）胸膜、胸膜腔及胸膜隐窝：胸膜是衬覆于胸壁内面、膈上面、纵隔两侧面和肺表面等部位的一层浆膜。壁胸膜按照部位可分为：肋胸膜、膈胸膜、纵隔胸膜和胸膜顶。脏、壁胸膜间潜在的腔隙为胸膜腔。胸膜隐窝是不同部分的壁胸膜返折并相互移行处的胸膜腔，即使在深吸气时，肺缘也不会伸入其内。肋膈隐窝是位置最低、容量最大的胸膜隐窝，由肋胸膜与膈胸膜返折形成。胸膜腔积液常先积存于此隐窝。

（2）胸膜的体表投影：胸膜前界上端起自胸膜顶，向内下斜行，在第 2 胸肋关节水平两侧互相靠拢，沿正中线附近垂直下行。右侧于第 6 胸肋关节处移行于胸膜下界。左侧在第 4 胸肋关节处转向外下方，沿距胸骨侧缘约 2.0~2.5cm 的距离向下行，在第 6 肋软骨的后方与胸膜下界相移行。右侧胸膜下界起自第 6 胸肋关节的后方，左侧胸膜下界起自第 6 肋软骨的后方。两侧胸膜下界起始后分别斜向外下方，在锁骨中线与第 8 肋相交，在腋中线与第 10 肋相交，在肩胛线与第 11 肋相交，最终止于第 12 胸椎高度。

（3）肺的体表投影：两肺下缘的体表投影相同，在锁骨中线肺下缘与第 6 肋相交，在腋中线与第 8 肋相交，在肩胛线与第 10 肋相交，向内于第 11 胸椎棘突外侧 2cm 左右向上与肺后缘相移行。

6. 纵隔　是两侧纵隔胸膜间全部器官、结构和结缔组织的总称。其前界为胸骨，后界为脊柱的胸段，两侧为纵隔胸膜。上界是胸廓上口，下界是膈。纵隔以胸骨角平面为界分为上纵隔和下纵隔。

（1）上纵隔：位于上纵隔内的结构有胸腺、头臂静脉、上腔静脉、膈神经、迷走神经、喉返神经、主动脉弓及其分支、气管、食管和胸导管等。

（2）下纵隔：以心包为界，分为前、中、后纵隔。

1）前纵隔：位于胸骨体与心包之间，容纳胸腺或胸腺遗迹、纵隔前淋巴结、胸廓内动脉的纵隔支、疏松结缔组织和胸骨心包韧带等。

2）中纵隔：位于前、后纵隔之间，容纳心脏及出入心的大血管，包括升主动脉、肺动脉干、肺动脉、上腔静脉根部、肺静脉、奇静脉末端及心包、心包膈血管、膈神经和淋巴结等。

3）后纵隔：位于心包与脊柱胸段之间，容纳气管杈，左、右主支气管，食管，胸主动脉，奇静脉，半奇静脉，胸导管，交感干胸段和淋巴结等。

复习思考题

一、选择题

（一）A1 型题

1. 上呼吸道最狭窄处为
    A. 鼻后孔　　　　　　B. 喉口　　　　　　C. 前庭裂
    D. 声门裂　　　　　　E. 声门下腔

2. 呼吸道最狭窄的部位是
    A. 前庭裂　　　　　　B. 声门下腔　　　　C. 喉前庭
    D. 喉中间腔　　　　　E. 声门裂

3. 蝶窦仅隔一薄层骨壁与上方相邻的结构为
    A. 上颌窦　　　　　　B. 上鼻道　　　　　C. 蝶筛隐窝
    D. 筛窦前群　　　　　E. 垂体窝和垂体

4. 颅中窝骨折患者，血性脑脊液经鼻腔流出，可能伤及的鼻旁窦是
    A. 额窦　　　　　　　B. 上颌窦　　　　　C. 筛窦
    D. 蝶窦　　　　　　　E. 上颌窦和额窦

5. 与上颌第 2 磨牙毗邻最近的鼻旁窦是
    A. 上颌窦　　　　　　B. 额窦　　　　　　C. 蝶窦
    D. 前、中筛窦　　　　E. 后筛窦

6. 窦腔积液最不易引流的鼻旁窦是
    A. 额窦　　　　　　　B. 上颌窦　　　　　C. 蝶窦
    D. 筛窦前、中群　　　E. 筛窦后群

7. 鼻腔嗅区黏膜是分布于
    A. 鼻中隔上部的黏膜
    B. 上鼻甲内侧的黏膜
    C. 上鼻甲和中鼻甲的黏膜
    D. 上鼻甲内侧面及与其相对的鼻中隔以上部分的黏膜
    E. 中鼻甲的黏膜

8. 异物容易滞留的部位是
    A. 咽后壁　　　　　　B. 软腭黏膜的深部　　C. 梨状隐窝
    D. 腭扁桃体窝内　　　E. 咽隐窝

9. 关于甲状软骨的说法,**错误**的是
    A. 是最大的喉软骨
    B. 两侧甲状软骨板前缘相交形成前角
    C. 向上与舌骨相连
    D. 下角与环状软骨形成关节
    E. 下角与杓状软骨形成关节

10. 关于喉的正确描述是
    A. 环甲肌收缩时声带松弛
    B. 除环甲肌以外各喉肌均由喉返神经支配
    C. 喉室位于前庭襞上方
    D. 甲状软骨、环状软骨之间只借韧带连结
    E. 会厌位于喉的后方

11. 喉软骨支架中,唯一完整的软骨环是
    A. 会厌软骨
    B. 甲状软骨
    C. 环状软骨
    D. 杓状软骨
    E. 小角状软骨

12. 声门裂位于
    A. 两侧前庭襞之间
    B. 两侧声襞及杓状软骨底和声带突之间
    C. 两侧前庭韧带之间
    D. 两侧喉室之间
    E. 方形膜的下缘

13. 喉室属于
    A. 喉前庭的一部分
    B. 喉中间腔的一部分
    C. 声门下腔的一部分
    D. 喉咽部的一部分
    E. 喉口以下的空腔

14. 关于声带肌,正确的叙述是
    A. 属于环甲肌的一部分
    B. 起自甲状软骨上角
    C. 止于杓状软骨肌突
    D. 位于弹性圆锥的下缘
    E. 止于杓状软骨声带突

15. 关于气管的描述,**错误**的是
    A. 气管杈的位置约平胸骨角高度
    B. 第 2~4 气管软骨环前方有甲状腺峡
    C. 气管位于食管的前方
    D. 由 14~17 个 C 形软骨环构成
    E. 位于中纵隔内

16. 关于左主支气管,描述正确的是
    A. 比右主支气管短
    B. 在食管前方走行
    C. 位于食管后方
    D. 在左肺动脉上方到达肺门
    E. 在左肺静脉下方到达肺门

17. 左、右肺根内的结构在肺门处自前向后的排列是
    A. 肺静脉、肺动脉和主支气管
    B. 肺动脉、肺静脉和主支气管
    C. 肺动脉、主支气管和肺静脉
    D. 肺静脉、主支气管和肺动脉
    E. 主支气管、肺静脉和肺动脉

18. 下列**不属于**肺根结构的是
    A. 肺动、静脉   B. 肺段支气管   C. 支气管动、静脉
    D. 神经   E. 淋巴管

19. 左肺根内各结构自上而下排列依次为
    A. 肺静脉、肺动脉、支气管   B. 肺静脉、支气管、肺动脉
    C. 肺动脉、支气管、肺静脉   D. 肺动脉、肺静脉、支气管
    E. 支气管、肺动脉、肺静脉

20. 进出肺门的结构**不包括**
    A. 主支气管   B. 淋巴结
    C. 支气管动、静脉   D. 肺动、静脉
    E. 淋巴管和神经

21. 关于肺根的毗邻,正确的是
    A. 右肺根上方为主动脉弓跨过   B. 左肺根上方有奇静脉跨过
    C. 右肺根后方有膈神经   D. 左肺根前方有迷走神经
    E. 左肺根上方为主动脉弓跨过

22. 有关肺根的叙述,**错误**的是
    A. 左肺根上方有主动脉弓跨过
    B. 右肺根上方有奇静脉弓跨过
    C. 肺根内的结构自上而下两肺均为肺动脉、支气管、肺静脉
    D. 迷走神经行于肺根后方
    E. 膈神经行于肺根前方

23. 关于肺静脉,正确的叙述是
    A. 属于后纵隔内容   B. 每侧通常有一条
    C. 在肺根内位于肺动脉后方   D. 是肺的营养性血管
    E. 其内容纳动脉血

24. 关于肺的体表投影,正确的叙述是
    A. 肺尖低于胸膜顶 1cm   B. 前界左肺在第 6 肋间隙转向外侧
    C. 肺下界在锁骨中线与第 6 肋相交   D. 肺下界在腋中线与第 9 肋相交
    E. 肺后方下界终于第 12 胸椎棘突

25. 关于肺的正确描述是
    A. 位于胸廓内   B. 右肺上方有主动脉压迹
    C. 左肺上方有奇静脉沟   D. 肺尖向上经胸廓上口突至颈根部
    E. 深吸气时可充满肋膈隐窝

26. 关于肺的说法,**错误**的是
    A. 肺底又称膈面   B. 两肺的前缘有心切迹
    C. 左肺的前缘有左肺小舌   D. 肺与胸廓相邻的面称胸肋面
    E. 纵隔面中央凹陷处称肺门

27. 关于右肺的形态,描述**错误**的是
    A. 通常分 3 个叶   B. 分 10 个肺段   C. 有斜裂和水平裂
    D. 较左肺宽而短   E. 心切迹上方有肺小舌

28. 下列描述**错误**的是
    A. 肺叶支气管在各肺叶内再分为肺段支气管
    B. 肺段呈尖朝肺门的圆锥形
    C. 相邻肺段间为疏松结缔组织所分隔
    D. 相邻肺段间肺动脉的分支相互吻合
    E. 肺静脉属支位于两肺段之间

29. 下列描述**错误**的是
    A. 胸膜分脏胸膜和壁胸膜两部分
    B. 壁胸膜又分为胸膜顶、肋胸膜、膈胸膜和纵隔胸膜
    C. 肋胸膜与膈胸膜转折处为胸膜腔最低点
    D. 两侧胸膜腔通过肺根互相交通
    E. 胸膜顶超出锁骨上方 2~3cm

30. 关于胸膜腔,正确的叙述是
    A. 由脏、壁胸膜共同围成的密闭窄隙　　B. 由壁胸膜相互返折而成
    C. 可通过呼吸与外界相通　　D. 左、右胸膜腔经气管相通连
    E. 其内有左、右肺和少量液体

31. 关于两侧胸膜腔,正确的叙述是
    A. 内含少量浆液　　B. 借心包横窦相通
    C. 借膈主动脉裂孔和腹膜腔相通　　D. 下界在腋中线平第 8 肋
    E. 内有两肺

32. 关于肋膈隐窝,正确的叙述是
    A. 由脏胸膜和壁胸膜返折形成　　B. 呈半月状,是胸膜腔最低部分
    C. 深吸气时能被肺下缘充满　　D. 由胸壁和膈围成
    E. 通常不含浆液

33. 胸膜腔穿刺抽取积液时,进针位置选择正确的是
    A. 腋中线以前,应沿下一肋骨的上缘
    B. 腋中线以后,应沿下一肋骨的上缘
    C. 腋中线以后,应沿肋间隙的中间
    D. 腋中线以前,应沿上一肋骨的下缘
    E. 腋中线以后,应沿上一肋骨的下缘

34. 胸膜下界在锁骨中线处相交于
    A. 第 6 肋　　B. 第 7 肋　　C. 第 8 肋
    D. 第 9 肋　　E. 第 10 肋

35. 属于脏、壁胸膜移行形成的结构是
    A. 肋纵隔隐窝　　B. 肋膈隐窝　　C. 膈纵隔隐窝
    D. 胸膜顶　　E. 肺韧带

36. 组成肋膈隐窝的是
    A. 肋胸膜与膈胸膜　　B. 肋胸膜与纵隔胸膜
    C. 纵隔胸膜与膈胸膜　　D. 肋胸膜与胸膜顶
    E. 纵隔胸膜与脏胸膜

37. 对纵隔的描述,正确的是
    A. 位于胸膜腔内
    B. 上界是肺尖
    C. 容纳心、肺
    D. 两侧界是纵隔胸膜
    E. 两侧界是肺门

38. **不属于**后纵隔的是
    A. 食管
    B. 主支气管
    C. 奇静脉末端
    D. 交感干
    E. 胸导管

39. **不属于**中纵隔的结构是
    A. 心包
    B. 肺动脉干
    C. 迷走神经
    D. 心包膈动、静脉
    E. 升主动脉

40. 既通过上纵隔,又通过后纵隔的器官是
    A. 气管
    B. 主动脉弓
    C. 上腔静脉
    D. 食管
    E. 下腔静脉

41. 关于喉前庭的描述,正确的是
    A. 位于喉口与前庭襞之间
    B. 又称为喉室
    C. 呈上窄下宽状
    D. 位于弹性圆锥下缘
    E. 位于杓状软骨声带突下方

42. 肺根内的结构中,位于最下方的是
    A. 下肺静脉
    B. 肺动脉
    C. 淋巴管
    D. 上肺静脉
    E. 主支气管

43. 右肺根内自上而下排列的各结构是
    A. 肺静脉、肺动脉、支气管
    B. 肺静脉、支气管、肺动脉
    C. 支气管、肺动脉、肺静脉
    D. 肺动脉、肺静脉、支气管
    E. 肺动脉、支气管、肺静脉

44. 关于肺的描述,正确的是
    A. 肺尖经胸廓上口向上突至颈根部
    B. 右肺上方有主动脉压迹
    C. 左肺上方有奇静脉沟
    D. 位于胸膜腔内
    E. 深吸气时可充满肋膈隐窝

45. 关于胸膜顶的描述,正确的是
    A. 属于脏胸膜的一部分
    B. 比锁骨内侧 1/3 低约 2.5cm
    C. 由肋胸膜和纵隔胸膜向上延续形成
    D. 比锁骨外侧 1/3 高约 2.5cm
    E. 由肺韧带向上延续形成

46. 左肺根内的结构中,位于最上方的是
    A. 上肺静脉
    B. 下肺静脉
    C. 肺动脉
    D. 主支气管
    E. 上叶支气管

47. 形成肺韧带的是
    A. 脏胸膜
    B. 纵隔胸膜与脏胸膜的移行部
    C. 肋胸膜与胸膜顶的移行部
    D. 纵隔胸膜与膈胸膜的移行部
    E. 肋胸膜与膈胸膜的移行部

48. 返折形成肋纵隔隐窝的结构是
    A. 肋胸膜和膈胸膜
    B. 肋胸膜和纵隔胸膜
    C. 纵隔胸膜和膈胸膜
    D. 肋胸膜和胸膜顶
    E. 纵隔胸膜和脏胸膜

49. 唯一呈环形的喉软骨是
    A. 甲状软骨
    B. 环状软骨
    C. 气管软骨
    D. 杓状软骨
    E. 会厌软骨

50. 喉结位于
    A. 气管
    B. 甲状软骨
    C. 环状软骨
    D. 食管
    E. 杓状软骨

51. 上呼吸道感染是秋冬季节多发的疾病。上呼吸道是指
    A. 鼻和咽
    B. 鼻、咽和喉
    C. 鼻至气管的一段
    D. 鼻至主支气管的一段
    E. 喉至叶支气管的一段

52. 鼻中隔偏曲指鼻中隔偏离中线且引起临床症状的一种鼻内畸形。构成鼻中隔的是
    A. 鼻中隔软骨、筛骨垂直板和犁骨
    B. 鼻中隔软骨和筛板
    C. 鼻中隔软骨、鼻骨和筛板
    D. 筛骨垂直板和犁骨
    E. 鼻骨、筛骨垂直板和犁骨

53. 鼻出血(鼻衄)是临床常见的症状之一,可由多种疾病引起,出血部位多发生于
    A. 鼻腔顶
    B. 鼻中隔前下部
    C. 上鼻甲
    D. 中鼻甲
    E. 下鼻甲

54. 小儿急性喉炎时极易发生喉黏膜水肿并阻塞喉腔。容易发生喉水肿的部位是
    A. 喉口黏膜
    B. 喉前庭黏膜
    C. 喉中间腔黏膜
    D. 喉室黏膜
    E. 声门下腔黏膜

55. 喉狭窄是各种原因所引起的喉部瘢痕组织增生所致,影响呼吸和发音。喉腔最狭窄的部位是
    A. 前庭裂
    B. 声门裂
    C. 喉口
    D. 喉中间腔
    E. 声门下腔

56. 气管异物进入右主支气管的机会大于左主支气管。右主支气管的特点是
    A. 细而短
    B. 粗而短
    C. 细而长
    D. 粗而长
    E. 较倾斜

57. 胸腔积液实际上是胸膜腔积液(胸水),常积存于肋膈隐窝。关于肋膈隐窝的说法,正确的是
    A. 位于脏胸膜与壁胸膜转折处
    B. 位于肋胸膜与纵隔胸膜转折处
    C. 位于肋胸膜与膈胸膜转折处
    D. 位于壁胸膜各部互相转折处
    E. 深呼吸时,肺下缘充满此隐窝

58. 喉软骨支架对保持呼吸道通畅有重要作用,损伤后易产生喉狭窄的是
    A. 会厌软骨
    B. 甲状软骨

  C. 杓状软骨   D. 环状软骨

  E. 小角状软骨

59. 甲状软骨是喉支架中重要的软骨,有关甲状软骨的说法,**不正确**的是

  A. 是喉软骨中最大的一块软骨

  B. 两侧甲状软骨板前缘相交形成前角

  C. 下角与杓状软骨形成关节

  D. 下角与环状软骨形成关节

  E. 喉结在成年男子较为明显

60. 上呼吸道解剖性狭窄是阻塞性睡眠呼吸暂停综合征的主要原因。上呼吸道最狭窄处位于

  A. 鼻后孔   B. 喉口   C. 前庭裂

  D. 声门裂   E. 喉与气管交界处

61. 胸膜腔穿刺术常用于抽取胸腔积液,胸膜下界对于选择穿刺点很重要。胸膜下界在肩胛线处相交于

  A. 第7肋   B. 第8肋   C. 第9肋

  D. 第10肋   E. 第11肋

（二）A2 型题

1. 男,34岁,被车撞到头部,有血液和脑脊液从鼻腔流出,最可能损伤的鼻旁窦是

  A. 额窦   B. 上颌窦   C. 额窦和上颌窦

  D. 筛窦   E. 蝶窦

2. 女,65岁,须行右侧全肺切除术,术中不须切断结扎的结构是

  A. 右肺下静脉   B. 右肺动脉   C. 右主支气管

  D. 右肺上静脉   E. 奇静脉

3. 男,68岁,左肺腺癌晚期,拟经左肺营养性血管介入治疗,最可能采用的血管是

  A. 左支气管静脉   B. 左支气管动脉   C. 左肺动脉

  D. 左上肺静脉   E. 左下肺静脉

4. 男,68岁,经锁骨上缘注射或穿刺时,除了可能损伤肺尖外,还可能损伤

  A. 纵隔胸膜   B. 胸膜顶   C. 膈胸膜

  D. 肋胸膜   E. 肺韧带

（三）A3 型题

（1~6 题共用题干）

女,29岁,车祸挤压左胸背部,急诊入院。X线检查发现,左胸第7肋骨折,断端刺入胸腔,皮下有气体,左肺上叶明显塌陷,左肋膈隐窝变钝。诊断为血气胸,拟以粗针头插入胸膜腔抽取积液。

1. 关于穿刺,**错误**的描述是

  A. 进针依次穿过皮肤、浅筋膜、肌层、胸内筋膜、肋胸膜,达胸膜腔

  B. 排气在第2、3肋间隙进针

  C. 抽液应在第2或第3肋间隙进针

  D. 抽液应在左腋中线与左腋后线之间的第8或第9肋间隙的下缘进针

  E. 在左腋后线第8或第9肋间隙的中部进针

2. 肋膈隐窝的位置在
   A. 胸膜腔最高处
   B. 胸膜腔中部
   C. 肋胸膜与纵隔胸膜移行处
   D. 肋胸膜与膈胸膜移行处
   E. 膈胸膜与纵隔胸膜移行处

3. 胸膜腔穿刺时,进针位置选择正确的是
   A. 腋中线以后,应沿下一肋骨的上缘
   B. 腋中线以前,应于肋间隙上缘
   C. 可选择锁骨中线
   D. 腋中线以前,应于肋间隙的下缘
   E. 腋中线以后,应沿上一肋骨的下缘

4. 关于胸膜隐窝的说法,正确的是
   A. 位于脏、壁胸膜之间
   B. 肋纵隔隐窝右侧更大
   C. 属于胸膜腔的一部分
   D. 深吸气时,肺缘可充满其间
   E. 胸膜腔积液常先积存于肋纵隔隐窝

5. 关于胸膜腔的叙述,**错误**的是
   A. 腔内呈负压
   B. 腔内有少量浆液
   C. 左、右胸膜腔不相通
   D. 胸膜腔又称为胸膜隐窝
   E. 是位于脏、壁两层胸膜间的潜在性腔隙

6. 正常情况下,两侧胸膜腔
   A. 借心包横窦相通
   B. 借肺根相互通连
   C. 可延伸至第 10 肋平面以下
   D. 向下与腹膜腔相通
   E. 腔内压力稍高于大气压

(7、8 题共用题干)

男,42 岁,长期吸烟。自诉近期声音嘶哑,体重逐渐下降,持续咳嗽和血痰。支气管镜检查发现气管隆凸变斜,胸部 X 线检查和随后的活检发现该患者左肺上叶支气管有占位病变。

7. 可能肿大并可触及的淋巴结是
   A. 支气管纵隔淋巴结
   B. 锁骨上淋巴结
   C. 肋间淋巴结
   D. 气管旁淋巴结
   E. 肺门淋巴结

8. 声音嘶哑最可能是肿大的淋巴结压迫了
   A. 气管旁淋巴结
   B. 喉上神经
   C. 膈神经
   D. 喉返神经
   E. 锁骨下动脉

(9、10 题共用题干)

男,10 岁,进食时玩耍、大笑,突发呼吸困难并有咳嗽、面色青紫等症状。支气管镜检查发现支气管内异物。诊断为支气管异物阻塞。医生在支气管镜下取出异物。

9. 异物自喉口吸入后常坠入
   A. 左主支气管
   B. 右主支气管
   C. 肺段支气管
   D. 肺叶支气管
   E. 食管

10. 主支气管的特点是
    A. 右侧细而短
    B. 右侧粗而短
    C. 右侧细而长
    D. 左侧粗而长
    E. 右侧较倾斜

（11、12题共用题干）

女，10岁，发热1天，体温41.5℃，脉搏115次/分。呼吸急促（呼吸困难）且呼吸较浅，伴随有干咳，且痰中带血。胸部叩诊发现右胸后下侧为实音。听诊发现右侧呼吸音较弱且能听到胸膜摩擦音。患者自述为尖锐刺痛，当咳嗽、深呼吸或打喷嚏时疼痛加剧，第1次疼痛部位在脐部及右肩。检验报告为白细胞数增高，痰培养发现大量肺炎球菌。X线检查发现，右肺基底后部即在紧邻膈肌处能见到密度增高影，心脏和纵隔其他结构轻微向右侧移位。诊断为肺炎球菌性胸膜炎。

11. 关于右肺的描述，正确的是
    A. 右肺分为上叶和下叶   B. 右肺与左肺相比较为细长
    C. 右肺可见斜裂和水平裂   D. 右肺根前方可见迷走神经
    E. 左肺根上方有奇静脉弓跨过

12. 关于胸膜的描述，**错误**的是
    A. 胸膜衬在胸壁内面和肺表面   B. 胸膜顶由脏胸膜构成
    C. 胸膜腔由壁胸膜与脏胸膜围成   D. 胸膜腔积液常存留于肋膈隐窝
    E. 胸膜下界低于肺下界

（13~15题共用题干）

女，56岁，声音嘶哑4个月，近半个月加重，并伴有咽喉痛，并放射至耳部。入院经喉镜检查可见左侧声带和喉室内新生物，病理活检诊断为"喉鳞状细胞癌"。双侧颈部未触及肿大淋巴结。

13. 声韧带位于
    A. 杓状会厌襞上   B. 弹性圆锥上缘
    C. 方形膜上缘   D. 弹性圆锥下缘
    E. 方形膜下缘

14. 关于喉室，正确的说法是
    A. 位于前庭裂上方   B. 位于声门裂下方
    C. 属于喉前庭的一部分   D. 属于喉中间腔的一部分
    E. 属于声门下腔的一部分

15. 紧张声带的肌是
    A. 环甲肌   B. 杓会厌肌   C. 杓斜肌
    D. 甲杓肌   E. 环杓侧肌

（四）B1型题

（1~3题共用备选答案）
    A. 肋膈隐窝   B. 膈胸膜   C. 胸膜隐窝
    D. 心包区   E. 肺韧带

1. 两侧胸膜下部前返折线之间的区域是
2. 肋胸膜与膈胸膜相互转折处称
3. 脏胸膜与壁胸膜移行所形成的结构是

（4~6题共用备选答案）
    A. 食管   B. 奇静脉末端   C. 胸主动脉
    D. 胸腺下部   E. 右主支气管

4. 上纵隔内有

5. 中纵隔内有

6. 前纵隔内有

（7~9 题共用备选答案）

　　A. 喉前庭　　　　　　B. 喉前庭与喉室之间　　　C. 喉中间腔

　　D. 喉室与声门下腔之间　　E. 喉下腔

7. 声襞位于

8. 前庭襞位于

9. 喉室位于

（10~13 题共用备选答案）

　　A. 上鼻道　　　　　　B. 中鼻道　　　　　　C. 下鼻道

　　D. 蝶筛隐窝　　　　　E. 上鼻甲后方

10. 额窦开口于

11. 上颌窦开口于

12. 蝶窦开口于

13. 鼻泪管开口于

（14~17 题共用备选答案）

　　A. 环甲正中韧带　　　　　　　　B. 前庭韧带

　　C. 方形膜　　　　　　　　　　　D. 环状软骨气管韧带

　　E. 甲状舌骨膜

14. 位于甲状软骨下缘和环状软骨弓上缘之间的结构称

15. 连于环状软骨下缘与第 1 气管软骨环之间的结构称

16. 方形膜的游离下缘称

17. 连于甲状软骨上缘与舌骨之间的结构称

（18~20 题共用备选答案）

　　A. 额窦　　　　　　B. 鼻泪管　　　　　　C. 筛窦前、中群

　　D. 筛窦后群　　　　E. 蝶窦

18. 开口于上鼻道的是

19. 开口于蝶筛隐窝的是

20. 开口于下鼻道的是

（21~23 题共用备选答案）

　　A. 第 6 肋　　　　　　B. 第 8 肋　　　　　　C. 第 9 肋

　　D. 第 10 肋　　　　　E. 第 12 肋

21. 肺下缘在锁骨中线平对

22. 胸膜下缘在腋中线平对

23. 肺下缘在肩胛线平对

（24~26 题共用备选答案）

　　A. 第 4 颈椎下缘　　　　　　　　B. 第 6 颈椎下缘

　　C. 第 7 颈椎下缘　　　　　　　　D. 第 3 胸椎下缘

　　E. 第 4 胸椎下缘

24. 环状软骨平对
25. 气管杈平对
26. 上、下纵隔的界限是

二、名词解释

1. 弹性圆锥　　　　2. 声门裂　　　　　3. 气管隆嵴
4. 肺门和肺根　　　5. 肋膈隐窝　　　　6. 肺段
7. 上呼吸道　　　　8. 下呼吸道　　　　9. 鼻旁窦
10. 喉室　　　　　11. 纵隔　　　　　12. 环甲正中韧带
13. 声韧带　　　　14. 胸膜　　　　　15. 气管杈
16. 声带　　　　　17. 鼻中隔　　　　18. 方形膜
19. 喉结　　　　　20. 肺尖

三、问答题

1. 气管异物多坠入哪侧主支气管,为什么?
2. 鼻旁窦有哪些,各开口在什么部位?
3. 喉的软骨有哪些? 成对的有哪些?
4. 试述喉肌的作用。
5. 试述肺和胸膜下界的体表投影。
6. 胸廓、胸腔和胸膜腔有何不同?
7. 喉腔可分为哪几部分? 分界的标志是什么?
8. 左、右肺根内各结构的排列有什么不同?
9. 根据上颌窦的解剖特点,分析为何上颌窦炎发病率高于其他鼻旁窦。
10. 肋膈隐窝的位置及临床意义如何?
11. 上颌窦穿刺宜在何处进针,为什么?
12. 声门裂以上呼吸道堵塞无法排除时,应从何处切开或插针进行紧急通气? 声门裂以下的呼吸道堵塞又该如何处置?

四、病例讨论

1. 一患者胸部被锐器刺伤,主诉左胸部疼痛,伤口位于左锁骨上方,恰在胸锁乳突肌外侧。除呼吸加快外其他生命指征正常。胸片显示左肺被血和气体包围,左肺塌陷一半,临床诊断为血气胸。
问题:
(1)气体如何从呼吸道进入胸膜腔? 请简述扩散路径。
(2)积血主要聚集于何部位,为什么? 该部位如何围成?
2. 患者,男性,55 岁,无明显诱因出现阵发性干咳 20 余天,自行口服镇咳药后,症状无明显缓解。入院后,经胸部 X 线和 CT 检查提示右肺下叶占位性病变,形状不规则、呈毛刺状,中心密度略深。经穿刺病理活检诊断为肺腺癌。
问题:
(1)什么是支气管肺段? 右肺下叶分为哪几个肺段? 左肺下叶的肺段与右肺下叶的肺段

有什么不同?

（2）出入肺门的结构有哪些? 右肺根内的结构是如何排列的?

参 考 答 案

一、选择题

（一）A1 型题

1. D　2. E　3. E　4. C　5. A　6. B　7. D　8. C　9. E　10. B　11. C　12. B　13. B
14. E　15. E　16. B　17. A　18. B　19. C　20. D　21. E　22. C　23. E　24. C　25. D
26. B　27. E　28. D　29. D　30. A　31. A　32. B　33. A　34. C　35. E　36. A　37. D
38. C　39. C　40. D　41. C　42. A　43. C　44. A　45. C　46. C　47. D　48. B　49. B
50. B　51. B　52. A　53. B　54. E　55. B　56. B　57. C　58. D　59. C　60. D　61. E

（二）A2 型题

1. D　2. E　3. B　4. B

（三）A3 型题

1. C　2. D　3. A　4. C　5. D　6. C　7. B　8. D　9. B　10. B　11. C　12. B　13. B
14. D　15. A

（四）B1 型题

1. A　2. A　3. E　4. A　5. B　6. D　7. D　8. C　9. E　10. B　11. B　12. E　13. C
14. A　15. D　16. B　17. E　18. D　19. C　20. B　21. A　22. D　23. D　24. B　25. E
26. E

二、名词解释

1. 弹性圆锥:为弹性纤维构成的膜状结构,自甲状软骨前角的后面向下向后附着于环状软骨上缘和杓状软骨声带突。此膜上缘游离,紧张于甲状软骨前角与杓状软骨声带突之间,称声韧带,是声带的基础。弹性圆锥前份较厚,张于甲状软骨下缘与环形软骨弓上缘之间的称环甲正中韧带。

2. 声门裂:在喉腔中,位于两侧声襞及杓状软骨底和声带突之间的裂隙,称声门裂,是喉腔最狭窄的部位。

3. 气管隆嵴:气管杈内面有一向上凸的纵嵴,呈半月形,称气管隆嵴,是支气管镜检查的定位标志。

4. 肺门和肺根:肺纵隔面中部有一长圆形的凹陷,称肺门,有支气管、肺动脉、肺静脉以及支气管动脉、支气管静脉、淋巴管和神经等进出。这些进出肺门的结构,被结缔组织包绕形成肺根。

5. 肋膈隐窝:在胸膜腔下方,肋胸膜和膈胸膜相互转折处的胸膜隐窝,称肋膈隐窝。肋膈隐窝是胸膜腔最低部位,胸膜腔积液常首先积聚于此,深吸气时,肺下缘也不能充满此隐窝。

6. 肺段:肺段支气管及其所属的肺组织称为支气管肺段。各肺段略呈圆锥形,尖端朝向肺门,底朝向肺表面。通常左、右肺各有 10 个肺段。

7. 上呼吸道:鼻、咽和喉称为上呼吸道。

8. 下呼吸道:气管和各级支气管为下呼吸道。

9. 鼻旁窦:是鼻腔周围含气颅骨内的含气空腔,开口于鼻腔,腔内衬以黏膜并与鼻腔黏膜相移行,包括额窦、上颌窦、蝶窦和筛窦。鼻旁窦能够温暖与湿润空气,对发音产生共鸣。

10. 喉室:喉中间腔向两侧突入前庭襞和声襞间的裂隙为喉室。

11. 纵隔:是两侧纵隔胸膜间全部器官、结构与结缔组织的总称。

12. 环甲正中韧带:弹性圆锥中部弹性纤维增厚称环甲正中韧带。急性喉阻塞时,为抢救患者生命可在此进行穿刺,以建立暂时的通气道。

13. 声韧带:弹性圆锥上缘游离增厚,紧张于甲状软骨至声带突之间,称声韧带。

14. 胸膜:是衬覆于胸壁内面、纵隔表面、膈上面和肺表面的一层浆膜,分为壁胸膜和脏胸膜。

15. 气管杈:气管向下至胸骨角平面分叉形成左、右主支气管,分叉处称气管杈,其内面有气管隆嵴,是支气管镜检查时判断气管分叉的定位标志。

16. 声带:声韧带连同声带肌及覆盖于其表面的喉黏膜一起称为声带。

17. 鼻中隔:为分隔鼻腔为左右两腔的矢状位隔板,由骨性鼻中隔和鼻中隔软骨表面覆盖黏膜构成。

18. 方形膜:由会厌软骨的两侧缘和甲状软骨前角的后面向后附着于杓状软骨的前内侧缘的膜状结构,称方形膜。方形膜的下缘游离为前庭韧带。

19. 喉结:甲状软骨前角上端向前突出形成喉结,成年男性明显。

20. 肺尖:为肺上叶的上端,经胸廓上口伸入颈根部,高出锁骨内侧 1/3 上方约 2.5cm。

三、问答题

1. 气管异物多坠入哪侧主支气管,为什么?

答:经气管坠入的异物多进入右主支气管。因为左主支气管细而长,嵴下角大,斜行,而右主支气管短而粗,嵴下角小,走行较直,此外,气管隆嵴略偏向左侧。

2. 鼻旁窦有哪些,各开口在什么部位?

答:额窦开口于中鼻道的筛漏斗;筛窦的前中群开口于中鼻道,后群开口于上鼻道;蝶窦开口于蝶筛隐窝;上颌窦开口于中鼻道的半月裂孔。

3. 喉的软骨有哪些? 成对的有哪些?

答:喉的软骨主要有甲状软骨、会厌软骨、环状软骨和杓状软骨。成对的是杓状软骨。

4. 试述喉肌的作用。

答:具有紧张或松弛声带、缩小或开大声门裂以及缩小喉口的作用。

5. 试述肺和胸膜下界的体表投影。

答:两肺下缘的投影于锁骨中线处与第 6 肋相交,于腋中线处与第 8 肋相交,于肩胛线处与第 10 肋相交,再向内至第 11 胸椎棘突外侧 2cm 左右向上与其后缘相移行。胸膜下界内端右侧起于第 6 胸肋关节,左侧起于第 6 肋软骨。两侧都斜向外下,在锁骨中线与第 8 肋相交,腋中线与第 10 肋相交,肩胛线与第 11 肋相交,终止于第 12 胸椎高度。

6. 胸廓、胸腔和胸膜腔有何不同?

答:胸廓由 12 块胸椎、12 对肋、1 块胸骨和它们之间的连结共同构成,为骨性结构。胸廓围成的腔为胸腔,内容肺和心等。脏、壁两层胸膜之间密闭、狭窄、呈负压的腔隙为胸膜腔,是一潜在的间隙,内仅有少许浆液。

7. 喉腔可分为哪几部分? 分界的标志是什么?

答:喉腔可分为喉前庭、喉中间腔和声门下腔。分界的标志是前庭襞和声襞。

8. 左、右肺根内各结构的排列有什么不同?

答:左肺根的结构自上而下是肺动脉、左主支气管、下肺静脉,右肺根的结构自上而下为上叶支气管、肺动脉、右主支气管、下肺静脉。

9. 根据上颌窦的解剖特点,分析为何上颌窦炎发病率高于其他鼻旁窦。

答:上颌窦底壁即上颌骨的牙槽突,与上颌第 2 前磨牙、第 1 和第 2 磨牙根部邻近,只有一层薄的骨质相隔,有时牙根可突入窦内,仅以黏膜与窦相隔,故牙与上颌窦的炎症或肿瘤均可互相累及。

10. 肋膈隐窝的位置及临床意义如何?

答:肋膈隐窝是肋胸膜与膈胸膜相互移行处形成的半环状腔隙。此腔隙为胸膜腔的最低位,胸膜腔积液首先积聚于此,也是临床上常用作穿刺抽液的部位。

11. 上颌窦穿刺宜在何处进针,为什么?

答:上颌窦穿刺宜在下鼻甲附着处的下方进针,因为此处是上颌窦内侧壁,骨质最薄。

12. 声门裂以上呼吸道堵塞无法排除时,应从何处切开或插针进行紧急通气? 声门裂以下的呼吸道堵塞又该如何处置?

答:声门裂以上呼吸道堵塞,紧急情况下可用粗针头进行环甲膜穿刺,而彻底解决问题须行气管切开,通常在颈前正中线切开第 3~5 气管软骨环。声门下腔严重黏膜水肿者则须行气管插管方能保持通畅。

四、病例讨论

1. 一患者胸部被锐器刺伤,主诉左胸部疼痛,伤口位于左锁骨上方,恰在胸锁乳突肌外侧。除呼吸加快外其他生命指征正常。胸片显示左肺被血和气体包围,左肺塌陷一半,临床诊断为血气胸。

问题:

(1)气体如何从呼吸道进入胸膜腔? 请简述扩散路径。

(2)积血主要聚集于何部位,为什么? 该部位如何围成?

答:

(1)锐器穿过壁胸膜和脏胸膜后刺入气道,吸入的气体从气道进入胸膜腔。扩散途径为:咽→喉→气管→左主支气管→左肺上叶支气管→尖段支气管→损伤的细支气管→胸膜腔。

(2)积血主要聚集于肋膈隐窝。因为肋膈隐窝位于胸膜腔最低点,由肋胸膜与膈胸膜返折形成。

2. 患者,男性,55 岁,无明显诱因出现阵发性干咳 20 余天,自行口服镇咳药后,症状无明显缓解。入院后,经胸部 X 线和 CT 检查提示右肺下叶占位性病变,形状不规则、呈毛刺状,中心密度略深。经穿刺病理活检诊断为肺腺癌。

问题:

(1)什么是支气管肺段? 右肺下叶分为哪几个肺段? 左肺下叶的肺段与右肺下叶的肺段有什么不同?

(2)出入肺门的结构有哪些? 右肺根内的结构是如何排列的?

答:

（1）每一肺段支气管及其分布区域的肺组织在结构和功能上是一个独立的单位，称为支气管肺段。右肺下叶分 5 个段，即上段、内侧底段、前底段、外侧底段和后底段。左肺的内侧底段支气管和前底段支气管经常共干，因此内侧底段和前底段合并成内侧前底段，其他肺段与右肺下叶相同。

（2）出入肺门的结构有主支气管、肺动脉、肺静脉、支气管动脉、支气管静脉、神经和淋巴管等。自前向后：右上肺静脉、右肺动脉、右主支气管；自上向下：右肺上叶支气管、右肺动脉、右主支气管、右下肺静脉。

（刘宝全）

第四章

泌尿系统

学习指导

(一) 学习目的

能分析说明:泌尿系统的组成和功能;肾的形态、位置、剖面结构,肾蒂、肾区的概念;肾的被膜;输尿管的分部、走行和狭窄的部位;膀胱形态、分部、位置及毗邻;膀胱三角的位置、黏膜特点及临床意义;女性尿道的开口位置及女性尿道的特点。

了解:肾段的概念和肾的变异;输尿管在盆部的毗邻(女性输尿管与子宫动脉的关系);膀胱壁的构造和输尿管间襞的位置及临床意义。

(二) 学习要点

组成:肾、输尿管、膀胱和尿道。

功能:排出新陈代谢过程产生的废物(尿素、尿酸和无机盐等)及多余水分。

1. 肾

(1) 形态:蚕豆状,左右各一,上端宽而薄,下端窄而厚,前面较隆凸,后面较平坦,外侧缘凸隆,内侧缘中部凹陷,称肾门,其内有肾动脉、肾静脉、肾盂、神经和淋巴管等出入。出入肾门的结构被结缔组织包裹在一起,总称肾蒂。右侧肾蒂较左侧者短。肾蒂内主要结构的排列:由前向后依次为肾静脉、肾动脉、肾盂;由上而下为肾动脉、肾静脉、肾盂。自肾门向肾实质凹入的腔为肾窦。

(2) 构造:肾为实质性器官。在冠状切面上,肾由肾实质和尿液的引流管道两部分组成。肾实质分为浅层的皮质和深层的髓质。肾皮质位于浅层 1/3,富含血管,红褐色,肉眼观颗粒状,肾髓质位于深层 2/3,含 15~20 个圆锥形肾锥体(底朝皮质,尖向肾窦);两三个肾锥体尖端合成肾乳头,突入肾小盏,其顶端有乳头孔;皮质伸入肾锥体之间的部分称肾柱。尿液的引流管道位于肾窦内,有七八个呈漏斗状的肾小盏,相邻的几个(两三个)肾小盏合成肾大盏,两三个肾大盏合成肾盂,肾盂移行为输尿管。肾盂是尿路炎症和结石的好发部位。

(3) 位置和毗邻:肾为腹膜外位器官,位于脊柱两侧,上端距正中线 3.8cm,下端距正中线 7.2cm,肾门约平第 1 腰椎。右肾略低于左肾。左肾位于第 11 胸椎下缘至第 2、3 腰椎椎间盘;右肾位于第 12 胸椎上缘至第 3 腰椎上缘。竖脊肌外侧缘与第 12 肋的夹角处称为肾区,肾有疾病者,叩击或触及此区常引起疼痛。肾后面的上 1/3 借膈与肋膈隐窝相邻,下 2/3 自内向外为腰大肌、腰方肌和腹横肌;在前面,左肾邻胃后壁、胰、空肠、脾和结肠左曲,右肾大部分被肝右叶掩盖,内侧缘有十二指肠降部,下部与结肠右曲接触;上端均与肾上腺相邻。

(4) 被膜:肾由内向外有纤维囊、脂肪囊和肾筋膜 3 层被膜。

(5) 肾段:肾动脉的 5 个二级分支在肾内呈节段性分布,称肾段动脉。每支肾段动脉分布到一定区域的肾实质,称为肾段。

2. 输尿管

（1）分部：由肾盂至小骨盆入口处为输尿管腹部，沿腰大肌前面下行。由小骨盆入口处至膀胱底为输尿管盆部，斜穿膀胱壁的部分为壁内部，约1.5cm，以输尿管口开口于膀胱的内面。

（2）狭窄：①肾盂与输尿管移行处；②与髂血管交叉处（跨越小骨盆入口处）；③斜穿膀胱壁处。狭窄处为输尿管结石滞留的部位。

3. 膀胱

（1）形态：空虚时呈锥体形，分为膀胱尖、膀胱底、膀胱体、膀胱颈四部分。

（2）内面结构：膀胱底的内面两输尿管口与尿道内口之间为膀胱三角，黏膜平滑无皱襞，是膀胱肿瘤和结核的好发部位。两输尿管口之间的横行皱襞为输尿管间襞，为膀胱镜检时寻认输尿管口的标志。

（3）位置与毗邻：成人膀胱位于小骨盆腔的前部，空虚时不超过耻骨联合上缘，充盈时膀胱尖可达耻骨联合以上约2cm。前方为耻骨联合，后方在男性与精囊、输精管壶腹和直肠相邻，在女性与阴道和子宫相邻。膀胱的下方为膀胱颈，在男性与前列腺邻接，在女性与尿生殖膈邻接。

4. 尿道 女性尿道特点：短、宽，直。

复习思考题

一、选择题

（一）A1 型题

1. 肾的位置
   A. 两肾下端比上端更靠近脊柱
   B. 左肾较右肾低
   C. 第12肋斜过左肾后面的中部
   D. 右肾上端约平第11胸椎体上缘
   E. 肾门约平第2腰椎体

2. 肾的构造为
   A. 肾皮质由肾锥体构成
   B. 肾乳头开口于肾盂
   C. 两三个肾小盏合成一个肾大盏
   D. 肾柱是肾髓质伸入肾皮质内的部分
   E. 肾锥体呈圆锥形，尖向皮质

3. 形态呈漏斗状，最终移行为输尿管的结构是
   A. 肾窦
   B. 肾盂
   C. 肾小盏
   D. 肾大盏
   E. 肾乳头

4. 肾门约平对
   A. 第11胸椎
   B. 第12胸椎
   C. 第1腰椎
   D. 第2腰椎
   E. 第3腰椎

5. 肾蒂内主要结构由前向后依次为
   A. 肾动脉、肾静脉、肾盂
   B. 肾静脉、肾动脉、肾盂
   C. 肾盂、肾动脉、肾静脉
   D. 肾盂、肾静脉、肾动脉
   E. 肾动脉、肾盂、肾静脉

6. 肾蒂内主要结构由上向下依次为
   A. 肾动脉、肾静脉、肾盂
   B. 肾静脉、肾动脉、肾盂
   C. 肾盂、肾动脉、肾静脉
   D. 肾盂、肾静脉、肾动脉
   E. 肾动脉、肾盂、肾静脉

7. 寻找输尿管口的标志是
   A. 膀胱三角
   B. 尿道内口
   C. 输尿管间襞
   D. 尿道嵴
   E. 膀胱垂

8. 第 12 肋与左肾的关系,正确的是
   A. 斜过左肾的上方
   B. 斜过左肾后面的上部
   C. 斜过左肾后面的中部
   D. 斜过左肾后面的下部
   E. 斜过左肾的下方

9. 关于肾的位置,描述错误的是
   A. 位于腹腔的后上部
   B. 两肾上端相距较近
   C. 左肾上端平第 12 胸椎下缘
   D. 右肾略低,左肾略高
   E. 肾门约平第 1 腰椎平面

10. 关于肾的毗邻,描述错误的是
    A. 两肾的后面上 1/3 借膈与肋膈隐窝相邻
    B. 两肾的后面下 2/3 紧贴腰大肌、腰方肌和腹横肌
    C. 左肾与胃后壁、胰、空肠相邻
    D. 右肾大部分被肝左叶掩盖
    E. 两肾的上端均有肾上腺附着

11. 肾的固定装置不健全时,肾可游走的方向是
    A. 向内侧
    B. 向外侧
    C. 向下方
    D. 向上方
    E. 不游走

12. 关于肾的构造,下列描述错误的是
    A. 肾实质分为肾皮质和肾髓质
    B. 肾柱是肾髓质的一部分
    C. 肾锥体底朝向皮质
    D. 肾小盏包绕在肾乳头周围
    E. 肾大盏有两三个

13. 肾后方的毗邻不包括
    A. 腰大肌　　B. 腰方肌　　C. 肋膈隐窝　　D. 肺　　E. 腹横肌

14. 关于输尿管的走行及位置,描述正确的是
    A. 起自肾大盏
    B. 为腹膜间位器官
    C. 腹段沿腰大肌外侧缘下行
    D. 左、右输尿管在膀胱底的外上角斜穿膀胱壁
    E. 距子宫颈外侧 2.5cm 处跨越子宫动脉前上方

15. 关于输尿管的描述,错误的是
    A. 全长可分为三段
    B. 壁内段斜穿膀胱壁
    C. 第 1 个狭窄位于肾盂与输尿管移行处
    D. 第 3 个狭窄位于与子宫动脉交叉处
    E. 狭窄部位易滞留结石

16. 关于膀胱的叙述,**错误**的是
    A. 空虚时全部位于小骨盆内
    B. 属于腹膜间位器官
    C. 空虚时尖朝向前上
    D. 男性膀胱颈邻接前列腺
    E. 尖与底之间为膀胱体

17. 关于膀胱三角的叙述,正确的是
    A. 含有黏膜下层组织
    B. 膀胱空虚时会出现皱襞
    C. 位于两个输尿管口和膀胱尖之间
    D. 膀胱充盈时黏膜皱襞消失
    E. 是肿瘤和结核的好发部位

18. 女性膀胱后方毗邻
    A. 子宫和阴道
    B. 卵巢
    C. 直肠
    D. 输卵管
    E. 子宫圆韧带

19. 关于膀胱毗邻的描述,**错误**的是
    A. 男性膀胱后方毗邻精囊腺、输精管壶腹、直肠
    B. 膀胱前方为耻骨联合
    C. 男性膀胱颈与尿生殖膈直接邻接
    D. 位于耻骨联合后方
    E. 膀胱空虚时全部位于盆腔内

20. 关于女性尿道的描述,正确的是
    A. 较男性尿道窄
    B. 尿道和阴道周围有尿道阴道括约肌环绕,该肌为平滑肌
    C. 女性不易发生尿路感染
    D. 仅具有排尿功能
    E. 女性尿道位于阴道后方

21. 肾蒂内的结构**不包括**
    A. 肾动脉
    B. 肾静脉
    C. 肾盂
    D. 淋巴管
    E. 肾大盏

22. 成人膀胱容积为
    A. 100~200ml
    B. 350~500ml
    C. 500~800ml
    D. 800~1 000ml
    E. 1 000~1 200ml

23. 尿道阴道括约肌环绕
    A. 尿道外口
    B. 尿道内口
    C. 尿道起始部
    D. 尿道全长
    E. 尿道中部

24. 肾可以分为
    A. 上段、前段、后段、下段
    B. 上段、上前段、下前段、下段、后段
    C. 上段、下前段、下后段、下段
    D. 上段、上前段、上后段、下段
    E. 上段、上前段、下前段、下段

(二) A2 型题

1. 男,41 岁,出现排尿困难,为鉴别诊断须进行肛门指诊。肛门指诊时**触摸不到**的器官是
    A. 前列腺
    B. 膀胱
    C. 尿道
    D. 精囊
    E. 输精管壶腹部

2.男,38岁,疑似为肾脏疾病,须经输尿管逆行肾盂造影辅助诊断。在临床上寻找输尿管口的标志是

  A. 膀胱三角   B. 尿道内口   C. 膀胱垂

  D. 输尿管间襞   E. 尿道嵴

3.男,53岁,在常规尿液检查时,发现镜下血尿,初步诊断为膀胱肿瘤。膀胱肿瘤的好发部位是

  A. 尿道内口   B. 膀胱三角   C. 输尿管间襞

  D. 输尿管口   E. 尿道嵴

4.男,65岁,前列腺增生肥大引起膀胱尿液潴留。膀胱正常容积为

  A. 200~300ml   B. 300~400ml   C. 250~500ml

  D. 350~500ml   E. 800ml

5.男,53岁,风湿性心脏病患者,血栓脱落引起肾段动脉栓塞。肾段**不包括**

  A. 上段   B. 中段   C. 下段

  D. 上前段、下前段   E. 后段

6.男,42岁,肾结核患者,行右侧肾全切术,须结扎肾蒂内的血管。肾蒂内**不包括**

  A. 肾动脉   B. 肾静脉   C. 肾盂

  D. 淋巴管   E. 输尿管

7.男,35岁,从高空坠地,诊断为肾破裂。手术时须缝合

  A. 脂肪囊   B. 肾前筋膜

  C. 肾后筋膜   D. 纤维囊

  E. 腹膜脏层

8.男,29岁,查体时发现肾区叩击痛呈阳性。肾区位于

  A. 竖脊肌外侧缘与第12肋的夹角

  B. 竖脊肌内侧缘与第12肋的夹角

  C. 竖脊肌外侧缘与第11肋的夹角

  D. 竖脊肌内侧缘与第11肋的夹角

  E. 腰大肌外侧缘与第12肋的夹角

9.女,35岁,患有急性膀胱炎。膀胱后方毗邻的器官为

  A. 直肠   B. 子宫   C. 卵巢

  D. 回肠   E. 结肠

10.男,41岁,疑似肾段动脉栓塞,并引起局部肾坏死,在手术时须切除坏死的肾段。下列对肾段的描述,**错误**的是

  A. 每侧肾各有5个肾段   B. 肾段动脉阻塞可导致肾坏死

  C. 肾段动脉间缺少吻合   D. 肾段动脉为肾动脉的直接分支

  E. 肾段动脉分布到一定区域的肾实质

11.男,61岁,是一肾病死者,尸检时须做肾纵切,以观察肾实质变化。对肾纵切面的描述,正确的是

  A. 肾实质可分为皮质、髓质和肾窦   B. 肾柱属于肾髓质结构

  C. 肾锥体尖端朝向肾皮质   D. 可见两三个肾大盏

  E. 可见15~20个肾小盏

12. 男,56 岁,急腹症患者,疑为输尿管结石嵌顿所致。输尿管在腹部的走行是
    A. 沿腹主动脉前方下行
    B. 沿脊柱前方下行
    C. 沿腰大肌前方下行
    D. 沿腰方肌前方下行
    E. 沿髂腰肌前方下行

13. 女,46 岁,膀胱尿潴留,须行导尿术。女性尿道长
    A. 3~5cm
    B. 4~6cm
    C. 16~22cm
    D. 7~8cm
    E. 6cm

(三) A3 型题

(1~5 题共用题干)

男,40 岁,2 周前感冒,咽痛、咳嗽、头痛、乏力、食欲缺乏。2 周后出现混浊红棕色尿,并伴有尿频、急、痛,眼睑、颜面部水肿。既往有高血压病史。体检时血压 150/100mmHg,肾区叩击痛阳性。实验室检查:尿液中蛋白阳性,镜下血尿,血中"抗 O 抗体"滴度增高。初步诊断:急性肾小球肾炎。

1. 关于泌尿系统的组成,描述正确的是
    A. 肾、输尿管、膀胱、尿道
    B. 肾、输尿管、膀胱、肾血管
    C. 输尿管、膀胱、尿道、肾血管
    D. 肾盂、输尿管、膀胱、尿道
    E. 肾盂、肾盏、输尿管、尿道

2. 由肾产生的激素为
    A. 抗利尿激素
    B. 红细胞生成素
    C. 降钙素
    D. 肾上腺素
    E. 促性腺激素

3. 对肾的位置和毗邻的描述,正确的是
    A. 肾属于腹膜间位器官
    B. 左肾低于右肾
    C. 左肾高于右肾
    D. 左肾与右肾等高
    E. 左、右两肾下端相距较近

4. 对肾蒂的描述,**错误**的是
    A. 出入肾门的结构被结缔组织包裹,称肾蒂
    B. 右侧肾蒂较短
    C. 左侧肾蒂较长
    D. 肾盂位于肾蒂内
    E. 肾蒂内有肾大盏

5. 对肾被膜的描述,**错误**的是
    A. 肾的被膜分为三层
    B. 纤维囊在最外层
    C. 肾囊封闭时须将药液注入脂肪囊
    D. 肾筋膜下方为开放状态
    E. 肾破裂时须缝合纤维囊

(6~10 题共用题干)

女,31 岁,已婚,在外出旅游期间,突发下腹部不适,排尿时尿道有烧灼感,尿频、尿急非常明显,每小时可达 5~6 次,每次尿量不多,甚至只有几滴,排尿终末伴有下腹部疼痛。尿液混浊,有时呈棕红色,常在排尿终末明显。随即到医院检查。

实验室报告:中段尿液检查有脓细胞和红细胞,尿细菌培养为阳性。

膀胱镜检查:尿道轻度充血,膀胱三角黏膜重度充血水肿。

初步诊断:膀胱炎。

6. 膀胱可分为
  A. 膀胱尖、膀胱体、膀胱底、膀胱颈 B. 膀胱尖、膀胱体、膀胱底
  C. 膀胱尖、膀胱底、膀胱颈   D. 膀胱尖、膀胱体、膀胱颈
  E. 膀胱尖、膀胱体、膀胱底、膀胱垂

7. 女性膀胱前方毗邻的是
  A. 子宫   B. 耻骨联合   C. 会阴
  D. 回肠   E. 结肠

8. 膀胱三角的位置是
  A. 尿道内口与膀胱底之间   B. 尿道内口与膀胱尖之间
  C. 输尿管间襞与膀胱尖之间 D. 尿道内口与两输尿管口之间
  E. 膀胱体中份

9. 下列关于膀胱的描述,正确的是
  A. 属于腹膜内位器官   B. 空虚时,膀胱全部位于盆腔内
  C. 在女性,后方为直肠   D. 在男性,底与前列腺相邻
  E. 膀胱尖向后上方

10. 膀胱肿瘤的好发部位是
  A. 尿道内口   B. 输尿管间襞   C. 膀胱三角
  D. 膀胱体   E. 膀胱尖

(四) B1 型题
(1~4 题共用备选答案)
  A. 肾上腺   B. 肝   C. 膈
  D. 十二指肠降部 E. 结肠

1. 两肾后面上 1/3 邻

2. 右肾前上部邻

3. 肾上端邻

4. 右肾内侧缘邻

(5~8 题共用备选答案)
  A. 第 11 胸椎体下缘 B. 第 12 胸椎体上缘 C. 第 2、3 腰椎椎间盘之间
  D. 第 1 腰椎椎体平面 E. 第 10 胸椎体下缘

5. 左肾上端平

6. 右肾上端平

7. 左肾下端平

8. 肾门平

(9~12 题共用备选答案)
  A. 膀胱三角   B. 输尿管间襞   C. 游走肾
  D. 肾区   E. 尿道内口

9. 某些肾疾病患者,出现叩击痛是在

10. 肾的固定装置不健全时,可以形成

11. 膀胱镜检查的重点区域是

12. 膀胱镜检查时,寻找输尿管口的标志是

二、名词解释

1. 肾门
2. 肾蒂
3. 肾窦
4. 肾区
5. 肾锥体
6. 肾小盏
7. 肾柱
8. 肾纤维囊
9. 肾筋膜
10. 肾段
11. 膀胱三角
12. 输尿管间襞

三、问答题

1. 试述肾纵状切面的构造。
2. 试述输尿管的生理狭窄部位和临床意义。
3. 试述膀胱的分部及结构特点。
4. 试述肾脏的位置以及毗邻。
5. 试述肾脏的被膜及其临床意义。
6. 试述输尿管的分部及走行。
7. 试述膀胱的位置及其毗邻。
8. 试述泌尿系统的组成及作用。
9. 尿液从肾乳头排至体外要经过哪些结构?
10. 出入肾门的结构有哪些?
11. 试述膀胱三角的位置和临床意义。
12. 试述肾结石排出的途径,并说明结石容易在什么位置滞留。

四、病例讨论

1. 某中年妇女,突发右下腹剧烈疼痛,并向腹股沟区转移,急送医院急诊室就诊。患者自述曾出现过排尿次数增多,排尿时疼痛加剧。体格检查:肾区叩击痛。右下腹腹壁抵抗,较坚硬,触痛,无反跳痛。尿检为镜下血尿。CT检查显示:双肾位置正常,右侧肾实质内可见多发大小不等的类圆形水样密度影,边界清晰,外缘光滑。右肾肾盂稍扩张,其内可见大小不等的类圆形密度增高影。X线显示:右输尿管下端有一致密阴影;右骶髂关节前方可见不规则致密阴影。

问题:

(1)根据所学解剖学知识,你认为可能是何器官的疾病?

(2)若疑为输尿管结石,你能说出结石滞留的可能位置吗?

(3)如进行逆行性肾盂造影,你能说出导管插入的途径和如何寻找输尿管口吗?

2. 患者,男性,69岁,2周前无诱因出现无痛性肉眼血尿,不伴尿频尿痛,偶伴血凝块排出,无恶心、呕吐、反酸、腰部疼痛等症状。体格检查:双侧腰部曲线对称,未见局限性隆起,双肾区未触及包块状肿物,双侧肾叩击痛(-),双侧各输尿管点无压痛,膀胱区未见局限性隆起,压痛(-)。腹部+盆部CT显示:膀胱壁高回声隆起,考虑膀胱癌,累及左侧输尿管口。

问题:

(1)膀胱癌最易发生在膀胱的什么部位,膀胱镜检查时如何寻找?

(2)如果膀胱癌晚期扩散转移,可能扩散转移到什么器官?

3. 患者,男性,64岁,15年前无明显诱因出现尿频、尿线变细、尿无力、射程变近等症状,不伴有血尿、发热等不适,未予治疗。近半个月上述症状加重。近7小时出现无尿伴下腹部明显胀痛。体格检查:双侧腰部曲线对称,未见局限性隆起。双肾区无叩痛。膀胱区可见明显隆起,叩诊呈浊音。直肠指诊:前列腺大小约5.0cm×5.0cm,质韧,中央沟消失,无触压痛,未触及结节状肿物,指套无血染。泌尿系彩超提示:①双肾积水伴双侧输尿管全程扩张;②膀胱壁炎性改变、尿潴留;③前列腺增生样改变。为缓解尿潴留欲行导尿术,但几次尿道插管都未成功,泌尿科医生决定行耻骨上插管入膀胱,以缓解膀胱压力。

问题:

(1) 什么原因使患者发生尿潴留?

(2) 耻骨上插管时,导管会进入腹膜腔吗?

(3) 如果在插管前膀胱已破裂,尿液将流向何处?

参 考 答 案

一、选择题

(一) A1 型题

1. C　2. C　3. B　4. C　5. B　6. A　7. C　8. C　9. C　10. D　11. C　12. B　13. D　14. D　15. D　16. A　17. E　18. A　19. C　20. D　21. E　22. B　23. A　24. B

(二) A2 型题

1. C　2. D　3. B　4. D　5. B　6. E　7. D　8. A　9. B　10. D　11. D　12. C　13. A

(三) A3 型题

1. A　2. B　3. C　4. E　5. B　6. A　7. B　8. D　9. B　10. C

(四) B1 型题

1. C　2. B　3. A　4. D　5. A　6. B　7. C　8. D　9. D　10. C　11. A　12. B

二、名词解释

1. 肾门:肾内侧缘中部呈四边形的凹陷称为肾门,为肾的血管、神经、淋巴管及肾盂出入的门户。

2. 肾蒂:出入肾门的肾动脉、肾静脉、肾盂、神经和淋巴管等结构被结缔组织包裹成束,构成肾蒂。右侧肾蒂较左侧短。

3. 肾窦:肾门向肾内凹陷形成的腔称肾窦,容纳肾血管、肾小盏、肾大盏、肾盂和脂肪等。

4. 肾区:是肾门的体表投影点,位于竖脊肌外侧缘与第12肋的夹角处。肾有疾病者,叩击或触及此区常引起疼痛。

5. 肾锥体:肾髓质内呈圆锥形的结构,位于肾柱之间,底朝向皮质,尖朝向肾窦。

6. 肾小盏:肾窦内呈漏斗状包绕肾乳头,承接尿液的结构为肾小盏。

7. 肾柱:伸入肾锥体之间的肾皮质称肾柱。

8. 肾纤维囊:是由致密结缔组织和弹性纤维构成的膜,包裹于肾实质表面。肾破裂或部分切除时须缝合此膜。

9. 肾筋膜:位于脂肪囊的外面,包裹肾上腺和肾,由它发出的一些结缔组织小梁穿脂肪囊与纤维囊相连,有固定肾脏的作用。

10. 肾段:每支肾段动脉分布到一定区域的肾实质,称为肾段。每侧肾分 5 个肾段,即上段、上前段、下前段、下段和后段。

11. 膀胱三角:在膀胱底内面,尿道内口和左、右输尿管口之间的区域称膀胱三角。无论膀胱充盈或收缩,此三角形区域始终保持平滑。膀胱三角是肿瘤、结核和炎症的好发部位。

12. 输尿管间襞:两个输尿管口之间的横行皱襞称输尿管间襞,是膀胱镜检查寻找输尿管口的标志。

三、问答题

1. 试述肾纵状切面的构造。

答:在肾纵切面上,肾由两部分组成。

(1)肾实质:①肾皮质,为浅层 1/3,新鲜标本为红褐色,富含血管并可见许多红色点状细小颗粒,由肾小体与肾小管组成。②肾髓质,为深层 2/3,含 15~20 个圆锥形肾锥体;两三个肾锥体尖端合成肾乳头,突入肾小盏,其顶端有乳头孔;肾皮质伸入肾锥体之间的部分称肾柱。每一肾锥体及其周围的肾皮质构成一个肾叶。

(2)尿液的引流管道:在肾窦内,两三个肾小盏合成一个肾大盏,再由两三个肾大盏汇合形成一个肾盂。肾盂离开肾门向下弯行,约在第 2 腰椎椎体上缘水平,逐渐变细与输尿管相移行。

2. 试述输尿管的生理狭窄部位和临床意义。

答:输尿管全长有 3 处生理狭窄:①肾盂与输尿管移行处;②与髂血管交叉处(跨越小骨盆入口处);③斜穿膀胱壁处。输尿管狭窄的临床意义:输尿管狭窄处是泌尿系统结石易滞留的部位。

3. 试述膀胱的分部及结构特点。

答:空虚的膀胱呈三棱锥体形,分尖、体、底和颈 4 部。膀胱尖朝向前上方。膀胱底朝向后下方。膀胱尖与底之间为膀胱体。膀胱的最下部称膀胱颈。

膀胱内面被覆黏膜,大部分区域黏膜与肌层结合疏松,膀胱收缩时聚集成皱襞。在膀胱底内面,左、右输尿管口和尿道内口之间的黏膜与肌层紧密连接,无论膀胱扩张或收缩,始终保持平滑,此处称膀胱三角。膀胱三角是肿瘤、结核和炎症的好发部位。两侧输尿管口之间的皱襞称输尿管间襞,是膀胱镜检查寻找输尿管口的标志。

4. 试述肾脏的位置以及毗邻。

答:肾的位置:肾位于脊柱两侧,腹膜后间隙内,属腹膜外位器官。左肾位于第 11 胸椎椎体下缘至第 2、3 腰椎椎间盘之间;右肾则位于第 12 胸椎椎体上缘至第 3 腰椎椎体上缘之间。

肾的毗邻:肾上腺位于两肾的上方。左肾前上部与胃底后面相邻,中部与胰尾和脾血管相接触,下部邻接空肠和结肠左曲。右肾前上部与肝相邻,下部与结肠右曲相接触,内侧缘邻接十二指肠降部。两肾后面的上 1/3 与膈相邻,下部自内侧向外侧分别与腰大肌、腰方肌及腹横肌相毗邻。

5. 试述肾脏的被膜及其临床意义。

答:肾的被膜由内向外分为 3 层,依次为纤维囊、脂肪囊和肾筋膜。临床意义:①纤维囊坚韧而致密,是由致密结缔组织和弹性纤维构成的膜,包裹于肾实质表面。肾破裂或部分切除时须缝合此膜。正常情况下,纤维囊与肾实质表面结合疏松,易于剥离。②脂肪囊又名肾床,位于纤维囊周围,是包裹肾的脂肪层。临床上做肾囊封闭,将药物注入肾脂肪囊内。③肾筋膜位于脂肪囊的外面,包裹肾上腺和肾,由它发出的一些结缔组织小梁穿脂肪囊与纤维囊相连,有固定肾脏的作用。肾筋膜分前后两层,在肾上腺的上方和肾外侧缘处两层相互愈着,在肾的下方两层相互分离,其间有输尿管通过。由于肾筋膜下方完全开放,当肾的固定结构薄弱时,可发生肾下垂或游走肾。

6. 试述输尿管的分部及走行。

答:输尿管分部:全长分为腹部、盆部和壁内部。

输尿管走行:输尿管起自肾盂下端,经腰大肌前面下行至其中点附近,与睾丸血管(男性)或卵巢血管(女性)交叉,通常血管在其前方走行。达小骨盆入口处,左输尿管越过左髂总动脉末端前方;右输尿管则经过右髂外动脉起始部的前方。输尿管向下经盆腔侧壁下行,男性输尿管经直肠前外侧壁与膀胱后壁之间下行,在膀胱底外上角处穿入膀胱壁;女性输尿管在子宫颈外侧约 2.5cm 处,绕过子宫动脉,行向膀胱底穿入膀胱壁内。

7. 试述膀胱的位置及其毗邻。

答:膀胱空虚时全部位于盆腔内,前方为耻骨联合。在男性,膀胱的后方与精囊、输精管壶腹和直肠相毗邻;在女性,膀胱的后方与子宫和阴道相邻接。新生儿膀胱的位置高于成年人,尿道内口在耻骨联合上缘水平。老年人的膀胱位置较成年人低。

8. 试述泌尿系统的组成及作用。

答:泌尿系统由肾、输尿管、膀胱和尿道组成。临床上,肾和输尿管称上尿路,膀胱和尿道称下尿路。其主要功能是排出机体新陈代谢产生的废物和多余的水,保持机体内环境的平衡和稳定。肾生成尿液,输尿管输送尿液至膀胱,膀胱储存尿液,尿道将尿液排至体外。

9. 尿液从肾乳头排至体外要经过哪些结构?

答:尿液从肾乳头排至体外经过的路径为:肾乳头→肾小盏→肾大盏→肾盂→输尿管→膀胱→尿道。

10. 出入肾门的结构有哪些?

答:肾脏内侧缘中部呈四边形的凹陷称肾门,为肾的血管、神经、淋巴管及肾盂出入之门户。出入肾门的结构被结缔组织包裹,形成肾蒂。肾蒂内各结构自前向后的排列关系是肾静脉、肾动脉和肾盂;自上而下的排列关系是肾动脉、肾静脉和肾盂。由于下腔静脉靠近右肾,所以右肾蒂较左肾蒂短。

11. 试述膀胱三角的位置和临床意义。

答:在膀胱底内面,有一个三角形区域,位于左、右输尿管口和尿道内口之间,此处膀胱黏膜与肌层紧密连接,无论膀胱扩张或收缩,始终保持平滑,称膀胱三角。膀胱三角是肿瘤、结核和炎症的好发部位。

12. 试述肾结石排出的途径,并说明结石容易在什么位置滞留。

答:肾结石排出体外依次要经过肾乳头孔→肾小盏→肾大盏→肾盂→输尿管→膀胱→尿道。结石容易滞留的部位为输尿管的三个狭窄,分别为输尿管起始处、小骨盆入口处、穿膀胱壁处。如果为男性,还容易滞留于尿道的狭窄和弯曲处,分别为尿道内口、尿道膜部、尿道外口三个狭窄,以及耻骨下弯和耻骨前弯两个弯曲。

四、病例讨论

1. 某中年妇女,突发右下腹剧烈疼痛,并向腹股沟区转移,急送医院急诊室就诊。患者自述曾出现过排尿次数增多,排尿时疼痛加剧。体格检查:肾区叩击痛。右下腹腹壁抵抗,较坚硬,触痛,无反跳痛。尿检为镜下血尿。CT检查显示:双肾位置正常,右侧肾实质内可见多发大小不等的类圆形水样密度影,边界清晰,外缘光滑。右肾肾盂稍扩张,其内可见大小不等的类圆形密度增高影。X线显示:右输尿管下端有一致密阴影;右骶髂关节前方可见不规则致密阴影。

问题:

(1)根据所学解剖学知识,你认为可能是何器官的疾病?

(2)若疑为输尿管结石,你能说出结石滞留的可能位置吗?

(3)如进行逆行性肾盂造影,你能说出导管插入的途径和如何寻找输尿管口吗?

答:

(1)女性右下腹的器官主要有:空回肠、盲肠、阑尾、升结肠、输尿管、输卵管、卵巢。因此右下腹的疼痛可能是这些器官病变所致,如阑尾炎、输尿管结石、输卵管炎、卵巢病变、宫外孕等。

(2)输尿管全长有3处狭窄:①肾盂与输尿管移行处;②与髂血管交叉处(跨越小骨盆入口处);③斜穿膀胱壁处。这些狭窄处常是输尿管结石滞留的部位,尤其第二个狭窄更是输尿管结石的好发部位。

(3)逆行性肾盂造影,导管经过的途径依次为:女性尿道→膀胱→输尿管→肾盂。在膀胱镜检时可见膀胱底内侧面有一苍白带,即输尿管间襞,其两端的开口为输尿管口,镜检时可见尿液从输尿管口流出。输尿管间襞是临床寻找输尿管口的标志。

2. 患者,男性,69岁,2周前无诱因出现无痛性肉眼血尿,不伴尿频尿痛,偶伴血凝块排出,无恶心、呕吐、反酸、腰部疼痛等症状。体格检查:双侧腰部曲线对称,未见局限性隆起,双肾区未触及包块状肿物,双侧肾叩击痛(−),双侧各输尿管点无压痛,膀胱区未见局限性隆起,压痛(−)。腹部+盆部CT显示:膀胱壁高回声隆起,考虑膀胱癌,累及左侧输尿管口。

问题:

(1)膀胱癌最易发生在膀胱的什么部位,膀胱镜检查时如何寻找?

(2)如果膀胱癌晚期扩散转移,可能扩散转移到什么器官?

答:

(1)膀胱三角是肿瘤、结核和炎症的好发部位,膀胱镜检查时应特别注意。在膀胱底内面,左、右输尿管口和尿道内口之间的黏膜与肌层紧密连接,无论膀胱扩张或收缩,始终保持平滑,此处称膀胱三角。

(2)膀胱癌可先后或同时伴有肾盂、输尿管、尿道肿瘤。男性患者可发生前列腺、精囊转移;女性患者易发生子宫及阴道转移。

3. 患者,男性,64岁,15年前无明显诱因出现尿频、尿线变细、尿无力、射程变近等症状,不伴有血尿、发热等不适,未予治疗。近半个月上述症状加重。近7小时出现无尿伴下腹部明显胀痛。体格检查:双侧腰部曲线对称,未见局限性隆起。双肾区无叩痛。膀胱区可见明显隆起,叩诊呈浊音。直肠指诊:前列腺大小约5.0cm×5.0cm,质韧,中央沟消失,无触压痛,未触及结节状肿物,指套无血染。泌尿系彩超提示:①双肾积水伴双侧输尿管全程扩张;②膀胱壁炎性改变、尿潴留;③前列腺增生样改变。为缓解尿潴留欲行导尿术,但几次尿道插管都未成功,泌尿科医生决定行耻骨上插管入膀胱,以缓解膀胱压力。

问题:

(1)什么原因使患者发生尿潴留?

（2）耻骨上插管时,导管会进入腹膜腔吗?

（3）如果在插管前膀胱已破裂,尿液将流向何处?

答:

（1）男性尿道穿经前列腺,老年人激素平衡失调,前列腺结缔组织增生而引起前列腺肥大,常压迫尿道,造成排尿困难甚至尿潴留。

（2）耻骨上插管是从耻骨上方经腹前壁进入腹腔,但不通过壁腹膜,因为膀胱充盈时腹膜返折线可上移至耻骨联合上方,此时可在耻骨联合上方行穿刺术,不会伤及腹膜和污染腹膜腔。

（3）如果在插管前膀胱已破裂,其破裂部位多在有腹膜覆盖的膀胱顶部,尿液和血液会流入腹膜腔,引起腹膜炎。

（陆　利）

第五章

生 殖 系 统

第一节　男性生殖系统

学 习 指 导

（一）学习目的

能分析说明：男性生殖器组成器官的形态、位置、构造；睾丸及附睾的形态与位置；睾丸和附睾的结构；睾丸下降的过程；输精管的形态特征、分部和行径；射精管的合成、行径与开口；精索的组成及位置；阴茎的分部及构成；男性尿道的分部，各部形态、结构特点，三个狭窄、三个扩大和两个弯曲；精囊腺的形态和位置；前列腺的形态、位置及主要毗邻。

能够解释：前列腺的分叶、被膜及年龄变化；尿道球腺的位置和腺管的开口；阴囊的形态、构造。

能够分析：海绵体的构造、阴茎皮肤的特点。

（二）学习要点

睾丸、生殖管道、附属腺、外生殖器组成了男性生殖系统。睾丸产生精子，分泌雄性激素；生殖管道促进精子成熟，营养、贮存和运输精子；附属腺和生殖管道的分泌物参与精液组成。

1. 睾丸

（1）形态：睾丸是微扁的椭圆体，表面平滑，分前、后缘，上、下端和内、外侧面。前缘游离而凸隆，又名独立缘。后缘较平直，又名睾丸系膜缘，有血管、神经和淋巴管出入，并与附睾体、附睾尾和输精管睾丸部相接触。上端被附睾头遮盖，下端游离。内侧面较平坦，与阴囊隔相依，外侧面较隆凸，与阴囊壁相贴。成人两睾丸重约 20~30g。新生儿的睾丸相对较大，青春期以前发育较慢，进入青春期后迅速生长成熟，老年人的睾丸萎缩变小，性功能也随之衰退。

（2）构造：睾丸表面有一层坚韧的纤维膜，称为白膜。白膜在睾丸后缘增厚，并凸入睾丸内形成睾丸纵隔。从纵隔发出许多睾丸小隔，呈扇形伸入睾丸实质，将睾丸实质分为 100~200 个睾丸小叶。每个小叶内含有 2~4 条盘曲的精曲小管，其上皮能产生精子。精曲小管之间的结缔组织内有分泌男性激素的间质细胞。精曲小管汇合成精直小管，进入睾丸纵隔后交织成睾丸网。从睾丸网发出 12~15 条睾丸输出小管，出睾丸后缘的上部进入附睾。

2. 附睾

（1）上端膨大为附睾头，中部为附睾体，下端为附睾尾。

（2）附睾为暂时储存精子的器官，并分泌附睾液供给精子营养，促进精子进一步成熟。附睾为结核的好发部位。

3. 输精管和射精管

（1）输精管较长，按其行程可分为 4 部：①睾丸部；②精索部，此段位于皮下，又称皮下部，在皮肤下易触及,为输精管结扎的最佳部位;③腹股沟管部,疝修补术时,注意勿伤及输精管;④盆部。

（2）精索为柔软的圆索状结构,从腹股沟管腹环穿经腹股沟管,出皮下环后延至睾丸上端。精索内主要有输精管、睾丸动脉、蔓状静脉丛、输精管血管、神经、淋巴管和腹膜鞘突的残余(鞘韧带)等。精索表面包有 3 层被膜,从内向外依次为精索内筋膜、提睾肌和精索外筋膜。

（3）射精管由输精管的末端与精囊的排泄管汇合而成,长约 2cm,向前下穿前列腺实质,开口于尿道的前列腺部。

4. 精囊 又称精囊腺,为长椭圆形的囊状器官,表面凹凸不平,位于膀胱底的后方,输精管壶腹的下外侧,左右各一,由迂曲的管道组成,其排泄管与输精管壶腹的末端汇合成射精管。精囊可分泌液体,参与精液的组成。

5. 前列腺

（1）形态:前列腺呈前后稍扁的栗子形。上端宽大,称为前列腺底,邻接膀胱颈;下端尖细,称为前列腺尖,位于尿生殖膈上方。底与尖之间的部分为前列腺体。体的后面平坦,中间有一纵行浅沟,称前列腺沟,活体直肠指诊可扪及此沟,患前列腺肥大时此沟消失。男性尿道在前列腺底近前缘处穿入前列腺,即为尿道前列腺部。该部经腺实质前部下行,由前列腺尖穿出。前列腺一般分为:5 叶(Lowsley 前列腺分叶),前叶、中叶、后叶和两侧叶;4 区(McNeal 分区):纤维肌质区、外周区、移行区和中央区。

（2）位置:前列腺位于膀胱与尿生殖膈之间,前列腺底与膀胱颈、精囊和输精管壶腹相邻。前列腺的前方为耻骨联合,后方为直肠壶腹。直肠指诊时可触及前列腺的后面以及前列腺沟,向上可触及输精管壶腹和精囊。临床上可经直肠施行前列腺按摩,采集前列腺液,以帮助前列腺炎的诊断:可经直肠或会阴行前列腺穿刺,进行活检以诊断前列腺肿瘤。

6. 尿道球腺 位于会阴深横肌内。腺的排泄管细长,开口于尿道球部。尿道球腺的分泌物参与精液的组成,有利于精子的活动。

7. 阴囊 是位于阴茎后下方的囊袋状结构。阴囊壁由皮肤和肉膜组成。肉膜内含有平滑肌纤维,可随外界温度的变化而舒缩,以调节阴囊内的温度,利于精子的发育与生存。阴囊深面有包被睾丸和精索的被膜,由外向内有:①精索外筋膜;②提睾肌;③精索内筋膜。

8. 阴茎 可分为头、体、根 3 部分。阴茎主要由两条阴茎海绵体和一条尿道海绵体组成,外包筋膜和皮肤。

9. 尿道 男性尿道有三个狭窄(尿道内口、膜部和尿道外口)、三个扩大(前列腺部、尿道球部、尿道舟状窝)和两个弯曲(耻骨下弯、耻骨前弯)。

复习思考题

一、选择题

(一) A1 型题

1. 关于男性生殖器的叙述,**错误**的是
　　A. 睾丸是成对的腺器官　　B. 附睾包括头、体、尾　　C. 输精管穿过腹股沟管
　　D. 射精管开口于膀胱　　E. 前列腺环绕尿道的起始处

2. 男性内生殖器**不包括**
　　A. 睾丸　　　B. 附睾　　　C. 输精管　　　D. 精囊　　　E. 阴囊

3. 男性的生殖腺是
   A. 睾丸　　　　　B. 前列腺　　　　C. 附睾　　　　D. 精囊　　　　E. 尿道球腺

4. 分泌雄激素的细胞位于
   A. 前列腺　　　　B. 尿道球腺　　　C. 精曲小管　　　D. 睾丸间质　　　E. 附睾

5. 产生精子的部位是
   A. 精直小管　　　B. 睾丸网　　　　C. 精曲小管　　　D. 睾丸间质　　　E. 附睾

6. 下列说法**不正确**的是
   A. 老年人睾丸功能衰退　　　　　　　　　B. 睾丸经腹股沟管降入阴囊
   C. 右侧睾丸下降迟于左侧　　　　　　　　D. 睾丸在出生时即能产生睾酮
   E. 睾丸下降至阴囊内是睾丸引带缩短和生长的共同结果

7. 关于睾丸的形态描述,正确的是
   A. 前缘附有系膜,后缘游离　　　　　　　B. 内侧面隆凸与阴囊中隔相依
   C. 外侧面平坦与阴囊壁相贴　　　　　　　D. 新生儿相对较大
   E. 青春期前发育较快

8. 睾丸输出小管注入
   A. 睾丸网　　　　B. 附睾　　　　　C. 输精管　　　　D. 精直小管　　　E. 精囊管

9. 附睾管移行为
   A. 精直小管　　　　　　　B. 精曲小管　　　　　　　C. 睾丸输出小管
   D. 射精管　　　　　　　　E. 输精管

10. 精子储存在
    A. 睾丸　　　　　B. 前列腺　　　　C. 附睾　　　　D. 精囊　　　　E. 尿道球腺

11. 下列关于附睾的描述,**错误**的是
    A. 附睾附着在睾丸的上端和后缘　　　　　B. 分为头、体、尾
    C. 附睾的终端延续成射精管　　　　　　　D. 是精子储存的部位
    E. 为精子提供营养

12. 输精管结扎的常选部位是
    A. 睾丸部　　　　　　　　B. 精索部　　　　　　　　C. 腹股沟部
    D. 盆部　　　　　　　　　E. 前列腺部

13. 关于男性尿道的描述,正确的是
    A. 为男性排尿和排精的器官
    B. 分为前列腺部、膜部、球部和海绵体部 4 个部分
    C. 前列腺部位于前列腺中叶后方
    D. 球部为男性尿道最狭窄处
    E. 前列腺部为其最短的一段

14. 包皮环切术时,应避免损伤
    A. 阴茎包皮　　　　　B. 海绵体　　　　　C. 包皮系带
    D. 阴茎筋膜　　　　　E. 阴囊

15. 精液的液体成分主要来自
    A. 睾丸　　　　　　　　B. 附睾　　　　　　　　C. 输精管
    D. 前列腺和精囊　　　　E. 尿道球腺

16. 关于精索的描述,**不正确**的是
    A. 是一对柔软圆索状结构
    B. 是输精管的精索部
    C. 由腹股沟管腹环延至睾丸上端
    D. 主要内容物为输精管、睾丸动脉和蔓状静脉丛
    E. 由外向内为精索外筋膜、提睾肌和精索内筋膜 3 层被膜

17. 输精管被分为下列的部分,**除外**
    A. 睾丸部　　　　　　　B. 精索部　　　　　　　C. 腹股沟管部
    D. 盆部　　　　　　　　E. 前列腺部

18. 精索内**不含有**
    A. 睾丸动脉　　　　　　B. 蔓状静脉丛　　　　　C. 神经
    D. 淋巴管　　　　　　　E. 射精管

19. 下列有关附睾的描述,**不正确**的是
    A. 紧贴睾丸的上端和后缘　　　　　　B. 可分为附睾头、体和尾三部分
    C. 附睾尾向上弯曲移行为输精管　　　D. 其作用只有暂时储存精子
    E. 为结核的好发部位

20. 男性输精管道中,能将精子输送至前列腺的是
    A. 尿道的前列腺部　　　B. 尿道膜部　　　　　　C. 精囊
    D. 输精管　　　　　　　E. 射精管

21. 关于射精管的叙述,正确的是
    A. 通过尿道膜部　　　　B. 穿前列腺实质　　　　C. 储存精子
    D. 位于膀胱底的后方　　E. 大约长 10cm

22. 关于射精管的说法,**不正确**的是
    A. 由输精管的末端与精囊排泄管汇合而成　　B. 开口于尿道前列腺部
    C. 位于膀胱上面　　　　　　　　　　　　　　D. 长约 2cm
    E. 穿前列腺实质

23. 关于精囊的说法,正确的是
    A. 位于前列腺的后面　　B. 能储存精子　　　　　C. 不成对
    D. 能分泌精液　　　　　E. 能进入尿道球

24. 下列有关精囊的描述,**不正确**的是
    A. 为长椭圆形的囊状器官　　　　　　B. 位于膀胱底的后方
    C. 为男性附属腺体　　　　　　　　　　D. 直接开口于尿道前列腺部
    E. 分泌的液体参与精液的组成

25. 关于前列腺的描述,正确的是
    A. 其前叶是癌症的好发部位　　　　　　B. 能分泌精液进入尿道球
    C. 是男性的生殖腺　　　　　　　　　　D. 能分泌少量的性激素
    E. 有男性尿道经过

26. 下列关于前列腺的描述,正确的是
    A. 位于盆膈上　　　　　B. 下端宽大　　　　　　C. 属单个的囊性器官
    D. 老年腺组织增生　　　E. 其排泄管开口于尿道前列腺部后壁尿道嵴两侧

27. 前列腺肿瘤的好发部位为
    A. 前叶　　　　B. 中叶　　　　C. 后叶　　　　D. 左侧叶　　　　E. 右侧叶

28. 下列有关阴囊的描述,**错误**的是
    A. 阴囊壁由皮肤和肉膜组成　　　　　　B. 肉膜内含少量平滑肌纤维
    C. 肉膜为浅筋膜　　　　　　　　　　　D. 可调节温度,保持正常体温
    E. 容纳左、右睾丸,附睾及精索等结构

29. 下列有关阴茎的描述,**错误**的是
    A. 分为头、颈、体和根四部分　　　　　B. 阴茎海绵体位于阴茎的背侧
    C. 由阴茎海绵体和尿道海绵体构成　　　D. 尿道海绵体后端膨大,称尿道球
    E. 头的尖端有较狭窄的尿道外口,呈矢状位

30. 出入睾丸的血管、神经位于睾丸的
    A. 内侧面　　　　　　B. 外侧面　　　　　　C. 前缘上端
    D. 后缘上端　　　　　E. 前缘下端

31. 尿道球腺开口于
    A. 尿道前列腺部　　　B. 尿道膜部　　　　　C. 尿道球
    D. 耻骨弯曲　　　　　E. 后尿道

32. 肉膜是一层平滑肌纤维,出现在
    A. 阴囊　　　　B. 阴茎　　　　C. 附睾　　　　D. 前列腺　　　　E. 睾丸

33. 胎儿早期,睾丸位于
    A. 阴囊　　　　　　　B. 盆腔　　　　　　　C. 腹腔
    D. 腹膜后隙　　　　　E. 腹股沟管

34. 睾丸未降入阴囊,称为
    A. 腹股沟疝　　　　　B. 绞窄疝　　　　　　C. 睾丸鞘突
    D. 隐睾　　　　　　　E. 阴囊水肿

35. 关于阴茎的说法,正确的是
    A. 其根固定于耻骨下支和坐骨支
    B. 尿道海绵体位于阴茎海绵体的背侧
    C. 白膜是一层厚的结缔组织,环绕在坐骨海绵体肌
    D. 尿道膜部含有扩大的部分,称为舟状窝
    E. 阴茎头扩张的部分是阴茎海绵体

36. 关于男性尿道的耻骨前弯,描述**错误**的是
    A. 是阴茎根与体之间的弯曲　　　　　　B. 此弯曲凹向下
    C. 此弯曲位于耻骨联合的前下方　　　　D. 由尿道膜部和尿道海绵体部构成
    E. 向上提阴茎时,此弯曲可变直

37. 男性尿道最狭窄的部分是
    A. 尿道内口　　　　　B. 尿道膜部　　　　　C. 尿道外口
    D. 弯曲的部分　　　　E. 前列腺部

38. 男性尿道扩大的部分是
    A. 前列腺部　　　　　B. 尿道膜部　　　　　C. 尿道弯曲部
    D. 尿道内口　　　　　E. 尿道外口

39. 尿道腺的功能是
    A. 产生营养物质　　　　B. 分泌黏液　　　　C. 分泌激素
    D. 产生精液　　　　　　E. 分泌酸性物质

40. 临床外伤性尿道断裂最易发生在男性尿道的
    A. 海绵体部　　　　　　B. 球部　　　　　　C. 前列腺部
    D. 膜部　　　　　　　　E. 尿道内口

41. 关于阴茎海绵体的叙述,错误的是
    A. 位于阴茎的背侧
    B. 为两端细的圆柱体
    C. 后端形成阴茎脚
    D. 阴茎脚附着于两侧的耻骨下支和坐骨下支
    E. 前端膨大为阴茎头

42. 关于尿道海绵体的说法,正确的是
    A. 位于阴茎的背侧　　　　　　　　　B. 尿道贯穿其全长
    C. 下端膨大形成尿道球　　　　　　　D. 固定于尿生殖膈之上
    E. 下端膨大为阴茎头

(二) A2 型题

1. 男,40 岁,已育有 2 子,无再生育打算,与妻子商议避孕计划。外科结扎术的部位是
    A. 输精管　　　　　　　B. 射精管　　　　　　C. 附睾管
    D. 舟状窝　　　　　　　E. 阴囊

2. 男,65 岁,因排尿困难就医,医生对其进行直肠指诊,发现肥大的结构是
    A. 精囊　　　　　　　　B. 前列腺　　　　　　C. 尿道球腺
    D. 输精管的壶腹部　　　E. 膀胱

3. 男,62 岁,因排尿困难和尿潴留就医,医生为其检查后进行插管,下列叙述不正确的是
    A. 耻骨前弯将消失
    B. 导管将进入尿道海绵体
    C. 导管经过前列腺
    D. 导管依次经过尿道外口、前列腺部和膜部
    E. 尿道长度在 16~22cm

(三) A3 型题

(1~5 题共用题干)

男,38 岁,突然寒战和高热,尿频、尿急、排尿痛,会阴部坠胀痛而就医。2 周前曾出现尿频、尿急、尿痛,但无全身感染症状。体温 39.5℃。直肠指诊时前列腺肿胀和压痛,表面平滑,有波动感。尿液中蛋白阳性,镜下血尿。初步诊断为急性前列腺炎和膀胱炎。

1. 男性性腺是
    A. 精囊　　　　　　　　B. 前列腺　　　　　　C. 尿道球腺
    D. 睾丸　　　　　　　　E. 尿道腺

2. 男性附属腺是
    A. 睾丸　　　　　　　　B. 附睾　　　　　　　C. 前列腺
    D. 前庭大腺　　　　　　E. 尿道腺

3. 下列关于前列腺的说法,正确的是
    A. 底毗邻膀胱颈　　　　　B. 尖毗邻盆膈　　　　　　C. 后面毗邻输精管壶腹
    D. 前面毗邻尿生殖膈　　　E. 后上方有射精管斜穿

4. 尿道上行感染的路径是
    A. 尿道外口、海绵体部、前列腺部、膜部、尿道内口
    B. 尿道外口、海绵体部、膜部、前列腺部、尿道内口
    C. 尿道外口、海绵体部、球部、膜部、尿道内口
    D. 尿道外口、球部、前列腺部、膜部、尿道内口
    E. 尿道外口、舟状窝、前列腺部、膜部、尿道内口

5. 直肠指诊可触及下列结构,**除外**
    A. 前列腺后面　　　　　　B. 前列腺沟　　　　　　C. 精囊
    D. 输精管壶腹　　　　　　E. 射精管

(6~10题共用题干)

男,22岁,左侧阴囊肿大伴坠胀感。检查见患侧阴囊较健侧明显松弛下垂,曲张的睾丸静脉似蚯蚓团块,平卧时曲张的静脉缩小或消失。初步诊断为睾丸静脉曲张。

6. 男性外生殖器是
    A. 阴囊　　　　　　　　　B. 精囊　　　　　　　　C. 射精管
    D. 尿道海绵体　　　　　　E. 尿道球

7. 精索内的结构如下,**除外**
    A. 输精管　　　　　　　　B. 射精管　　　　　　　C. 蔓状静脉丛
    D. 睾丸静脉　　　　　　　E. 腹膜鞘突的残余

8. 下列关于阴囊的说法,正确的是
    A. 是位于睾丸后下方的囊袋状结构　　　B. 由皮肤、肉膜和深筋膜构成
    C. 肉膜含有平滑肌纤维　　　　　　　　D. 右侧低于左侧
    E. 皮肤向深部发出阴囊中隔

9. 下列是睾丸、精索被膜,**除外**
    A. 精索外筋膜　　　　　　B. 提睾肌　　　　　　　C. 精索内筋膜
    D. 睾丸鞘膜　　　　　　　E. 肉膜

10. 下列关于男性尿道的说法,**不正确**的是
    A. 前列腺部最易扩张　　　　　　B. 膜部是外伤最易损伤的部位
    C. 海绵体部行程最长　　　　　　D. 膜部最为狭窄
    E. 尿道膜部括约肌为骨骼肌

(11、12题共用题干)

男,72岁,尿频,排尿不畅,尿费力,尿后滴沥、夜尿增多2周,诊断为良性前列腺增生。

11. 关于前列腺的描述,正确的是
    A. 呈底向下的栗子形　　　　　　B. 内有尿道膜部通过
    C. 位于膀胱和尿生殖膈之间　　　D. 前列腺体的前面有前列腺沟
    E. 活体在直肠不能触及

12. 中老年男性常可见排尿不畅,严重时可见排尿困难,其原因为前列腺肥大压迫尿道。前列腺的结构中,最易导致排尿困难的是

A. 前叶肥大 　　　　B. 后叶肥大 　　　　C. 侧叶肥大

D. 中叶肥大 　　　　E. 侧叶和中叶肥大

(四) B1 型题

（1~4 题共用备选答案）

A. 尿道前列腺部 　　　　B. 尿道膜部 　　　　C. 尿道内口

D. 尿道外口 　　　　E. 尿道海绵体部

1. 男性尿道最短的部分是

2. 男性尿道最长的部分是

3. 临床称前尿道是指

4. 射精管开口于

（5~8 题共用备选答案）

A. 睾丸 　　　　B. 附睾 　　　　C. 阴囊

D. 前列腺 　　　　E. 尿道球腺

5. 经直肠能触及的器官是

6. 能储存精子的器官是

7. 最大的男性附属腺是

8. 开口于尿道球的器官是

（9~11 题共用备选答案）

A. 白膜 　　　　B. 肉膜 　　　　C. 鞘突

D. 精曲小管 　　　　E. 精直小管

9. 精子产生的部位

10. 包含平滑肌的结构是

11. 包绕睾丸和附睾的结构是

二、名词解释

1. 精索 　　　　2. 精液 　　　　3. 尿生殖膈

4. 尿道球腺 　　　　5. 精囊 　　　　6. 射精管

7. 前列腺沟

三、问答题

1. 简述阴囊与睾丸被膜的层次及与腹壁各层次间的对应关系。

2. 试述男性尿道的分部、狭窄和弯曲。

3. 精子在何处产生,经哪些管道排出体外?

4. 男性生殖系统附属腺包括哪些?

5. 写出前列腺的位置、毗邻及穿过前列腺的管道。

四、病例讨论

患者,男,55 岁,因排尿困难就诊。尿频、尿急 2 年。直肠指检发现前列腺增大,平滑,质软,边界清楚,中央沟消失。B 超显示,前列腺中叶增生。膀胱无结石,无积水。初步诊断为良性前列腺增生。

问题：
（1）为什么会出现上述症状？（解释男性尿道的分部）
（2）为何前列腺中叶增生会引起排尿困难？
（3）长期排尿困难会有哪些危害？

参 考 答 案

一、选择题

（一）A1 型题

1．D　2．E　3．A　4．D　5．C　6．D　7．D　8．B　9．E　10．C　11．C　12．B　13．A
14．C　15．D　16．B　17．E　18．E　19．D　20．E　21．B　22．C　23．D　24．D　25．E
26．E　27．C　28．D　29．A　30．D　31．C　32．A　33．D　34．D　35．A　36．D　37．C
38．A　39．B　40．D　41．E　42．B

（二）A2 型题

1．A　2．B　3．D

（三）A3 型题

1．D　2．C　3．A　4．B　5．E　6．A　7．B　8．C　9．E　10．D　11．C　12．E

（四）B1 型题

1．B　2．E　3．E　4．A　5．D　6．B　7．D　8．E　9．D　10．B　11．C

二、名词解释

1．精索：为一条柔软的圆索状结构，从腹股沟管腹环穿经腹股沟管，出皮下环后延至睾丸上端。精索内主要有输精管、睾丸血管、输精管血管、神经、淋巴管和腹膜鞘突的残余（鞘韧带）等。

2．精液：由输精管道各部及附属腺，特别是前列腺和精囊的分泌物组成，内含精子。精液呈乳白色，弱碱性，适于精子的生存和活动。

3．尿生殖膈：由尿生殖膈上、下筋膜及其间的会阴深横肌和尿道括约肌共同组成，封闭尿生殖三角。男性的尿道及女性的尿道和阴道穿过尿生殖膈。

4．尿道球腺：为一对豌豆大的球形腺体，位于会阴深横肌内。腺的排泄管细长，开口于尿道球部。尿道球腺的分泌物也参与精液的形成，有利于精子的活动。

5．精囊：又称精囊腺，为长椭圆形的囊状器官，表面凹凸不平，位于膀胱底的后方，输精管的下外侧，左右各一，由迂曲管道组成，其排泄管与输精管壶腹的末端汇合成射精管。

6．射精管：由输精管的末端与精囊的排泄管汇合而成，长约 2cm，向前下穿前列腺实质，开口于尿道的前列腺部。

7．前列腺沟：前列腺体的后面平坦，中间有一纵行浅沟，称前列腺沟，活体直肠指诊可扪及此沟，患前列腺肥大时此沟消失。

三、问答题

1．简述阴囊与睾丸被膜的层次及与腹壁各层次间的对应关系。

答：腹壁层次与阴囊、精索被膜的层次关系见表 5-1。

表 5-1　腹壁层次与阴囊、精索被膜的层次关系

腹壁层次	阴囊、精索层次
皮肤	皮肤
浅筋膜	肉膜
腹外斜肌腱膜	精索外筋膜
腹内斜肌、腹横肌	提睾肌及其筋膜
腹横筋膜	精索内筋膜
腹膜下筋膜	脂肪组织
壁腹膜	睾丸鞘膜

2. 试述男性尿道的分部、狭窄和弯曲。

答：男性尿道分为前列腺部、膜部和海绵体部。在行程中粗细不一，有三个狭窄和两个弯曲。三个狭窄：尿道内口、膜部和尿道外口。两个弯曲：一个为耻骨下弯，凹向上，由前列腺部、膜部和海绵体部的起始部组成；另一个为耻骨前弯，在耻骨联合的前下方，凹向下，位于阴茎根和体之间。

3. 精子在何处产生，经哪些管道排出体外？

答：精子由睾丸的精曲小管上皮产生，经附睾、输精管、射精管和男性尿道排出体外。

4. 男性生殖系统附属腺包括哪些？

答：前列腺、精囊、尿道球腺。

5. 写出前列腺的位置、毗邻及穿过前列腺的管道。

答：前列腺位于膀胱与尿生殖膈之间，上方与膀胱颈、精囊和输精管壶腹相邻，下方邻尿生殖膈，前方是耻骨联合，后方为直肠壶腹。穿过的管道有尿道和射精管。

四、病例讨论

患者，男，55 岁，因排尿困难就诊。尿频、尿急 2 年。直肠指检发现前列腺增大，平滑，质软，边界清楚，中央沟消失。B 超显示，前列腺中叶增生。膀胱无结石，无积水。初步诊断为良性前列腺增生。

问题：

（1）为什么会出现上述症状？（解释男性尿道的分部）

（2）为何前列腺中叶增生会引起排尿困难？

（3）长期排尿困难会有哪些危害？

答：

（1）男性尿道分为前列腺部、膜部和海绵体部。前列腺部是指男性尿道从前列腺底近前缘处穿前列腺，经前列腺实质前部下行，由前列腺尖穿出。前列腺增生早期会出现尿频和尿急，是因为增生的前列腺充血刺激产生的。长期增生会使尿路梗阻，导致排尿困难。

（2）排尿困难是前列腺增生的重要症状，前列腺中叶增生时尤为加重。在膀胱内面，男性尿道内口后方，受前列腺中叶推挤形成的嵴状隆起称为膀胱垂。当前列腺中叶增生时，膀胱垂脱垂覆盖尿道内口，导致堵塞，加重排尿困难。

（3）长期排尿困难的主要危害是严重的肾积水和慢性肾功能不全。长期排尿困难还会导致腹压增高,故可引起腹股沟疝和内痔、脱肛。

（张　平）

第二节　女性生殖系统

学 习 指 导

（一）学习目的

能分析说明:女性生殖器的组成、分布和功能;卵巢的形态、位置和韧带;输卵管的位置、分部、开口和结构;子宫的形态、大小、正常位置和分部,子宫的构造;子宫的主要韧带位置和作用。阴道的形态、位置和开口,阴道穹的组成,阴道后穹的毗邻;女性外生殖器各结构的名称;乳房的形态、位置和构造特点;会阴的分区;肛提肌、尾骨肌的形态、位置和作用;盆膈的概念。

能说明:腹膜的构造与功能;腹膜壁层、脏层和腹膜腔的概念;系膜、网膜的概念。借助标本观察,辅以参考图,结合临床案例,理解并能够分析:大、小网膜的位置和分布,大网膜的构成和功能,网膜囊的位置、重要毗邻与腹膜腔的通连;腹膜陷凹的位置及临床意义。

（二）学习要点

1. 女性生殖系统

（1）女性生殖系统的构成:包括内生殖器和外生殖器。内生殖器包括生殖腺(卵巢)、生殖管道(输卵管、子宫、阴道)和附属腺体(前庭大腺)。外生殖器包括阴阜、大阴唇、小阴唇、阴道前庭、阴蒂、前庭球。

（2）卵巢:成对实质性器官,位于卵巢窝内,具有产生卵子和分泌女性激素的作用。有两面、两缘、两端。其正常位置的维持主要依赖于卵巢悬韧带和卵巢固有韧带。

（3）输卵管:连于子宫底两侧,穿行在子宫阔韧带上缘内。分为子宫部、峡部、壶腹部和漏斗部。末端有输卵管伞,并借输卵管腹腔口通向腹膜腔,输卵管壶腹部常为受精部位。临床上将卵巢和输卵管合称为子宫附件。

（4）子宫:为中空性肌性器官,壁厚而腔小。成人子宫呈前后略扁的倒置梨形,分为底、体、颈。子宫位于盆腔的中央,介于膀胱与直肠之间。正常成年女性子宫位置呈前倾前屈位。参与子宫正常位置维护的主要韧带有子宫阔韧带、子宫圆韧带、子宫主韧带和骶子宫韧带。

（5）阴道:阴道下端借阴道外口开口于阴道前庭,其前邻膀胱和尿道,后邻直肠,下部穿尿生殖膈,前庭大腺位于阴道口两侧,其导管开口于阴道前庭。

（6）会阴的定义和分区:有狭义和广义之分。狭义会阴:临床上指外生殖器与肛门之间的区域,在女性也称为产科会阴。广义会阴:指盆膈以下封闭骨盆下口的所有软组织的统称,呈菱形。前方为尿生殖区(尿生殖三角),面向前下方,男性有尿道通过,女性有尿道和阴道通过;后方为肛区(肛三角),朝向后下方,有肛管通过。

（7）坐骨肛门窝:又称坐骨直肠窝,位于坐骨结节和肛门之间,为底朝下的锥形间隙。

（8）盆膈:由盆膈上、下筋膜及其间的肛提肌和尾骨肌共同组成,封闭小骨盆下口的大部分,对承托盆腔脏器有重要作用,其中央有直肠穿过。

2. 腹膜

（1）腹膜的概念：是人体面积最大、最复杂的浆膜，覆盖于腹、盆腔壁内和腹、盆腔脏器表面，呈薄而光滑的半透明状，分为壁腹膜和脏腹膜。壁腹膜和脏腹膜互相返折、移行并延续，共同围成不规则的潜在腔隙，称为腹膜腔。

（2）腹膜与腹、盆腔脏器的关系：按脏器被腹膜覆盖的范围大小，可将腹、盆腔脏器分为腹膜内位、间位和外位器官。

（3）腹膜形成的结构：是壁腹膜与脏腹膜之间，或脏腹膜之间互相移行折返形成的结构，不仅对器官起着连接和固定的作用，也是血管、神经等出入脏器的途径。腹膜形成的结构包括网膜、系膜、韧带，以及腹膜皱襞、隐窝和陷凹。

（4）网膜：是连于胃小弯和胃大弯的双层腹膜皱襞，包括小网膜、大网膜及其形成的网膜囊和网膜孔。

（5）系膜：由壁、脏腹膜相互延续移行而形成，是将器官系连固定于腹、盆壁的双层腹膜结构，包括小肠系膜、阑尾系膜、横结肠系膜和乙状结肠系膜。

（6）韧带：指连接腹、盆壁与脏器之间或连接相邻脏器之间的腹膜结构，多数为双层，少数为单层，对脏器有固定作用。包括肝的韧带，如：肝胃韧带、肝十二指肠韧带、镰状韧带、冠状韧带、三角韧带等；胃的韧带，如肝胃韧带、胃结肠韧带、胃脾韧带和胃膈韧带；脾的韧带，如胃脾韧带、脾肾韧带、膈脾韧带。

（7）腹膜腔的分区和间隙：腹膜腔以横结肠及其系膜分为结肠上区和结肠下区两部。结肠上区以肝为界又可分为肝上间隙和肝下间隙。结肠下区常以肠系膜根和升、降结肠为标志分为左、右结肠旁沟和左、右肠系膜窦 4 个间隙。

复习思考题

一、选择题

（一）A1 型题

1. 下列是女性器官基本术语，除外
　　A. 肾上腺　　　　　　　B. 生殖腺　　　　　　　　C. 卵子
　　D. 前庭大腺　　　　　　E. 子宫

2. 下列分泌女性激素的器官是
　　A. 垂体　　　　B. 卵巢　　　　C. 子宫　　　　D. 下丘脑　　　　E. 端脑

3. 下列关于卵巢形态和位置的描述是正确的，除外
　　A. 呈扁椭圆形
　　B. 略呈灰红色
　　C. 位于盆腔侧壁髂内、外动脉形成的夹角内
　　D. 有上、下两端，前、后两面和内、外两缘
　　E. 为腹膜内位器官

4. 下列是卵巢的固有结构，除外
　　A. 卵巢悬韧带　　　　　B. 卵巢固有韧带　　　　　C. 卵巢门
　　D. 输卵管端　　　　　　E. 卵巢伞

5. 卵巢悬韧带
   A. 连结卵巢到子宫
   B. 是圆韧带的延续
   C. 在子宫的下方经过
   D. 由小骨盆侧壁至卵巢上端
   E. 是子宫阔韧带的一部分

6. 下列关于卵巢的描述,正确的是
   A. 依靠骨盆前壁
   B. 位于卵巢窝内、髂内血管的分叉处
   C. 供血于卵巢的动脉,从卵巢圆韧带通过
   D. 淋巴进入腰淋巴结
   E. 产生卵子,直接进入输卵管壶腹

7. 寻找卵巢血管的标志是
   A. 子宫阔韧带
   B. 卵巢固有韧带
   C. 卵巢系膜
   D. 子宫圆韧带
   E. 卵巢悬韧带

8. 由卵巢排出的是
   A. 卵子
   B. 次级卵母细胞
   C. 初级卵母细胞
   D. 卵原细胞
   E. 卵泡

9. 排卵时卵细胞先进入
   A. 输卵管
   B. 子宫
   C. 卵巢
   D. 腹膜腔
   E. 阴道

10. 卵巢排卵时,排出的卵母细胞最先接触到的结构是
    A. 输卵管
    B. 子宫
    C. 子宫颈管
    D. 阴道
    E. 卵巢伞

11. 下列关于输卵管的说法,正确的是
    A. 粗而弯曲
    B. 子宫部为受精部位
    C. 峡是常用的结扎部位
    D. 漏斗包裹卵巢
    E. 壶腹约占全长的 1/3

12. 下列关于输卵管的叙述,错误的是
    A. 是腹膜内位器官
    B. 连于卵巢上端
    C. 位于子宫阔韧带下缘内
    D. 内侧端与子宫腔相通
    E. 外侧端与腹膜腔相通

13. 正常受精的部位是
    A. 输卵管漏斗
    B. 输卵管壶腹
    C. 输卵管峡
    D. 子宫腔
    E. 子宫颈管

14. 结扎的常用部位是
    A. 输卵管漏斗
    B. 输卵管壶腹
    C. 输卵管峡
    D. 输卵管子宫部
    E. 子宫颈管

15. 月经时血液从子宫流出的层是
    A. 肌层
    B. 外膜层
    C. 内膜层
    D. 子宫颈
    E. 中层

16. 卵泡正常植入的部位在
    A. 输卵管
    B. 子宫颈
    C. 肌层
    D. 腹膜
    E. 子宫内膜

17. 下列关于子宫形态的叙述,正确的是
    A. 是壁厚腔大的肌性器官
    B. 其下端为子宫底
    C. 底与颈之间子宫体
    D. 子宫颈伸入阴道上端,两者间形成阴道穹
    E. 子宫颈阴道上部为炎症的好发部位

18. 下列关于子宫位置的说法,不正确的是
    A. 位于骨盆腔的前部
    B. 后方毗邻直肠
    C. 其姿势为前倾前屈位
    D. 未妊娠时,子宫底低于小骨盆入口平面以下
    E. 为腹膜间位器官

19. 关于子宫的说法,正确的是
    A. 两输卵管口以上的部分为子宫体　　　　B. 子宫腔呈正三角形
    C. 子宫颈管为卵圆形　　　　　　　　　　D. 妊娠时,其峡部变长为子宫下段
    E. 子宫腔下口称子宫口

20. 下列关于子宫的说法,正确的是
    A. 子宫阔韧带是双层腹膜构成　　　　　　B. 子宫阔韧带限制子宫前后移动
    C. 子宫系膜是子宫圆韧带的一部分　　　　D. 输卵管系膜位于子宫阔韧带的下缘
    E. 子宫位置固定

21. 子宫阔韧带包括
    A. 卵巢悬韧带　　　　　　B. 卵巢固有韧带　　　　　　C. 子宫圆韧带
    D. 卵巢系膜　　　　　　　E. 子宫骶韧带

22. 维持子宫前倾位的是
    A. 子宫阔韧带　　　　　　B. 卵巢子宫索　　　　　　　C. 子宫主韧带
    D. 子宫骶韧带　　　　　　E. 子宫圆韧带

23. 避免子宫向下脱垂的主要结构是
    A. 子宫阔韧带　　　　　　B. 子宫圆韧带　　　　　　　C. 子宫主韧带
    D. 子宫骶韧带　　　　　　E. 卵巢子宫索

24. 子宫血管横跨的结构是
    A. 输尿管　　　　　　　　B. 子宫圆韧带　　　　　　　C. 卵巢动脉
    D. 腰骶干　　　　　　　　E. 下腹丛

25. 组成子宫重量最大的部分是
    A. 子宫阔韧带　　　　　　　　　　　　　　B. 肌层
    C. 子宫圆韧带　　　　　　　　　　　　　　D. 子宫内膜
    E. 子宫外膜

26. 能寻找到子宫、卵巢的血管的韧带是
    A. 子宫阔韧带和卵巢韧带　　　　　　　　　B. 子宫阔韧带和卵巢悬韧带
    C. 子宫圆韧带和卵巢固有韧带　　　　　　　D. 子宫主韧带和卵巢固有韧带
    E. 子宫圆韧带和卵巢悬韧带

27. 关于阴道的说法,**不正确**的是
    A. 阴道有前壁、后壁和侧壁
    B. 阴道下部较窄
    C. 阴道上端有环形凹陷,为阴道穹
    D. 阴道位于小骨盆的中央
    E. 可经阴道后穹穿刺

28. 阴道下端是
    A. 子宫峡
    B. 子宫颈
    C. 处女膜
    D. 皱褶
    E. 阴道口

29. 阴道腔向上延伸,环绕子宫颈的部分是
    A. 子宫颈管
    B. 子宫腔
    C. 阴道穹
    D. 直肠子宫陷凹
    E. 膀胱子宫陷凹

30. 女性外生殖器即
    A. 阴唇
    B. 女阴
    C. 阴蒂
    D. 前庭大腺
    E. 阴阜

31. 前庭大腺开口
    A. 在阴道口后外侧边缘
    B. 恰在处女膜的上方
    C. 在大阴唇后联合
    D. 在大、小阴唇之间
    E. 在尿道和阴道口之间

32. 关于前庭大腺的说法,**不正确**的是
    A. 其导管开口于阴道前庭
    B. 位于前庭球后端前面
    C. 该腺相当于男性的尿道球腺
    D. 形如豌豆
    E. 因导管堵塞,可形成囊肿

33. 小阴唇向前的延伸所能遇到的结构是
    A. 阴阜
    B. 入口
    C. 阴蒂体
    D. 尿道口
    E. 阴蒂系带

34. 下列相当于男性阴囊结构的是
    A. 大阴唇
    B. 小阴唇
    C. 阴蒂角
    D. 阴阜
    E. 阴蒂

35. 在小阴唇之间的裂隙为
    A. 女阴
    B. 阴道前庭
    C. 阴道口
    D. 外阴裂
    E. 阴阜

36. 女性的前庭大腺相当于男性的
    A. 前列腺
    B. 精囊
    C. 性腺
    D. 尿道球腺
    E. 前庭球

(二) A2 型题

1. 女,40岁,已婚,育有1子,因月经量增多,经期延长就医。入院查体见面色苍白,下腹部扪及肿块,表面平滑。阴道分泌物无臭味,无尿道、直肠压迫症状。B超显示子宫体增大。初步诊断为
    A. 子宫体肌瘤
    B. 子宫底肌瘤
    C. 子宫峡肌瘤
    D. 子宫颈肌瘤
    E. 子宫颈癌

2. 女,41岁,已婚,育有1子,因子宫肌瘤1年,月经量加大,经期延长至22天就医。入院查体见面色苍白,脉搏细弱。下腹部扪及肿块,其大小超过10周妊娠子宫,阴道分泌物增多有臭味,同时伴有尿道、直肠压迫症状。B超显示子宫体增大。其治疗方案是
    A. 输血
    B. 期待疗法
    C. 手术治疗
    D. 化学药物治疗
    E. 中药治疗

3. 女,41 岁,在行子宫切除术时,子宫血管被结扎,但患者的子宫仍在出血,供血于子宫的其他动脉是

    A. 膀胱下动脉　　　　　B. 阴部内动脉　　　　　C. 直肠中动脉

    D. 卵巢动脉　　　　　　E. 膀胱上动脉

4. 女,41 岁,在行子宫切除术结扎子宫血管时,医生要注意保护该患者的输尿管。底部有输尿管的结构是

    A. 卵巢系膜　　　　　　B. 子宫系膜　　　　　　C. 输卵管系膜

    D. 子宫主韧带　　　　　E. 子宫圆韧带

5. 女,27 岁,妇科就诊,医生经直肠检查,在直肠中部前壁可扪及一硬的结构。该结构是

    A. 耻骨联合　　　　　　B. 膀胱　　　　　　　　C. 子宫体

    D. 阴道　　　　　　　　E. 子宫颈

(三) A3 型题

(1~5 题共用题干)

女,28 岁,已婚。妊娠 8 周,右下腹疼痛 1 天,为撕裂样疼痛 30 分钟,伴阴道流血就医。查体见面色苍白、冷汗,脉搏细弱。血压为 60/40mmHg。阴道检查发现子宫颈举痛,阴道后穹饱满。经阴道后穹穿刺,抽出暗红色不凝固血液。

1. 初步诊断为

    A. 输卵管妊娠及破裂　　B. 卵巢囊肿　　　　　　C. 急性阑尾炎

    D. 急性盆腔炎　　　　　E. 黄体破裂

2. 上述病例的治疗方案是

    A. 输血　　　　　　　　B. 期待疗法　　　　　　C. 手术治疗

    D. 化学药物治疗　　　　E. 中药治疗

3. 受精的部位在

    A. 输卵管漏斗　　　　　B. 输卵管壶腹　　　　　C. 输卵管峡

    D. 输卵管子宫部　　　　E. 卵巢伞

4. 输卵管腔最细的部位是

    A. 漏斗　　　B. 壶腹　　　C. 峡　　　D. 输卵管伞　　　E. 子宫部

5. 关于输卵管壶腹的说法,**不正确**的是

    A. 介于输卵管漏斗与输卵管峡之间　　　　B. 占全长的 2/3

    C. 血管丰富　　　　　　　　　　　　　　D. 是受精卵的正常着床部位

    E. 粗而弯曲

(6~10 题共用题干)

女,32 岁,已婚,妊娠 36 周,因无痛性大量阴道流血就医。检查见面色苍白,脉搏细弱。血压 70/50mmHg,胎心异常。腹软,无压痛,子宫大小与妊娠周数相符。B 超检查结果为胎盘附于子宫下段。初步诊断为前置胎盘。

6. 治疗方案是

    A. 期待疗法　　B. 输血　　C. 阴道分娩　　D. 剖宫产　　E. 中药治疗

7. 剖宫术常用部位是

    A. 子宫颈阴道部　　　　B. 子宫下段　　　　　　C. 子宫体下段

    D. 子宫颈阴道上部　　　E. 子宫体中部

8. 在妊娠期,伸长而形成"子宫下段"的结构是
    A. 子宫底   B. 子宫体   C. 子宫峡
    D. 子宫颈   E. 子宫角

9. 关于子宫峡的说法,正确的是
    A. 是介于子宫底与子宫体之间的狭细的部分
    B. 非妊娠时,较为明显
    C. 妊娠时,延长为子宫体的一部分
    D. 妊娠后期与子宫体统称"子宫下段"
    E. 妊娠末期,此部延长至 7~11cm,壁变薄

10. 临床所称"子宫附件"是指
    A. 输卵管和卵巢   B. 输卵管和卵巢固有韧带
    C. 输卵管系膜和卵巢悬韧带   D. 子宫旁组织和子宫系膜
    E. 子宫阔韧带和子宫圆韧带

(11~13 题共用题干)

女,45 岁,阑尾炎穿孔术后数日出现高热,右上腹疼痛,X 线片示右膈下可见占位阴影。

11. 根据描述,初步诊断为
    A. 胆囊炎   B. 肝脓肿   C. 膈下脓肿
    D. 右肾脓肿   E. 肝炎

12. 病变最可能沿何处蔓延
    A. 左肠系膜窦   B. 右肠系膜窦   C. 左结肠旁沟
    D. 右结肠旁沟   E. 网膜囊

13. 病变具体部位多为
    A. 左肝上后间隙   B. 肝裸区   C. 左肝下后间隙
    D. 网膜囊   E. 肝肾隐窝

(四) B1 型题

(1~3 题共用备选答案)
    A. 输卵管的子宫部   B. 输卵管峡   C. 输卵管壶腹
    D. 输卵管漏斗   E. 输卵管伞

1. 输卵管结扎的常用部位是
2. 受精的部位是
3. 输卵管腔最狭窄的部位是

(4~6 题共用备选答案)
    A. 子宫底   B. 子宫体   C. 子宫颈
    D. 子宫角   E. 子宫峡

4. 两侧输卵管口以上的部分是
5. 肿瘤的好发部位是
6. 可形成子宫下段是

(7~10 题共用备选答案)
    A. 子宫骶韧带   B. 输卵管   C. 子宫颈
    D. 子宫圆韧带   E. 卵巢固有韧带

7. 直肠指诊能触及的是

8. 维持子宫前倾位的是

9. 输送卵子或受精卵的是

10. 维持子宫前屈位的是

二、名词解释

1. 子宫峡　　　　　2. 阴道穹　　　　　3. 阴道前庭
4. 卵巢悬韧带　　　5. 子宫主韧带　　　6. 子宫前倾
7. 子宫前屈

三、问答题

1. 卵巢位于何处？其固定装置是什么？

2. 输卵管由外向内分哪几部分？其受精和结扎的部位各位于何处？

3. 简述子宫的形态和分部。

4. 简述子宫的位置、姿势和固定装置。

四、病例讨论

患者,女,45岁,已婚,育有1子,因下腹部急性疼痛就医。月经量正常,阴道分泌物无异常,自扪及下腹部肿块约2年。查体时腹软,下腹部扪及直径约10cm质硬、结节状肿块,B超显示子宫体增大。初步诊断为子宫肌瘤蒂扭转。

问题：

（1）病变发生的部位在何处？

（2）为何在下腹部扪及肿块？

（3）此种疾病会有哪些危害？

参 考 答 案

一、选择题

（一）A1 型题

1. A　2. B　3. D　4. E　5. D　6. D　7. E　8. B　9. D　10. E　11. C　12. C　13. B
14. C　15. C　16. E　17. D　18. A　19. D　20. A　21. D　22. E　23. C　24. A　25. B
26. B　27. C　28. E　29. C　30. B　31. A　32. B　33. E　34. A　35. B　36. D

（二）A2 型题

1. A　2. C　3. D　4. B　5. E

（三）A3 型题

1. A　2. C　3. B　4. E　5. D　6. D　7. B　8. C　9. E　10. A　11. C　12. D　13. E

（四）B1 型题

1. B　2. C　3. A　4. A　5. C　6. E　7. C　8. D　9. B　10. A

二、名词解释

1. 子宫峡:指子宫体与子宫颈阴道上部的上端之间一较为狭细的部分。非妊娠时,子宫峡不明显,随着妊娠期进展,子宫峡逐渐伸展变长,至妊娠末期,此部可延伸至 7~11cm。

2. 阴道穹:为阴道的上端宽阔,包绕子宫颈阴道部,两者之间的环形凹陷。阴道穹分为前部、后部和侧部,以阴道穹后部最深。临床上可经阴道后穹穿刺以引流直肠子宫陷凹内的积液或积血,进行诊断和治疗。

3. 阴道前庭:是位于两侧小阴唇之间的裂隙。阴道前庭的前部有尿道外口,后部有阴道口。

4. 卵巢悬韧带:是由腹膜形成的皱襞,起自小骨盆侧缘,向内下延至卵巢上端,韧带内有卵巢动、静脉,淋巴,神经丛,少量结缔组织和平滑肌纤维,是寻找卵巢动、静脉的标志。

5. 子宫主韧带:位于子宫阔韧带的基部,从子宫颈两侧延至盆侧壁,是维持子宫颈的正常位置、防止子宫脱垂的重要结构。

6. 子宫前倾:指子宫向前倾斜,子宫的长轴与阴道的长轴形成一个向前开放的钝角,稍大于 90°。

7. 子宫前屈:指子宫体与子宫颈相交形成一个向前开放的钝角,约 170°。

三、问答题

1. 卵巢位于何处?其固定装置是什么?

答:卵巢位于盆腔内,贴靠于小骨盆侧壁的卵巢窝(相当于髂内、外动脉的夹角处)。卵巢的固定装置有卵巢悬韧带和卵巢固有韧带。

2. 输卵管由外向内分哪几部分?其受精和结扎的部位各位于何处?

答:输卵管从外向内分为输卵管漏斗、输卵管壶腹、输卵管峡、输卵管子宫部。受精在输卵管壶腹,结扎的常用部位在输卵管峡。

3. 简述子宫的形态和分部。

答:子宫呈倒置的梨形,前后略扁,由上向下分为底、体、峡和颈 4 部分。

4. 简述子宫的位置、姿势和固定装置。

答:子宫位于小骨盆中央,膀胱与直肠之间。成人子宫呈轻度的前倾前屈位。子宫借韧带、阴道、尿生殖膈和盆底肌等结构保持其正常位置和姿势。子宫的韧带有:①子宫阔韧带;②子宫圆韧带;③子宫主韧带;④子宫骶韧带。

四、病例讨论

患者,女,45 岁,已婚,育有 1 子,因下腹部急性疼痛就医。月经量正常,阴道分泌物无异常,自扪及下腹部肿块约 2 年。查体时腹软,下腹部扪及直径约 10cm 质硬、结节状肿块,B 超显示子宫体增大。初步诊断为子宫肌瘤蒂扭转。

问题:

(1)病变发生的部位在何处?

(2)为何在下腹部扪及肿块?

(3)此种疾病会有哪些危害?

答:

（1）子宫形态分为子宫底、子宫体、子宫峡和子宫颈4部分。子宫壁的结构从外向内分为3层，即浆膜层、肌层、黏膜层。肌瘤若发生在浆膜下，在其表面可有结节状的肿块；若发生在肌层，可使宫腔增大；若发生在内膜层，使得黏膜面积增大，脱落的时间延长。故肌层和黏膜层肌瘤的患者月经量增多。

（2）子宫浆膜下肌瘤为表面可有结节状的肿块，故在下腹部可扪及，发生蒂扭转时肿块更为明显。

（3）子宫浆膜下肌瘤蒂扭转时，患者会下腹部剧烈疼痛，严重时可休克，危及生命。

（李 华）

第六章
内分泌系统

学习指导

(一)学习目的

能分析说明:内分泌系统的组成与基本功能;垂体的形态、位置和分叶;甲状腺的形态、位置和毗邻;甲状腺的动脉与喉的神经的位置关系。松果体、甲状腺、甲状旁腺、肾上腺、胸腺、胰岛、生殖腺的形态和位置。

了解:内分泌系统合成释放激素的特点,解释相关疾病。

(二)学习要点

1. 内分泌系统的组成与基本功能。
2. 垂体的形态、位置和分叶。
3. 甲状腺的形态、位置和毗邻;甲状腺的动脉与喉的神经的位置关系。

复习思考题

一、选择题

(一)A1 型题

1. 对垂体的描述,**不正确**的是
   A. 垂体为机体内最重要的内分泌腺
   B. 它可分泌多种激素,调控其他许多内分泌腺
   C. 位于颅底蝶鞍垂体窝内
   D. 分为腺垂体和神经垂体两部分
   E. 分泌的生长激素主要是促进新陈代谢

2. 关于腺垂体的描述,正确的是
   A. 包括远侧部、结节部和中间部　　　　B. 由漏斗和神经部组成
   C. 又称为前叶　　　　　　　　　　　　D. 可称为后叶
   E. 分泌催产素

3. 关于神经垂体的描述,正确的是
   A. 由远侧部、结节部和中间部组成　　　B. 分泌生长激素
   C. 分泌促性腺激素　　　　　　　　　　D. 包括垂体前叶和后叶
   E. 包括神经部和漏斗

4. 人体内主要的内分泌腺包括
    A. 腮腺、性腺、甲状腺、肾上腺、垂体、胰岛
    B. 甲状腺、甲状旁腺、肾上腺、垂体、松果体
    C. 下颌下腺、卵巢、肾上腺、松果体、垂体、前列腺
    D. 舌下腺、胸腺、泪腺、肾上腺、精囊、松果体
    E. 腮腺、胰、垂体、卵巢、肾上腺、睾丸

5. 有关松果体的描述,**不正确**的是
    A. 位于背侧丘脑后上方   B. 为颜色淡红的椭圆形小体
    C. 儿童期比较发达   D. 具有刺激性成熟的作用
    E. 成年后可形成钙斑

6. 下列对甲状腺的描述,正确的是
    A. 由峡和两个锥状叶组成
    B. 质地较硬
    C. 甲状腺被膜的内层称甲状腺真被膜
    D. 甲状腺假被膜由颈浅筋膜构成
    E. 峡位于第 5、6 气管软骨之间

7. 甲状腺峡平对
    A. 第 2~4 气管软骨   B. 第 8 胸椎
    C. 第 4 胸椎下缘   D. 第 12 胸椎
    E. 第 1 腰椎

8. 缺碘可引起肿大的内分泌腺是
    A. 甲状旁腺   B. 垂体
    C. 甲状腺   D. 肾上腺
    E. 睾丸

9. 对甲状旁腺的描述,正确的是
    A. 位于甲状腺侧叶前面
    B. 位于甲状腺侧叶后面
    C. 为一对小球体状结构
    D. 上一对多位于甲状腺上动脉附近
    E. 下一对多位于甲状腺侧叶后面的中、下 1/3 交界处

10. 人甲状旁腺功能亢进的患者可发生
    A. 低钙血症   B. 低磷血症
    C. 两者均无   D. 两者均有
    E. 四肢无力

11. 肾上腺髓质分泌
    A. 雄激素   B. 抗利尿激素
    C. 糖皮质激素   D. 盐皮质激素
    E. 去甲肾上腺素

12. 关于肾上腺的描述,**不正确**的是
    A. 成对,位于肾的上方

    B. 左侧呈三角形,右侧似半月形

    C. 分皮质与髓质

    D. 皮质激素与盐、糖和蛋白质代谢有关

    E. 髓质激素与心血管有关

13. 前部为胸腺的结构是

    A. 前纵隔   B. 中纵隔

    C. 上纵隔   D. 后纵隔

    E. 下纵隔

14. 青春期后逐渐萎缩的淋巴器官是

    A. 脾   B. 胸腺

    C. 淋巴结   D. 淋巴结皮质区

    E. 淋巴结髓质区

15. 男性的生殖腺是

    A. 睾丸   B. 附睾

    C. 前列腺   D. 精囊腺

    E. 尿道球腺

16. 女性的生殖腺为

    A. 输卵管   B. 卵巢

    C. 子宫   D. 阴道

    E. 前庭大腺

(二) A2 型题

1. 男,8 岁,患有呆小症。儿童时期功能减退,导致呆小症的内分泌腺是

    A. 垂体   B. 松果体

    C. 甲状腺   D. 甲状旁腺

    E. 肾上腺

2. 男,10 岁,被诊断为血钙含量过低。分泌激素不足,导致血钙下降的内分泌腺是

    A. 垂体   B. 松果体

    C. 甲状腺   D. 甲状旁腺

    E. 肾上腺

3. 男,12 岁,由缺碘导致肿大的内分泌器官是

    A. 垂体   B. 松果体

    C. 甲状腺   D. 甲状旁腺

    E. 肾上腺

4. 女,42 岁,因"内分泌失调"就诊。MRI 显示蝶鞍内一肿块向蝶鞍上扩展,未见正常垂体组织;CT 扫描重建成像可见病灶内有大量钙化组织。诊断:垂体钙化。分泌减少的激素是

    A. 甲状腺素   B. 甲状旁腺素

    C. 生长抑素   D. 褪黑素

    E. 催乳素

5. 男,47 岁,因全身乏力、头晕、向心性肥胖 2 个月余就诊。查体:满月脸,双下肢轻度凹陷性水肿。双膝腱反射减弱。肾上腺 CT 示:双侧肾上腺增生。诊断:皮质醇增多症。以下关

于肾上腺的结构,描述正确的是

  A. 位于腹膜后方,肾的外上方

  B. 肾上腺皮质在表层,分泌肾上腺素

  C. 与肾共同包在肾筋膜内

  D. 髓质在深层,分泌醛固酮

  E. 左侧似三角形,右侧呈半月形

(三) A3 型题

(1、2 题共用题干)

女,35 岁,1 个月前与人争吵后出现口渴、多饮,体重下降 3 公斤,既往无糖尿病史,体重指数 21,空腹血糖 15.9mmol/L,尿酮体(++)。

1. 该患者最可能是

  A. 高血压   B. 癔症

  C. 糖尿病   D. 低血糖症

  E. 甲亢

2. 对这名患者最适合的治疗是

  A. 使用双胍类药物   B. 使用磺脲类药物

  C. 使用胰岛素   D. 使用磺脲类加双胍类药物

  E. 使用镇静剂药物

(3、4 题共用题干)

女,22 岁,从小在西北山区食用不含碘盐,近期发现脖子有一肿块,不疼不痒,来院就诊,医生视诊未发现肿大,但可以触诊到肿大的甲状腺。

3. 该患者最有可能患

  A. 甲状腺癌   B. 桥本甲状腺炎

  C. 单纯性甲状腺肿   D. 甲亢

  E. 甲减

4. 最佳治疗方式是

  A. 手术切除   B. 放射治疗

  C. 化疗   D. 补充碘剂

  E. 激光治疗

(5、6 题共用题干)

女,30 岁,行甲状腺次全切除术,回病房留院观察。

5. 该患者术后出现手足抽搐,面部、口周发麻,最有可能是因为

  A. 甲状腺危象   B. 气管塌陷

  C. 喉头水肿   D. 甲状旁腺损伤

  E. 面神经损伤

6. 最便捷、有效的治疗是

  A. 口服葡萄糖酸钙   B. 口服维生素

  C. 口服双氢速变固醇油剂 D. 静脉注射 10% 葡萄糖酸钙

  E. 静脉注射生理盐水

（7~9 题共用题干）

女,30 岁。颈部前方有一肿块,声音嘶哑;时常感觉呼吸困难、吞咽困难。体检显示甲状腺左侧有个坚硬的肿块,随吞咽上下移动。B 超检查显示甲状腺左叶有一结节。穿刺活检发现甲状腺癌细胞。进行甲状腺切除术,术后出现手足抽搐。

7. 将甲状腺固定于喉的结构是

    A. 甲状腺囊　　　　　　　　　　　B. 甲状腺鞘

    C. 甲状腺悬韧带　　　　　　　　　D. 甲状腺真被囊

    E. 甲状腺假被囊

8. 术中结扎甲状腺相关血管的部位是

    A. 甲状腺鞘外　　　　　　　　　　B. 甲状腺鞘内

    C. 甲状腺囊外　　　　　　　　　　D. 甲状腺囊内

    E. 囊鞘间隙内

9. 术后出现手足抽搐是由于

    A. 甲状腺素分泌不足　　　　　　　B. 甲状旁腺功能亢进

    C. 切除了甲状旁腺　　　　　　　　D. 甲状腺功能减退

    E. 损伤甲状腺的神经

二、名词解释

1. 内分泌腺　　　　2. 激素　　　　3. 内分泌组织

4. 甲状腺峡　　　　5. 脑砂

三、问答题

1. 简述内分泌腺主要包括的器官和组织。

2. 简述垂体的结构分布及其激素分泌与调节特征。

3. 简述肾上腺的形态、位置和功能。

4. 简述血钙平衡相关的内分泌腺及其调节作用。

5. 试述:甲状腺的形态、位置和毗邻;甲状腺的动脉与喉的神经的位置关系。

四、病例讨论

患者,女,42 岁,教师。主诉:食欲增加、双手颤抖、易怒、出汗、心慌 3 个月,声音嘶哑 10 天。患者近 3 个月来,常感双手颤抖、出汗增多,头发脱落,易怒,皮肤瘙痒,心慌,失眠,近 10 天出现声音嘶哑。既往身体健康,无遗传病史,无过敏史,无传染病史。查体:病态面容,突眼,心率 96 次/分,皮肤潮湿,双手震颤(++),四肢肌张力减低,甲状腺中度肿大,随吞咽上下移动。甲状腺功能化验异常:FT3↑、FT4↑、TSH↓;心电图检查:窦性心动过速。胸腹部未见异常。

诊断:甲状腺功能亢进症。

问题:

（1）为什么甲状腺随吞咽上下移动?

（2）为何伴有声音嘶哑?

（3）行甲状腺次全切除术应注意避免损伤哪些结构,为什么?

参 考 答 案

一、选择题

(一) A1 型题

1. E　2. A　3. E　4. B　5. D　6. C　7. A　8. C　9. B　10. B　11. E　12. B　13. C　14. B　15. A　16. B

(二) A2 型题

1. C　2. D　3. C　4. E　5. C

(三) A3 型题

1. C　2. C　3. C　4. D　5. D　6. D　7. C　8. E　9. C

二、名词解释

1. 内分泌腺：由具有内分泌功能的腺上皮细胞构成的器官,结构上独立存在,无排泄管,分泌物直接进入血液。

2. 激素：内分泌细胞分泌的物质,可直接进入血液循环并作用于靶器官。

3. 内分泌组织：散在于各器官内的具有内分泌功能的各种细胞或细胞团。除熟知的胰腺中的胰岛、睾丸中的间质细胞、卵巢中的卵泡和黄体细胞外,在消化管壁、肺、心脏等很多地方都陆续发现内分泌组织。

4. 甲状腺峡：甲状腺形如 H,中间部称为甲状腺峡,位于第 2~4 气管软骨环的前方。

5. 脑砂：松果体在成年后开始钙化形成的钙质小体称脑砂,为 X 线脑内定位标志。

三、问答题

1. 简述内分泌腺主要包括的器官和组织。

答：内分泌腺是一类无输出导管,但毛细血管丰富的腺体。内分泌腺所分泌的微量化学物质(激素)可以直接进入血液循环,经血流运送至全身,从而作用于远距离特定的靶器官或靶细胞发挥作用。内分泌组织是以细胞团的形式分散存在于机体的器官或组织内的内分泌细胞,如胰腺中的胰岛,卵巢内的卵泡和黄体,睾丸内的间质细胞,以及在消化道、呼吸道、泌尿生殖管道、心血管、皮肤和神经组织中散在的内分泌细胞等。人体主要的内分泌腺和内分泌组织包括垂体、松果体、甲状腺、甲状旁腺、肾上腺、胰岛、胸腺和生殖腺等。

2. 简述垂体的结构分布及其激素分泌与调节特征。

答：垂体可分为腺垂体和神经垂体两部分。腺垂体包括远侧部、结节部和中间部。神经垂体由神经部和漏斗组成。腺垂体的远侧部和结节部合称为垂体前叶,能够分泌生长激素、催乳素、促甲状腺激素、促肾上腺皮质激素、黄体生成素和促卵泡激素。腺垂体的中间部和神经垂体的神经部合称为垂体后叶,能够贮存和释放由下丘脑视上核、室旁核的神经内分泌细胞生成的抗利尿激素(加压素)和催产素(宫缩素)。腺垂体的中间部是位于腺垂体远侧部与神经垂体神经部之间的狭窄部分,两栖类垂体中间叶可产生促黑素(黑皮素)。

下丘脑某些神经细胞合成、分泌的促垂体激素(又称下丘脑调节肽)可经门脉系统到达腺垂体,促进或抑制腺垂体中某些激素的释放,从而实现下丘脑对腺垂体的调节,如生长素释放激素和抑制激素、催乳素释放激素和抑制激素、黄体生成素释放激素、促甲状腺素释放激素、促肾上腺皮质激素释放激素、黑素细胞刺激素释放激素和抑制激素等。

3. 简述肾上腺的形态、位置和功能。

答:①位置。肾上腺为成对的内分泌器官,位于腹膜后隙内脊柱的两侧,如以椎骨为标志,则平第 11 胸椎高度,位于两肾上端的内上方,与肾共同包在肾筋膜内,属腹膜外位器官。②形态。左侧肾上腺近似半月形,右侧呈三角形,重约 7g。肾上腺前面有不显著的门,是血管、神经出入之处。③功能。肾上腺皮质可分泌盐皮质激素、糖皮质激素和性激素。盐皮质激素可调节体内水盐代谢,糖皮质激素可调节糖类代谢,性激素可影响性行为及副性特征。肾上腺髓质分泌肾上腺素及去甲肾上腺素,能使心跳加快,心脏收缩力加强,小动脉收缩,血压升高和调节内脏平滑肌活动。

4. 简述血钙平衡相关的内分泌腺及其调节作用。

答:参与血钙平衡相关的内分泌腺分别为甲状腺和甲状旁腺。甲状腺能分泌降钙素,具有降低血钙的作用,参与机体钙平衡调节。甲状旁腺分泌甲状旁腺素,能升高血钙,调节钙磷代谢,与降钙素共同调节维持血钙平衡。如甲状腺手术时不慎误将甲状旁腺切除,则可引起低钙血症和高磷血症,表现为血钙降低、手足抽搐,肢体呈对称性疼痛与痉挛;若甲状旁腺功能亢进,则可引起骨质疏松并易发生骨折。

5. 试述:甲状腺的形态、位置和毗邻;甲状腺的动脉与喉的神经的位置关系。

答:甲状腺是人体最大的内分泌腺,位于颈前部,质软,棕红色,呈 H 形,分左、右两侧叶,中间以甲状腺峡相连。成年人甲状腺平均重量:男性为 26.71g;女性为 25.34g。甲状腺侧叶位于喉下部与气管上部的两侧面,上端达甲状软骨中部,下端至第 6 气管软骨环,后方平对第 5~7 颈椎高度。甲状腺峡位于第 2~4 气管软骨环前方,少数人甲状腺峡缺如,约有半数人自甲状腺峡向上伸出一锥状叶,长者可达舌骨平面。

喉上神经的外支与甲状腺上动脉伴行,在距离甲状腺上极 0.5~1.0cm 处两者分开,因此结扎甲状腺上动脉时,应紧贴腺上极进行。甲状腺下动脉为甲状颈干的分支,在甲状腺侧叶下极的后方喉返神经交叉。左喉返神经多行于甲状腺下动脉的后方,右喉返神经多行于甲状腺下动脉的前方,甲状腺次全切除时,应远离甲状腺两侧叶下极结扎甲状腺下动脉。

四、病例讨论

患者,女,42 岁,教师。主诉:食欲增加、双手颤抖、易怒、出汗、心慌 3 个月,声音嘶哑 10 天。患者近 3 个月来,常感双手颤抖、出汗增多,头发脱落,易怒,皮肤瘙痒,心慌,失眠,近 10 天出现声音嘶哑。既往身体健康,无遗传病史,无过敏史,无传染病史。查体:病态面容,突眼,心率 96 次/分,皮肤潮湿,双手震颤(++),四肢肌张力减低,甲状腺中度肿大,随吞咽上下移动。甲状腺功能化验异常:FT3↑、FT4↑、TSH↓;心电图检查:窦性心动过速。胸腹部未见异常。

诊断:甲状腺功能亢进症。

问题:

(1)为什么甲状腺随吞咽上下移动?

(2)为何伴有声音嘶哑?

(3)行甲状腺次全切除术应注意避免损伤哪些结构,为什么?

答:

(1)颈部气管前筋膜包绕甲状腺形成甲状腺鞘。在甲状腺两侧叶和峡部后面,甲状腺鞘增厚并与甲状软骨、环状软骨及气管软骨环的软骨膜相连,形成甲状腺悬韧带,使甲状腺附着于喉与气管。因此,甲状腺随吞咽上下移动。

（2）声音嘶哑可能是肿大的甲状腺压迫喉返神经所致。

（3）行甲状腺次全切除术应注意避免损伤的结构:①甲状旁腺。甲状旁腺位于甲状腺侧叶的后面,分泌甲状旁腺素,维持体液和血中的正常钙浓度。如果误切甲状旁腺,将引起血钙下降、手足抽搐,甚至死亡。②喉上神经。喉上神经的外支与甲状腺上动脉伴行,在距离甲状腺上极 0.5~1.0cm 处两者分开。喉上神经外支支配环甲肌和咽缩肌。喉上神经的内支与喉上动脉伴行,经甲状舌骨膜入喉,分布于声门裂以上的喉黏膜。行甲状腺次全切除术结扎甲状腺上动脉时,应紧贴甲状腺上极进行,以免损伤喉上神经外支导致声音低钝,或损伤内支致呛咳。③喉返神经。喉返神经沿食管气管沟上行,在甲状腺侧叶中、下 1/3 交界处后方。左喉返神经位于甲状腺下动脉后方,右喉返神经位于甲状腺下动脉前方或动脉分支之间,行至咽下缩肌下缘、环甲关节后方入喉,分布于喉内肌和声门裂以下喉黏膜。行甲状腺次全切除术结扎甲状腺下动脉时,须远离甲状腺下极,以免损伤喉返神经而致声音嘶哑。

（马　隽）

第七章

脉 管 系 统

第一节　心血管系统

一、概述、心

学 习 指 导

(一) 学习目的

能够复述心血管系统的组成,体循环、肺循环与侧支循环。能够描述心的位置、外形和毗邻,心腔、心的构造,心传导系的构成及功能。

能够说明心的血管,心包及心包窦的结构和功能。

(二) 学习要点

1. 心血管系统包括心、动脉、毛细血管和静脉。

2. 血液由左心室搏出,经主动脉及其分支到达全身毛细血管,血液在此与周围的组织、细胞进行物质和气体交换,再经过各级静脉,最后经上、下腔静脉及心冠状窦返回右心房,这一循环途径称体循环。血液由右心室搏出,经肺动脉干及其各级分支到达肺泡毛细血管进行气体交换,再经肺静脉进入左心房,这一循环途径称肺循环。

3. 通过侧支建立的循环称侧支循环或侧副循环。侧支循环的建立显示了血管的适应能力和可塑性,对于保证器官在病理状态下的血液供应有重要意义。

4. 心是一个中空的肌性纤维性器官,形似倒置的、前后稍扁的圆锥体,周围裹以心包,斜位于胸腔中纵隔内。心外形为一尖、一底、两面、三缘、四沟、一交点。

5. 心被房间隔、室间隔、房室隔分隔成 2 个心房和 2 个心室。心腔内重要结构包括卵圆窝、Koch 三角、三尖瓣复合体、隔缘肉柱、二尖瓣复合体。心纤维支架的组成及通行结构。

6. 心传导系具有自律性和传导性,其主要功能是产生和传导冲动,控制心的节律性活动。其由特殊心肌细胞构成,包括窦房结、结间束、房室交界区、房室束以及左、右束支和 Purkinje 纤维网。

7. 心的血液供应来自左、右冠状动脉。冠状动脉的分支、供血区域及其临床价值。回流的静脉血绝大部分经冠状窦汇入右心房,少部分直接流入右心房,极少部分流入左心房和左、右心室。心本身的循环称冠状循环。

8. 心包是包裹心和出入心的大血管根部的圆锥形纤维浆膜囊,分内、外两层。外层为纤维心包,内层是浆膜心包。浆膜心包的脏、壁层之间为心包腔,包括心包横窦、心包斜窦、心包前下窦。

复习思考题

一、选择题

(一) A1 型题

1. 关于动脉,正确的说法是
   A. 是一套独立、封闭的管道
   B. 运送血液回流入心
   C. 自左心室发出
   D. 体循环的动脉内的血液含氧量高于静脉
   E. 自右心室发出

2. 关于心外形,正确的描述是
   A. 心尖由左、右心室共同构成　　　B. 右心房构成整个心底
   C. 界沟分隔左、右心房　　　D. 冠状沟位于心室之间
   E. 前、后室间沟在心尖右侧的汇合处称心尖切迹

3. 心底朝向
   A. 右侧　　　B. 右前方　　　C. 右后方
   D. 后方　　　E. 右后上方

4. 关于心尖,正确的描述是
   A. 朝向前下方　　　B. 平对第 5 肋间　　　C. 由左心室壁形成
   D. 偏左侧有心尖切迹　　　E. 与左胸前壁接近

5. **不参与**构成心的胸肋面有
   A. 小部分的左心室　　　B. 大部分的右心室　　　C. 大部分的左心房
   D. 大部分的右心房　　　E. 小部分的左心耳

6. 有关心的说法,正确的是
   A. 1/3 位于正中线的右侧　　　B. 可分为一尖,两底,三面
   C. 居于胸腔的正中　　　D. 位于两侧肺之间的前纵隔内
   E. 冠状沟将心分为左、右半

7. 关于心腔的位置,正确的是
   A. 左心室构成心前壁大部　　　B. 心尖由左心室构成
   C. 右心房构成心后壁大部　　　D. 左心房构成心的左缘
   E. 右心室构成心的右缘

8. 关于心表面标志,正确的说法是
   A. 冠状沟分隔左、右心房　　　B. 界沟分隔心房、心室
   C. 心尖处有心尖切迹　　　D. 室间沟深部为室间隔
   E. 冠状沟位于人体的冠状面上

9. 关于右心房出、入口的结构,正确的描述是
   A. 上腔静脉口开口于固有心房的上部
   B. 冠状窦口位于下腔静脉口与右房室口之间

C. 冠状窦口无瓣膜

D. 出口处有二尖瓣

E. 下腔静脉口无瓣膜

10. 有关右心房的描述,**错误**的是

    A. 界嵴分隔腔静脉窦和固有心房

    B. 固有心房的前上部为右心耳

    C. Koch 三角的前部心内膜深面有房室结

    D. 右心房只收集上、下腔静脉的静脉血

    E. 梳状肌起自界嵴

11. 关于正常成人右心房,正确的描述是

    A. 投影不超过胸骨右缘   B. 投影可达胸骨右缘 3cm

    C. 内侧壁即房间隔   D. 右心室将右心房与左心室完全隔开

    E. 内侧壁后部主要由房间隔形成

12. 关于右心房,正确的说法是

    A. 只接收上、下腔静脉的血   B. 构成心底的大部分

    C. 出口通往右心室   D. 内下方借房间隔与左心室相隔

    E. 借内侧壁的卵圆窝与左心室相通

13. 关于右心室,正确的说法是

    A. 入口有二尖瓣   B. 隔缘肉柱连接室间隔与后乳头肌

    C. 界嵴分隔流入道与流出道   D. 乳头肌通过腱索连于房室瓣

    E. 乳头肌附着于流出道的室壁

14. 属右心室的结构是

    A. 隔缘肉柱   B. 界嵴   C. Todaro 腱

    D. 二尖瓣   E. 主动脉瓣

15. 关于右心室,正确的描述是

    A. 形成心右缘大部   B. 全部室壁由纵横交错的肉柱构成

    C. 位于右心房的左下方   D. 室壁比左心室厚

    E. 有冠状窦口

16. 关于右心室,**错误**的说法是

    A. 出口有主动脉瓣附着   B. 下缘参与构成心的下缘

    C. 心壁较左心室薄   D. 参与心膈面构成

    E. 上半较缩窄的部分为动脉圆锥

17. 关于乳头肌的功能,正确的描述是

    A. 心室舒张时打开房室瓣   B. 心室收缩时关闭房室瓣

    C. 将腱索固定于房室瓣膜上   D. 是退化遗迹,只起连接作用

    E. 参与构成房室瓣复合体,防止心室收缩期血液倒流

18. 关于房室瓣,正确的描述是

    A. 瓣膜突入心房腔内   B. 腱索连于瓣膜的心房面

    C. 瓣膜直接连于乳头肌   D. 保证血液从心房流入心室

    E. 房室瓣基部附于心肌上

19. 左心房可见到的结构是
    A. 上、下腔静脉口　　　　　B. 冠状窦口　　　　　　　C. 卵圆窝
    D. 界嵴　　　　　　　　　　E. 梳状肌

20. 关于左心室流入道的描述,**错误**的是
    A. 位于二尖瓣前尖的左后方　　　　　B. 入口有二尖瓣
    C. 乳头肌分为前、后、隔侧 3 组　　　D. 瓣膜分为前尖和后尖
    E. 乳头肌的位置排列与左心室壁几乎平行

21. 关于左心室流出道,**错误**的说法是
    A. 有肉柱　　　　　　　　　　　B. 出口为主动脉口
    C. 有 3 个主动脉瓣　　　　　　　D. 主动脉瓣呈半月形
    E. 心室收缩或舒张时都会有足够的血液流入冠状动脉

22. 心瓣膜复合体**不包括**
    A. 二、三尖瓣瓣环　　　　　B. 瓣尖　　　　　　　　　C. 腱索
    D. 乳头肌　　　　　　　　　E. 肉柱

23. 下列关于心室的描述,**错误**的是
    A. 心射血时房室瓣关闭　　　　　　B. 心室的流入道较光滑
    C. 左心室壁厚约为右心室壁厚的 3 倍　　D. 左心室肉柱比右心室细小
    E. 出口有半月瓣

24. 关于心腔内的结构,正确的说法是
    A. 冠状窦口位于左心房　　　　　　B. 右心室的出口为主动脉口
    C. 三尖瓣口连接左心房与左心室　　D. 界嵴为左心室的分部标志
    E. 节制索位于右心室

25. 心收缩射血期瓣膜的状态是
    A. 主动脉瓣、肺动脉瓣开放　　　　　B. 二尖瓣、三尖瓣开放
    C. 主动脉瓣开放,肺动脉瓣关闭　　　D. 二尖瓣关闭,三尖瓣开放
    E. 二尖瓣开放,主动脉瓣关闭

26. 心室舒张充盈期关闭的装置是
    A. 主动脉瓣和二尖瓣　　　　　　B. 肺动脉和三尖瓣
    C. 主动脉瓣和三尖瓣　　　　　　D. 主动脉瓣和肺动脉瓣
    E. 二尖瓣和三尖瓣

27. 关于心壁,正确的说法是
    A. 卵圆窝位于室间隔的上部　　　　B. 室间隔缺损常见于膜部
    C. 室间隔中部凸向左心室　　　　　D. 右心室壁最厚
    E. 心房肌和心室肌相互移行

28. 关于室间隔膜部,正确的说法是
    A. 缺损可以导致左心室血液向右心房分流
    B. 分隔右心室流出道与左心室流入道
    C. 后上部分隔右心室与左心房
    D. 占室间隔的 1/2
    E. 借二尖瓣前瓣分为两部

29. 关于室间隔,正确的描述是
    A. 呈垂直位
    B. 大部分缺乏肌质
    C. 缺损多发生于膜部
    D. 主要由结缔组织构成
    E. 分为肌部、膜部及房室部

30. 心脏传导系统右束支到达右心室前壁需要经过的结构是
    A. 乳头肌
    B. 隔缘肉柱
    C. Todaro 腱
    D. 界嵴
    E. Koch 三角

31. 通过心右纤维三角的结构是
    A. 房室束
    B. 左束支
    C. 右束支
    D. 结间束
    E. Purkinje 纤维网

32. 含有心传导系右束支的结构是
    A. 界嵴
    B. 梳状肌
    C. 室间隔膜部
    D. 隔缘肉柱
    E. 乳头肌

33. 关于窦房结,正确的描述是
    A. 内脏神经作用决定其兴奋
    B. 借房室束连于房室结
    C. 是心正常的起搏点
    D. 位于房间隔下部右侧心内膜下
    E. 由特殊神经细胞构成

34. 窦房结位于
    A. 下腔静脉口的右侧
    B. 房间隔下方
    C. Koch 三角的深面
    D. 上腔静脉与右心房交界处心外膜深面
    E. 卵圆窝深面

35. 关于右冠状动脉,正确的描述是
    A. 行于前室间沟内
    B. 分支营养右心室侧壁和后壁
    C. 与心大静脉伴行
    D. 分布于室间隔后 2/3
    E. 由右心耳与主动脉根部之间走出

36. 多数人的窦房结滋养动脉起自
    A. 左冠状动脉
    B. 右冠状动脉
    C. 前室间支
    D. 后室间支
    E. 旋支

37. 室间隔前 2/3 的滋养动脉是
    A. 动脉圆锥支
    B. 前室间支
    C. 对角支
    D. 左旋支
    E. 右旋支

38. 房室结的滋养动脉通常起自
    A. 左冠状动脉
    B. 右冠状动脉
    C. 前室间支
    D. 后室间支
    E. 旋支

39. 关于右冠状动脉,正确的描述是
    A. 行经右心耳与肺动脉起始部之间
    B. 发出旋支
    C. 营养室间隔前部
    D. 发出前室间支
    E. 与左冠状动脉的分支之间无吻合

40. 关于心包,**错误**的描述是
    A. 分为纤维心包和浆膜心包
    B. 纤维心包伸缩性很小
    C. 浆膜心包又分为脏、壁两层
    D. 纤维心包与浆膜心包间为心包腔
    E. 心包腔内有少量浆液

41. 心尖的构成为
    A. 左心房　　B. 右心房　　C. 左心室　　D. 右心室　　E. 室间隔

42. 在心的表面,中断冠状沟前方的结构为
    A. 主动脉根部　　　B. 肺动脉干　　　C. 上腔静脉
    D. 下腔静脉　　　E. 肺静脉

43. 关于右心房的描述,正确的是
    A. 下腔静脉附近有 Thebesian 瓣
    B. 冠状窦附近有 Eustachian 瓣
    C. 房间隔前下部的右心房内侧壁形成主动脉隆凸
    D. Todaro 腱为冠状窦口前方心内膜下可触摸到的一个腱性结构
    E. Koch 三角的前部在心内膜深面有房室交界区

44. 关于右心室的描述,**错误**的是
    A. 右心室位于右心房的前下方,胸骨左缘第 4、5 肋软骨的后方
    B. 右心室前壁是右心室手术常用的切口部位
    C. 右心室腔分成前上方右心室的流入道和后下方的流出道两部分
    D. 前乳头肌根部有一条肌束横过室腔至室间隔下部,称隔缘肉柱
    E. 右心室前壁介于冠状沟、前室间沟、心右缘以及肺动脉口平面之间

45. 某先天性心脏病——房间隔缺损患者发生缺损的最常见部位是
    A. 下腔静脉瓣　　　B. 卵圆窝　　　C. 梳状肌
    D. 右心耳　　　E. 冠状窦瓣

46. 可观察或扪及心尖搏动的部位是
    A. 左侧第 4 肋间隙锁骨中线内侧 1~2cm
    B. 左侧第 5 肋间隙锁骨中线内侧 1~2cm
    C. 左侧第 4 肋间隙锁骨中线外侧 1~2cm
    D. 左侧第 5 肋间隙锁骨中线外侧 1~2cm
    E. 左侧第 5 肋与锁骨中线相交处

47. 临床上进行心内注射抢救患者时不易伤及胸膜和肺的部位是
    A. 左侧第 4 肋间隙旁胸骨左侧缘　　　B. 左侧第 5 肋间隙旁胸骨左侧缘
    C. 右侧第 4 肋间隙旁胸骨右侧缘　　　D. 右侧第 5 肋间隙旁胸骨右侧缘
    E. 心尖搏动部位

48. 房颤伴有心功能不全患者在右心房易形成血栓的部位是
    A. 下腔静脉口　　　B. 卵圆窝　　　C. 上腔静脉口
    D. 右心耳　　　E. 冠状窦口

49. 右心室手术后患者发生了右束支传导阻滞,可能损伤的部位是
    A. 三尖瓣　　　B. 室间隔　　　C. 乳头肌
    D. 三尖瓣环　　　E. 隔缘肉柱

50. 三尖瓣狭窄引起肥大的心腔为
    A. 左心室　　　　　　　B. 右心室　　　　　　　C. 右心房
    D. 左心房　　　　　　　E. 左、右心室

51. 对于风湿性心脏病引起二尖瓣狭窄,采取的手术入路通常为
    A. 左心室窦部　　　　　B. 主动脉前庭　　　　　C. 左心耳
    D. 右心耳　　　　　　　E. 左房室口

52. 心手术后发生房室传导阻滞,可能损伤的部位是
    A. 窦房结　　　　　　　B. 结间束　　　　　　　C. 房室束
    D. 左束支　　　　　　　E. 右束支

53. 先天性心脏病——室间隔缺损患者发生缺损的最常见的部位是
    A. 室间隔膜部　　　　　B. 室间隔肌部　　　　　C. 房室隔
    D. 左纤维三角　　　　　E. 右纤维三角

54. 心电图显示的 P 波是窦房结去极化引起,窦房结存在于
    A. 右心房　　　　　　　B. 左心房　　　　　　　C. 左心室
    D. 右心室　　　　　　　E. 室间隔

55. 冠心病患者经冠状动脉造影显示前室间支中段有狭窄达70%,波及最广的心肌部位是
    A. 右心耳　　　　　　　B. 房间隔　　　　　　　C. 右心室前壁
    D. 左心耳　　　　　　　E. 左心室前壁

56. 某患者显示左心室后壁、侧壁大面积心肌梗死,病变的血管可能是
    A. 前室间支　　　　　　B. 旋支　　　　　　　　C. 后室间支
    D. 窦房结支　　　　　　E. 房室结支

57. 肺动脉高压的患者常伴有
    A. 左心房肥大　　　　　B. 左心室肥大　　　　　C. 右心房肥大
    D. 右心室肥大　　　　　E. 房间隔缺损

58. 高血压患者常伴有
    A. 左心房肥大　　　　　B. 左心室肥大　　　　　C. 右心房肥大
    D. 右心室肥大　　　　　E. 室间隔缺损

59. 阻塞后引起左心室侧壁梗死的分支是
    A. 前室间支　　　　　　B. 后室间支　　　　　　C. 左心室后支
    D. 旋支　　　　　　　　E. 动脉圆锥支

60. 阻塞后引起右心室下壁梗死的分支是
    A. 前室间支　　　　　　B. 后室间支　　　　　　C. 左心室后支
    D. 旋支　　　　　　　　E. 动脉圆锥支

61. 冠心病需要冠脉造影时确定心的左、右缘的动脉是
    A. 前后室间支　　　　　　　　　　　　　B. 窦房结支和房室结支
    C. 左、右房支　　　　　　　　　　　　　D. 左、右缘支
    E. 左、右旋支

62. 右心房内 Koch 三角直视手术后发生心律失常,可能刺激的结构是
    A. 窦房结　　　　　　　B. 房室结　　　　　　　C. 房室束
    D. 左束支　　　　　　　E. 右束支

63. 高血压伴有左心室肥大,常出现
    A. 三尖瓣狭窄　　　　B. 三尖瓣反流　　　　C. 二尖瓣狭窄
    D. 二尖瓣反流　　　　E. 主动脉瓣反流

64. 临床上主动脉瓣的听诊部位是
    A. 左侧第 3 胸肋关节稍上方　　　　B. 胸骨左缘第 3 肋间隙
    C. 左侧第 4 胸肋关节处及胸骨左半的后方　　　　D. 胸骨平对第 4 肋间隙的后方
    E. 胸骨右缘第 2 肋间隙

(二) A2 型题

1. 男,58 岁,有高血压冠心病史,因胸闷气短入院,超声检查左室前壁大面积梗死,拟进行导管术支架治疗,应该治疗的动脉是
    A. 右缘支　　　　B. 前室间支　　　　C. 旋支
    D. 后室间支　　　　E. 右房支

2. 女,59 岁,有风湿病史,经检查发现三尖瓣狭窄比较严重,入院后决定进行更换三尖瓣治疗,在手术治疗过程中,为了防止误伤右束支,应注意保护的解剖结构是
    A. 卵圆窝　　　　B. Todaro 腱　　　　C. 室间隔膜部
    D. 隔缘肉柱　　　　E. Koch 三角

(三) A3 型题

(1~4 题共用题干)

男,14 岁,从小体检发现有先天性心脏病,曾在体育课时有晕厥现象。体格检查发现口唇无发绀,双肺呼吸音清,未闻及干湿啰音,心率 75 次/分,律齐。胸骨左缘第 3、4 肋间可闻及 4/6 级收缩期杂音,伴震颤,双下肢无水肿。心脏彩超显示先天性心脏病室间隔缺损直径约 8mm。

1. 关于室间隔的描述,正确的是
    A. 位于左心室与右心室之间,呈前后位
    B. 位于左心室与右心室之间,呈 45° 倾斜
    C. 上方呈水平位
    D. 中部凸向左心室
    E. 前部平且直

2. 下列关于室间隔缺损发生部位的说法,正确的是
    A. 膜部发生概率高　　　　B. 肌部发生概率高
    C. 膜部与肌部发生概率相同　　　　D. 一般膜部与肌部同时发生
    E. 一般膜部与肌部均不易发生

3. 室间隔缺损部位的血液流向主要是
    A. 左心室血液流向左心房　　　　B. 左心室血液流向右心房
    C. 左心室血液流向右心室　　　　D. 右心室血液流向左心室
    E. 右心室血液流向左心房

4. 室间隔缺损引起三尖瓣关闭不全的原因是
    A. 左心室高压　　　　B. 左心房高压　　　　C. 右心室高压
    D. 右心房高压　　　　E. 肺动脉高压

(5、6 题共用题干)

男,44 岁,在与他人争吵中被 9cm 长水果刀从胸骨左缘第 4 肋间隙刺入,被紧急送入医院。

患者到达医院时处于昏迷状态,休克,喘息样呼吸。几分钟后,失去意识死亡。尸检报告为失血性休克和心包填塞致死。

5. 水果刀刺入可能**不经过**的解剖结构是

    A. 肋间内肌   B. 纤维心包   C. 浆膜心包

    D. 左肺   E. 右心室

6. 关于心包的描述,**错误**的是

    A. 纤维心包与浆膜心包之间密闭的腔隙

    B. 浆膜心包的壁层与脏层之间的密闭腔隙

    C. 心包腔内有少量浆液

    D. 心包可限制心的过度扩张

    E. 心包脏、壁两层之间返折处为心包窦

(7~10 题共用题干)

男,60 岁,在晨练中突然感觉心前区剧烈疼痛,伴大汗,无恶心呕吐,被紧急送入医院急诊科。入院心电图检查显示病理性 Q 波,ST 段上移。

7. 前室间支阻塞可造成心肌坏死的区域是

    A. 右心室前壁大部   B. 左心室前壁大部   C. 室间隔后 1/3

    D. 左心室侧壁   E. 右心室侧壁

8. 旋支阻塞可造成心肌坏死的区域是

    A. 右心室前壁大部   B. 左心室前壁大部

    C. 室间隔后 1/3   D. 左心室侧壁

    E. 右心室侧壁

9. 后室间支阻塞可造成心肌坏死的区域是

    A. 右心室前壁大部   B. 左心室前壁大部

    C. 室间隔后 1/3   D. 左心室侧壁

    E. 右心室侧壁

10. 临床上所称心的 3 支血管组合为

    A. 前降支-左旋支-右旋支   B. 后降支-左旋支-右旋支

    C. 后降支-左缘支-右旋支   D. 前降支-左缘支-右缘支

    E. 前降支-左旋支-右冠状动脉

(11、12 题共用题干)

女,60 岁,年轻时被诊断为风湿性心脏病。今年逐渐在平日活动中有气短、口唇发绀等症状。临床心电图报告为心率加快(105 次/分),P 波的时限延长并呈双峰,V_1 导联的 P 波常为正负双向。

11. 风湿性心脏病引起的二尖瓣狭窄可导致肥大的心腔是

    A. 左心室   B. 左心房   C. 右心室

    D. 右心房   E. 左、右心室

12. P 波的时限延长并呈双峰的原因是

    A. 左、右心房非同步收缩   B. 左、右心室非同步收缩

    C. 左心房、心室非同步收缩   D. 右心房、心室非同步收缩

    E. 左心房、右心室非同步收缩

(四) B1 型题

（1~5 题共用备选答案）

    A. 卵圆窝   B. 室间隔膜部   C. Koch 三角

    D. 隔缘肉柱   E. 冠状窦

1. 心静脉血回流的部位是
2. 右束支走行的部位是
3. 房室结存在的部位是
4. 房间隔缺损的好发部位是
5. 室间隔缺损的好发部位是

（6~10 题共用备选答案）

    A. 二尖瓣复合体   B. 三尖瓣复合体   C. 主动脉瓣

    D. 肺动脉瓣   E. 下腔静脉瓣

6. 阻止血液反流至左心室的结构是
7. 阻止血液反流至右心室的结构是
8. 防止左心室血液反流的结构是
9. 防止右心室血液反流的结构是
10. 防止右心房血液反流的结构是

（11~15 题共用备选答案）

    A. 窦房结   B. 右束支   C. 房室结

    D. 房室束   E. 浦肯野纤维

11. 心的正常起搏点位于
12. 心的次级起搏点是
13. 位于心内膜下与心肌细胞形成连接的是
14. 经过右纤维三角的是
15. 走行在隔缘肉柱内的是

（16~20 题共用备选答案）

    A. 前室间支   B. 后室间支   C. 旋支

    D. 右冠状动脉   E. 右旋支

16. 供应窦房结的动脉多发自
17. 供应房室结的动脉多发自
18. 供应室间隔前 2/3 的是
19. 供应室间隔后 1/3 的是
20. 供应左心室侧壁和后壁的是

（21~25 题共用备选答案）

    A. 左纤维三角   B. 右纤维三角   C. 房间隔

    D. 室间隔   E. 房室隔

21. 房室束穿过的部位是
22. 位于二尖瓣、三尖瓣和主动脉后瓣环之间的是
23. 位于二尖瓣和主动脉左瓣环之间的是
24. 心内膜下有左、右束支通过的部位是

25. 有卵圆窝的部位是

二、名词解释

1. 血管吻合
2. 卵圆窝(心脏)
3. Koch 三角
4. 主动脉窦
5. 二尖瓣复合体
6. 三尖瓣复合体
7. 隔缘肉柱
8. 中心纤维体
9. 窦房结
10. His 束
11. 冠状窦
12. 心包

三、问答题

1. 何谓体循环? 主要功能如何?
2. 何谓肺循环? 主要功能如何?
3. 何谓侧支吻合、侧支循环?
4. 简述右心房的出入口保证血液定向流动的结构及其功能。
5. 简述右心室的出入口保证血液定向流动的结构及其功能。
6. 简述左心房的出入口保证血液定向流动的结构及其功能。
7. 简述左心室的出入口保证血液定向流动的结构及其功能。
8. 简述心纤维支架的组成。
9. 简述心传导系的构成。
10. 简述营养心的动脉及分布。
11. 何为冠状窦?
12. 何为心包窦,包括哪些结构?

四、病例讨论

1. 50 岁男性在工作中突然感觉心前区疼痛,伴有左上肢放射性痛,出汗,无恶心呕吐,被紧急送入医院急诊科。经冠脉造影显示心左冠状动脉前降支中段 60% 堵塞,其他血管未见明显异常。

问题:

(1) 前室间支堵塞可引起哪些部位的心肌缺血?

(2) 营养心的血管还有哪些?

(3) 为何心肌梗死可伴有左上肢放射性痛?

2. 患者,女性,55 岁,既往患有风湿性二尖瓣瓣膜病,近期自觉感冒不适在家休息,突然感到心前区剧烈绞痛,休息一段时间未见好转,来医院急诊诊治。经心电图检查、心肌酶谱检查判断为冠脉缺血、心肌供血不足。经进一步的心脏彩色超声检查,发现缺血部主要在心尖部。根据既往史,急诊医生主要考虑心肌缺血是由二尖瓣上的赘生物脱落后形成栓子,栓子脱落堵塞冠状动脉造成的。

问题:

(1) 栓子主要阻塞的是冠状动脉的哪个分支,经过哪些解剖结构到达?

(2) 如果对此疾病进行治疗的话,主要的治疗方法有哪几种?

3. 患者,男性,39 岁,长期患有心律失常。心律失常逐渐加重,药物控制效果不佳,欲对房室交界区安装心脏起搏器进行治疗。

问题：

（1）心律失常是心的哪部分系统功能异常导致的？此系统包括哪些解剖结构？

（2）起搏器导线从锁骨下静脉开始经何结构到达目的区域？如何辨别目的区域？

参 考 答 案

一、选择题

（一）A1 型题

1. D　2. E　3. E　4. C　5. C　6. A　7. B　8. D　9. B　10. D　11. E　12. C　13. D
14. A　15. C　16. A　17. E　18. D　19. E　20. C　21. A　22. E　23. B　24. E　25. A
26. D　27. B　28. A　29. C　30. B　31. A　32. D　33. C　34. D　35. B　36. F　37. B
38. B　39. A　40. D　41. C　42. B　43. E　44. C　45. E　46. B　47. A　48. D　49. E
50. C　51. C　52. C　53. A　54. A　55. E　56. A　57. D　58. B　59. D　60. B　61. D
62. B　63. D　64. E

（二）A2 型题

1. B　2. D

（三）A3 型题

1. B　2. A　3. C　4. C　5. D　6. A　7. B　8. D　9. C　10. E　11. E　12. A

（四）B1 型题

1. E　2. D　3. C　4. A　5. B　6. C　7. D　8. A　9. B　10. E　11. A　12. C　13. E
14. D　15. B　16. D　17. D　18. A　19. C　20. C　21. B　22. B　23. A　24. D　25. C

二、名词解释

1. 血管吻合：体内血管各部之间除经动脉、毛细血管、静脉相通外，动脉与动脉之间、静脉与静脉之间、动脉与静脉之间，可借血管支彼此连结，这些连结称为血管吻合。

2. 卵圆窝（心脏）：右心房内侧壁的后部主要由房间隔形成。房间隔右侧面中下部有一卵圆形凹陷，称为卵圆孔，为胚胎时期卵圆孔闭合后的遗迹，此处薄弱，是房间隔缺损的好发部位。

3. Koch 三角：右心房的冠状窦口前内侧缘、三尖瓣隔侧尖附着缘和 Todaro 腱之间的三角形区，称 Koch 三角，其前部心内膜深面有房室结。

4. 主动脉窦：每个主动脉瓣相对的主动脉壁向外膨出，半月瓣与主动脉壁之间的袋状间隙称为主动脉窦，包括左、右窦和后窦。

5. 二尖瓣复合体：二尖瓣环、瓣尖、腱索和乳头肌在结构和功能上是一个整体，称为二尖瓣复合体。

6. 三尖瓣复合体：三尖瓣环、瓣尖、腱索和乳头肌在结构和功能上是一个整体，称为三尖瓣复合体。

7. 隔缘肉柱：又称节制索，为右心室腔内自前乳头肌根部连至室间隔下部横过室腔的一条肌束，有防止右心室过度扩张的功能。隔缘肉柱内有房室束的右束支和供应前乳头肌的血管通行，因此其损伤可引起右束支传导阻滞。

8. 中心纤维体:位于二尖瓣、三尖瓣和主动脉后瓣环之间,向前移行为室间隔膜部,略呈三角形或前宽后窄的楔形,称右纤维三角。因右纤维三角位于心的中央部,又称中心纤维体,有房室束穿过。

9. 窦房结:位于上腔静脉与右心房交界处的界沟上 1/3 的心外膜下,呈长梭形,为心的正常起搏点。

10. His 束:起自房室结前端,穿中心纤维体,至室间隔膜部后下缘,分出左束支纤维,最后分为左、右束支。

11. 冠状窦:位于心膈面,左心房与左心室之间的冠状沟内,收集心大部分的静脉血,主要接受心大、中、小静脉。

12. 心包:是包裹心和出入心的大血管根部的圆锥形纤维浆膜囊,分为外层的纤维性心包和内层的浆膜性心包。

三、问答题

1. 何谓体循环? 主要功能如何?

答:血液从左心室输出,经主动脉及其分支到达全身毛细血管,然后由小静脉逐级汇成大静脉,最终汇集成上、下腔静脉及冠状窦注入右心房,此循环称为体循环。体循环的功能是在组织、器官部位的毛细血管处完成物质和气体交换。

2. 何谓肺循环? 主要功能如何?

答:血液由右心室输出,经肺动脉干及其各级分支到达肺泡毛细血管,然后经肺静脉注入左心房,这一循环途径称为肺循环。肺循环的功能是在肺泡壁的毛细血管处进行气体交换,使静脉血转化为动脉血。

3. 何谓侧支吻合、侧支循环?

答:一些血管主干在行程中发出与其平行的侧副管,不同高度的侧副管彼此吻合,称为侧支吻合。在动脉主干阻塞时,侧支吻合中原本较细的侧副管逐渐增粗,血流可经此到达阻塞远端的血管主干,补偿阻塞区血管的血液循环,这种通过侧支建立起来的循环称为侧支循环。

4. 简述右心房的出入口保证血液定向流动的结构及其功能。

答:右心房的入口为上、下腔静脉口和冠状窦口,口周围有静脉瓣,其功能是控制静脉血流入右心房。出口为右房室口,口周围有三尖瓣复合体,其功能是在心室的舒张期打开右房室口,使右心房的血液流入右心室,并在心的收缩期关闭右房室口,防止右心室的血液反流回右心房。

5. 简述右心室的出入口保证血液定向流动的结构及其功能。

答:右心室的入口为右房室口,口周围有三尖瓣复合体,其功能是在心室的舒张期打开右房室口,使右心房的血液流入右心室。出口为肺动脉口,口周围有肺动脉瓣,其功能是在心的舒张期关闭肺动脉口,防止肺动脉中的血液反流回右心室。

6. 简述左心房的出入口保证血液定向流动的结构及其功能。

答:左心房的入口为左、右肺上下静脉口,口周围有静脉瓣,其功能是控制经肺循环换气后的含氧量高的动脉血流入左心房;出口为左房室口,口周围有二尖瓣复合体,其功能是在心室的舒张期打开左房室口,使左心房的血液流入左心室并在心的收缩期关闭左房室口,防止左心室的血液反流回左心房。

7. 简述左心室的出入口保证血液定向流动的结构及其功能。

答:左心室的入口为左房室口,口周围有二尖瓣复合体,其功能是在心室的舒张期打开左房室口,使左心房的血液流入左心室。出口为主动脉口,口周围有主动脉瓣,其功能是在心的舒张期关闭主动脉口,防止主动脉中的血液反流回左心室。

8. 简述心纤维支架的组成。

答:纤维性支架位于房室口、肺动脉口和主动脉口的周围,由致密结缔组织构成,质地坚韧而富有弹性,为心肌纤维和心瓣膜的附着处,随年龄的增长可发生不同程度的钙化。心纤维支架包括左、右纤维三角,二、三尖瓣纤维环,主、肺动脉环,圆锥韧带,室间隔膜部等。

9. 简述心传导系的构成。

答:心传导系由特殊心肌细胞构成,具有自律性和传导性,主要功能是产生和传导冲动,控制心的节律性活动。心传导系包括窦房结,结间束,房室结区,房室束,左、右束支和 Purkinje 纤维网。

10. 简述营养心的动脉及分布。

答:心的动脉供应主要来自左、右冠状动脉。左冠状动脉的分支有前室间支和旋支,前室间支及其分支分布于左心室前壁、前乳头肌、心尖、右心室前壁一小部分、室间隔的前 2/3 以及心传导系的右束支和左束支的前半。旋支及其分支分布于左心房、左心室前壁一小部分、左心室侧壁、左心室后壁的一部或大部,甚至可达左心室后乳头肌。右冠状动脉的分支有后室间支和右旋支,一般分布于右心房、右心室前壁大部分、右心室侧壁和后壁的全部,左心室后壁的一部分和室间隔后 1/3,包括左束支的后半部以及房室结和窦房结。

11. 何为冠状窦?

答:冠状窦位于冠状沟后部,是左心房与左心室之间的一个长约 5cm 的扩大静脉,接受心大、心中、心小静脉血液后,经冠状窦口注入右心房。

12. 何为心包窦,包括哪些结构?

答:在心包腔内,浆膜心包脏、壁两层返折处的间隙称心包窦,主要有心包横窦、心包斜窦和心包前下窦。

四、病例讨论

1. 50 岁男性在工作中突然感觉心前区疼痛,伴有左上肢放射性痛,出汗,无恶心呕吐,被紧急送入医院急诊科。经冠脉造影显示心左冠状动脉前降支中段 60% 堵塞,其他血管未见明显异常。

问题:

(1) 前室间支堵塞可引起哪些部位的心肌缺血?

(2) 营养心的血管还有哪些?

(3) 为何心肌梗死可伴有左上肢放射性痛?

答:

(1) 前降支可视为左冠状动脉的直接延续,沿前室间沟下行。前降支堵塞可引起左心室前壁、前乳头肌、心尖、右心室前壁的一小部分、室间隔的前 2/3 等部位心肌缺血。

(2) 营养心的血管主要来自左、右冠状动脉。左冠状动脉起于主动脉的左冠状动脉窦,主干很短,向左行于左心耳和肺动脉干之间,然后分为前室间支和旋支。前室间支也称前降支,供血区域包括左心室前壁、前乳头肌、心尖、右心室前壁的一小部分、室间隔的前 2/3 等;旋支及其分支主要分布于左心房、左心室前壁一小部分、左心室侧壁、左心室后壁的一部或大部,甚至可达左心室后乳头肌。约 40% 个体的旋支发分支分布于窦房结。右冠状动脉起于主动脉的右冠状动脉窦,行于右心耳和肺动脉干之间,再沿冠状沟右行,绕心锐缘至膈面的冠状沟内,一般在房室交点附近或右侧,分为后房室间支和右旋支。右冠状动脉一般分布于右心房、右心室前壁大部分、右心室侧壁和后壁的全部、左心室后壁的一部分和室间隔后 1/3、左束支的后半以及房室结和窦房结。

(3)心肌梗死的典型症状为深部内脏痛。分布于心的痛觉纤维通过交感干的颈中、下部和胸上部的神经节向脊髓投射,其轴突进入 T_1 至 T_4 或 T_5 脊髓节段左侧,而分布于左侧上肢的感觉神经纤维也进入相同的脊髓节段,两者在相同脊髓节段的后角有密切联系。因此,从心缺血区传入的痛觉冲动可以扩散或影响左上肢的躯体感觉神经元,从而产生左上肢的放射性痛,这种现象称为牵涉性痛。

2. 患者,女性,55 岁,既往患有风湿性二尖瓣瓣膜病,近期自觉感冒不适在家休息,突然感到心前区剧烈绞痛,休息一段时间未见好转,来医院急诊诊治。经心电图检查、心肌酶谱检查判断为冠脉缺血、心肌供血不足。经进一步的心脏彩色超声检查,发现缺血部主要在心尖部。根据既往史,急诊医生主要考虑心肌缺血是由二尖瓣上的赘生物脱落后形成栓子,栓子脱落堵塞冠状动脉造成的。

问题:

(1)栓子主要阻塞的是冠状动脉的哪个分支,经过哪些解剖结构到达?

(2)如果对此疾病进行治疗的话,主要的治疗方法有哪几种?

答:

(1)栓子主要阻塞前室间支,从而引起动脉供血不足。栓子经过的解剖结构:二尖瓣上的赘生物脱落→左心室→升主动脉→主动脉左窦→左冠状动脉→前室间支。

(2)主要的治疗方法包括:药物治疗;搭桥术建立侧支循环;心脏支架畅通血管;急性期导管取栓。

3. 患者,男性,39 岁,长期患有心律失常。心律失常逐渐加重,药物控制效果不佳,欲对房室交界区安装心脏起搏器进行治疗。

问题:

(1)心律失常是心的哪部分系统功能异常导致的? 此系统包括哪些解剖结构?

(2)起搏器导线从锁骨下静脉开始经何结构到达目的区域? 如何辨别目的区域?

答:

(1)心律失常是心的传导系统功能异常导致的。该系统包括窦房结,结间束,房室结,房室束,左、右束支,浦肯野纤维。

(2)起搏器导线经过的结构:锁骨下静脉→头臂静脉→上腔静脉→上腔静脉口→右心房→Koch 三角。目的区域是右心房的冠状窦口前内缘、三尖瓣隔侧尖附着缘和 Todaro 腱之间的三角区,称 Koch 三角。

(吕 捷)

二、动　脉

学 习 指 导

(一) 学习目的

能分析说明:肺动脉的起始及分支,升主动脉、主动脉弓的起始、走行、分支和分布,头臂干、颈总动脉、锁骨下动脉的分支和分布,颈外动脉分支的名称,腋动脉、肱动脉、桡动脉和尺动脉的走行和分布,掌浅弓的组成,胸主动脉壁支的名称、走行和分布,腹主动脉成对脏支的名称,不成对脏支腹腔干、肠系膜上动脉、肠系膜下动脉的分支与分布,髂内动脉和髂外动脉的位置以及主要分支和分布,股动脉、腘动脉、胫前动脉、胫后动脉、足背动脉的走行和分布。头颈部和四肢的常用动脉压迫止血点及止血范围。

了解:动脉的走行特点和概况,掌深弓的组成,椎动脉颅外段的走行,胸主动脉脏支的名称和分布,腹主动脉壁支的名称和分布,主动脉弓压力感受器、主动脉体化学感受器、颈动脉窦、颈动脉小球的位置。

(二) 学习要点

1. 肺循环的动脉　肺动脉干起自右心室,至主动脉弓下方分为左、右肺动脉,动脉韧带连于肺动脉干分叉处稍左侧和主动脉弓下缘。

2. 体循环的动脉　主动脉由左心室发出,经升主动脉→主动脉弓→(第4胸椎椎体下缘)胸主动脉→(第12胸椎水平)腹主动脉→(第4腰椎椎体下缘)左、右髂总动脉。

(1) 颈总动脉:为头颈部动脉主干,左侧发自主动脉弓,右侧起于头臂干。至甲状软骨上缘水平分为颈内动脉和颈外动脉,颈动脉杈处有颈动脉窦(压力感受器)和颈动脉小球(化学感受器)。颈内动脉在颅外不分支,颈外动脉的主要分支有甲状腺上动脉、舌动脉、面动脉、颞浅动脉、上颌动脉、枕动脉、耳后动脉和咽升动脉等。

(2) 锁骨下动脉:为上肢动脉主干,左侧起于主动脉弓,右侧起自头臂干。主要分支有椎动脉、胸廓内动脉→腹壁上动脉、甲状颈干→甲状腺下动脉、肩胛上动脉,肋颈干、肩胛背动脉等。腋动脉在第1肋外缘续于锁骨下动脉,其主要分支有胸肩峰动脉、胸外侧动脉、肩胛下动脉、旋肱后动脉、旋肱前动脉、胸上动脉等。腋动脉在大圆肌下缘移行为肱动脉。肱动脉的分支包括肱深动脉(伴桡神经行于桡神经沟内)、尺侧上副动脉、尺侧下副动脉等。肱动脉在桡骨颈处分为桡动脉(发出掌浅支、拇主要动脉)和尺动脉(发出骨间总动脉、掌深支)。尺动脉末端与桡动脉掌浅支吻合形成掌浅弓,桡动脉末端和尺动脉的掌深支吻合形成掌深弓。

(3) 胸主动脉:为胸部动脉主干,分壁支和脏支。壁支有9对肋间后动脉、1对肋下动脉和1对膈上动脉,脏支包括支气管支、食管支和心包支。

(4) 腹主动脉:为腹部动脉主干,分壁支和脏支。壁支主要有腰动脉、膈下动脉→肾上腺上动脉、骶正中动脉等。脏支有成对脏支和不成对脏支:成对脏支有肾上腺中动脉、肾动脉、睾丸动脉(或卵巢动脉);不成对脏支有腹腔干、肠系膜上动脉和肠系膜下动脉。腹腔干的分支有胃左动脉、肝总动脉(发出肝固有动脉→胃右动脉、胃十二指肠动脉→胃网膜右动脉和胰十二指肠上动脉)、脾动脉(发出胃后动脉、胃短动脉、胃网膜左动脉等);肠系膜上动脉的分支有胰十二指肠下动脉、空肠动脉、回肠动脉、回结肠动脉→阑尾动脉、右结肠动脉、中结肠动脉;肠系膜下动脉的分支有左结肠动脉、乙状结肠动脉、直肠上动脉。

（5）髂内动脉：为盆部动脉主干，分壁支和脏支。壁支有闭孔动脉、臀上动脉、臀下动脉、髂腰动脉、骶外侧动脉等；脏支包括脐动脉→膀胱上动脉、子宫动脉、阴部内动脉（发出肛动脉、会阴动脉、阴茎动脉或阴蒂动脉等）、膀胱下动脉、直肠下动脉等。

（6）髂外动脉：为下肢动脉主干，经腹股沟韧带中点深面至股前部，移行为股动脉。股动脉的主要分支为股深动脉，股深动脉发出旋股内侧动脉、旋股外侧动脉和3或4条穿动脉。腘动脉在腘窝内续于股动脉，其分为胫后动脉和胫前动脉。胫后动脉的主要分支有腓动脉、足底内侧动脉和足底外侧动脉；胫前动脉在踝关节前方延续为足背动脉。

3. 头颈部和四肢常用动脉压迫止血点及止血范围见表 7-1

表 7-1　头颈部和四肢常用动脉压迫止血点和止血范围

动脉名称	压迫止血点	止血范围
锁骨下动脉	于锁骨中点向下压，将动脉压在第1肋上	整个上肢
颈总动脉和颈外动脉	在环状软骨弓的侧方可触摸到颈总动脉搏动，将动脉压向后内方的第6颈椎横突上	头面部
面动脉	在下颌骨下缘与咬肌前缘交点处将面动脉压向下颌骨	面颊部
颞浅动脉	在外耳门前方可触摸到动脉搏动，将其压向颞骨	头前外侧部
肱动脉	在肱二头肌内侧沟的中份，将动脉压向肱骨。用止血带止血时应避开中份，以免伤及桡神经	压迫点以下的整个上肢
桡动脉	在桡骨茎突的上方，肱桡肌腱的内侧，压向桡骨	部分手部
尺动脉	在腕部，于尺侧腕屈肌腱的内侧，压向尺骨	部分手部
股动脉	在腹股沟韧带中点稍下方，压向耻骨下支	压迫点以下的整个下肢
足背动脉	在踝关节前方，内、外踝连线中点，蹈长伸肌腱的外侧，压向深部	部分足部

复习思考题

一、选择题

（一）A1 型题

1. 锁骨下动脉的分支**不包括**
  A. 肩胛背动脉　　　　　B. 肩胛下动脉　　　　　C. 胸廓内动脉
  D. 椎动脉　　　　　　　E. 甲状颈干

2. 下列关于掌浅弓的描述，正确的是
  A. 位于掌腱膜浅面
  B. 由桡动脉的末端和尺动脉的掌浅支吻合而成
  C. 弓的凸缘约平腕掌关节高度
  D. 发出3条指掌侧固有动脉和1条小指尺掌侧动脉
  E. 弓的凸缘在掌深弓的远侧

3. 下列关于肺动脉干的描述，正确的是
  A. 起于左心室

B. 粗而长

C. 在主动脉弓的下方分为左、右肺动脉

D. 分叉处稍右侧有动脉韧带连于主动脉弓下缘

E. 属于体循环的动脉

4. 颈外动脉的分支**不包括**

　　A. 舌动脉　　　　　　　B. 甲状腺下动脉　　　　C. 面动脉

　　D. 颞浅动脉　　　　　　E. 上颌动脉

5. 阑尾动脉起于

　　A. 肠系膜上动脉　　　　B. 肠系膜下动脉　　　　C. 回结肠动脉

　　D. 中结肠动脉　　　　　E. 右结肠动脉

6. 在外耳门前上方颧弓根部可触及搏动的动脉是

　　A. 上颌动脉　　　　　　B. 颈外动脉　　　　　　C. 面动脉

　　D. 颞浅动脉　　　　　　E. 脑膜中动脉

7. 下列关于主动脉弓的描述,正确的是

　　A. 在左侧第 2 胸肋关节高度移行于升主动脉

　　B. 至胸骨角移行为胸主动脉

　　C. 发出左、右冠状动脉

　　D. 发出左锁骨下动脉

　　E. 具有瓣膜

8. 主动脉胸部的分支**不包括**

　　A. 肋间动脉　　　　　　B. 肋下动脉　　　　　　C. 支气管支

　　D. 食管支　　　　　　　E. 心肌支

9. 下列关于肺动脉的描述,正确的是

　　A. 是肺的营养动脉

　　B. 肺动脉干行于升主动脉后方

　　C. 肺动脉干借动脉韧带与主动脉弓相连

　　D. 左肺动脉比右肺动脉长

　　E. 左肺动脉分 3 支、右肺动脉分 2 支进入肺

10. 下列关于掌深弓的描述,正确的是

　　A. 由尺动脉末端与桡动脉掌浅支吻合而成　　B. 位于屈指肌腱的浅面

　　C. 弓的凸缘约平掌骨中部　　　　　　　　　D. 由弓发出 3 条掌心动脉

　　E. 弓的凸缘在掌浅弓的远侧

11. 锁骨下动脉的分支是

　　A. 甲状腺上动脉　　　　　　　　　　　　　B. 胸廓内动脉

　　C. 胸外侧动脉　　　　　　　　　　　　　　D. 肩胛下动脉

　　E. 胸肩峰动脉

12. 分布于视器和脑的动脉来源于

　　A. 颈内、外动脉及锁骨下动脉　　　　　　　B. 颈内动脉及锁骨下动脉

　　C. 颈内、外动脉　　　　　　　　　　　　　D. 颈内动脉

　　E. 颈内动脉及椎动脉

13. 下列关于肱动脉的描述,正确的是
   A. 行经桡神经沟
   B. 沿肱二头肌外侧沟下行
   C. 与肌皮神经伴行
   D. 与正中神经伴行
   E. 与尺神经伴行

14. 下列关于桡动脉的描述,正确的是
   A. 与正中神经伴行
   B. 与尺神经伴行
   C. 行于肱桡肌腱与桡侧腕伸肌腱之间
   D. 发出骨间前动脉
   E. 发出拇主要动脉

15. 下列关于胸主动脉的描述,正确的是
   A. 在第 4 胸椎体下缘处与主动脉弓相接
   B. 脏支分布于食管、支气管和心等
   C. 壁支较脏支粗,组成 12 对肋间后动脉
   D. 肋间后动脉主要分布于第 3 肋间以下的胸壁和腹壁上部
   E. 在第 11 胸椎水平穿膈肌主动脉裂孔向下移行为腹主动脉

16. 直接发自腹腔干的是
   A. 胃左动脉
   B. 胃右动脉
   C. 胃网膜左动脉
   D. 胃网膜右动脉
   E. 胃短动脉

17. 下列关于肠系膜上动脉的描述,正确的是
   A. 在腹腔干稍下方,平第 2 腰椎高度起于腹主动脉前壁
   B. 经胰体、胰尾交界处的后方下行
   C. 发出胰十二指肠下动脉
   D. 仅营养空肠、回肠及升结肠
   E. 其分支与肠系膜下动脉的分支无吻合

18. 下列关于子宫动脉的描述,正确的是
   A. 行经子宫骶韧带两层腹膜之间
   B. 在子宫颈外侧约 2cm 处跨越输尿管的前上方
   C. 仅营养子宫和阴道
   D. 与卵巢动脉无吻合
   E. 发自髂外动脉

19. 下列关于肾动脉的描述,正确的是
   A. 平第 3 腰椎平面起于腹主动脉
   B. 左肾动脉高于右侧,长度也比右侧长
   C. 一般在肾外不分支
   D. 只分布到肾
   E. 在肾实质内按段分支分布

20. 下列关于主动脉小球的描述,正确的是
   A. 位于主动脉弓壁内
   B. 位于主动脉弓前方
   C. 在主动脉弓与气管之间的主动脉壁内
   D. 位于主动脉弓下方,近动脉韧带处
   E. 属压力感受器

21. 颞部骨折引起硬膜外血肿的出血多来自
    A. 大脑中动脉　　　　　B. 硬脑膜静脉窦　　　　　C. 颞深动脉
    D. 脑膜中动脉　　　　　E. 大脑前动脉

22. 腹主动脉发出的脏支不包括
    A. 睾丸(卵巢)动脉　　　B. 肾上腺上动脉　　　　　C. 腹腔干
    D. 肠系膜上动脉　　　　E. 肠系膜下动脉

23. 体表最容易摸到股动脉搏动的部位在
    A. 腹股沟韧带外、中 1/3 交点处　　　　　B. 腹股沟中点稍下方
    C. 腹股沟韧带中、内 1/3 交点处　　　　　D. 腹股沟中点稍内侧
    E. 腹股沟中点稍外侧

24. 主动脉弓由右向左依次发出
    A. 头臂干、左颈总动脉和左锁骨下动脉
    B. 头臂干、右颈总动脉和左锁骨下动脉
    C. 头臂干、左锁骨下动脉和左颈总动脉
    D. 头臂干、右颈总动脉和右锁骨下动脉
    E. 头臂干、右锁骨下动脉和右颈总动脉

25. 颈外动脉的主要分支包括
    A. 甲状腺上动脉、眼动脉、面动脉、颞浅动脉、上颌动脉
    B. 甲状腺上动脉、舌动脉、肩胛上动脉、面动脉、颞浅动脉
    C. 甲状腺上动脉、舌动脉、面动脉、颞浅动脉、上颌动脉
    D. 甲状腺上动脉、舌动脉、胸廓内动脉、颞浅动脉、上颌动脉
    E. 甲状腺上动脉、面动脉、椎动脉、颞浅动脉、上颌动脉

26. 脑膜中动脉起于
    A. 甲状腺上动脉　　　　B. 舌动脉　　　　　　　　C. 上颌动脉
    D. 颞浅动脉　　　　　　E. 颈内动脉

27. 下列关于摸脉点及相关动脉的叙述,错误的是
    A. 在外耳门的前上方可触摸到颞浅动脉
    B. 在下颌骨咬肌前缘处可触摸到面动脉
    C. 在肱二头肌内侧沟内可触摸到肱动脉
    D. 在前臂前面上部可触摸到桡动脉
    E. 在内、外踝前方连线的中点处可触摸到足背动脉

28. 脑膜中动脉穿过
    A. 棘孔　　　B. 颈动脉管　　　C. 卵圆孔　　　D. 破裂孔　　　E. 圆孔

29. 左、右锁骨下动脉分别发自
    A. 头臂干、主动脉弓　　　B. 主动脉弓、颈总动脉　　　C. 升主动脉、头臂干
    D. 头臂干、颈总动脉　　　E. 主动脉弓、头臂干

30. 进入颅腔的动脉主要有
    A. 颈内动脉、脑膜中动脉、椎动脉　　　　　B. 颈内动脉、脑膜中动脉、面动脉
    C. 面动脉、脑膜中动脉、椎动脉　　　　　　D. 颈内动脉、颞浅动脉、椎动脉
    E. 颈内动脉、颞浅动脉、上颌动脉

31. 锁骨下动脉的重要分支有
    A. 甲状颈干、椎动脉、上颌动脉
    B. 甲状颈干、椎动脉、颞浅动脉
    C. 舌动脉、椎动脉、胸廓内动脉
    D. 甲状颈干、椎动脉、胸廓内动脉
    E. 甲状颈干、面动脉、胸廓内动脉

32. 营养甲状腺的动脉来自
    A. 甲状颈干和颈外动脉
    B. 肋颈干和颈外动脉
    C. 甲状颈干和颈内动脉
    D. 锁骨下动脉和颈内动脉
    E. 肋颈干和颈内动脉

33. 腹主动脉的成对脏支有
    A. 肾上腺中动脉、肾动脉、胃左右动脉
    B. 胃网膜左右动脉、肾动脉、睾丸(卵巢)动脉
    C. 肾上腺中动脉、左右结肠动脉、睾丸(卵巢)动脉
    D. 肾上腺中动脉、肾动脉、腰动脉
    E. 肾上腺中动脉、肾动脉、睾丸(卵巢)动脉

34. 中结肠动脉起自
    A. 腹主动脉
    B. 肠系膜上动脉
    C. 肾动脉
    D. 肠系膜下动脉
    E. 脾动脉

35. 椎动脉起自
    A. 头臂干
    B. 颈总动脉
    C. 锁骨下动脉
    D. 面动脉
    E. 颈内动脉

36. 肠系膜下动脉发出
    A. 左结肠动脉
    B. 空肠动脉
    C. 回肠动脉
    D. 右结肠动脉
    E. 中结肠动脉

37. 在姆长伸肌腱外侧摸到搏动的是
    A. 足趾动脉
    B. 胫后动脉
    C. 足背动脉
    D. 足底内侧动脉
    E. 足底外侧动脉

38. 髂内动脉的壁支是
    A. 闭孔动脉
    B. 子宫动脉
    C. 卵巢动脉
    D. 阴部内动脉
    E. 直肠下动脉

39. 股动脉的分支不包括
    A. 股深动脉
    B. 腹壁浅动脉
    C. 旋髂浅动脉
    D. 阴部外动脉
    E. 胫后动脉

40. 椎动脉入颅经过
    A. 棘孔
    B. 枕骨大孔
    C. 卵圆孔
    D. 破裂孔
    E. 圆孔

(二) A2 型题

1. 女,25 岁,行走时,不慎被一铁钉刺伤足底,流血不止,若要压迫止血,可能的指压位置及血管名称是
    A. 在内踝与跟结节之间,胫前动脉
    B. 在内踝与跟结节之间,胫后动脉

    C. 踝关节前方、踇长伸肌腱的外侧,足背动脉

    D. 踝关节前方、踇长伸肌腱的外侧,胫前动脉

    E. 在内踝与跟结节之间,足底动脉

2. 女,27岁,为一急性阑尾炎患者,静脉滴注抗生素治疗。药物作用于阑尾,须经过的动脉**不包括**

    A. 腹腔干   B. 回结肠动脉   C. 阑尾动脉

    D. 肠系膜上动脉   E. 腹主动脉

3. 女,27岁,为一风湿性心脏病患者,左心血栓脱落造成降结肠和乙状结肠坏死。此血栓栓塞的血管是

    A. 腹腔干   B. 髂内动脉   C. 肠系膜下动脉

    D. 肠系膜上动脉   E. 腹主动脉

4. 女,27岁,肝癌患者手术后化疗,通过股动脉介入将化疗药物送达肝。药物介入过程中**不可能**经过的血管为

    A. 腹腔干   B. 髂内动脉   C. 髂总动脉

    D. 肝总动脉   E. 腹主动脉

5. 男,56岁,臂中部骨折,骨折断端可能刺伤的动脉是

    A. 锁骨下动脉   B. 腋动脉   C. 肱动脉

    D. 桡动脉   E. 尺动脉

6. 男,27岁,为一重症肠扭转患者,手术中发现一段升结肠缺血坏死,被压迫造成血供障碍的动脉最可能是

    A. 中结肠动脉   B. 右结肠动脉   C. 左结肠动脉

    D. 肠系膜上动脉   E. 回肠动脉

7. 女,3岁,患扁桃体炎,口服抗生素。药物作用于炎症部位须经过的血管**不包括**

    A. 颈内动脉   B. 主动脉弓   C. 颈总动脉

    D. 颈外动脉   E. 升主动脉

8. 男,48岁,为一动脉粥样硬化患者,颈内动脉斑块脱落,理论上判断该斑块可能栓塞的部位是

    A. 舌   B. 甲状腺   C. 脑   D. 咽喉   E. 鼻腔

9. 男,27岁,颌面肿瘤须经面部动脉穿刺介入给药,选择或经过的动脉**最不可能**是

    A. 上颌动脉   B. 颈外动脉   C. 面动脉

    D. 颈内动脉   E. 颞浅动脉

10. 女,8岁,在玩耍时不慎被碎玻璃片划伤面颊部,流血不止。若要压迫止血,指压位置及动脉为

    A. 下颌骨下缘与咬肌后缘相交处,面动脉

    B. 下颌骨上缘与咬肌前缘相交处,面动脉

    C. 下颌骨下缘与咬肌前缘相交处,面动脉

    D. 下颌骨下缘与咬肌前缘相交处,上颌动脉

    E. 下颌骨下缘与咬肌后缘相交处,上颌动脉

11. 男,38岁,为一急性胃肠炎患者,须行臀部肌内注射抗生素治疗。药物作用于胃,途经的动脉结构**最不可能**是

A. 臀上动脉 B. 臀下动脉 C. 髂内动脉

D. 髂总动脉 E. 髂外动脉

12. 男,38岁,因胃溃疡、胃出血须进行胃大部切除。须结扎的动脉一般**不包括**

A. 胃左动脉 B. 胃右动脉 C. 胃网膜左动脉

D. 胃网膜右动脉 E. 胃十二指肠动脉

13. 男,58岁,为一慢性阻塞性肺疾病患者,由于缺氧而口唇发紫,氧疗后很快恢复正常。在这一过程中饱和度高的血氧到达口唇,**不途经**的动脉为

A. 主动脉 B. 肺动脉 C. 面动脉

D. 颈外动脉 E. 颈总动脉

14. 男,28岁,手指被割伤流血。若要压迫止血,最佳的选择是

A. 肱骨中部压迫肱动脉

B. 在桡骨茎突上方肱桡肌腱的内侧压迫桡动脉

C. 在腕部尺侧腕屈肌的内侧压迫尺动脉

D. 从前后方向压迫受伤手指

E. 从两侧压迫受伤手指

15. 男,45岁,与人发生争执,被锐器刺伤大腿上部。下列与临时压迫止血有关的解剖学基础的描述,**错误**的是

A. 在腹股沟韧带中点稍下方能摸到股动脉搏动

B. 在腹股沟韧带的深面股动脉续于髂外动脉

C. 将股动脉压向耻骨上支可以止血

D. 压迫股动脉,其止血范围为下肢大部分

E. 股动脉向下走向股后部至腘窝更名为腘动脉

16. 男,56岁,为一直肠癌患者,须口服化疗药治疗。药物作用于直肠下部,须经过的血管**不包括**

A. 肠系膜下动脉 B. 髂内动脉 C. 腹主动脉

D. 胸主动脉 E. 升主动脉

17. 男,35岁,在上班途中不幸遭遇车祸,发生骨盆粉碎性骨折,**最不可能**损伤的动脉是

A. 髂内动脉 B. 腰动脉 C. 臀上动脉

D. 闭孔动脉 E. 阴部内动脉

18. 男,56岁,被诊断为严重心律失常,药物治疗效果差,需要进行射频消融治疗。拟从右侧桡动脉将电极导管插入心腔,导管**不可能**经过

A. 肱动脉 B. 腋动脉 C. 锁骨下动脉

D. 头臂干 E. 冠状动脉

19. 女,37岁,上肢多处出血。若要急救压迫止血,关于指压位置及压迫动脉的描述,**错误**的是

A. 在桡骨茎突上方压桡动脉

B. 在锁骨中点上方的锁骨上窝内向后下压锁骨下动脉

C. 将锁骨下动脉压于锁骨

D. 在肱二头肌内侧沟中份压肱动脉

E. 将肱动脉压向肱骨

20. 男,56岁,左手指创伤患者,须在左臂肌内注射青霉素抗感染。药物到达患处可**不经过**的动脉为

    A. 肺动脉   B. 掌浅弓   C. 肱动脉

    D. 腋动脉   E. 头臂干

(三) A3 型题

(1~5 题共用题干)

男,52岁,在推拿按摩院做颈部按摩时突然面色苍白,心脏停搏,晕厥,四肢冷。随后在送往医院的途中自行苏醒。体格检查未发现心脏及颅内有器质性病变,24 小时心电图无异常,血压比未发病前偏低。血常规及尿常规检查正常,身体其他脏器检查亦无器质性病变。颈动脉窦按压试验呈阳性。

1. 根据临床症状和体格检查,初步诊断为

    A. 病态窦房结综合征   B. 颈动脉小球综合征   C. 窒息性休克

    D. 颈动脉窦综合征   E. 脑梗死

2. 下列关于颈动脉小球的描述,正确的是

    A. 为化学感受器

    B. 位于颈总动脉末端内膜下

    C. 当血中氧分压升高时可反射性地促进呼吸加深加快

    D. 当血中二氧化碳分压降低时可反射性地促进呼吸加深加快

    E. 直接调节血中氧气和二氧化碳含量的平衡

3. 下列关于颈动脉窦的描述,正确的是

    A. 为压力感受器

    B. 血压降低时可反射性地升高血压

    C. 是颈外动脉起始部的膨大部分

    D. 血压升高时可反射性地引起心跳加快和血管扩张

    E. 血压升高时可反射性地引起心跳减慢和血管收缩

4. 下列关于颈总动脉的描述,正确的是

    A. 右侧起于主动脉弓

    B. 左侧起于头臂干

    C. 在活体上可以摸到其搏动

    D. 在环状软骨上缘高度分为颈内动脉和颈外动脉

    E. 有分支直接供应颈部器官血液

5. 患者出现晕厥,是因为按摩时

    A. 压迫了颈内动脉导致脑缺血   B. 颈动脉小球受压

    C. 压迫气管窒息   D. 颈动脉窦受压

    E. 压迫了颈外动脉

(四) B1 型题

(1~6 题共用备选答案)

    A. 甲状颈干   B. 上颌动脉   C. 颈外动脉

    D. 锁骨下动脉   E. 颈总动脉

1. 椎动脉起自

2. 甲状腺上动脉起自

3. 甲状腺下动脉起自

4. 颞浅动脉起自

5. 上颌动脉起自

6. 脑膜中动脉起自

（7~11 题共用备选答案）

    A. 穿斜角肌间隙   B. 分布于视器和脑   C. 经过颅骨翼点内面

    D. 化学感受器   E. 压力感受器

7. 颈动脉窦是

8. 颈动脉小球是

9. 脑膜中动脉是

10. 锁骨下动脉是

11. 颈内动脉分支是

（12~16 题共用备选答案）

    A. 胃十二指肠动脉   B. 胃左动脉   C. 胃短动脉

    D. 空、回肠动脉   E. 阑尾动脉

12. 回结肠动脉的分支是

13. 肝总动脉的分支是

14. 脾动脉的分支是

15. 肠系膜上动脉的分支是

16. 腹腔干的分支是

（17~20 题共用备选答案）

    A. 通过梨状肌上孔   B. 通过梨状肌下孔   C. 末端退化为结缔组织

    D. 起止都在盆腔内   E. 分布于股内侧

17. 阴部内动脉

18. 子宫动脉

19. 臀上动脉

20. 闭孔动脉

（21~25 题共用备选答案）

    A. 压迫颈总动脉进行止血   B. 压迫颞浅动脉进行止血

    C. 压迫面动脉进行止血   D. 压迫锁骨下动脉进行止血

    E. 压迫股动脉进行止血

21. 一侧头面部出血

22. 面颊部出血

23. 上肢出血

24. 下肢出血

25. 颅顶部和颞部出血

二、名词解释

1. 颈动脉窦   2. 颈动脉小球   3. 掌浅弓

4. 动脉韧带　　　　　　5. 掌深弓　　　　　　6. 主动脉弓

7. 锁骨下动脉　　　　　8. 腹腔干　　　　　　9. 足背动脉

10. 肺动脉干　　　　　　11. 头臂干　　　　　12. 髂内动脉

三、问答题

1. 试述主动脉弓的起止、行径和分支。

2. 颈外动脉的行径、主要分支与分布怎样?

3. 试述锁骨下动脉的起止、行径、主要分支与分布。

4. 试述腹腔干的分支、行径与分布。

5. 试述营养胃的动脉及其来源与分布。

6. 肠系膜上、下动脉的分支与分布如何?

7. 腹主动脉成对的分支有哪些,分别供应哪些器官或部位?

8. 髂内动脉的脏支、行径与分布如何?

9. 胸主动脉的分支有哪些,分布于哪些器官?

10. 在活体上哪些部位可触及何动脉搏动,可根据哪些标志判断?

11. 试述下肢动脉的来源及分支。

12. 试述掌浅弓和掌深弓的组成和分支分布。

四、病例讨论

某男性患者,25 岁,2 周前的一个早晨起床后感觉头痛、头晕、目眩,下楼梯走不稳,并伴有恶心呕吐。医生诊断其为椎动脉供血不足,建议其平时避免长时间低头看手机,多做颈部运动,改善椎动脉的血液供应。

问题:

(1)椎动脉发自于何动脉? 其来源动脉还发出哪些分支?

(2)椎动脉的行径有何特点? 分析其供血不足的可能原因。

参 考 答 案

一、选择题

(一) A1 型题

1. B　2. E　3. C　4. B　5. C　6. D　7. D　8. E　9. C　10. D　11. B　12. E　13. D
14. E　15. A　16. A　17. C　18. B　19. E　20. D　21. D　22. B　23. B　24. A　25. C
26. C　27. D　28. A　29. E　30. A　31. D　32. A　33. E　34. B　35. C　36. A　37. C
38. A　39. E　40. B

(二) A2 型题

1. B　2. A　3. C　4. B　5. C　6. B　7. A　8. C　9. D　10. C　11. E　12. E　13. B
14. E　15. C　16. A　17. B　18. E　19. C　20. E

(三) A3 型题

1. D　2. A　3. A　4. C　5. D

（四）B1 型题

1. D 2. C 3. A 4. C 5. C 6. B 7. E 8. D 9. C 10. A 11. B 12. E 13. A
14. C 15. D 16. B 17. B 18. D 19. A 20. E 21. A 22. C 23. D 24. E 25. B

二、名词解释

1. 颈动脉窦：是颈总动脉末端和颈内动脉起始部的膨大部分。窦壁外膜较厚，其中有丰富的游离神经末梢，称压力感受器。当血压增高时，窦壁扩张，压力感受器受刺激，可反射性地引起心跳减慢、末梢血管扩张，从而血压下降。

2. 颈动脉小球：为扁椭圆形小体，借结缔组织连于颈动脉杈的后方，为化学感受器，可感受血液中的二氧化碳分压、氧分压和氢离子浓度的变化。当血中氧分压降低或二氧化碳分压增高时，反射性地引起呼吸加深加快。

3. 掌浅弓：由尺动脉末端与桡动脉掌浅支吻合而成。位于掌腱膜深面，弓的凸缘约平掌骨中部。从掌浅弓发出 3 条指掌侧总动脉和 1 条小指尺掌侧动脉。

4. 动脉韧带：在肺动脉干分叉处的稍左侧与主动脉弓下缘之间有一结缔组织索，称动脉韧带，为胚胎时期动脉导管闭锁后的遗迹。

5. 掌深弓：由桡动脉末端和尺动脉的掌深支吻合而成，位于屈指肌腱深面。弓的凸缘在掌浅弓的近侧，约平腕掌关节高度。由弓发出 3 条掌心动脉。

6. 主动脉弓：升主动脉达右侧第 2 胸肋关节高度移行为主动脉弓，其弓形弯向左后方，至第 4 胸椎体左侧，移行为主动脉降部。从主动脉弓的凸缘向上发出三大分支，自右向左分别为头臂干、左颈总动脉和左锁骨下动脉。

7. 锁骨下动脉：为颈部的粗大动脉干之一，右侧起于头臂干，左侧起于主动脉弓，分别沿两侧肺尖的内侧至颈根部，并弓形向外穿斜角肌间隙，在第 1 肋外侧缘处移行为腋动脉。

8. 腹腔干：在主动脉裂孔的稍下方起于主动脉腹部前壁，随即分 3 支，即胃左动脉、肝总动脉和脾动脉。

9. 足背动脉：是胫前动脉的直接延续，经𧿹长伸肌腱和趾长伸肌腱之间前行。足背动脉位置表浅，在踝关节前方，内、外踝连线中点，𧿹长伸肌腱的外侧可触知其搏动。足部出血时可在此处向深部压迫足背动脉进行止血。

10. 肺动脉干：位于心包内，系一粗短的动脉干。起自右心室，在升主动脉前方向左后上方斜行，至主动脉弓下方分为左、右肺动脉。

11. 头臂干：为主动脉弓发出的一粗短动脉干，向右上方斜行至右胸锁关节后方分为右颈总动脉和右锁骨下动脉。

12. 髂内动脉：是盆部的动脉主干，其沿盆腔侧壁下行，发出闭孔动脉、臀上动脉、臀下动脉等壁支和脐动脉、子宫动脉、阴部内动脉、直肠下动脉等脏支。

三、问答题

1. 试述主动脉弓的起止、行径和分支。

答：升主动脉达右侧第 2 胸肋关节高度移行为主动脉弓，然后弓形弯向左后方，至第 4 胸椎体左侧，移行为主动脉降部，从主动脉弓的凸缘向上发出三大分支，自右向左分别为头臂干、左颈总动脉和左锁骨下动脉。

2. 颈外动脉行径、主要分支与分布怎样？

答:颈外动脉起始部在颈内动脉的前内侧,由其前方绕至其前外侧上行,经二腹肌后腹和茎突舌骨肌深面,穿入腮腺,在平对下颌颈处分为颞浅动脉和上颌动脉两终支。颈外动脉的主要分支有:①甲状腺上动脉。发出后行向前下方,分支营养腺体的上部和喉。②舌动脉。发出后行向前内,经舌骨舌肌的深面至舌,分支营养于舌、腭扁桃体及舌下腺等。③面动脉。发出后行向前上,经下颌下三角外侧,绕过下颌体下缘至面部,而后经口角、鼻翼的外侧至内眦,改名为内眦动脉。面动脉分支主要营养面部软组织、下颌下腺以及腭扁桃体等。④颞浅动脉。为颈外动脉的终支之一,经外耳门前方上行至颞区,分支营养额、颞、顶部的软组织以及腮腺。⑤上颌动脉。为颈外动脉的另一终支,经下颌颈深面至颞下窝,再入翼腭窝,沿途分支营养外耳道、中耳、硬脑膜、腭扁桃体、牙及牙龈、咀嚼肌、鼻腔、口腔顶等。其重要的分支有脑膜中动脉、下牙槽动脉和眶下动脉等。

3. 试述锁骨下动脉的起止、行径、主要分支与分布。

答:锁骨下动脉为颈部的粗大动脉干之一,右侧起自头臂干,左侧起自主动脉弓,两者分别沿两侧肺尖的内侧至颈根部,并呈弓形向外穿斜角肌间隙,至第1肋外侧缘处移行为腋动脉。锁骨下动脉的主要分支有:①椎动脉。自锁骨下动脉发出后行向上,穿过上6位颈椎横突孔,经枕骨大孔入颅,分支营养脑和脊髓。②胸廓内动脉。自锁骨下动脉发出后行向下,经胸廓上口入胸腔,至胸前壁内面,沿胸骨缘外侧下行,约在第6肋间隙平面分为肌膈动脉和腹壁上动脉,前者营养膈、下位肋间肌以及腹外侧壁等,后者穿膈至腹直肌鞘,并与腹壁下动脉吻合,分支营养腹直肌与膈。③甲状颈干。为一短干,自锁骨下动脉发出后行向上,分支营养甲状腺、喉、咽、食管、冈上肌、冈下肌以及脊髓等。其主要分支有甲状腺下动脉和颈横动脉。

4. 试述腹腔干的分支、行径与分布。

答:腹腔干粗而短,在主动脉裂孔的稍下方起于主动脉腹部的前壁,随即分3支:①胃左动脉。较细,先行向左上方,至贲门附近转向右,沿胃小弯右行,沿途分支营养食管腹段、贲门及胃小弯附近的胃壁。②肝总动脉。沿腹后壁行向右上方,在十二指肠上部的上方分为胃十二指肠动脉和肝固有动脉。③脾动脉。粗大,沿胰的上缘左行,经脾肾韧带至脾门附近,分支后入脾。脾动脉发出胰支至胰体及胰尾,发出3或4支胃短动脉和1支胃网膜左动脉、1支胃后动脉。

5. 试述营养胃的动脉及其来源与分布。

答:营养胃的动脉包括胃右动脉(发自肝固有动脉)、胃左动脉(发自腹腔干)、胃网膜右动脉(发自胃十二指肠动脉)、胃网膜左动脉(发自脾动脉)、胃短动脉(发自脾动脉)、胃后动脉(发自脾动脉)。

6. 肠系膜上、下动脉的分支与分布如何?

答:肠系膜上动脉主要分支包括空肠动脉和回肠动脉、回结肠动脉(分出阑尾动脉)、右结肠动脉、中结肠动脉,分支分布于空回肠、升结肠、盲肠、阑尾、横结肠。肠系膜下动脉主要分支包括左结肠动脉、乙状结肠动脉、直肠上动脉,分支分布于降结肠、乙状结肠和直肠上部。

7. 腹主动脉成对的分支有哪些,分别供应哪些器官或部位?

答:腹主动脉成对的壁支主要有腰动脉和膈下动脉,分布于腹后壁、脊髓、膈下面和肾上腺等处。成对脏支有:肾上腺中动脉,分布到肾上腺;肾动脉,分布到肾和肾上腺;男性的睾丸动脉,分布于睾丸和附睾;女性的卵巢动脉,分布到卵巢和输卵管壶腹部。

8. 髂内动脉的脏支、行径与分布如何?

答:髂内动脉沿盆腔外侧壁下行,其分支有壁支和脏支。脏支包括:①脐动脉。为胎儿时期运送血液至胎盘的血管,出生后其远侧段闭锁,近侧段仍开放,并发出数条小支至膀胱顶及膀胱体,称膀胱上动脉。②膀胱下动脉。分布于膀胱底、精囊腺及前列腺等。③直肠下动脉。主要分布于直肠下部,与直肠上动脉及肛动脉的分支吻合。④子宫动脉。为髂内动脉较大的脏支,沿盆侧壁行向内下至子宫阔韧带,约在子宫颈外侧 2cm 处经输尿管的前上方向内,在近子宫颈处发出阴道支至阴道,其主干向上至子宫底,沿途分支至子宫、输卵管及卵巢,并与卵巢动脉吻合。⑤阴部内动脉。穿梨状肌下孔出盆腔,再经坐骨小孔至坐骨直肠窝,其分支有肛动脉、会阴动脉、阴茎(阴蒂)背动脉及阴茎(阴蒂)深动脉,分别分布于肛门附近结构、会阴和外生殖器。

9. 胸主动脉的分支有哪些,分布于哪些器官?

答:胸主动脉的分支有壁支和脏支两种。壁支有肋间后动脉、肋下动脉和膈上动脉,分布于胸壁、腹壁上部、背部和脊髓等处。脏支包括支气管支、食管支和心包支,是分布于气管、支气管、食管和心包的一些细小分支。

10. 在活体上哪些部位可触及何动脉搏动,可根据哪些标志判断?

答:颞浅动脉在外耳门前方、颧弓根部附近触到;面动脉在下颌骨下缘、咬肌止点的前缘触到;颈总动脉在胸锁乳突肌中份的前缘触到;肱动脉在肘窝稍上方、肱二头肌腱内侧触到;桡动脉在桡骨下端的前面触到;股动脉在腹股沟韧带中点附近的下方触到;足背动脉在足背踇长伸肌腱的外侧触到。

11. 试述下肢动脉的来源及分支。

答:下肢的动脉主要来源于髂外动脉,在腹股沟韧带的下方改称为股动脉。股动脉主要发出股深动脉。股深动脉的分支包括旋股内侧动脉、旋股外侧动脉和 3 支穿动脉。股动脉向下延续为腘动脉。腘动脉的分支包括膝上外侧动脉、膝上内侧动脉、膝中动脉、膝下外侧动脉和膝下内侧动脉以及肌支。腘动脉下端分为胫前动脉和胫后动脉。胫前动脉向下延续为足背动脉,其分支有第 1 跖背动脉、弓状动脉和足底深支等。胫后动脉主要分支为腓动脉。胫后动脉向下经内踝后方转至足底,分为足底内侧动脉和足底外侧动脉。

12. 试述掌浅弓和掌深弓的组成和分支分布。

答:掌浅弓位于掌腱膜与屈指肌腱之间,由尺动脉的末端和桡动脉的掌浅支吻合而成,弓的凸缘向远侧发出 3 条指掌侧总动脉和 1 条小指尺掌侧动脉。前者至掌指关节附近又各分为 2 条指掌侧固有动脉,分布于第 2~5 指的相对缘,后者至小指掌面的尺侧缘。掌深弓位于屈指肌腱深面,由桡动脉的末端和尺动脉的掌深支吻合而成,弓的凸缘向远侧发出 3 条掌心动脉。

四、病例讨论

某男性患者,25 岁,2 周前的一个早晨起床后感觉头痛、头晕、目眩,下楼梯走不稳,并伴有恶心呕吐。医生诊断其为椎动脉供血不足,建议其平时避免长时间低头看手机,多做颈部运动,改善椎动脉的血液供应。

问题:

(1)椎动脉发自于何动脉?其来源动脉还发出哪些分支?

(2)椎动脉的行径有何特点?分析其供血不足的可能原因。

答:

(1)椎动脉发自锁骨下动脉。锁骨下动脉还发出以下分支:①胸廓内动脉。从椎动脉起点的相对侧发出,向下入胸腔,沿第 1~6 肋软骨后面下降,分支分布于胸前壁、心包、膈肌和乳房等处。其较大的终支称腹壁上动脉,穿膈肌进入腹直肌鞘,在腹直肌鞘深面下行,分支营养该肌和腹膜。②甲状颈干。为一短干,在椎动脉外侧、前斜角肌内侧缘附近起始,随即分为甲状腺下动脉、肩胛上动脉等数支,分布于甲状腺、咽、食管、喉、气管和肩部肌、脊髓及其被膜等处。此外,锁骨下动脉还发出肋颈干至颈深肌和第1、2肋间隙后部;肩胛背动脉至背部,参与构成肩关节动脉网。

（2）椎动脉从前斜角肌内侧由锁骨下动脉发出,向上穿第6~第1颈椎横突孔,经枕骨大孔入颅腔,分支分布于脑和脊髓。椎动脉供血不足的可能原因有:颈椎发生退行性变压迫椎动脉,椎动脉自身病变如动脉粥样硬化引起的椎动脉狭窄等。

（刘　芳）

三、静　脉

学 习 指 导

（一）学习目的

能够复述:上腔静脉和头臂静脉的组成、起止和收纳范围;颈内静脉和颈外静脉的起止和行程;面静脉的特点和交通;上肢浅静脉的起止、行径、注入部位及临床意义;下腔静脉的组成,主要属支及收纳范围;髂总静脉、髂内静脉和髂外静脉的起止、主要属支及收纳范围;静脉系的组成概念、配布特点、回流的因素和几种特殊静脉(硬脑膜窦、板障静脉和导静脉)的形态特点;左、右肺静脉行径与注入部位;上肢深静脉与动脉伴行情况;下肢深静脉与动脉伴行情况;椎静脉丛的位置与交通。

能够描述:奇静脉、半奇静脉、副半奇静脉的起止、行径和收纳范围。

能够说明:肾静脉和睾丸静脉或卵巢静脉的行径;大、小隐静脉的起止、行径和临床意义。

能够分析:肝门静脉的组成、特点、行程;肝门静脉系与上、下腔静脉间的侧支吻合与临床意义。

（二）学习要点

1. 静脉是导血回心的血管,全身的静脉有肺循环和体循环之分。静脉一般含有较多的代谢产物如 CO_2 等,所以静脉血呈暗红色,但脐静脉与肺静脉却含有丰富的营养物质和氧气。

2. 肺静脉从肺运回含氧较多的动脉血入左心房。体循环的静脉从全身运送低氧的静脉血入右心房,包括心静脉系、上腔静脉系和下腔静脉系。

3. 上腔静脉由左、右头臂静脉在右侧第1胸肋关节后下方汇合而成,注入右心房。入心前尚有奇静脉注入。上腔静脉收纳头颈、上肢及胸部的静脉血(膈以上器官,心除外)。

4. 头臂静脉由颈内静脉和锁骨下静脉在胸锁关节后方汇合而成,汇合处称静脉角。其属支有锁骨下静脉、颈内静脉、甲状腺下静脉、椎静脉、胸廓内静脉、肋间最上静脉(第1、2肋间后静脉)收纳头颈、上肢的静脉血。

5. 颈内静脉在颈静脉孔处起自乙状窦,向下与锁骨下静脉在胸锁关节后方汇合成头臂静脉。其颅内属支收纳视器、脑的静脉血;颅外属支有面静脉、舌静脉、甲状腺上、中静脉,收纳颅外和颈部的静脉血。

6. 面静脉起自内眦静脉,口角以上没有静脉瓣,并可借眼上静脉、面深静脉-翼静脉丛通过卵圆孔静脉丛和破裂孔导血管与颅内海绵窦交通,是面部感染蔓延至颅内的重要途径,所以面部发生化脓性感染时,若处理不当(如挤压等),可导致颅内感染。因此,将鼻根至两侧口角之间的三角区称为"危险三角"。

7. 颈外静脉为颈部的浅静脉,由耳后静脉、枕静脉和下颌后静脉后支汇合而成,注入锁骨下静脉。

8. 锁骨下静脉由上肢深静脉(尺静脉、桡静脉、肱静脉、腋静脉)延续而成,收纳上肢及部分颈部、胸壁的静脉血液。

9. 上肢的浅静脉有头静脉和贵要静脉。前者起自手背静脉网的桡侧,注入腋静脉;后者起自手背静脉网的尺侧,注入肱静脉。两者之间借肘正中静脉交通。

10. 奇静脉起于右腰升静脉,勾绕右肺根上方注入上腔静脉,属支有右肋间后静脉、右肋下静脉、食管静脉、支气管静脉、半奇静脉。半奇静脉起于左腰升静脉,属支有左侧肋间后静脉、左肋下静脉、副半奇静脉,注入奇静脉。奇静脉系收纳胸壁、食管气管和支气管的静脉血。

11. 脊柱的静脉在椎管内外分别形成椎内、外静脉丛,两者彼此相通,并自上而下分别与颅内硬膜静脉窦、椎静脉、肋间后静脉、腰静脉及盆壁静脉吻合,是沟通上、下腔静脉的途径之一。

12. 下腔静脉由左、右髂总静脉在第 5 腰椎体右前方汇合而成,注入右心房,在腹部还接受肝静脉、肾静脉、右肾上腺静脉(左侧注入左肾静脉)、右睾丸静脉或卵巢静脉(左侧注入左肾静脉)的注入,收纳腹部、盆部和下肢的静脉血。

13. 肝门静脉由脾静脉和肠系膜上静脉在胰颈后方汇合而成,在肝门分为左、右支入肝。其属支有脾静脉、肠系膜上静脉、肠系膜下静脉、胃左静脉、胃右静脉、胆囊静脉、附脐静脉等,收纳腹腔内除肝以外不成对脏器的静脉血:包括腹、盆部消化管(食管腹段至直肠段)、胰、胆囊及脾的静脉血。肝门静脉借食管下段静脉丛、直肠静脉丛、腹前壁的脐周静脉网、腹后壁的 Retzius 静脉和腔静脉系形成丰富的侧支吻合。

14. 盆部的静脉借脏支和壁支汇入髂内静脉,后者和髂外静脉汇合成髂总静脉。

15. 髂外静脉由下肢的深静脉(胫前、后静脉、腘静脉、股静脉)延续而成,收纳下肢和腹壁下份的静脉血。

16. 下肢的浅静脉包括大隐静脉和小隐静脉。前者起自足背静脉弓的内侧缘,注入股静脉,后者起自足背静脉弓的外侧缘,注入腘静脉。

复习思考题

一、选择题

(一) A1 型题

1. 关于浅静脉,**错误**的是
   A. 扩张时可见到轮廓
   B. 位于浅筋膜内
   C. 最终注入深静脉
   D. 常用于采血注射等
   E. 与动脉伴行
2. 关于肺静脉的描述,正确的是
   A. 输送含氧低的血液
   B. 起自右心室
   C. 右肺上静脉收集右肺上叶和中叶的血液
   D. 注入左心房前部
   E. 接受支气管静脉

3. 面静脉与翼丛相交通的静脉是
    A. 内眦静脉   B. 面深静脉   C. 眼上静脉
    D. 颞浅静脉   E. 眼下静脉

4. 关于下颌静脉的描述,正确的是
    A. 由颞浅静脉和上颌静脉汇合而成   B. 接受面深静脉
    C. 与翼丛交通   D. 前支注入枕静脉
    E. 后支注入颈内静脉

5. 颈前静脉注入
    A. 颈内静脉   B. 头臂静脉   C. 颈静脉弓
    D. 面静脉   E. 颈外静脉

6. 关于颈外静脉的描述,正确的是
    A. 由面静脉和下颌后静脉汇合而成   B. 沿胸锁乳突肌深面下行
    C. 注入锁骨下静脉或静脉角   D. 主要收集颈部的静脉血
    E. 坐立时可显露

7. 颈静脉怒张发生于
    A. 颈内静脉   B. 面静脉   C. 颈前静脉
    D. 颈外静脉   E. 下颌后静脉

8. 颈内静脉伴行的血管是
    A. 颈外静脉   B. 上颌静脉   C. 颈外动脉
    D. 下颌后静脉   E. 颈总动脉

9. 关于锁骨下静脉的描述,正确的是
    A. 在第 1 肋外侧缘续于腋静脉   B. 行于腋动脉的后上方
    C. 在前斜角肌后方与颈外静脉汇合   D. 有右淋巴导管注入
    E. 其属支有颈内静脉

10. 关于头静脉的描述,正确的是
    A. 经贵要静脉与肘正中静脉交通   B. 起自手背静脉网的尺侧
    C. 经肱二头肌内侧沟上行   D. 收集前臂尺侧半的静脉血
    E. 注入腋静脉或锁骨下静脉

11. 关于贵要静脉的描述,正确的是
    A. 起自手背静脉网桡侧   B. 接受前臂正中静脉
    C. 注入肱静脉   D. 收集前臂后面的静脉血
    E. 在臂与头静脉交通

12. 关于上肢的浅静脉的描述,正确的是
    A. 头静脉沿前臂尺侧上行   B. 贵要静脉注入肘正中静脉
    C. 头静脉沿肱二头肌外侧沟上行   D. 肘正中静脉是深静脉
    E. 前臂正中静脉注入贵要静脉

13. 关于上腔静脉的描述,正确的是
    A. 穿纤维心包前有奇静脉注入   B. 沿升主动脉左侧下行
    C. 接受肋间后静脉   D. 由头臂静脉和锁骨下静脉汇合而成
    E. 收集上腹部器官的静脉血

14. 关于奇静脉的描述,正确的是
    A. 起自腰静脉
    B. 至第 4 胸椎高度勾绕右肺根
    C. 注入头臂静脉
    D. 收集左侧肋间后静脉的血液
    E. 沿食管前方上行

15. 关于半奇静脉的描述,正确的是
    A. 起自左腰升静脉
    B. 平第 10 胸椎高度向右跨越
    C. 注入副半奇静脉
    D. 收集右侧肋间后静脉的血液
    E. 沿胸椎体右侧上行

16. 关于椎内静脉丛的描述,正确的是
    A. 瓣膜丰富
    B. 收集椎体附近肌肉的静脉血
    C. 注入蛛网膜下隙
    D. 位于椎骨骨膜和硬脊膜之间
    E. 借其他静脉与肝门静脉系交通

17. 关于大隐静脉的描述,正确的是
    A. 起自外踝前方
    B. 沿膝关节内前方上行
    C. 经腹股沟韧带深面注入股静脉
    D. 收集除小腿外侧部的下肢静脉血液
    E. 深静脉回流受阻时可发生曲张

18. 关于大隐静脉和小隐静脉的描述,正确的是
    A. 小隐静脉在足内侧缘起自足背静脉弓
    B. 大隐静脉接受腹壁下静脉
    C. 小隐静脉注入股静脉
    D. 大隐静脉含有较少的瓣膜
    E. 小隐静脉经外踝后方上行

19. 关于下肢深静脉的描述,正确的是
    A. 胫前静脉与腓静脉汇合成腘静脉
    B. 腘静脉在收肌腱裂孔处移行为股静脉
    C. 股静脉位于股动脉外侧
    D. 股静脉接受小隐静脉
    E. 两条股静脉与股动脉伴行

20. 注入左肾静脉的是
    A. 左睾丸静脉
    B. 左腰升静脉
    C. 左膈下静脉
    D. 左腰静脉
    E. 附脐静脉

21. 关于肝门静脉系的描述,正确的是
    A. 内压低于下腔静脉
    B. 高压时很少发生食管静脉丛曲张
    C. 因含有许多瓣膜而扩张
    D. 门静脉高压引起脐周静脉和直肠静脉丛曲张
    E. 血流少于肝固有动脉

22. 注入同一静脉的成对静脉是
    A. 左、右卵巢静脉
    B. 左、右肝静脉
    C. 左、右肾上腺静脉
    D. 左、右结肠静脉
    E. 左、右胃网膜静脉

23. 形成门腔静脉吻合的成对静脉是
　　A. 肝静脉与下腔静脉　　　B. 直肠上、下静脉　　　C. 左、右肾上腺静脉
　　D. 左、右胃静脉　　　E. 腹壁上、下静脉
24. 颈内静脉接受
　　A. 甲状腺上静脉　　　B. 颈外静脉　　　C. 颈前静脉
　　D. 上颌静脉　　　E. 耳后静脉
25. 关于面静脉的描述,错误的是
　　A. 起自内眦静脉　　　　　　　B. 注入颈内静脉
　　C. 缺乏静脉瓣　　　　　　　D. 通过面深静脉与海绵窦相通
　　E. 位于面动脉后方
26. 关于颈内静脉的描述,错误的是
　　A. 续于乙状窦　　　　　　　B. 位于颈动脉鞘内
　　C. 与面静脉汇合成锁骨下静脉　　　D. 属支有舌静脉和咽静脉
　　E. 外伤时可致空气栓塞
27. 下腔静脉不接受
　　A. 膈下静脉　　　B. 腰静脉　　　C. 肾静脉
　　D. 肝门静脉　　　E. 右侧肾上腺静脉
28. 大隐静脉不接受
　　A. 股内侧浅静脉　　　B. 股外侧浅静脉　　　C. 腹壁浅静脉
　　D. 旋髂浅静脉　　　E. 阴部内静脉
29. 不注入肝门静脉的静脉是
　　A. 胃右静脉　　　B. 脾静脉　　　C. 附脐静脉
　　D. 胃左静脉　　　E. 肝静脉
30. 头臂静脉不接受
　　A. 颈内静脉　　　B. 胸廓内静脉　　　C. 奇静脉
　　D. 甲状腺下静脉　　　E. 肋间最上静脉
31. 胰腺肿瘤位于肠系膜下静脉注入脾静脉处,最可能扩张的静脉是
　　A. 中结肠静脉　　　B. 右结肠静脉　　　C. 胰十二指肠下静脉
　　D. 回结肠静脉　　　E. 左结肠静脉
32. 车祸时小腿后面浅层结构严重划伤,出血的静脉是
　　A. 胫后静脉　　　B. 胫前静脉　　　C. 大隐静脉
　　D. 腓静脉　　　E. 小隐静脉

(二) A2 型题

1. 男,37 岁,慢性肝炎患者,出现腹水,诊断为肝门静脉高压症。最可能扩张的静脉是
　　A. 右结肠静脉　　　B. 腹壁下静脉　　　C. 肾上腺静脉
　　D. 膈下静脉　　　E. 卵巢静脉
2. 男,22 岁,痤疮患者,在鼻部挤压后,出现面部肿胀和头痛等。细菌进入颅内可能经过的静脉是
　　A. 耳后静脉　　　B. 颞浅静脉　　　C. 上颌静脉
　　D. 面静脉　　　E. 颈内静脉

3. 男,22 岁,在气管切开术时操作不慎致颈根部大量出血。可能损伤的静脉是
　　A. 颈前静脉　　　　　　　B. 颈内静脉　　　　　　　C. 头臂静脉
　　D. 甲状腺中静脉　　　　　E. 颈静脉弓

4. 男,82 岁,是一老年纵隔肿瘤患者,肿瘤位于右肺根稍上方,阻断血流的静脉是
　　A. 半奇静脉　　　　　　　B. 右锁骨下静脉　　　　　C. 奇静脉
　　D. 右头臂静脉　　　　　　E. 副半奇静脉

5. 女,48 岁,糖尿病患者,出现右下肢轻度淤血,诊断为腘静脉血栓,在体表可观察到受影响的静脉是
　　A. 小隐静脉　　　　　　　B. 股静脉　　　　　　　　C. 大隐静脉
　　D. 胫前静脉　　　　　　　E. 胫后静脉

6. 女,48 岁,在治疗肝硬化引起的肝门静脉高压时,可施行肝门静脉血液分流手术,吻合的静脉是
　　A. 肠系膜上静脉与肠系膜下静脉　　　　B. 肝门静脉与左肾静脉
　　C. 肝门静脉与上腔静脉　　　　　　　　D. 脾静脉与左肾静脉
　　E. 直肠上静脉与左结肠静脉

7. 女,35 岁,肥胖患者,在肘窝静脉抽血时不易找到静脉,**不宜选择**的静脉是
　　A. 头静脉　　　　　　　　B. 肱静脉　　　　　　　　C. 贵要静脉
　　D. 前臂正中静脉　　　　　E. 肘正中静脉

8. 男,41 岁,脑外伤患者,烦躁,上肢非意识摇动,手背静脉输液后不久漏液,重复多次失败,最后改为踝部静脉输液,最佳选择的静脉是
　　A. 大隐静脉　　　　　　　B. 胫前静脉　　　　　　　C. 足背静脉弓
　　D. 小隐静脉　　　　　　　E. 穿静脉

（三）A3 型题

（1、2 题共用题干）

男,75 岁,心慌,呼吸困难,口唇发绀,颈静脉怒张,下肢凹陷性水肿。诊断为心力衰竭。

1. 颈静脉怒张是指
　　A. 颈外静脉　　　　　　　B. 锁骨下静脉　　　　　　C. 颈内静脉
　　D. 下颌后静脉　　　　　　E. 面深静脉

2. 颈静脉怒张的因素**不包括**
　　A. 颈外静脉缺乏瓣膜　　　　　　　　B. 怒张静脉离右心房较近
　　C. 颈内静脉容易扩张　　　　　　　　D. 右心房压力较高
　　E. 右心室收缩力减弱

（3、4 题共用题干）

男,17 岁,鼻尖处患有疖肿,昨天用手挤出脓液。今天早上发现面部肿胀。考虑到预防颅内感染,医生建议用抗生素治疗。

3. 面静脉相连的静脉**不包括**
　　A. 眼上静脉　　　　　　　B. 面深静脉　　　　　　　C. 眼下静脉
　　D. 翼静脉丛　　　　　　　E. 颈内静脉

4. 面静脉内细菌进入颅内的因素**不包括**
　　A. 面静脉血流缓慢　　　　　　　　　B. 细菌增殖迅速

C. 面静脉缺乏瓣膜　　　　　　　　　　　　D. 面静脉间接与海绵窦相通

E. 经翼静脉丛途径进入颅内

（5、6 题共用题干）

女，29 岁，高热 3 天，烦躁、昏迷 2 小时。经血液化验和影像科检查，诊断为急性肺炎，需输液和抗生素治疗。

5. 静脉抽血部位是

A. 颞浅静脉　　　　　　　　B. 大隐静脉　　　　　　　　C. 肱静脉

D. 肘正中静脉　　　　　　　E. 颈内静脉

6. 静脉输液部位是

A. 颈外静脉　　　　　　　　B. 大隐静脉　　　　　　　　C. 股静脉

D. 锁骨下静脉　　　　　　　E. 桡静脉

（四）B1 型题

（1~3 题共用备选答案）

A. 眼上静脉　　　　　　　　B. 内眦静脉　　　　　　　　C. 眼下静脉

D. 上颌静脉　　　　　　　　E. 面深静脉

1. 与面静脉和翼静脉丛交通的静脉是

2. 下颌后静脉的属支是

3. 面静脉起自

（4~6 题共用备选答案）

A. 面静脉　　　　　　　　　B. 甲状腺下静脉　　　　　　C. 颞浅静脉

D. 颈静脉弓　　　　　　　　E. 颈前静脉

4. 颈内静脉接受

5. 颈外静脉接受

6. 头臂静脉接受

（7~9 题共用备选答案）

A. 腋静脉　　　　　　　　　B. 锁骨下静脉　　　　　　　C. 头臂静脉

D. 上腔静脉　　　　　　　　E. 颈内静脉

7. 头静脉注入

8. 甲状腺下静脉注入

9. 胸廓内静脉注入

（10~12 题共用备选答案）

A. 气管静脉　　　　　　　　B. 食管静脉　　　　　　　　C. 右腰升静脉

D. 骶外侧静脉　　　　　　　E. 上腔静脉

10. 奇静脉注入

11. 脊柱静脉注入

12. 半奇静脉接受

（13~15 题共用备选答案）

A. 肝静脉　　　　　　　　　B. 下腔静脉　　　　　　　　C. 左肾静脉

D. 肝门静脉　　　　　　　　E. 右肾静脉

13. 左睾丸静脉注入

14. 左肾上腺静脉注入

15. 左腰静脉注入

（16~18题共用备选答案）

    A. 肛静脉   B. 肝静脉   C. 肠系膜下静脉

    D. 胃右静脉   E. 直肠下静脉

16. 下腔静脉接受

17. 注入脾静脉的静脉是

18. 肝门静脉的直接属支是

二、名词解释

1. 静脉角   2. 翼静脉丛   3. 上腔静脉系

4. 肝门静脉系   5. 板障静脉   6. 浅静脉

7. 静脉瓣   8. 硬脑膜静脉窦

三、问答题

1. 简述上肢浅静脉的主要行程和引流范围。

2. 简述下肢浅静脉的主要行程和引流范围。

3. 简述头臂静脉的行程和属支。

4. 简述下腔静脉的行程和属支。

5. 简述门静脉的行程、属支、引流范围和交通途径。

6. 简述颈内静脉的行程、属支、引流范围和临床联系。

7. 简述奇静脉的起始、行程及注入部位。

8. 试述从头静脉注射抗生素药物到达肾的途径。

9. 简述睾丸静脉的起始与回流。

四、病例讨论

    男,53岁,患慢性肝炎20年,3年前开始偶尔大便带血,血液呈鲜红色。这次因少量呕血入院。表现为肝功能障碍,明显消瘦,腹部膨大,脐周静脉曲张。胃镜和直肠镜检查分别观察到食管静脉曲张和痔疮。

问题：

（1）为什么明显消瘦和腹部膨大?

（2）为什么脐周静脉曲张?

（3）为什么大便带血和呕血?

参 考 答 案

一、选择题

（一）A1型题

1. E 2. C 3. B 4. A 5. E 6. C 7. D 8. E 9. A 10. E 11. C 12. C 13. A

14. B　15. A　16. D　17. E　18. E　19. B　20. A　21. D　22. B　23. B　24. A　25. D
26. C　27. D　28. E　29. E　30. C　31. E　32. E

（二）A2 型题

1. A　2. D　3. E　4. C　5. A　6. D　7. B　8. A

（三）A3 型题

1. A　2. C　3. D　4. B　5. D　6. B

（四）B1 型题

1. E　2. D　3. B　4. A　5. E　6. B　7. A　8. C　9. C　10. E　11. D　12. B　13. C
14. C　15. B　16. B　17. C　18. D

二、名词解释

1. 静脉角：锁骨下静脉与颈内静脉汇合成头臂静脉，两静脉汇合部为静脉角。胸导管注入左静脉角，右淋巴导管注入右静脉角。

2. 翼静脉丛：位于翼内肌和翼外肌之间，发出上颌静脉，并通过面深静脉与面静脉交通。

3. 上腔静脉系：由上腔静脉及其属支组成，收集头颈部、上肢和胸部（心和肺除外）等上半身的静脉血。

4. 肝门静脉系：由肝门静脉及其属支组成，收集腹盆部消化道（包括食管腹段，但齿状线以下肛管除外）、脾、胰和胆囊的静脉血。起始端和末端与毛细血管相连，无瓣膜。

5. 板障静脉：位于板障内，壁薄，无瓣膜，借导血管连接头皮静脉和硬脑膜窦。

6. 浅静脉：位于浅筋膜内，又称皮下静脉。浅静脉不与动脉伴行，最后注入深静脉。临床上常经浅静脉注射、输液、输血、取血或插入导管等。

7. 静脉瓣：由静脉管壁内膜形成，薄而柔软，形似半月状小袋，袋口朝向心脏，顺血流开放，逆血流关闭，是防止血液逆流的重要装置。

8. 硬脑膜静脉窦：为颅内一种特殊结构的静脉系统，静脉行于两层硬脑膜之间，窦壁无肌层和瓣膜。

三、问答题

1. 简述上肢浅静脉的主要行程和引流范围。

答：上肢浅静脉包括头静脉、贵要静脉、肘正中静脉及其属支。

（1）头静脉：起自手背静脉网的桡侧，沿前臂下部的桡侧、前臂上部和肘部的前面以及肱二头肌外侧沟上行，再经三角肌与胸大肌间沟行至锁骨下窝，穿深筋膜注入腋静脉或锁骨下静脉。头静脉收集手和前臂桡侧浅层结构的静脉血。

（2）贵要静脉：起自手背静脉网的尺侧，沿前臂尺侧上行，至肘部转至前面，在肘窝处接受肘正中静脉，再经肱二头肌内侧沟行至臂中点平面，穿深筋膜注入肱静脉，或伴肱静脉上行，注入腋静脉。贵要静脉收集手和前臂尺侧浅层结构的静脉血。

（3）肘正中静脉：通常在肘窝处连接头静脉和贵要静脉。

（4）前臂正中静脉：起自手掌静脉丛，沿前臂前面上行，注入肘正中静脉。前臂正中静脉收集手掌侧和前臂前部浅层结构的静脉血。

2. 简述下肢浅静脉的主要行程和引流范围。

答：下肢浅静脉包括小隐静脉和大隐静脉及其属支。

（1）小隐静脉：在足外侧缘起自足背静脉弓,经外踝后方,沿小腿后面上行,至腘窝下角处穿深筋膜,再经腓肠肌两头之间上行,注入腘静脉。小隐静脉收集足外侧部和小腿后部浅层结构的静脉血。

（2）大隐静脉：是全身最长的静脉。在足内侧缘起自足背静脉弓,经内踝前方,沿小腿内面、膝关节内后方、大腿内侧面上行,至耻骨结节外下方 3~4cm 处穿阔筋膜的隐静脉裂孔,注入股静脉。大隐静脉在注入股静脉之前接受股内侧浅静脉、股外侧浅静脉、阴部外静脉、腹壁浅静脉和旋髂浅静脉等 5 条属支。大隐静脉收集足、小腿和大腿的内侧部以及大腿前部浅层结构的静脉血。大隐静脉和小隐静脉借穿静脉与深静脉交通。当深静脉回流受阻时,穿静脉瓣膜关闭不全,深静脉血液反流入浅静脉,导致下肢浅静脉曲张。

3. 简述头臂静脉的行程和属支。

答：

（1）头臂静脉由颈内静脉和锁骨下静脉在胸锁关节后方汇合而成。左头臂静脉比右头臂静脉长,向右下斜越左锁骨下动脉、左颈总动脉和头臂干的前面,至右侧第 1 胸肋结合处后方与右头臂静脉汇合成上腔静脉。

（2）头臂静脉除接受颈内静脉和锁骨下静脉外,还接受椎静脉、胸廓内静脉、肋间最上静脉和甲状腺下静脉等。

4. 简述下腔静脉的行程和属支。

答：

（1）下腔静脉由左、右髂总静脉在第 4 或第 5 腰椎体右前方汇合而成,沿腹主动脉右侧和脊柱右前方上行,经肝的腔静脉沟,穿膈的腔静脉孔进入胸腔,再穿纤维心包注入右心房。下腔静脉的属支多数与同名动脉伴行。

（2）下腔静脉的属支分壁支和脏支两种。壁支包括 1 对膈下静脉和 4 对腰静脉；脏支包括右睾丸（卵巢）静脉、1 对肾静脉、右肾上腺静脉和肝静脉等。

5. 简述门静脉的行程、属支、引流范围和交通途径。

答：

（1）肝门静脉：多由肠系膜上静脉和脾静脉在胰颈后面汇合而成,在肝固有动脉和胆总管的后方上行至肝门,分为两支,分别进入肝左叶和肝右叶。肝门静脉在肝内反复分支,最终注入肝血窦。

（2）肝门静脉的属支：包括肠系膜上静脉、脾静脉、肠系膜下静脉、胃左静脉、胃右静脉、胆囊静脉和附脐静脉等。脾静脉起自脾门处,经胰后方右行,与肠系膜上静脉汇合成肝门静脉。肠系膜下静脉注入脾静脉或肠系膜上静脉。胃左静脉在贲门处与奇静脉和半奇静脉的属支吻合。附脐静脉起自脐周静脉网,沿肝圆韧带上行,注入肝门静脉。

（3）肝门静脉系与上、下腔静脉系之间的交通途径：①通过食管腹段黏膜下的食管静脉丛形成肝门静脉系的胃左静脉与上腔静脉系的奇静脉和半奇静脉之间的交通。②通过直肠静脉丛形成肝门静脉系的直肠上静脉与下腔静脉系的直肠下静脉和肛静脉之间的交通。③通过脐周静脉网形成肝门静脉系的附脐静脉与上腔静脉系的胸腹壁静脉和腹壁上静脉或与下腔静脉系的腹壁浅静脉和腹壁下静脉之间的交通。④通过椎内、外静脉丛形成腹后壁前面的肝门静脉系的小静脉与上、下腔静脉系的肋间后静脉和腰静脉之间的交通。

6. 简述颈内静脉的行程、属支、引流范围和临床联系。

答：颈内静脉于颈静脉孔处续于乙状窦,在颈动脉鞘内沿颈内动脉和颈总动脉外侧下行,至胸锁关节后方与锁骨下静脉汇合成头臂静脉。颈内静脉的颅内属支有乙状窦和岩下窦,收集颅骨、脑膜、脑、泪器和前庭蜗器等处的静脉血;颅外属支包括面静脉、舌静脉、咽静脉、甲状腺上静脉和甲状腺中静脉等,引流相应器官的静脉血。颈内静脉壁附着于颈动脉鞘,并通过颈动脉鞘与周围的颈深筋膜和肩胛舌骨肌中间腱相连,故管腔经常处于开放状态,有利于血液回流。颈内静脉外伤时,管腔不能闭锁和胸腔负压对血液的影响,可导致空气栓塞。

7. 简述奇静脉的起始、行程及注入部位。

答:奇静脉起自右腰升静脉,经膈的右内侧脚和中间脚之间入胸腔,在食管后沿椎体前方上行,至第 4 胸椎高度,向前勾绕右肺根上方,注入上腔静脉。

8. 试述从头静脉注射抗生素药物到达肾的途径。

答:头静脉→腋静脉→锁骨下静脉→头臂静脉→上腔静脉→右心房→右心室→肺动脉干→肺动脉→肺毛细血管→肺静脉→左心房→左心室→升主动脉→主动脉弓→胸主动脉→腹主动脉→肾动脉→肾。

9. 简述睾丸静脉的起始与回流。

答:睾丸静脉起自睾丸和附睾,呈蔓状绕睾丸动脉形成蔓状静脉丛,向上合成一干,左侧以直角注入左肾静脉,右侧以锐角注入下腔静脉。

四、病例讨论

男,53 岁,患慢性肝炎 20 年,3 年前开始偶尔大便带血,血液呈鲜红色。这次因少量呕血入院。表现为肝功能障碍,明显消瘦,腹部膨大,脐周静脉曲张。胃镜和直肠镜检查分别观察到食管静脉曲张和痔疮。

问题:

(1)为什么明显消瘦和腹部膨大?

(2)为什么脐周静脉曲张?

(3)为什么大便带血和呕血?

答:

(1)患者由慢性肝炎发展为肝硬化,引起肝门静脉高压症。肝门静脉收集腹盆部消化道(包括食管腹段,但齿状线以下肛管除外)、脾、胰和胆囊的静脉血。肝门静脉在肝内反复分支,最终注入肝血窦。肝血窦含有来自肝门静脉和肝固有动脉的血液,经肝静脉注入下腔静脉。肝组织构筑紊乱和纤维增生,肝门静脉分支和肝静脉属支受压迫,致肝门静脉高压。胃肠道水肿,产生腹水,从而表现为消瘦和腹部膨大。另外,肝功能障碍也是消瘦的重要因素。

(2)通过脐周静脉网,肝门静脉系的附脐静脉与上腔静脉系的胸腹壁静脉、腹壁上静脉和下腔静脉系的腹壁浅静脉、腹壁下静脉相交通。在正常情况下,脐周静脉网的静脉细小,血流量少。肝硬化压迫肝门静脉,肝门静脉回流受阻时,肝门静脉的血液经脐周静脉网形成侧支循环,通过上、下腔静脉系回流。由于血流量增多,交通支变得粗大和弯曲,出现脐周静脉曲张。

(3)通过食管腹段黏膜下的食管静脉丛,肝门静脉系的胃左静脉与上腔静脉系的奇静脉和半奇静脉相交通。通过直肠静脉丛,肝门静脉系的直肠上静脉与下腔静脉系的直肠下静脉和肛静脉相交通。肝门静脉高压可致食管静脉丛和直肠静脉丛曲张,如果食管静脉丛和直肠静脉丛曲张破裂,则引起呕血和便血。

(张红旗)

第二节 淋巴系统

学习指导

(一)学习目的

能分析说明：淋巴系统的组成；全身九条淋巴干的名称、来源、收纳范围及注流关系；胸导管与右淋巴导管的合成、行程、注入部位及其引流范围；头颈部主要淋巴结群名称、位置，颈外侧浅、深淋巴结群的分布，淋巴引流范围及其输出淋巴管的去向；腋窝淋巴结各群的分布、淋巴引流范围和临床意义；肺门淋巴结的位置，收集淋巴液的范围和临床意义；腹腔淋巴结，肠系膜上、下淋巴结的位置和引流范围；乳糜池的位置、组成和引流范围；腹股沟浅、深淋巴结群的位置及收纳范围，输出管的去向及临床意义；脾、胸腺的位置、形态；乳房、食管、心、肝、胃、直肠及子宫淋巴回流途径；淋巴系统的结构、分布特点及淋巴回流的因素；淋巴组织、淋巴侧支循环的概念及功能意义；上肢淋巴结的配布；胸、腹、盆壁的淋巴引流；盆部淋巴结的名称、分布；下肢淋巴结的配布。

(二)学习要点

1. 淋巴系统由淋巴管道(毛细淋巴管、淋巴管、淋巴干、淋巴导管)、淋巴组织(弥散性淋巴组织和淋巴小结)和淋巴器官(淋巴结、脾、胸腺、扁桃体)组成，具有运送组织液回流入循环系统、过滤淋巴、产生淋巴细胞和进行免疫防御等功能。

2. 淋巴结表面被覆被膜，淋巴结的一侧凹陷为淋巴结。淋巴结的凸侧连有数条淋巴输入管。淋巴结门有输出淋巴管。

3. 淋巴干共9条。4条成对的是左、右颈干，左、右锁骨下干，左、右支气管纵隔干和左、右腰干。不成对的1条即肠干。左、右腰干和肠干在第1腰椎前方合成乳糜池。

4. 右淋巴导管由右颈干、右支气管纵隔干和右锁骨下干汇合而成，注入右静脉角，引流右颈部、右上肢、右胸部等处的淋巴，即身体右上1/4部位的淋巴。

5. 胸导管在第12胸椎下缘水平起自乳糜池，经主动脉裂孔入胸腔，先在食管右后方和脊柱右前方之间上行，至第5胸椎高度时向左侧斜行，然后沿脊柱左前方上行，出胸廓上口至颈根部，呈弓形弯曲转向前内下方，注入左静脉角。胸导管在注入静脉角之前还接纳左颈干、左锁骨下干和左支气管纵隔干。胸导管引流下肢、盆部、腹部、左半胸部、左上肢和左半头颈部的淋巴，即全身3/4部位的淋巴。

6. 头部的淋巴结沿头颈交界处呈环状排列，包括颏下淋巴结、下颌下淋巴结、腮腺淋巴结、乳突淋巴结和枕淋巴结，引流头部浅、深层淋巴。其输出淋巴管向下多注入颈外侧上深淋巴结。

7. 颈部的浅淋巴结包括颈前浅淋巴结和颈外侧浅淋巴结，分别沿颈前静脉和颈外静脉排列，引流颈部浅层结构的淋巴，并接受头部淋巴结的部分输出淋巴管。其输出淋巴管注入颈外侧深淋巴结。

8. 颈部的深淋巴结包括颈前深淋巴结和颈外侧深淋巴结，分别沿颈前部器官和颈内静脉排列。后者又可依位置分为咽后淋巴结、颈内静脉二腹肌淋巴结、颈内静脉肩胛舌骨肌淋巴结、副神经淋巴结、颈外侧下深淋巴结、锁骨上淋巴结(其中，位于前斜角肌表面的淋巴结称斜角肌淋巴结，左侧斜角肌淋巴结又称Virchow淋巴结。食管癌、胃癌可经胸导管逆行转移至Virchow淋巴结)。这些淋巴结收纳胸壁上部、舌、腭扁桃体、咽、喉、气管、甲状腺等的淋巴，其输出管合成颈干。

9. 上肢的浅淋巴结包括肘浅淋巴结(滑车上淋巴结)和锁骨下淋巴结,分别沿贵要静脉和头静脉末端排列。

10. 上肢的深淋巴结包括肘深淋巴结和腋淋巴结。前者沿肱动脉末端排列,收集前臂深层的淋巴,输出淋巴管注入腋淋巴结。后者沿腋血管排列,按位置可以分为外侧淋巴结、胸肌淋巴结、肩胛下淋巴结、中央淋巴结和尖淋巴结,引流上肢、胸壁、肩部的淋巴,其中尖淋巴结收纳上述4群淋巴结和锁骨下淋巴结的输出淋巴管,其输出淋巴管合成锁骨下干。

11. 胸壁的淋巴结包括胸骨旁淋巴结、肋间淋巴结和膈上淋巴结,分别收集乳腺、胸壁和腹前壁深层结构(脐以上)、肝上面的淋巴。

12. 胸腔脏器的淋巴结包括纵隔前淋巴结、纵隔后淋巴结,以及引流气管、支气管和肺的淋巴结(肺淋巴结、支气管肺淋巴结、气管支气管淋巴结和气管旁淋巴结)。纵隔前淋巴结引流心包、心、胸腺、纵隔胸膜和肝上面的淋巴,其输出淋巴管和胸骨旁淋巴结、气管旁淋巴结的输出管汇合成支气管纵隔干。纵隔后淋巴结引流食管、心包后部、膈和肝上面的淋巴,输出淋巴管多直接注入胸导管。

13. 腹壁的淋巴结包括腰淋巴结,沿腹主动脉和下腔静脉排列,引流腹后壁深层结构、腹腔成对脏器、睾丸或卵巢的淋巴,并收纳髂总淋巴结的输出淋巴管,其输出淋巴管汇合左、右腰干。

14. 腹腔脏器的淋巴结沿腹腔干、肠系膜上动脉和肠系膜下动脉及其分支排列,分别引流供血范围的淋巴,最终汇入主干周围的腹腔淋巴结、肠系膜上淋巴结和肠系膜下淋巴结。它们的输出管汇合成肠干。

15. 盆部的淋巴结沿盆部血管周围排列,包括髂内淋巴结、髂外淋巴结和髂总淋巴结,其中髂内淋巴结引流大部分盆壁、所有盆腔脏器、会阴深部、臀部和大腿后部深层结构的淋巴,输出淋巴管注入髂总淋巴结;髂外淋巴结引流腹前壁下部深层(脐以下)、膀胱底、前列腺(男)、子宫颈和阴道上部(女)的淋巴,并收纳腹股沟浅、深淋巴结的输出淋巴管,输出淋巴管注入髂总淋巴结。髂总淋巴结的输出淋巴管注入腰淋巴结。

16. 下肢的浅淋巴结为腹股沟浅淋巴结,沿腹股沟韧带下方和大隐静脉末端排列,引流足内侧缘、小腿前内侧部和股部、腹前外侧壁下部(脐以下)臀部、会阴部浅层结构和子宫底的淋巴,输出淋巴管注入腹股沟深淋巴结。

17. 下肢的深淋巴结包括腘淋巴结和腹股沟深淋巴结。前者沿腘血管周围排列,引流足外侧缘和小腿后外侧部的浅淋巴,以及足和小腿的深淋巴,后者沿股静脉内侧排列,引流下肢深部的淋巴,并收纳腘淋巴结深群和腹股沟浅淋巴结的输出淋巴管,输出淋巴管注入外淋巴结。

复习思考题

一、选择题

(一) A1 型题

1. 乳糜胸可能是因为损伤了

   A. 肋间后静脉   B. 胸导管   C. 支气管纵隔干

   D. 静脉角   E. 腰干

2. 甲状腺的淋巴注入

    A. 颏下淋巴结   B. 下颌下淋巴结   C. 耳后淋巴结

    D. 咽后淋巴结   E. 气管旁淋巴结

3. Virchow 淋巴结的输出淋巴管注入

    A. 胸导管   B. 气管旁淋巴结   C. 左锁骨下干

    D. 右支气管纵隔干   E. 左颈干

4. 关于胸肌淋巴结的描述,正确的是

    A. 位于胸大肌与胸小肌之间   B. 沿胸外侧血管排列

    C. 引流乳房上部的淋巴   D. 注入胸骨旁淋巴结

    E. 患乳腺癌时少见肿大

5. 关于胸骨旁淋巴结的描述,正确的是

    A. 沿胸廓内血管排列   B. 输出淋巴管注入锁骨下干

    C. 引流乳房上部的淋巴   D. 位于胸膜腔内

    E. 与胸肌淋巴结联系密切

6. 引流支气管淋巴的是

    A. 纵隔前淋巴结   B. 膈上淋巴结   C. 纵隔后淋巴结

    D. 肺淋巴结   E. 胸骨旁淋巴结

7. 足深淋巴管注入

    A. 腹股沟浅淋巴结   B. 腘淋巴结深群   C. 腹股沟浅淋巴结

    D. 髂外淋巴结   E. 腘淋巴结浅群

8. 直肠的淋巴管注入

    A. 腹股沟深淋巴结   B. 髂总淋巴结   C. 骶淋巴结

    D. 腹股沟浅淋巴结   E. 髂外淋巴结

9. 关于右淋巴导管的描述,正确的是

    A. 起自乳糜池   B. 接受肠干   C. 长约5cm

    D. 注入颈内静脉   E. 引流全身 1/4 部位的淋巴

10. 关于脾的描述,正确的是

    A. 长轴与第 12 肋一致   B. 位于胃的后方   C. 膈面有脾门

    D. 上缘有脾切迹   E. 多与副脾相连

11. 关于腋淋巴结的描述,正确的是

    A. 胸肌淋巴结位于胸小肌下缘处   B. 外侧淋巴结沿头静脉排列

    C. 肩胛下淋巴结引流胸外侧壁的淋巴   D. 尖淋巴结沿胸长神经排列

    E. 中央淋巴结的输出淋巴管合成锁骨下干

12. 关于胸腔器官淋巴结的描述,正确的是

    A. 纵隔前淋巴结的输出淋巴管注入胸导管   B. 肺淋巴结沿支气管血管排列

    C. 支气管肺淋巴结又称肺门淋巴结   D. 气管旁淋巴结沿气管权排列

    E. 纵隔后淋巴结的输出淋巴管参与合成支气管纵隔干

13. 关于腹股沟淋巴结的描述,正确的是

    A. 浅淋巴结上群引流会阴和子宫底的淋巴

    B. 浅淋巴结接受腘淋巴结的输出淋巴管

    C. 浅淋巴结下群引流小腿后外侧部的淋巴

    D. 深淋巴结沿大隐静脉分布

    E. 深淋巴结的输出淋巴管注入腰淋巴结

14. 关于胸导管的描述,正确的是

    A. 接受脾的淋巴管

    B. 在膈稍上方位于奇静脉和胸主动脉之间

    C. 平第 3 胸椎水平向左侧跨越

    D. 在上胸部沿食管右侧上升

    E. 注入椎静脉

15. 关于右淋巴导管的描述,正确的是

    A. 接受右支气管纵隔干   B. 注入颈外静脉

    C. 接受腋尖淋巴结的输出淋巴管   D. 引流全身 3/4 部位的淋巴

    E. 接受 Virchow 淋巴结的输出淋巴管

16. 引流喉淋巴的是

    A. 下颌下淋巴结   B. 腮腺淋巴结   C. 颏下淋巴结

    D. 颈外侧浅淋巴结   E. 气管旁淋巴结

17. 乳腺淋巴主要注入

    A. 尖淋巴结   B. 胸肌淋巴结   C. 胸骨旁淋巴结

    D. 锁骨上淋巴结   E. 外侧淋巴结

18. 关于腋淋巴结的描述,正确的是

    A. 胸肌淋巴结位于胸大肌下缘   B. 锁骨下淋巴结是腋淋巴结上群

    C. 肩胛下淋巴结沿肩胛下血管排列   D. 外侧淋巴结位于头静脉外侧

    E. 尖淋巴结沿腋静脉远侧段排列

19. 肺的淋巴管注入

    A. 胸骨旁淋巴结   B. 肋间后淋巴结

    C. 气管旁淋巴结   D. 支气管肺淋巴结

    E. 纵隔后淋巴结

20. 关于腹股沟浅淋巴结上群的描述,正确的是

    A. 沿大隐静脉上端排列   B. 接受会阴的浅淋巴管

    C. 不易触到   D. 引流小腿的淋巴

    E. 位于股管内

21. 接受肝淋巴管的是

    A. 肠系膜上淋巴结   B. 腰淋巴结   C. 纵隔后淋巴结

    D. 膈上淋巴结   E. 幽门淋巴结

22. 脾的位置为

    A. 左侧在第 9~11 肋深面   B. 胃底前面   C. 胰尾上方

    D. 左肋弓下方   E. 结肠左曲后方

23. 淋巴器官不包括

    A. 淋巴结   B. 胸腺   C. 扁桃体

    D. 脾   E. 淋巴滤泡

24. 关于腘淋巴结的描述,**错误**的是
    A. 沿小隐静脉末端和腘血管排列　　　　B. 注入腹股沟浅淋巴结
    C. 输出淋巴管沿股血管上行　　　　　　D. 引流小腿深层结构的淋巴
    E. 分浅、深两群

25. 腹股沟浅淋巴结的引流淋巴的范围应**除外**
    A. 足外侧缘　　　　　　B. 子宫底　　　　　　C. 会阴
    D. 臀部　　　　　　　　E. 腹前外侧壁下部

26. 腹前外侧壁的淋巴引流,**错误**的是
    A. 脐处的淋巴管沿肝圆韧带注入肝淋巴结
    B. 脐平面以上浅淋巴管注入腋淋巴结
    C. 脐平面以下浅淋巴管注入腹股沟浅淋巴结
    D. 脐平面以上深淋巴管注入胸骨旁淋巴结
    E. 脐平面以下深淋巴管注入腹股沟深淋巴结

27. 关于胸导管的描述,**错误**的是
    A. 起自乳糜池　　　　　　　　　　　　B. 经膈的主动脉裂孔进入胸腔
    C. 至第 3 胸椎高度向左侧斜行　　　　　D. 注入左静脉角
    E. 引流全身 3/4 部位的淋巴

28. 关于腰淋巴结的描述,**错误**的是
    A. 位于腹后壁　　　　　　　　　　　　B. 沿腹主动脉和下腔静脉排列
    C. 引流腹腔成对器官的淋巴　　　　　　D. 收纳腹股沟深淋巴结的输出淋巴管
    E. 输出淋巴管汇合成左、右腰干

29. 子宫淋巴管注入的淋巴结应**除外**
    A. 髂内淋巴结　　　　　　　　　　　　B. 髂外淋巴结
    C. 腹股沟浅淋巴结上群　　　　　　　　D. 骶淋巴结
    E. 腹股沟深淋巴结

30. 支持和固定脾的韧带应**除外**
    A. 胃脾韧带　　　　　　B. 脾肾韧带　　　　　　C. 膈脾韧带
    D. 胃结肠韧带　　　　　E. 膈结肠韧带

31. 胸导管穿经
    A. 食管裂孔　　　　　　B. 腰肋三角　　　　　　C. 主动脉裂孔
    D. 膈脚　　　　　　　　E. 腔静脉孔

32. 乳糜池接受
    A. 支气管纵隔干　　　　B. 肝淋巴管　　　　　　C. 锁骨下干
    D. 肠干　　　　　　　　E. 腰淋巴结输出淋巴管

33. 胸肌淋巴结的引流范围是
    A. 背部　　　　　　　　B. 乳腺外侧部　　　　　C. 上肢
    D. 对侧乳腺　　　　　　E. 颈部

34. 腹股沟下浅淋巴结肿大时,感染源可能在
    A. 直肠　　　　　　　　B. 腹前壁　　　　　　　C. 臀部
    D. 趾　　　　　　　　　E. 会阴

35. Virchow 淋巴结肿大时原发肿瘤可位于
    A. 甲状腺　　　　　　　B. 子宫　　　　　　　　C. 胸腺
    D. 乳腺　　　　　　　　E. 气管

36. 关于锁骨上淋巴结的描述,正确的是
    A. 沿甲状颈干分布　　　　　　　　　B. 属颈外侧浅淋巴结
    C. 可在胸锁乳突肌后面清除　　　　　D. 输出淋巴管构成支气管纵隔干
    E. 位于锁骨上大窝内

37. 子宫底的淋巴流向
    A. 腹股沟浅淋巴结　　　　B. 髂内淋巴结　　　　　C. 肠系膜下淋巴结
    D. 髂外淋巴结　　　　　　E. 骶淋巴结

38. 子宫颈的淋巴流向
    A. 腹股沟深淋巴结　　　　B. 腰淋巴结　　　　　　C. 腹股沟浅淋巴结
    D. 臀下淋巴结　　　　　　E. 闭孔淋巴结

(二) A2 型题

1. 男,17 岁,被蚊叮足背后,局部红肿,全身发热。最有可能肿大的淋巴结为
    A. 腰淋巴结　　　　　　　B. 髂内淋巴结　　　　　C. 髂总淋巴结
    D. 腹股沟浅淋巴结　　　　E. 髂外淋巴结

2. 男,75 岁,下颌下淋巴结肿大。患肿瘤的器官可能是
    A. 甲状腺　　　　　　　　B. 舌　　　　　　　　　C. 喉
    D. 眼　　　　　　　　　　E. 外耳

3. 女,27 岁,在左肺上叶肿瘤切除时,损伤了胸导管上段,很可能出现
    A. 下肢水肿　　　　　　　B. 右侧乳糜胸　　　　　C. 上肢水肿
    D. 眼睑水肿　　　　　　　E. 左侧乳糜胸

4. 男,67 岁,常规体检时发现颈内静脉二腹肌淋巴结肿大,可首先考虑患有
    A. 鼻咽癌　　　　　　　　B. 甲状腺癌　　　　　　C. 喉癌
    D. 食管癌　　　　　　　　E. 腮腺癌

5. 男,65 岁,下颌下淋巴结肿大,诊断为转移性淋巴结肿瘤。肿瘤细胞可能来源于
    A. 甲状腺　　　　　　　　B. 喉　　　　　　　　　C. 面部
    D. 胸腺　　　　　　　　　E. 腮腺

6. 女,26 岁,乳腺癌患者,须切除病变侧乳腺并清除局部淋巴结。应清除
    A. 肘淋巴结　　　　　　　　　　　　B. 胸骨旁淋巴结
    C. 肋间淋巴结　　　　　　　　　　　D. 胸肌淋巴结
    E. 膈上淋巴结

7. 男,47 岁,吸入肺内的灰尘颗粒可进入淋巴结。胸腔手术中见到的黑色淋巴结是
    A. 气管旁淋巴结　　　　　　　　　　B. 纵隔前淋巴结
    C. 膈上淋巴结　　　　　　　　　　　D. 纵隔后淋巴结
    E. 肋间淋巴结

8. 男,12 岁,足内侧缘的皮肤刺伤后,肿大的淋巴结是
    A. 腹股沟浅淋巴结上群　　B. 腘淋巴结　　　　　　C. 腹股沟深淋巴结
    D. 腹股沟浅淋巴结下群　　E. 髂外淋巴结

9. 女,56 岁,子宫颈癌患者,须切除子宫并清除淋巴结。应清扫
   A. 腹股沟浅淋巴结   B. 闭孔淋巴结
   C. 髂总淋巴结   D. 腰淋巴结
   E. 腹股沟深淋巴结

10. 女,72 岁,患有直肠癌,可能转移至
   A. 直肠上淋巴结   B. 闭孔淋巴结
   C. 左结肠淋巴结   D. 肠系膜上淋巴结
   E. 腹股沟深淋巴结

(三) A3 型题

(1~3 题共用题干)

男,41 岁,主诉半年前在左颈部摸到葡萄大小肿块,该肿块逐渐增大。医生检查到锁骨上淋巴结肿大,穿刺后诊断为转移性肿瘤。

1. 锁骨上淋巴结位于
   A. 副神经周围   B. 颈内静脉周围   C. 锁骨下静脉上方
   D. 颈横血管周围   E. 颈外静脉周围

2. 左锁骨上淋巴结肿大时,肿瘤细胞常转移自
   A. 肝   B. 食管   C. 乳腺
   D. 膀胱   E. 喉

3. 锁骨上淋巴结属于
   A. 颈外侧深淋巴结   B. 颈前淋巴结   C. 斜角肌淋巴结
   D. 气管旁淋巴结   E. Virchow 淋巴结

(4、5 题共用题干)

女,65 岁,于 1 个月前出现声音嘶哑。CT 检查观察到左肺门处有 2cm×3cm 肿块。有吸烟史。初步诊断为左肺癌伴气管旁淋巴结转移。

4. 关于气管旁淋巴结的描述,正确的是
   A. 引流胸腺的淋巴   B. 位于喉返神经周围
   C. 输出淋巴管注入颈干   D. 接受支气管肺淋巴结的输出淋巴管
   E. 灰尘颗粒不易进入

5. 肺癌可转移至
   A. 咽后淋巴结   B. 肝淋巴结   C. 纵隔后淋巴结
   D. 腹腔淋巴结   E. 腋淋巴结

(6、7 题共用题干)

女,55 岁,患晚期子宫肿瘤,医生建议行子宫切除术并清扫淋巴结,手术后通过病理切片作进一步诊断。

6. 子宫颈癌首先转移至
   A. 骶淋巴结   B. 直肠淋巴结   C. 腰淋巴结
   D. 腹股沟浅淋巴结   E. 回结肠淋巴结

7. 子宫底癌首先转移至
   A. 闭孔淋巴结   B. 骶淋巴结   C. 腰淋巴结
   D. 腹股沟深淋巴结   E. 直肠淋巴结

（8、9 题共用题干）

男，54 岁，右上腹部钝痛，食欲缺乏。有嗜酒史。超声检查发现肝内有一直径为 3cm 肿块。剖腹探查时触摸到上腹部许多淋巴结增大。诊断为肝癌。医生建议非手术治疗。

8. 肝癌可先转移至

 A. 胃网膜右淋巴结　　　　B. 胰淋巴结　　　　C. 腰淋巴结

 D. 脾淋巴结　　　　　　　E. 膈上淋巴结

9. 通过淋巴管与肝相交通的器官是

 A. 胃　　　　　　　　　　B. 乳腺　　　　　　C. 胰

 D. 肺　　　　　　　　　　E. 肾

（四）B1 型题

（1、2 题共用备选答案）

 A. 肠系膜上淋巴结　　　　B. 腰淋巴结　　　　C. Virchow 淋巴结

 D. 下颌下淋巴结　　　　　E. 咽后淋巴结

1. 鼻咽癌可转移至

2. 胃癌可转移至

（3~5 题共用备选答案）

 A. 腘淋巴结　　　　　　　B. 腰淋巴结　　　　C. 髂内淋巴结

 D. 腹股沟深淋巴结　　　　E. 髂外淋巴结

3. 会阴淋巴管注入

4. 足外侧缘淋巴管注入

5. 子宫淋巴管注入

（6~9 题共用备选答案）

 A. 气管旁淋巴结　　　　　B. 颏下淋巴结　　　　C. 腮腺淋巴结

 D. 锁骨上淋巴结　　　　　E. 斜角肌淋巴结

6. 甲状腺淋巴管注入

7. 喉淋巴管注入

8. 舌淋巴管注入

9. 耳淋巴管注入

（10~12 题共用备选答案）

 A. 支气管肺淋巴结　　　　B. 肠系膜上淋巴结　　　C. 纵隔后淋巴结

 D. 膈上淋巴结　　　　　　E. 右淋巴导管

10. 食管淋巴管注入

11. 肝淋巴管注入

12. 肺淋巴管注入

（13~15 题共用备选答案）

 A. 膀胱　　　　　　　　　B. 直肠　　　　　　C. 乙状结肠

 D. 睾丸　　　　　　　　　E. 阴茎

13. 骶淋巴结引流____的淋巴

14. 腹股沟浅淋巴结引流____的淋巴

15. 腰淋巴结引流____的淋巴

（16、17 题共用备选答案）

    A. 腰淋巴结   B. 肠系膜上淋巴结   C. 腹腔淋巴结
    D. 髂总淋巴结   E. 肠系膜下淋巴结

16. 睾丸淋巴管注入

17. 肝淋巴结输出淋巴管注入

（18~20 题共用备选答案）

    A. 胸肌淋巴结   B. 外侧淋巴结   C. 肩胛下淋巴结
    D. 中央淋巴结   E. 锁骨上淋巴结

18. 乳腺淋巴管注入

19. 上肢淋巴管注入

20. 颈后部淋巴管注入

（21~23 题共用备选答案）

    A. 枕淋巴结   B. 乳突淋巴结   C. 腮腺淋巴结
    D. 下颌下淋巴结   E. 颏下淋巴结

21. 外耳道淋巴注入

22. 面部淋巴注入

23. 耳郭后面淋巴注入

（24、25 题共用备选答案）

    A. 食管   B. 鼻咽部   C. 舌尖
    D. 喉   E. 内耳

24. 颈内静脉二腹肌淋巴结引流____的淋巴

25. 颈内静脉肩胛舌骨肌淋巴结引流____的淋巴

二、名词解释

1. Virchow 淋巴结   2. 乳糜池   3. 脾切迹
4. 淋巴系统   5. 局部淋巴结   6. 右淋巴导管
7. 毛细淋巴管   8. 淋巴小结   9. 淋巴干

三、问答题

1. 简述胸导管的行程、接受的淋巴干和引流范围。

2. 简述腋淋巴结的分群、位置和引流范围。

3. 简述腹股沟淋巴结的分群、位置和引流范围。

4. 简述乳房的淋巴引流方向。

5. 简述直肠的淋巴引流方向。

6. 简述食管的淋巴引流方向。

7. 简述胃的淋巴引流方向。

8. 简述局部淋巴结的概念和临床意义。

9. 简述气管、支气管和肺淋巴结的位置和引流范围。

10. 简述人体九条淋巴干的形成，引流范围和注入部位。

11. 活体上可以触摸到哪些淋巴结，各引流范围如何？

四、病例讨论

女,53 岁,1 个月前右侧乳房出现一包块,偶尔感觉钝痛。医生检查发现右侧乳房外上象限有一直径为 2.5cm 肿块,该处皮肤稍凹陷,并表现橘皮样改变。右侧腋窝较左侧浅。诊断为右乳腺癌伴腋淋巴结转移。医生告知作右侧乳腺癌根治术。

问题:

(1)橘皮样改变的产生原理是什么?

(2)乳腺癌伴腋淋巴结转移的解剖学基础是什么?

(3)乳腺癌根治术的目的和主要后果是什么?

参 考 答 案

一、选择题

(一) A1 型题

1. B　2. E　3. E　4. B　5. A　6. D　7. B　8. C　9. E　10. D　11. A　12. C　13. A　14. B　15. A　16. E　17. B　18. C　19. D　20. B　21. D　22. A　23. E　24. B　25. A　26. A　27. C　28. D　29. E　30. D　31. C　32. D　33. D　34. D　35. B　36. E　37. A　38. E

(二) A2 型题

1. D　2. B　3. E　4. A　5. C　6. D　7. A　8. D　9. B　10. A

(三) A3 型题

1. D　2. B　3. A　4. B　5. C　6. A　7. C　8. E　9. B

(四) B1 型题

1. E　2. C　3. D　4. A　5. C　6. A　7. A　8. B　9. C　10. C　11. D　12. A　13. B　14. E　15. M　16. A　17. C　18. A　19. B　20. C　21. C　22. D　23. B　24. B　25. C

二、名词解释

1. Virchow 淋巴结:即左侧斜角肌淋巴结,位于前斜角肌前方。患胸、腹、盆部的肿瘤,尤其是食管腹段癌和胃癌时,癌细胞栓子经胸导管转移至该淋巴结,常可在胸锁乳突肌后缘与锁骨上缘形成的夹角处触摸到肿大的淋巴结。

2. 乳糜池:为胸导管下端的梭形膨大,平第 12 胸椎下缘高度。乳糜池接受左、右腰干和肠干。

3. 脾切迹:位于脾上缘前部,有 2 或 3 个,是脾大时触诊脾的标志。

4. 淋巴系统:由淋巴管道、淋巴组织和淋巴器官组成。淋巴管道和淋巴结的淋巴窦内含有淋巴液。淋巴系统是心血管系统的辅助系统,协助静脉引流组织液。此外,淋巴器官和淋巴组织具有产生淋巴细胞、过滤淋巴液和进行免疫应答的功能。

5. 局部淋巴结:是指引流某一器官或部位淋巴的第一级淋巴结,又称哨位淋巴结。当某器官或部位发生病变时,细菌、毒素、寄生虫或肿瘤细胞可沿淋巴管进入相应的局部淋巴结,引起淋巴结肿大。局部淋巴结肿大对于临床诊断具有重要意义。

6. 右淋巴导管:由右颈干、右锁骨下干和右支气管纵隔干汇合而成,注入右静脉角。右淋巴导管引流右上肢、右胸部和右头颈部的淋巴,即全身 1/4 部位的淋巴。

7. 毛细淋巴管:为淋巴管的起始部,以盲端起始于组织间隙内,腔大而不规则。管壁很薄,仅由内皮细胞和基膜组成,无周细胞。内皮细胞有较宽的间隙,基膜不连续或不存在,故通透性大。一些不能进入毛细血管的物质可以进入毛细淋巴管。肿瘤细胞经淋巴道转移是肿瘤转移的常见途径。

8. 淋巴小结:又称淋巴滤泡,为直径 1~2mm 的球形小体,有较明确的界限,含大量的 B 细胞和一定量的 Th 细胞、滤泡树突状细胞、巨噬细胞等。受抗原刺激后,小结增大并出现生发中心,有生发中心的称为次级淋巴小结,而没有生发中心的称为初级淋巴小结。

9. 淋巴干:全身的淋巴管经过一系列淋巴结后,由各部最后一级淋巴结发出的淋巴管在膈下和颈根部汇合成相应的淋巴干,共 9 条,即成对的左右颈干、左右锁骨下干、左右腰干和左右支气管纵隔干,不成对的为肠干。

三、问答题

1. 简述胸导管的行程、接受的淋巴干和引流范围。

答:胸导管平第 12 胸椎下缘高度起自乳糜池,经膈的主动脉裂孔进入胸腔。沿脊柱右前方和胸主动脉与奇静脉之间上行,至第 5 胸椎高度经食管与脊柱之间向左侧斜行,然后沿脊柱左前方上行,经胸廓上口至颈部。在左颈总动脉和左颈内静脉的后方转向前内下方,注入左静脉角。乳糜池位于第 1 腰椎前方,呈囊状膨大,接受左、右腰干和肠干。胸导管在注入左静脉角处接受左颈干、左锁骨下干和左支气管纵隔干。胸导管引流下肢、盆部、腹部、左上肢、左胸部和左头颈部的淋巴,即全身 3/4 部位的淋巴。

2. 简述腋淋巴结的分群、位置和引流范围。

答:腋淋巴结按位置分为 5 群。

(1)胸肌淋巴结:位于胸小肌下缘处,沿胸外侧血管排列,引流腹前外侧壁、胸外侧壁以及乳房外侧部和中央部的淋巴。

(2)外侧淋巴结:沿腋静脉排列,收纳除注入锁骨下淋巴结以外的上肢浅、深淋巴管。

(3)肩胛下淋巴结:沿肩胛下血管排列,引流颈后部和背部的淋巴。

(4)中央淋巴结:位于腋窝中央的疏松结缔组织中,收纳上述 3 群淋巴结的输出淋巴管。

(5)尖淋巴结:沿腋静脉近侧端排列,引流乳腺上部的淋巴,并收纳上述 4 群淋巴结和锁骨下淋巴结的输出淋巴管,其输出淋巴管合成锁骨下干。

3. 简述腹股沟淋巴结的分群、位置和引流范围。

答:腹股沟淋巴结按位置分为两群。

(1)腹股沟浅淋巴结:位于腹股沟韧带下方,分上、下两群。上群与腹股沟韧带平行排列,引流腹前外侧壁下部、臀部、会阴和子宫底的淋巴。下群沿大隐静脉末端分布,收纳除足外侧缘和小腿后外侧部外的下肢浅淋巴管。腹股沟浅淋巴结的输出淋巴管注入腹股沟深淋巴结或髂外淋巴结。

(2)腹股沟深淋巴结:位于股静脉周围和股管内,引流大腿深部结构和会阴的淋巴,并收纳腘淋巴结深群和腹股沟浅淋巴结的输出淋巴管,其输出淋巴管注入髂外淋巴结。

4. 简述乳房的淋巴引流方向。

答:乳房的淋巴主要注入腋淋巴结,引流方向有 3 个:①乳房外侧部和中央部的淋巴管注入胸肌淋巴结;②上部的淋巴管注入尖淋巴结和锁骨上淋巴结;③内侧部的淋巴管注入胸骨旁淋巴结。乳房内侧部的浅淋巴管与对侧乳房淋巴管交通,内下部的淋巴管通过腹壁和膈下淋巴管与肝的淋巴管交通。

5. 简述直肠的淋巴引流方向。

答:齿状线以上的直肠淋巴管走行有4个方向:①沿直肠上血管上行,注入直肠上淋巴结;②沿直肠下血管行向两侧,注入髂内淋巴结;③沿肛血管和阴部内血管进入盆腔,注入髂内淋巴结;④少数淋巴管沿骶外侧血管走行,注入骶淋巴结。齿状线以下的直肠淋巴管注入腹股沟浅淋巴结。

6. 简述食管的淋巴引流方向。

答:食管颈部的淋巴注入气管旁淋巴结和颈外侧下深淋巴结。食管胸部的淋巴除注入纵隔后淋巴结外,胸上部的淋巴注入气管旁淋巴结和气管支气管淋巴结,胸下部的淋巴注入胃左淋巴结。食管腹部的淋巴管注入胃左淋巴结。食管的部分淋巴管注入胸导管。

7. 简述胃的淋巴引流方向。

答:胃的淋巴引流可分4个方向:①胃底右侧部贲门部和胃体小弯侧的淋巴管注入胃上淋巴结;②幽门部小弯侧的淋巴管注入幽门上淋巴结;③胃底左侧部、胃体大弯左半的淋巴管注入胃网膜左淋巴结和胰淋巴结、脾淋巴结;④胃体大弯侧右半和幽门部大弯侧的淋巴管注入胃网膜右淋巴结和幽门下淋巴结。上述各淋巴管间存在丰富的交通。

8. 简述局部淋巴结的概念和临床意义。

答:引流某一器官或部位淋巴的第一级淋巴结称局部淋巴结,临床通常称哨位淋巴结。当某器官或部位发生病变时,细菌、毒素、寄生虫或肿瘤细胞可沿淋巴管进入相应的局部淋巴结,该淋巴结进行阻截和清除,从而阻止病变扩散。如果局部淋巴结不能阻止病变的扩散,病变可沿淋巴管道向远处蔓延。因此,局部淋巴结肿大常反映其引流范围存在病变。了解淋巴结的位置、淋巴引流范围和淋巴引流途径,对于病变的诊断和治疗具有重要意义。淋巴结肿大时,可作淋巴结穿刺术或淋巴结活体组织检查术,以帮助诊断。对某些肿瘤,切除肿瘤的同时常清扫局部淋巴结。

9. 简述气管、支气管和肺淋巴结的位置和引流范围。

答:气管、支气管和肺的淋巴结引流肺、胸膜脏层、支气管、气管和食管的淋巴,并收纳纵隔后淋巴结的输出淋巴管。

(1) 肺淋巴结:位于肺叶支气管和肺段支气管分支夹角处,其输出淋巴管注入支气管肺淋巴结。

(2) 支气管肺淋巴结:位于肺门处,又称肺门淋巴结,其输出淋巴管注入气管支气管淋巴结。

(3) 气管支气管淋巴结:分为上、下两群,分别位于气管杈的上、下方,输出淋巴管注入气管旁淋巴结。

(4) 气管旁淋巴结:沿气管排列。输出淋巴管参与合成支气管纵隔干。

10. 简述人体九条淋巴干的形成,引流范围和注入部位。

答:

(1) 左、右颈干:分别由左、右颈外侧深淋巴结的淋巴输出管汇合而成,收纳同侧头颈部的淋巴。右侧注入右淋巴导管,左侧注入胸导管。

(2) 左、右锁骨下干:分别由左、右腋淋巴结尖群的淋巴输出管汇合而成,收纳同侧上肢和部分胸壁的淋巴。右侧注入右淋巴导管,左侧注入胸导管。

（3）左、右支气管纵隔干:分别由左、右两侧的胸骨旁淋巴结、纵隔前淋巴结和气管旁淋巴结的淋巴输出管汇合而成,收纳同侧胸腔脏器和部分胸腹壁的淋巴。右侧注入右淋巴导管,左侧注入胸导管。

（4）左、右腰干:分别由左、右侧腰淋巴结的淋巴输出管汇合而成,收纳同侧的下肢、盆部及腹部成对脏器及部分腹壁的淋巴。左、右腰干和肠干汇合成乳糜池。

（5）肠干:由腹腔淋巴结、肠系膜上淋巴结和肠系膜下淋巴结的淋巴输出管汇合而成,收纳腹部不成对脏器的淋巴,汇入乳糜池。

11.活体上可以触摸到哪些淋巴结,各引流范围如何?

答:在局部感染、肿瘤转移或淋巴结病变时,体表可以摸到肿大的淋巴结。主要有:①下颌下淋巴结。位于下颌下腺周围,引流面部和口腔器官的淋巴。②颈外侧浅淋巴结。沿颈外静脉排列,引流颈外侧浅层结构的淋巴,并接受枕淋巴结、乳突淋巴结和腮腺淋巴结的部分输出淋巴管。颜面部炎症常引起该淋巴结肿大。颈淋巴结结核好发于此群。③颈外侧上深淋巴结。沿颈内静脉上段和副神经排列。收纳头部所有淋巴结和颈外侧浅淋巴结等的输出淋巴管,还引流部分舌、腭、鼻腔、鼻咽部、喉、气管、食管和甲状腺的淋巴。临床上,鼻咽部、腭扁桃体和舌癌常首先转移至该群。④颈外侧下深淋巴结。主要沿颈内静脉下段排列,部分沿颈横血管排列的淋巴结称锁骨上淋巴结。其中位于前斜角肌表面的淋巴结称斜角肌淋巴结,左侧斜角肌淋巴结又称 Virchow 淋巴结,收集颈根部、胸壁上部浅层及肩部的淋巴,还收纳颈前淋巴结、颈外侧浅淋巴结和颈外侧上深淋巴结的输出淋巴管。胸、腹、盆部的肿瘤,尤其是胃癌和食管癌时,癌细胞可经胸导管转移至 Virchow 淋巴结。⑤肘浅淋巴结位于肱骨内上髁上方,沿贵要静脉内侧排列,又称滑车上淋巴结,收集手内侧半、前臂尺侧浅层结构的淋巴。⑥锁骨下淋巴结,又称三角胸肌淋巴结,紧靠锁骨下方,位于三角肌和胸大肌间沟内,沿头静脉排列,收集上肢桡侧浅层结构的淋巴。⑦腋淋巴结(答案见第 2 题)。⑧腹股沟浅淋巴结。位于腹股沟韧带下方,分两群。上群与腹股沟韧带平行排列,引流腹前外侧壁下部、臀部、会阴部浅层结构和子宫底的淋巴。下群位于大隐静脉末端两侧,主要引流足内侧缘、小腿前内侧部和股部浅层结构的淋巴,也引流部臀部、会阴部的浅淋巴。

四、病例讨论

女,53 岁,1 个月前右侧乳房出现一包块,偶尔感觉钝痛。医生检查发现右侧乳房外上象限有一直径为 2.5cm 肿块,该处皮肤稍凹陷,并表现橘皮样改变。右侧腋窝较左侧浅。诊断为右乳腺癌伴腋淋巴结转移。医生告知作右侧乳腺癌根治术。

问题:

（1）橘皮样改变的产生原理是什么?

（2）乳腺癌伴腋淋巴结转移的解剖学基础是什么?

（3）乳腺癌根治术的目的和主要后果是什么?

答:

（1）乳房的皮肤和胸大肌筋膜之间连有许多纤维束,对乳房起固定作用。这些纤维束称为 Cooper 韧带。乳腺癌时,纤维组织增生,Cooper 韧带变短,从而牵拉皮肤,使皮肤形成许多小凹陷。另外,癌细胞转移入腋淋巴结并大量增殖,导致淋巴引流受阻,引起皮肤淋巴水肿。因此,局部皮肤呈橘皮样改变。

（2）腋淋巴结按位置分为胸肌淋巴结、外侧淋巴结、肩胛下淋巴结、中央淋巴结、尖淋巴结5群。胸肌淋巴结引流乳房外侧部和中央部的淋巴，故外上象限乳腺癌可转移至胸肌淋巴结，继而转移至中央淋巴结和尖淋巴结，肿瘤细胞在这些淋巴结增殖，引起淋巴结肿大。

（3）乳腺癌根治术是指切除患侧乳腺、胸大肌、胸小肌和清扫腋淋巴结，其目的是在切除肿瘤的同时清除局部淋巴结，以避免肿瘤生长和淋巴转移。由于腋淋巴结清扫后上肢淋巴引流被阻断，上肢出现难以治愈的严重淋巴水肿。

（张红旗）

第八章

感 觉 器

第一节 概 述

学 习 指 导

(一) 学习目的

能够解释感受器和感觉器的概念。能够说明感受器的分类。

(二) 学习要点

感受器的分类、结构及其作用。

复习思考题

一、选择题

A1 型题

1. 下列对感觉器的描述,正确的是

    A. 不可感知来自机体内环境的刺激   B. 感觉器即感受器

    C. 视器和前庭蜗器均属于感觉器   D. 内脏器官无感受器分布

    E. 感觉器结构简单,仅由感觉神经末梢形成

2. 外感受器可分布于

    A. 体表皮肤   B. 空腔性脏器壁内   C. 肌和肌腱

    D. 韧带和关节   E. 血管

3. 下列对感受器的描述,正确的是

    A. 接受外界刺激的感受器可位于黏膜等处

    B. 只接受机体外环境的刺激

    C. 内感受器仅接受机体内环境的化学刺激

    D. 前庭蜗器属于内感受器

    E. 内感受器仅分布于内脏

二、名词解释

1. 感觉器   2. 感受器

参 考 答 案

一、选择题

A1 型题

1. C　2. A　3. A

二、名词解释

1. 感觉器:感受器及其附属结构总称为感觉器。
2. 感受器:机体能够感受内、外环境刺激而产生兴奋的结构,称为感受器。

(张 静 孙晋浩)

第二节　视　　器

学 习 指 导

(一) 学习目的

能够复述:视器的组成;眼球壁的层次、分部、结构和功能;眼球内容物的组成,眼房的位置,房水产生部位与循环途径;晶状体的形态、位置;结膜的分部;泪器的组成,泪道的组成及开口部位;眼球外肌的名称、作用。

能够说明:眼球的外形;玻璃体的形态、位置;眼副器的组成与功能;泪腺的位置。

了解:眼睑的形态构造;眶脂体与眶筋膜;眼动脉的起始、主要分支和分布,眼静脉的回流。

(二) 学习要点

1. 眼球壁的层次、分部、结构及功能;眼球内容物的组成,房水产生与循环,晶状体和玻璃体的位置及形态。

2. 眼副器的组成与功能;眼睑的形态结构;结膜的分部及特点;泪器的组成,泪道的组成及开口部位;眼球外肌的名称和作用。

3. 眼动脉的起始、主要分支和分布;眼静脉的回流。

复习思考题

一、选择题

(一) A1 型题

1. 眼球壁自外向内的结构依次为
    A. 角膜、脉络膜和视网膜
    B. 眼球纤维膜、脉络膜和视网膜
    C. 眼球纤维膜、眼球血管膜和视网膜
    D. 巩膜、脉络膜和视网膜
    E. 脉络膜、眼球血管膜和视网膜

2. 对角膜的描述,正确的是
   A. 占血管膜的前 1/6,无色透明
   B. 角膜的曲度较小,外凸内凹
   C. 泪液对角膜无营养作用
   D. 角膜移植时免疫排斥反应大
   E. 无血管,但富有感觉神经末梢

3. 关于房水循环,描述正确的是
   A. 由巩膜静脉窦产生,进入眼前房,经瞳孔至眼后房
   B. 由睫状体产生,进入眼后房,经瞳孔至眼前房
   C. 由晶状体产生,进入眼后房
   D. 经虹膜角膜角汇入眼静脉
   E. 由睫状体产生,进入眼前房,经瞳孔至眼后房

4. 关于瞳孔的描述,正确的是
   A. 在强光下视物时,瞳孔开大
   B. 看近物时,瞳孔开大
   C. 瞳孔大小改变与睫状肌的收缩有关
   D. 在弱光下视物时,瞳孔开大
   E. 瞳孔位于血管膜的中央

5. 关于虹膜的描述,正确的是
   A. 紧贴于角膜后方
   B. 虹膜内有环绕瞳孔周缘排列的瞳孔开大肌
   C. 虹膜是血管膜前部呈冠状位的圆盘形薄膜
   D. 参与了晶状体曲度的调节
   E. 与睫状体之间形成眼房

6. 关于睫状体的描述,正确的是
   A. 是虹膜向前的延伸
   B. 位于角膜与脉络膜交界处的深面
   C. 是眼球纤维膜最肥厚的部分
   D. 睫状体内平滑肌收缩,晶状体可变凸
   E. 收缩可使睫状小带紧张

7. 关于视网膜的描述,正确的是
   A. 从前向后可分为脉络膜部、虹膜部和睫状体部
   B. 视网膜视部可分为内、外两层
   C. 内、外两层紧密相连
   D. 视网膜视部的后部最薄,愈向前愈厚
   E. 整个视网膜都有感光作用

8. 视网膜神经层细胞从内向外依次为
   A. 感光细胞、双极细胞、节细胞
   B. 双极细胞、感光细胞、节细胞
   C. 节细胞、感光细胞、双极细胞
   D. 感光细胞、节细胞、双极细胞
   E. 节细胞、双极细胞、感光细胞

9. 汇聚形成视神经的突起来自
   A. 色素上皮细胞
   B. 双极细胞
   C. 节细胞
   D. 视杆细胞
   E. 视锥细胞

10. 下列关于感光细胞的描述,正确的是
    A. 位于视网膜的最内层
    B. 在视网膜黄斑处只有视杆细胞,无视锥细胞
    C. 视锥细胞在中央凹处分布最为密集
    D. 视杆细胞可感受弱光和颜色的刺激
    E. 视锥细胞可感受强光,但不能辨色

11. 参与晶状体曲度调节的结构是
    A. 瞳孔开大肌   B. 睫状肌   C. 虹膜
    D. 脉络膜   E. 瞳孔括约肌

12. 关于巩膜静脉窦,描述正确的是
    A. 位于结膜内
    B. 位于虹膜与角膜交界处
    C. 位于角膜缘处的巩膜实质内
    D. 是房水产生的部位
    E. 与房水的循环无关

13. 临床上常见的视网膜脱离的解剖学基础是
    A. 视网膜与脉络膜之间有潜在间隙
    B. 视网膜与血管膜之间有潜在间隙
    C. 脉络膜与巩膜之间有潜在间隙
    D. 视网膜神经层与色素上皮层之间有潜在间隙
    E. 感光细胞层与双极细胞层之间有潜在间隙

14. 在检眼镜检查时,可窥见的结构为
    A. 视神经盘和黄斑   B. 玻璃体和视神经
    C. 脉络膜和晶状体   D. 视网膜中央动静脉和虹膜
    E. 视神经盘和脉络膜

15. 下列对视神经盘的描述,正确的是
    A. 是视网膜感光最敏锐的部位
    B. 由密集的视锥细胞构成
    C. 位于黄斑颞侧约 3.5mm 处
    D. 中央凹处有视网膜中央动、静脉通过
    E. 此处无感光细胞,故称生理性盲点

16. 关于黄斑,正确的描述是
    A. 位于视神经盘的颞侧稍上方约 3.5mm 处
    B. 是生理性盲点
    C. 由密集的视锥细胞构成
    D. 位于视网膜虹膜部
    E. 中央有视网膜中央动脉穿过

17. 下列关于房水的描述,正确的是
    A. 为无色透明的液体,不参与组成眼的屈光系统
    B. 房水可为角膜、晶状体和脉络膜提供营养

C. 房水由虹膜产生,充满在眼房内

D. 房水经瞳孔由眼前房进入后房

E. 房水代谢紊乱可导致眼压增高

18. 视远物时会出现的变化是

A. 睫状肌收缩   B. 睫状小带松弛   C. 晶状体曲度变大

D. 瞳孔开大   E. 房水增多

19. 关于晶状体的描述,正确的是

A. 借睫状小带与虹膜相连

B. 呈双凸透镜状,前面曲度较大,后面曲度小

C. 晶状体的外面包有高度弹性的薄膜,称为晶状体皮质

D. 可因疾病或创伤,发生混浊,称为白内障

E. 不含血管,但神经末梢丰富

20. 关于玻璃体的描述,正确的是

A. 为无色透明的胶状物,周围部较软,中央部较硬

B. 是眼屈光装置的一部分

C. 填充于晶状体和视网膜之间,对视网膜有支持和营养作用

D. 玻璃体混浊时,不影响视力

E. 其营养来自房水

21. 以下关于视器的描述,正确的是

A. 眼的屈光装置能够调节光的进入量

B. 睫状体可吸收眼内分散光线以免扰乱视觉

C. 房水可以营养角膜和晶状体

D. 玻璃体对血管膜起支撑作用

E. 睫毛不能防止灰尘进入眼内

22. **不属于**眼副器的结构是

A. 结膜   B. 眼睑   C. 眶隔

D. 眼动脉   E. 泪腺

23. 对眼副器的叙述,正确的是

A. 泪腺的排泄管开口于结膜上穹的外侧部

B. 对眼球有营养、支持和保护作用

C. 可产生房水和泪液

D. 包括眼睑、结膜、泪器、眼球外肌和眼的血管神经

E. 参与视物调节

24. 对眼睑的描述,正确的是

A. 肌层主要是上睑提肌   B. 上、下睑之间为睑裂

C. 皮下组织疏松,富含脂肪组织   D. 睑结膜与睑板连结疏松

E. 睑板腺与睑缘呈平行排列

25. 下列关于眼睑的叙述,正确的是

A. 眼睑由浅入深可分为 4 层

B. 眼睑皮肤较厚

  C. 睑裂的闭合与面神经无关

  D. 睑板为半月形致密结缔组织板

  E. 眼睑部手术的皮肤切口应垂直于眼轮匝肌纤维

26. 以下关于结膜的叙述,正确的是

  A. 薄而光滑,富含血管,故不透明

  B. 睑结膜和球结膜相互移行处形成结膜囊

  C. 按所在部位分为睑结膜和球结膜两部分

  D. 覆盖于角膜和巩膜前面的是球结膜

  E. 睑结膜贴于眼睑内面

27. **不属于**泪道的结构是

  A. 泪腺   B. 泪囊   C. 泪小管

  D. 鼻泪管   E. 泪点

28. 关于泪器的描述,正确的是

  A. 泪腺的排泄管开口于泪湖

  B. 泪道包括泪湖、泪小管、泪囊和鼻泪管

  C. 泪腺位于眶内侧壁前部的泪腺窝内

  D. 泪小管为连结泪点与泪囊的小管

  E. 由泪腺和鼻泪管组成

29. 下列结构中,参与视物调节的是

  A. 结膜   B. 眼睑   C. 巩膜

  D. 泪腺   E. 角膜

30. 下列眼球外肌中,起点与其他**不同**的是

  A. 上直肌   B. 上斜肌   C. 下直肌

  D. 内直肌   E. 外直肌

31. 与眼球运动**无关**的是

  A. 下斜肌   B. 睫状肌   C. 上直肌

  D. 上斜肌   E. 内直肌

32. 俯视时,收缩的眼球外肌为

  A. 上直肌和内直肌   B. 下直肌和下斜肌   C. 下直肌和上斜肌

  D. 上直肌和下斜肌   E. 内直肌和上斜肌

33. 可使瞳孔转向内侧的眼球外肌为

  A. 内直肌和上斜肌   B. 上直肌和上斜肌   C. 外直肌和下斜肌

  D. 下直肌和上直肌   E. 上直肌和下斜肌

34. 下直肌的作用是

  A. 使瞳孔转向外方   B. 使瞳孔转向外上方

  C. 使瞳孔转向内下方   D. 使瞳孔转向上方

  E. 使瞳孔转向上内方

35. 若瞳孔不能转向外下方,可能是因为

  A. 下直肌瘫痪   B. 上直肌瘫痪   C. 下斜肌瘫痪

  D. 上斜肌瘫痪   E. 外直肌瘫痪

36. 下列关于视网膜中央动脉的描述,正确的是
    A. 视网膜中央动脉是供应视网膜内层的唯一动脉
    B. 视网膜中央动脉在视网膜内的分支之间有丰富的吻合
    C. 视网膜中央动脉在视神经上方经眶上裂入眶
    D. 用检眼镜可直接观察到视网膜中央动脉从黄斑穿出
    E. 视网膜中央动脉阻塞不会影响视力

37. 下列与眼有关的疾病,说法**错误**的是
    A. 鼻泪管堵塞可引起溢泪症
    B. 糖尿病患者常发生白内障
    C. 胆道梗阻可引起巩膜黄染
    D. 沙眼多影响角膜,可引起角膜炎
    E. 玻璃体混浊会出现"飞蚊症"

(二) A2 型题

1. 男,30 岁,建筑工人,因工作时异物入眼来院,自诉明显异物感,伴有畏光及流泪。可能伤及的结构是
    A. 结膜　　　　　　　B. 巩膜　　　　　　　C. 角膜
    D. 晶状体　　　　　　E. 眼睑

2. 男,5 岁,右眼呈外斜视,可能出现麻痹的眼球外肌是
    A. 内直肌　　　　　　B. 上睑提肌　　　　　C. 上直肌
    D. 外直肌　　　　　　E. 下直肌

3. 女,63 岁,突发左眼视物不清、剧烈疼痛,并伴有恶心感,诊断为继发性闭角型青光眼。其病因为
    A. 房水产生过多　　　B. 泪道阻塞　　　　　C. 房水回流障碍
    D. 视网膜中央动脉阻塞　E. 泪液分泌过多

4. 男,10 岁,因上课看不清黑板就诊,诊断为近视。下列描述正确的是
    A. 物像落在视网膜睫状体部　　　　B. 可通过佩戴凸透镜进行矫正
    C. 可通过佩戴凹透镜进行矫正　　　D. 可通过佩戴柱面镜进行矫正
    E. 物像落在视网膜的后方

5. 男,27 岁,为一近视患者,要进行激光角膜切割术治疗。其原理为
    A. 降低角膜的折光率　　　　　　　B. 减少进入角膜的光线
    C. 维持晶状体正常形态　　　　　　D. 改变角膜与晶状体之间的距离
    E. 使角膜变薄,折光性更好

6. 男,8 个月,因双眼位置不对称就诊,诊断为右眼恒定性内斜视性弱视,可能发育不良的眼外肌是
    A. 内直肌　　　　　　B. 上睑提肌　　　　　C. 上直肌
    D. 外直肌　　　　　　E. 下直肌

7. 女,21 岁,自幼在黄昏或较暗光线下看不清东西,并有暗适应障碍,诊断为夜盲。发生功能不良的细胞为
    A. 节细胞　　　　　　B. 视杆细胞　　　　　C. 视锥细胞
    D. 双极细胞　　　　　E. 色素上皮细胞

8. 男,17岁,查体时发现无法区分红色和绿色,诊断为红绿色盲。发生功能障碍的细胞为

    A. 节细胞   B. 视杆细胞   C. 视锥细胞

    D. 双极细胞   E. 色素上皮细胞

9. 女,12岁,双眼视远物不清,诊断为近视。功能异常的结构是

    A. 房水   B. 角膜   C. 玻璃体   D. 视网膜   E. 睫状肌

10. 男,12岁,摔伤后歪头视物半年,视力正常,诊断为右眼上斜肌麻痹。可能出现的症状为

    A. 右眼瞳孔向内上方偏斜   B. 右眼瞳孔向外下方偏斜

    C. 右眼瞳孔向内下方偏斜   D. 右眼瞳孔向外上方偏斜

    E. 右眼瞳孔向内方偏斜

11. 男,65岁,10年前因消瘦、烦渴就医,诊断为2型糖尿病,半年前出现右眼视力减退,诊断为白内障。其病变部位在

    A. 角膜   B. 睫状体   C. 玻璃体

    D. 晶状体   E. 视网膜

12. 女,65岁,于夜间突发脑梗后入院,自述视物模糊,有重影,查体可见眼睑下垂、瞳孔放大,并伴有外下方斜视。出现瘫痪的眼外肌是

    A. 上直肌   B. 上斜肌   C. 下斜肌

    D. 内直肌   E. 外直肌

13. 女,20岁,右眼瞳孔缩小,眼球内陷,上睑下垂及右侧面部无汗,诊断为 Horner 综合征。引起瞳孔缩小的肌是

    A. 上直肌   B. 上睑提肌   C. 瞳孔开大肌

    D. 瞳孔括约肌   E. 睫状肌

14. 男,12岁,游泳后出现眼睛发红、分泌物增多,并伴有畏光、流泪,可能受累的结构是

    A. 角膜   B. 巩膜   C. 晶状体

    D. 结膜   E. 玻璃体

15. 男,45岁,自述近1年来出现视近物不清,最有可能和最常发生的视力问题是

    A. 近视   B. 远视   C. 散光

    D. 弱视   E. 老视

16. 男,30岁,因夜间乘火车开窗休息后出现右眼无法闭合,可能瘫痪的肌是

    A. 上直肌   B. 眼轮匝肌   C. 下斜肌

    D. 上睑提肌   E. 外直肌

17. 女,30岁高度近视患者,头部受撞击后,出现飞蚊症和视野缺损,诊断为视网膜脱落,其解剖学基础是

    A. 双极细胞层与节细胞层之间存在潜在间隙

    B. 视网膜与脉络膜之间存在潜在间隙

    C. 脉络膜与巩膜之间存在潜在间隙

    D. 视网膜色素上皮层与神经层之间存在潜在间隙

    E. 感光细胞层与双极细胞层之间存在潜在间隙

18. 女,3岁,右眼上睑下可触及结节状隆起,无压痛,诊断为右眼上睑睑板腺囊肿,其病变的部位在

  A. 睑结膜   B. 睑部皮肤   C. 皮下组织

  D. 睑板腺   E. 睫毛毛囊

19. 男,36 岁,头部外伤后出现眼球不能向内运动。下列眼外肌中可能受累的是

  A. 外直肌   B. 上直肌   C. 下斜肌

  D. 上睑提肌   E. 上斜肌

20. 女,26 岁,既往精神分裂症史 3 年,因服用过量氯丙嗪,患者出现瞳孔缩小。这时收缩的肌肉是

  A. 睫状肌   B. 瞳孔括约肌   C. 瞳孔开大肌

  D. 外直肌   E. 上睑提肌

21. 女,18 岁,近视 600 度加 400 度散光,自述最近总是发觉眼中有黑影飘动,其可能受累的结构是

  A. 玻璃体   B. 角膜   C. 睫状体

  D. 晶状体   E. 视网膜

22. 男,15 岁,感冒时常伴有流泪现象,其解剖学基础是

  A. 泪液分泌过多   B. 泪小管堵塞   C. 鼻泪管开口处黏膜充血

  D. 泪囊炎症   E. 结膜炎症

(三) A3 型题

(1~3 题共用题干)

眼睑由皮肤、皮下组织、肌层、睑板和睑结膜构成。肌层有眼轮匝肌和上睑提肌。眼睑的血液供应丰富。

1. 提起上睑的结构是

  A. 睑结膜   B. 眼轮匝肌   C. 上睑提肌

  D. 睑板   E. 睑内侧韧带

2. 实施泪囊手术时寻找泪囊的标志为

  A. 睑结膜   B. 睑内侧韧带   C. 睑板

  D. 睑外侧韧带   E. 眼轮匝肌

3. 睑腺炎发生的部位是

  A. 睑结膜   B. 睑板腺   C. 皮下组织

  D. 睫毛腺   E. 皮肤

(4~7 题共用题干)

女,63 岁,因左眼视物不清 2 年就诊。患者主诉头痛、眼红、眼痛,无糖尿病、高血压等病史。查视力:左眼指数;右眼 0.6。角膜清亮、透明,结膜无充血、水肿,巩膜无黄染。前房适中,KP(角膜后沉积物)(−),房闪(−),瞳孔等大等圆,对光反射存在诊。左眼晶状体灰白色、混浊,眼底窥视不入。右眼晶状体轻度混浊,眼底窥视不清。

4. 眼球屈光系统中发挥主要作用的是

  A. 角膜   B. 房水   C. 晶状体   D. 玻璃体   E. 视网膜

5. 关于屈光装置,描述正确的是

  A. 玻璃体对视网膜有支撑作用   B. 晶状体呈凸透镜状,没有弹性

  C. 房水为角膜和玻璃体提供营养   D. 玻璃体混浊导致白内障

  E. 角膜富含血管和神经

6. 下面与白内障的发生有关的是
    A. 角膜　　　　　　　　B. 晶状体　　　　　　　　C. 房水
    D. 玻璃体　　　　　　　E. 视网膜
7. 患者视物不清的可能原因是
    A. 晶状体混浊、硬化　　　　　　　　B. 眼轴较长或晶状体屈光率过强
    C. 眼轴较短或晶状体屈光率过弱　　　D. 玻璃体混浊
    E. 角膜曲度太小

（8~12 题共用题干）

眼球外肌包括提上睑的上睑提肌与运动眼球的四块直肌和两块斜肌，即上、下、内、外直肌和上、下斜肌。眼球外肌协同运动，才可以保证眼球灵活运动。

8. 若瞳孔不能转向外下方,是因为
    A. 下直肌瘫痪　　　　　　B. 上直肌瘫痪　　　　　　C. 上斜肌瘫痪
    D. 下斜肌瘫痪　　　　　　E. 外直肌瘫痪
9. 展神经损伤,可能使瞳孔转向
    A. 内侧　　　　　　　　B. 外侧　　　　　　　　C. 上方
    D. 下方　　　　　　　　E. 上外
10. 瞳孔不能转向外侧,瘫痪的眼球外肌是
    A. 上直肌　　　　　　　B. 下直肌　　　　　　　C. 内直肌
    D. 外直肌　　　　　　　E. 上睑提肌
11. 参与瞳孔转向正下方的眼外肌是
    A. 上斜肌和内直肌　　　B. 下斜肌和上直肌　　　C. 下斜肌和下直肌
    D. 上斜肌和外直肌　　　E. 上斜肌和下直肌
12. 患者出现外斜视,可能瘫痪的肌是
    A. 上直肌　　　　　　　B. 下斜肌　　　　　　　C. 内直肌
    D. 上斜肌　　　　　　　E. 外直肌

（四）B1 型题

（1~5 题共用备选答案）
    A. 视网膜　　　　　　　B. 角膜　　　　　　　　C. 虹膜
    D. 睫状体　　　　　　　E. 脉络膜
1. 具有屈光作用的是
2. 可调节进入眼内光线的是
3. 可调节晶状体曲度变化的是
4. 可吸收眼内分散光线的是
5. 可以感受光线刺激的是

（6~9 题共用备选答案）
    A. 晶状体　　　　　　　B. 巩膜　　　　　　　　C. 玻璃体
    D. 房水　　　　　　　　E. 角膜
6. 富含感觉神经的是
7. 无色透明的双凸透镜状结构是
8. 可调节眼压的是

9. 混浊后出现飞蚊症的是

（10~13 题共用备选答案）

A. 青光眼	B. 白内障	C. 近视眼
D. 远视眼	E. 老视	

10. 眼压增高可引起

11. 晶状体曲度过大或者眼轴过长可引起

12. 随年龄增加,晶状体弹性下降或睫状体调节能力减弱,可引起

13. 晶状体曲度过小或者眼轴过短可引起

（14~17 题共用备选答案）

A. 眼前房	B. 眼后房	C. 睫状小带
D. 巩膜静脉窦	E. 瞳孔	

14. 房水产生后首先进入

15. 眼前、后房的通道是

16. 房水回流入

17. 和房水循环无关的是

（18~21 题共用备选答案）

A. 瞳孔括约肌	B. 瞳孔开大肌	C. 睫状肌
D. 上睑提肌	E. 下斜肌	

18. 可开大眼裂的是

19. 在强光环境中收缩的是

20. 使瞳孔变大的是

21. 参与晶状体曲度改变的是

（22~25 题共用备选答案）

A. 双极细胞	B. 节细胞	C. 视锥细胞
D. 视杆细胞	E. 色素上皮细胞	

22. 主要分布于视网膜中央部的是

23. 轴突构成视神经的是

24. 位于视网膜最外层的是

25. 位于感光细胞内侧的是

二、名词解释

1. 巩膜静脉窦	2. 瞳孔	3. 虹膜角膜角
4. 瞳孔括约肌	5. 睫状突	6. 睫状小带
7. 眼房	8. 房水	9. 视神经盘
10. 黄斑	11. 结膜穹隆	12. 结膜囊
13. 泪囊	14. 晶状体	15. 视网膜中央动脉

三、问答题

1. 简述眼球壁的层次及各层的主要结构特点。

2. 简述眼球血管膜的分部和各部的功能。

3. 简述视网膜的分部及视网膜视部的层次。

4. 试述在临床上做检眼镜检查时可直接观察到的结构。

5. 试述光线投射到视网膜上依次需要穿经哪些结构。

6. 为什么正常眼视近物或远物均很清晰?

7. 简述视近物时晶状体的调节方式。

8. 简述房水的产生部位、循环途径、生理功能及其临床意义。

9. 试述眼睑的层次结构特点及临床意义。

10. 简述结膜的分部、各部的特点及临床意义。

11. 试述泪器的组成和泪液的排出途径。

12. 试述眼球外肌的名称和作用。

13. 简述视网膜中央动脉的来源、主要分支及其分布。

14. 简述眼的神经分布及相应功能。

四、病例讨论

1. 女,67 岁,多饮、多食、消瘦十余年,下肢水肿伴麻木 1 个月。10 年前无明显诱因出现烦渴、多饮、多食,门诊查空腹血糖 12.5mmol/L,尿糖(++++),服用降糖药物治疗好转。入院前半个月突然出现视物模糊,头痛、头晕、复视,伴眼球憋胀、干涩。既往 7 年来有时血压偏高。

问题:

(1)患者视物模糊可能的病变部位在何处?

(2)晶状体的形态结构如何?

(3)视网膜视部的形态结构特点是怎样的?

2. 男,1 岁 8 个月,半个月前曾患上呼吸道感染,给予头孢克洛治疗后好转,1 周前出现揉眼,流泪,眼睛红,分泌物增多,呈淡黄色,早上分泌物可把眼睛粘住。

问题:

(1)患儿可能患何种疾病? 病变部位在何处?

(2)结膜可分为哪几个部分?

参 考 答 案

一、选择题

(一) A1 型题

1. C　2. E　3. B　4. D　5. C　6. D　7. B　8. E　9. C　10. C　11. B　12. C　13. D
14. A　15. E　16. C　17. E　18. D　19. D　20. B　21. C　22. D　23. A　24. B　25. D
26. E　27. A　28. D　29. E　30. B　31. B　32. C　33. D　34. C　35. D　36. A　37. D

(二) A2 型题

1. C　2. A　3. C　4. C　5. A　6. D　7. B　8. C　9. E　10. A　11. D　12. A　13. D
14. D　15. E　16. B　17. D　18. D　19. B　20. B　21. A　22. C

(三) A3 型题

1. C　2. B　3. D　4. C　5. A　6. B　7. A　8. C　9. A　10. D　11. E　12. C

（四）B1 型题

1. B　2. C　3. D　4. E　5. A　6. E　7. A　8. D　9. C　10. A　11. C　12. E　13. D
14. B　15. E　16. D　17. C　18. D　19. A　20. B　21. C　22. C　23. B　24. E　25. A

二、名词解释

1. 巩膜静脉窦：在靠近角膜缘处的巩膜实质内的环形管道，称巩膜静脉窦，为房水回流入静脉的通道。

2. 瞳孔：虹膜中央有一圆形的孔，称为瞳孔，是光线进入眼球内的通道。瞳孔的大小常随光线的强弱和物体距离的远近而发生变化，可由虹膜内的瞳孔括约肌和瞳孔开大肌调节。在弱光下或看远物时，瞳孔开大；在强光下或看近物时，瞳孔缩小。

3. 虹膜角膜角：虹膜与角膜交界处的环形区域，称虹膜角膜角，也称前房角。房水经此处回流入巩膜静脉窦。

4. 瞳孔括约肌：虹膜的基质内环绕瞳孔周缘呈环形排列的平滑肌称瞳孔括约肌，可缩小瞳孔，由副交感神经支配。

5. 睫状突：睫状体前部有向内突出呈放射状排列的皱襞，称睫状突，经睫状小带与晶状体相连。

6. 睫状小带：又称晶状体悬韧带，是系于晶状体与睫状体之间的透明、坚硬、无弹性的交错排列的纤维。睫状肌收缩与舒张可使睫状小带紧张和松弛，从而调节晶状体的曲度。

7. 眼房：角膜与晶状体之间的间隙为眼房。虹膜把眼房分为较大的眼前房和较小的眼后房，两者借瞳孔相互交通。

8. 房水：充填于眼房内的无色透明的液体，称房水。房水由睫状体产生，经虹膜角膜角回流入巩膜静脉窦。

9. 视神经盘：位于视网膜内面眼球后极稍内侧，视神经起始处有一境界清楚，略呈椭圆形的盘状结构，称视神经盘，又称视神经乳头。视神经盘的中央有视神经和视网膜中央动、静脉穿过，无感光细胞，称生理性盲点。

10. 黄斑：在活体上，在视神经盘的颞侧约 3.5mm 处稍偏下方，有一由密集的视锥细胞构成的黄色区域，称黄斑。此区无血管，是感光最敏锐处。

11. 结膜穹窿：位于睑结膜与球结膜互相移行处的间隙，其返折处分别构成结膜上穹和结膜下穹。结膜上穹较结膜下穹为深。

12. 结膜囊：当上、下睑闭合时，整个结膜形成的囊状腔隙称结膜囊。

13. 泪囊：指位于眶内侧壁前下部的泪囊窝内的膜性囊。其上端为盲端，向下移行为鼻泪管。

14. 晶状体：是眼屈光系统的主要装置，位于虹膜和玻璃体之间，借睫状小带与睫状体相连；呈双凸透镜状，前面曲度较小，后面曲度较大，无色透明，富有弹性，不含血管和神经。

15. 视网膜中央动脉：是供应视网膜内层的唯一动脉，发自眼动脉，行于视神经的下方，继而行于视神经中央，在视神经盘处分为上、下 2 支，再复分成视网膜鼻侧上、下和视网膜颞侧上、下 4 支小动脉，分布至视网膜鼻侧上、鼻侧下、颞侧上和颞侧下 4 个扇形区。

三、问答题

1. 简述眼球壁的层次及各层的主要结构特点。

答:眼球壁从外向内依次为眼球纤维膜、眼球血管膜和视网膜3层。

(1)眼球纤维膜:可分为角膜和巩膜两部分。角膜占纤维膜的前1/6,无色透明,无血管但富有感觉神经末梢。巩膜占眼球纤维膜的后5/6,乳白色,不透明,厚而坚韧。巩膜前缘接角膜缘,后方与视神经的硬膜鞘相延续。在巩膜与角膜交界处的外面稍内陷,称巩膜沟。在靠近角膜缘处的巩膜实质内,有环形的巩膜静脉窦。

(2)眼球血管膜:眼球血管膜由前向后分为虹膜、睫状体和脉络膜三部分。

虹膜呈冠状位,位于血管膜最前部,呈圆盘形,中央有圆形的瞳孔。虹膜内有环绕瞳孔周缘排列的瞳孔括约肌和呈放射状排列的瞳孔开大肌。

睫状体是血管膜中部最肥厚的部分,位于巩膜与角膜移行部的内面。其后部较为平坦,为睫状环,前部有向内突出呈放射状排列的皱襞,称睫状突,后者发出睫状小带与晶状体相连。

脉络膜占血管膜的后2/3,富含血管及色素。外面与巩膜疏松相连,内面紧贴视网膜的色素上皮层,后方有视神经穿过。

(3)视网膜:位于眼球血管膜的内面,自前向后分为3部分,即视网膜虹膜部、睫状体部和脉络膜部。虹膜部和睫状体部分别贴附于虹膜和睫状体的内面,薄而无感光作用,故称为视网膜盲部。脉络膜部附于脉络膜内面,范围最大,有感光作用,又称为视网膜视部。视部的后部最厚,愈向前愈薄,在视神经的起始处有一境界清楚,略呈椭圆形的盘状结构,称视神经盘,又称视神经乳头。视神经盘中央凹陷,称视盘陷凹,有视网膜中央动、静脉穿过,无感光细胞,称生理性盲点。在视神经盘的颞侧稍偏下方约3.5mm处,有一黄色小区,称黄斑,直径约1.8~2.0mm。黄斑中央凹陷称中央凹,此区无血管,为感光最敏锐处。

2. 简述眼球血管膜的分部和各部的功能。

答:眼球血管膜富有血管和色素细胞,呈棕黑色,具有营养眼球内组织及遮光的作用。由前向后分为虹膜、睫状体和脉络膜三部分。

(1)虹膜:位于血管膜的最前部,中央有圆形的瞳孔。虹膜内的瞳孔括约肌和瞳孔开大肌可调节瞳孔大小。

(2)睫状体:位于巩膜与角膜移行部的内面,前部为睫状突,后部为睫状环。睫状突发出的睫状小带与晶状体相连。睫状体内的睫状肌收缩可调节晶状体的曲度。睫状体还有产生房水的作用。

(3)脉络膜:位于血管膜的后2/3,富含血管和色素,可供应眼球内组织的营养,吸收眼内分散光线以免扰乱视觉。

3. 简述视网膜的分部及视网膜视部的层次。

答:视网膜从后向前可分为视网膜脉络膜部、视网膜睫状体部和视网膜虹膜部。视网膜脉络膜部又称视网膜视部,分为外层的色素上皮层和内面的神经细胞层。

色素上皮层:紧贴于脉络膜内面,两者不易分离,由单层色素上皮构成。

神经细胞层:位于色素上皮层内面,两者易分离,由三层神经细胞组成。

(1)感光细胞:为视觉感受细胞,分为视锥细胞和视杆细胞。视锥细胞能感受强光及颜色,视杆细胞可感受弱光。

(2)双极细胞层:将来自感光细胞的神经冲动传导至节细胞。

(3)节细胞层:轴突向视神经盘处集中形成视神经。

4. 试述在临床上做检眼镜检查时可直接观察到的结构。

答:临床上常通过检眼镜直接观察视网膜。在视神经起始处有视神经盘,呈现为圆形白色隆起。盘中央有视神经和视网膜中央动、静脉穿过。视网膜中央动脉先分为上、下2支,再分成视网膜鼻侧上、下和视网膜颞侧上、下4支小动脉,分布至视网膜鼻上、鼻下、颞上和颞下4个扇形区。视网膜中央动脉及其分支均有同名静脉伴行。在视神经盘的颞侧稍下方约3.5mm处,可见一黄色小区,为黄斑,是感光最敏锐处。

5. 试述光线投射到视网膜上依次需要穿经哪些结构。

答:光线穿角膜→前房水→瞳孔→后房水→晶状体→玻璃体→视网膜内层→视网膜外层。

6. 为什么正常眼视近物或远物均很清晰?

答:外界物体的光线经眼球的屈光装置折射、聚焦到视网膜上,才能形成清晰的物像和看清物体。晶状体的曲度随所视物体的远近不同而改变。眼主要通过睫状肌的舒缩和睫状小带(晶状体悬韧带)的紧张与松弛调节晶状体的凸度,调整焦距,使物像准确地投射于视网膜上。视近物时,睫状肌收缩,睫状小带松弛,晶状体由于本身的弹性而变凸,折光能力增强,使进入眼球的光线恰能聚焦于视网膜上;视远物时,睫状肌舒张,睫状小带紧张,牵拉晶状体,从而使之凸度减小,折光能力减弱。通过上述调节作用,正常眼在视物时,近物和远物均能清晰地成像于视网膜上。

7. 简述视近物时晶状体的调节方式。

答:看近物时睫状肌收缩牵睫状突向前,使睫状突向内伸,睫状小带也向内变得松弛,放松了对晶状体的牵拉,晶状体借助晶状体囊及其本身的弹性而变凸,特别是其前部凸度增大,屈光度亦加强,使进入眼球的光线聚焦于视网膜上,以适应看近物。

8. 简述房水的产生部位、循环途径、生理功能及其临床意义。

答:房水由睫状体产生,充填于眼后房,经瞳孔进入前房,然后经虹膜角膜角隙进入巩膜静脉窦,借睫前静脉汇入眼上、下静脉。房水除有屈光作用外,还可以营养角膜、晶状体并维持正常的眼压。房水经常循环更新,如其循环受阻,则会引起眼压增高,影响视力,临床上称青光眼。

9. 试述眼睑的层次结构特点及临床意义。

答:眼睑由外向内可分为5层,分别是皮肤、皮下组织、肌层、睑板和结膜。

(1)皮肤:薄而柔软,在睑缘处有睫毛,睫毛处的急性炎症称睑腺炎。

(2)皮下组织:疏松而缺乏脂肪,临床某些疾病易引起眼睑水肿。

(3)肌层:主要包括眼轮匝肌和上睑提肌。前者可闭合眼睑,受面神经支配。面神经损伤,可表现为眼睑不能闭合;上睑提肌由动眼神经支配,动眼神经损伤,可表现为上睑下垂。

(4)睑板:由致密结缔组织构成,呈半月状的板状结构,内有睑板腺,开口于睑缘。若睑板腺导管阻塞,可形成睑板腺囊肿,临床称睑板腺炎。

(5)睑结膜:是一层薄而透明的黏膜,富含血管。临床多见的结膜疾病包括结膜炎、沙眼等,其中传染性结膜炎亦称红眼病。

10. 简述结膜的分部、各部的特点及临床意义。

答:结膜是一层薄而透明的黏膜,富含血管,覆盖在眼球的前面和眼睑的内面,按所在部位可分3部。

(1)睑结膜:衬覆于上、下睑内面的部分,与睑板结合紧密。在睑结膜内表面,可透视深层的小血管和平行排列并垂直于睑缘的睑板腺。

(2)球结膜:覆盖在眼球的前面,在近角膜缘处,移行为角膜上皮。在角膜缘处与巩膜结合紧密,而其余部分连结疏松易移动。

（3）结膜穹窿:位于睑结膜与球结膜互相移行处,其返折处分别构成结膜上穹和结膜下穹。当上、下睑闭合时,整个结膜形成的囊状腔隙称结膜囊,此囊通过睑裂与外界相通。

沙眼衣原体易侵及睑结膜和结膜穹窿,疱疹病毒多侵及角膜缘的结膜和球结膜。结膜急性炎症常引起结膜充血肿胀。

11. 试述泪器的组成和泪液的排出途径。

答:泪器由泪腺和泪道组成,泪道包括泪点、泪小管、泪囊和鼻泪管。

泪腺产生泪液,经 10~20 条排泄管开口于结膜上穹的外侧部,经结膜和角膜表面进入位于上、下睑内侧端泪点→泪小管→泪囊→鼻泪管→下鼻道。

12. 试述眼球外肌的名称和作用。

答:眼球外肌的名称和作用见表 8-1。

表 8-1　眼球外肌的名称和作用

名称	作用	名称	作用
上斜肌	使瞳孔转向下外方	上直肌	使瞳孔转向上内方
下斜肌	使瞳孔转向上外方	下直肌	使瞳孔转向下内方
上睑提肌	提上睑	内直肌	使瞳孔转向内侧
		外直肌	使瞳孔转向外侧

13. 简述视网膜中央动脉的来源、主要分支及其分布。

答:视网膜中央动脉是眼动脉的一小分支。从眼动脉发起后,在眼球后方穿入视神经,行于视神经中央,从视神经盘穿出,再分为 4 支,即视网膜鼻侧上、下动脉和视网膜颞侧上、下动脉,营养视网膜内层,但黄斑的中央凹无血管分布。另外,视网膜中央动脉还有很多分支至视神经和视神经鞘。临床常用检眼镜观察视网膜中央动脉,以帮助诊断某些疾病。

14. 简述眼的神经分布及相应功能。

答:视器的神经支配来源较多。

（1）视神经:起于眼球后极的内侧约 3mm 处,行向后内,穿经视神经管入颅中窝,连于视交叉。视神经属特殊躯体感觉神经,传导视觉。

（2）动眼神经:主要为躯体运动纤维,可支配眼球外肌中的上睑提肌以及眼上、下、内直肌和下斜肌,其中的副交感神经纤维可支配瞳孔括约肌和睫状肌。

（3）滑车神经:为躯体运动神经,可支配上斜肌。

（4）展神经:属躯体运动神经,可支配外直肌。

（5）三叉神经的眼神经:属躯体感觉神经,接受视器的一般感觉。

（6）面神经:其中的副交感神经纤维支配泪腺分泌,特殊内脏运动纤维支配眼轮匝肌。

（7）交感神经:支配瞳孔开大肌。

四、病例讨论

1. 女,67 岁,多饮、多食、消瘦十余年,下肢水肿伴麻木 1 个月。10 年前无明显诱因出现烦渴、多饮、多食,门诊查空腹血糖 12.5mmol/L,尿糖（++++）,服用降糖药物治疗好转。入院前半个月突然出现视物模糊,头痛、头晕、复视,伴眼球憋胀、干涩。既往 7 年来有时血压偏高。

问题:

（1）患者视物模糊可能的病变部位在何处？

（2）晶状体的形态结构如何？

（3）视网膜视部的形态结构特点是怎样的？

答：

（1）患者可能的病变部位是晶状体和视网膜。

（2）晶状体呈双凸透镜状，前面曲度较小，后面曲度较大；晶状体无色透明，富有弹性，不含血管和神经。晶状体的外面包以具有高度弹性的被膜，称晶状体囊。晶状体实质由平行排列的晶状体纤维组成。周围部较软，称晶状体皮质；中央部较硬，称晶状体核。

（3）视网膜脉络膜部附于脉络膜内面，范围最大，有感光作用，又称为视网膜视部。视部的后部最厚，愈向前愈薄，在视神经起始处有视神经盘，其边缘隆起，中央凹陷，称视盘陷凹，有视神经和视网膜中央动、静脉穿过，无感光细胞，称生理性盲点。在视神经盘的颞侧稍下方约3.5mm处，可见一黄色小区，为黄斑，直径约 1.8~2.0mm。黄斑中央凹陷称中央凹，此区无血管，为感光最敏锐处。

2. 男，1岁8个月，半个月前曾患上呼吸道感染，给予头孢克洛治疗后好转，1周前出现揉眼，流泪，眼睛红，分泌物增多，呈淡黄色，早上分泌物可把眼睛粘住。

问题：

（1）患儿可能患何种疾病？病变部位在何处？

（2）结膜可分为哪几个部分？

答：

（1）患儿可能患有结膜炎，病变主要累及结膜。

（2）结膜按所在部位可分3部分。

1）睑结膜：衬覆于上、下睑内面的部分，与睑板结合紧密。在睑结膜内表面，可透视深层的小血管和平行排列并垂直于睑缘的睑板腺。

2）球结膜：覆盖在眼球的前面，在近角膜缘处，移行为角膜上皮。在角膜缘处与巩膜结合紧密，而其余部分连结疏松易移动。

3）结膜穹窿：位于睑结膜与球结膜互相移行处，其返折处分别构成结膜上穹和结膜下穹。

（张 静　孙晋浩）

第三节　前庭蜗器

学 习 指 导

（一）学习目的

能够复述：外耳道的位置；鼓膜的形态、位置和分部；中耳的组成，鼓室的位置及六个壁的主要形态结构；咽鼓管的位置、分部、开口部位和作用，幼儿咽鼓管的特点；内耳的位置和分部，骨迷路与膜迷路的分部及位置关系，听觉和位置觉感受器的位置与功能。

熟悉：外耳道的形态、分部和婴儿外耳道的特点；鼓室的毗邻和临床意义；骨迷路各部的形态。

了解：前庭蜗器的分部和各部的功能；听小骨的名称和排列；乳突窦和乳突小房的位置；膜

迷路各部的形态与功能;声波的传导途径。

(二) 学习方法

通过理论学习及模型标本观察,认识外耳的形态、位置、分部,中耳的组成及主要结构特点,内耳的位置和分部,位觉和听觉感受器的形态、位置,探讨临床常见耳科疾病的解剖学基础。

(三) 学习要点

1. 外耳道的形态、位置、分部和婴儿外耳道的特点;鼓膜的形态、位置和分部。

2. 中耳的组成,鼓室六个壁主要结构、位置、毗邻和临床意义;听小骨的名称和排列;咽鼓管的位置、分部、开口部位及作用,幼儿咽鼓管的特点;乳突窦和乳突小房的位置。

3. 内耳的位置和分部,骨迷路与膜迷路的分部及位置关系;位觉和听觉感受器的形态、位置;骨迷路各部的形态;膜迷路各部的形态与功能;声波的传导途径。

复习思考题

一、选择题

(一) A1 型题

1. 按部位可将前庭蜗器分为

　　A. 外耳道、中耳和内耳　　　　　　　　B. 外耳、鼓室和耳蜗

　　C. 前庭器和蜗器　　　　　　　　　　　D. 外耳、中耳和内耳

　　E. 外耳、鼓室和内耳

2. 关于外耳道的描述,正确的是

　　A. 为一弯曲的骨性管道　　　　　　　　B. 连通外耳门和鼓室

　　C. 其内 1/3 为骨性部　　　　　　　　　D. 其外 2/3 为软骨部

　　E. 两部交界处较狭窄

3. 成人做鼓膜检查时,须将耳郭拉向

　　A. 前上方　　　　　　B. 后上方　　　　　　　　C. 前下方

　　D. 后下方　　　　　　E. 下方

4. 和成人相比,婴幼儿外耳道的特点是

　　A. 外耳道宽而弯曲　　　　　　　　　　B. 鼓膜几乎呈垂直位

　　C. 其内 2/3 为骨性部　　　　　　　　　D. 几乎全由软骨支持

　　E. 鼓膜检查时,须向后上方牵拉耳郭

5. 下列关于鼓膜的描述,正确的是

　　A. 分隔外耳道与内耳　　　　　　　　　B. 与外耳道底约成 45°~50° 的倾斜角

　　C. 婴儿鼓膜更为倾斜,近似呈垂直位　　D. 其中心向外凹陷,为鼓膜脐

　　E. 紧张部的后下部有光锥

6. 对中耳的描述,正确的是

　　A. 包括鼓室、咽鼓管和乳突三部分　　　B. 由颞骨岩部的骨质围成

　　C. 向外与外耳道直接相通　　　　　　　D. 向前借咽鼓管通向口咽部

　　E. 为含气的不规则腔隙

7. 关于鼓室的描述,正确的是
   A. 鼓膜构成其外侧壁的全部
   C. 内侧壁又称鼓室盖
   E. 后壁为迷路壁
   B. 上壁是分隔颅中窝与鼓室的薄骨板
   D. 下壁为颈动脉壁

8. 下列结构中属于鼓室内侧壁的是
   A. 鼓膜张肌半管的开口
   C. 咽鼓管鼓室口
   E. 锥隆起
   B. 乳突窦的入口
   D. 面神经管凸

9. 对鼓室的描述,正确的是
   A. 向上借薄层骨板与颅前窝相隔
   B. 鼓室的各壁表面均覆有黏膜,并与咽部黏膜相延续
   C. 借咽鼓管与口咽部相通
   D. 其内侧壁后部有锥隆起,内藏镫骨肌
   E. 向外通外耳道

10. 下列对鼓室内侧壁的描述,正确的是
    A. 鼓室内侧壁分隔鼓室与内耳道
    C. 前庭窗由第二鼓膜封闭
    E. 岬的后上方有面神经管凸
    B. 内侧壁的上部有咽鼓管鼓室口
    D. 蜗窗由镫骨底及其周缘的韧带封闭

11. 属于鼓室后壁的结构是
    A. 蜗窗
    D. 面神经管凸
    B. 前庭窗
    E. 鼓室上隐窝
    C. 锥隆起

12. 对咽鼓管的叙述,正确的是
    A. 为连通鼻腔与鼓室的管道
    B. 幼儿咽部感染不易经咽鼓管侵入鼓室
    C. 咽鼓管咽口平时处于开放状态
    D. 鼓室口开口于鼓室内侧壁
    E. 幼儿咽鼓管较成人短而宽,接近水平位

13. **不位于**鼓室内的结构是
    A. 听小骨链
    D. 空气
    B. 镫骨肌
    E. 咽鼓管
    C. 鼓膜张肌

14. 与颈内动脉毗邻的鼓室壁为
    A. 前壁
    D. 下壁
    B. 内侧壁
    E. 上壁
    C. 外侧壁

15. 与耳蜗毗邻的鼓室壁为
    A. 前壁
    D. 下壁
    B. 内侧壁
    E. 上壁
    C. 外侧壁

16. 有关鼓室的描述,**错误**的是
    A. 为颞骨岩部内含气的不规则小腔
    C. 鼓室向前通鼻咽部
    E. 鼓室内侧壁即内耳前庭部的外侧壁
    B. 鼓室向上借鼓室盖与颅中窝相隔
    D. 鼓室即中耳,内藏三块听小骨

17. 对鼓室内侧壁的描述,正确的是
    A. 中部的圆形隆起由前庭隆起形成,称岬
    B. 岬的后上方有前庭窗,通向前庭阶
    C. 在前庭窗后上方有面神经管凸
    D. 内侧壁称为前庭壁
    E. 岬的后下方有卵圆窗,由第二鼓膜封闭

18. 关于乳突窦的叙述,正确的是
    A. 为颞骨乳突部内的许多含气腔室   B. 位于鼓室上隐窝的内侧
    C. 连通乳突小房与鼓室   D. 腔面无黏膜被覆
    E. 开口于鼓室上隐窝

19. 面神经垂直段通过的鼓室壁为
    A. 外侧壁   B. 内侧壁   C. 前壁
    D. 后壁   E. 下壁

20. 鼓膜张肌的作用是
    A. 参与声波的传导   B. 预防中耳感染
    C. 减低迷路内压   D. 保证鼓室内外压力平衡
    E. 保护鼓膜

21. 鼓室内听小骨的排列关系自外向内依次是
    A. 锤骨、镫骨、砧骨   B. 锤骨、砧骨、镫骨   C. 砧骨、锤骨、镫骨
    D. 砧骨、镫骨、锤骨   E. 镫骨、砧骨、锤骨

22. 关于内耳的描述,正确的是
    A. 由骨迷路和膜迷路组成
    B. 骨迷路由前庭、骨半规管和蜗管组成
    C. 膜迷路由膜半规管、椭圆囊和蜗管组成
    D. 鼓阶内的液体为内淋巴
    E. 内、外淋巴通过蜗孔相交通

23. 关于内耳的描述,正确的是
    A. 位于颞骨乳突部内   B. 位于内耳道底与鼓膜之间
    C. 是听觉和本体觉感受器的主要部分   D. 向外经鼓室与外耳道相通
    E. 膜迷路内含内淋巴

24. 下列关于内耳的描述,错误的是
    A. 膜迷路套于骨迷路内   B. 骨迷路包括前庭、骨半规管和耳蜗
    C. 鼓阶内的液体为外淋巴   D. 前庭阶内的液体为内淋巴
    E. 内、外淋巴互不相通

25. 下列结构中属于骨迷路的是
    A. 膜半规管   B. 耳蜗   C. 蜗管
    D. 椭圆囊   E. 球囊

26. 下列结构中属于膜迷路的是
    A. 骨半规管   B. 前庭   C. 耳蜗
    D. 球囊   E. 蜗螺旋管

27. 骨迷路由前内向后外依次可分为
    A. 前庭、骨半规管和耳蜗
    B. 耳蜗、前庭和骨半规管
    C. 前庭、耳蜗和骨半规管
    D. 骨半规管、耳蜗和前庭
    E. 耳蜗、骨半规管和前庭

28. 关于前庭的描述,正确的是
    A. 位于骨迷路的前内侧部
    B. 向外与内耳道相邻
    C. 内藏椭圆囊和球囊
    D. 向后有 6 个小孔与 3 个骨半规管相通
    E. 向前通蜗螺旋管的鼓阶

29. 关于耳蜗的叙述,正确的是
    A. 位于前庭的后外侧
    B. 由蜗轴和蜗轴螺旋管组成
    C. 蜗轴螺旋管围绕蜗轴盘曲约三圈半
    D. 近蜗顶侧的管腔为前庭阶
    E. 尖朝向后外侧

30. 连通前庭阶和鼓阶的结构为
    A. 蜗管　　B. 蜗孔　　　C. 前庭窗　　D. 蜗窗　　　E. 联合管

31. 对骨半规管的描述,正确的是
    A. 由三个相互平行的半环形的骨管组成
    B. 前骨半规管弓向前上外方,位于鼓室盖的深面
    C. 每个骨半规管皆有两个骨脚连于耳蜗
    D. 外骨半规管弓向后外侧,当头前倾 30° 时呈水平位
    E. 后骨半规管弓向后下内

32. 下列结构中,与同侧颞骨岩部长轴垂直的是
    A. 前半规管　　B. 后半规管　　C. 外半规管　　D. 蜗管　　　E. 蜗螺旋管

33. 下列关于总骨脚的描述,正确的是
    A. 前骨半规管单骨脚与后骨半规管单骨脚合成总骨脚
    B. 后骨半规管单骨脚与外骨半规管单骨脚合成总骨脚
    C. 前骨半规管单骨脚与外骨半规管单骨脚合成总骨脚
    D. 前骨半规管壶腹骨脚与后骨半规管单骨脚合成总骨脚
    E. 后骨半规管壶腹骨脚与外骨半规管壶腹骨脚合成总骨脚

34. 对膜迷路的描述,正确的是
    A. 是套在骨迷路内开放的膜性管和囊
    B. 壶腹嵴可感受直线变速运动引起的刺激
    C. 内有听觉感受器
    D. 椭圆囊和球囊经蜗管相通
    E. 与骨迷路相通

35. 膜迷路由前内向后外依次可分为
    A. 蜗管、椭圆囊、球囊和膜半规管
    B. 蜗管、球囊、椭圆囊和膜半规管
    C. 膜半规管、球囊、椭圆囊和蜗管
    D. 蜗管、球囊、膜半规管和椭圆囊
    E. 膜半规管、蜗管、球囊和椭圆囊

36. 听觉感受器位于
    A. 基底膜　　　　　　　　　B. 球囊斑　　　　　　　　C. 壶腹嵴
    D. 椭圆囊斑　　　　　　　　E. 前庭膜
37. 感知旋转变速运动引起的刺激的是
    A. 螺旋器　　　　　　　　　B. 基底膜　　　　　　　　C. 壶腹嵴
    D. 椭圆囊斑　　　　　　　　E. 蜗管
38. 对蜗管的叙述,正确的是
    A. 其前庭端借连合管与椭圆囊相连通
    B. 位于蜗螺旋管内,盘绕蜗轴两圈半
    C. 内侧壁有血管纹
    D. 其上壁是前庭膜,分隔前庭阶和鼓阶
    E. 下壁是基底膜,上有位觉感受器
39. 声波从外耳道传至内耳,其传导的正确途径是
    A. 鼓膜、锤骨、砧骨、镫骨、蜗窗　　　　B. 鼓膜、镫骨、锤骨、砧骨、前庭窗
    C. 鼓膜、外耳道、中耳、耳蜗　　　　　　D. 鼓膜、锤骨、砧骨、镫骨、前庭窗
    E. 外耳道、鼓膜、中耳、半规管
40. 鼓膜穿孔可引起
    A. 空气传导减弱　　　　　　　　　　　B. 骨传导减弱
    C. 没有不良影响　　　　　　　　　　　D. 听觉丧失
    E. 神经性耳聋

(二) A2 型题

1. 男,3 岁,生性活泼。1 个月前因感冒滴注某种抗生素,后来发现叫其名时无反应。怀疑为神经性耳聋。进一步检查时应重点考虑的结构是
    A. 外耳道　　　　　　　　　B. 鼓膜　　　　　　　　C. 螺旋器
    D. 听小骨链　　　　　　　　E. 鼓室
2. 男,41 岁,颞骨岩部外伤骨折后出现听觉过敏,相关的结构是
    A. 鼓室丛神经　　　　　　　B. 咽鼓管　　　　　　　C. 乳突小房
    D. 镫骨肌　　　　　　　　　E. 面神经
3. 男,35 岁,罹患慢性中耳炎 7 年,最近出现阵发性或激发性眩晕,偶伴恶心、呕吐等症状,多在身体姿势改变时发作。该患者病变最可能累及了
    A. 鼓膜　　　　　　　　　　B. 面神经　　　　　　　C. 乳突窦
    D. 咽鼓管　　　　　　　　　E. 迷路
4. 女,10 个月,感冒后出现哭闹、高热不退,并出现抓耳摇头,诊断为急性中耳炎。与该病的发生有关的结构是
    A. 鼓膜张肌半管　　　　　　B. 乳突　　　　　　　　C. 外耳道
    D. 咽鼓管　　　　　　　　　E. 前庭窗
5. 男,3 岁,急性中耳炎后,出现乳突部皮肤肿胀、潮红,有明显压痛,诊断为乳突炎。中耳炎症蔓延至乳突须经过的结构为
    A. 乳突窦　　　　　　　　　B. 前庭窗　　　　　　　C. 听小骨链
    D. 蜗窗　　　　　　　　　　E. 咽鼓管

6. 男,35 岁,罹患中耳炎后出现颈内静脉血栓,其解剖学依据是
    A. 鼓室外侧壁受到炎症波及　　　　　　　B. 鼓室后壁受到炎症波及
    C. 鼓室上壁受到炎症波及　　　　　　　　D. 鼓室下壁受到炎症波及
    E. 鼓室内侧壁受到炎症波及

7. 男,20 岁,乘坐飞机升空时感觉耳部发闷、疼痛,听觉下降,通过嚼口香糖后缓解,下列说法**错误**的是
    A. 这样可以使咽鼓管鼓室口开放
    B. 咽鼓管咽口平时处于关闭状态
    C. 咽鼓管开放鼓室的气压与外界的大气压相等
    D. 减轻鼓膜的压力
    E. 这样可以使咽鼓管咽口开放

8. 女,40 岁,慢性中耳炎反复发作 5 年入院,行鼓室探查术后出现面神经瘫痪,术中可能伤及鼓室的
    A. 外侧壁　　　　　　　B. 内侧壁　　　　　　　C. 前壁
    D. 后壁　　　　　　　　E. 下壁

9. 男,23 岁,自幼右耳流脓,曾诊断为右耳慢性化脓性中耳炎。近日流脓加重,听力明显下降,并伴有右眼外展受限。考虑炎症累及的鼓室壁为
    A. 外侧壁　　　　　　　B. 内侧壁　　　　　　　C. 上壁
    D. 后壁　　　　　　　　E. 下壁

10. 女,12 岁,右耳闷、耳聋,查右耳听力为传导性耳聋,耳镜检查提示右耳鼓室积液,耳聋的原因是
    A. 外耳受损　　　　　　B. 中耳受损　　　　　　C. 蜗神经及传导通路受损
    D. 内耳炎症　　　　　　E. 鼓膜受损

11. 女,45 岁,1 个月前出现眩晕,伴有恶心、呕吐、波动性听力下降、耳鸣和耳闷胀感。经检查初步诊断为梅尼埃病,即迷路积水。迷路内的液体主要来自
    A. 前庭膜　　　　　　　B. 鼓膜　　　　　　　　C. 壶腹嵴
    D. 血管纹　　　　　　　E. 基底膜

12. 男,19 岁,乘坐电梯从地面迅速上升时感觉耳部不适,并出现耳内鼓胀、疼痛感。这种不适最可能是因为
    A. 鼓膜外凸刺激了痛觉神经　　　　　　　B. 鼓膜内陷刺激了痛觉神经
    C. 鼓膜内陷刺激了位听神经　　　　　　　D. 鼓膜外凸刺激了位听神经
    E. 鼓膜受到损伤

(三) A3 型题

(1~4 题共用题干)

膜迷路套于骨迷路内,是密闭的膜性管腔或囊,可分为椭圆囊、球囊、膜半规管及蜗管。椭圆囊上端的底部和前壁有椭圆囊斑,球囊的前上壁有球囊斑,膜壶腹内有隆起的壶腹嵴,蜗管的下壁上有螺旋器,外侧壁有血管纹。

1. 属于听觉感受器的是
    A. 螺旋器　　　　　　　B. 球囊斑　　　　　　　C. 椭圆囊斑
    D. 膜壶腹　　　　　　　E. 壶腹嵴

2. 能够感受头部静止的位置及直线变速运动刺激的是

    A. 椭圆囊斑　　　　　　　B. 血管纹　　　　　　　C. 蜗管

    D. 螺旋器　　　　　　　　E. 壶腹嵴

3. 能够感受头部旋转变速运动刺激的是

    A. 椭圆囊斑　　　　　　　B. 膜壶腹　　　　　　　C. 球囊斑

    D. 壶腹嵴　　　　　　　　E. 螺旋器

4. 下列结构中**不接受**外界环境刺激的是

    A. 椭圆囊斑　　　　　　　B. 螺旋器　　　　　　　C. 球囊斑

    D. 壶腹嵴　　　　　　　　E. 血管纹

（5~8 题共用题干）

男，4 岁，5 天前开始发热，伴有流涕、咳嗽，自服感冒药后，仍发热不退，且出现耳朵痛，并发现有分泌物自外耳道流出。检查：耳镜下可见右耳鼓膜中央性小穿孔，有淡黄色脓性分泌物。诊断为"急性化脓性中耳炎伴鼓膜穿孔"。

5. 小儿上呼吸道感染易引起中耳炎，其原因可能是

    A. 病菌经血液传播至中耳　　　　　　　B. 病菌经外耳进入中耳

    C. 病菌经咽鼓管进入中耳　　　　　　　D. 病菌经鼻腔进入中耳

    E. 病菌经半规管进入中耳

6. 给婴幼儿行鼓膜检查时，为了使外耳道变直，牵拉耳郭的方向是

    A. 向前上牵拉　　　　　　B. 向前下牵拉　　　　　　C. 向后上牵拉

    D. 向后下牵拉　　　　　　E. 向下牵拉

7. 关于咽鼓管的描述，正确的是

    A. 连接鼓室与口咽部　　　　　　　　　B. 分为内侧的软骨部和外侧的骨部

    C. 咽鼓管咽口最为狭窄　　　　　　　　D. 咽鼓管咽口始终处于开放状态

    E. 其鼓室口开口于鼓室前壁

8. 幼儿容易患中耳炎的原因是

    A. 幼儿咽鼓管短而宽，较为水平　　　　B. 幼儿抵抗力低

    C. 幼儿咽鼓管全部由软骨构成　　　　　D. 幼儿咽鼓管始终处于开放状态

    E. 幼儿咽鼓管管径较小

（9~12 题共用题干）

鼓室是位于颞骨岩部内含气的不规则腔隙，由 6 个壁围成，内含听小骨、韧带、肌、血管和神经等结构。

9. 部分人的鼓室下壁可能未骨化形成骨壁，这种情况下施行鼓膜或鼓室手术时，易伤及

    A. 面神经　　　　　　　　B. 颈内静脉　　　　　　C. 颈内动脉

    D. 听小骨链　　　　　　　E. 乳突窦

10. 鼓室成形术中易损伤的结构为

    A. 面神经　　　　　　　　B. 乳突窦　　　　　　　C. 鼓膜张肌

    D. 蜗神经　　　　　　　　E. 前庭神经

11. 镫骨肌受损可引起听觉过敏。镫骨肌的位置在鼓室

    A. 前壁　　　　　　　　　B. 下壁　　　　　　　　C. 后壁

    D. 内侧壁　　　　　　　　E. 外侧壁

12. 鼓室炎症的传播途径是

    A. 向上穿通薄的鼓室盖播散到颅后窝　　　B. 向下借小血管到颈内动脉

    C. 向内侧侵袭面神经管　　　D. 向后进入咽鼓管

    E. 向外直接进入乳突窦和乳突小房

(四) B1 型题

(1~4 题共用备选答案)

    A. 面神经管凸　　　B. 锥隆起　　　C. 前庭窗

    D. 蜗轴螺旋管　　　E. 蜗窗

1. 内藏面神经的是

2. 由第二鼓膜封闭的是

3. 内藏蜗神经节的是

4. 由镫骨底封闭的是

(5~8 题共用备选答案)

    A. 鼓室盖　　　B. 咽鼓管　　　C. 鼓膜

    D. 乳突窦　　　E. 锥隆起

5. 可平衡鼓膜两侧压力的是

6. 分隔鼓室与颅中窝的是

7. 容纳镫骨肌的是

8. 参与声波传导的是

(9~12 题共用备选答案)

    A. 螺旋器　　　B. 球囊斑　　　C. 壶腹嵴

    D. 内淋巴囊　　　E. 血管纹

9. 感受旋转运动刺激的是

10. 感受直线变速运动刺激的是

11. 感受声波刺激的是

12. 与内淋巴的产生有关的是

二、名词解释

1. 光锥　　　2. 咽鼓管　　　3. 耳蜗

4. 螺旋器　　　5. 膜迷路　　　6. 椭圆囊斑

7. 壶腹嵴　　　8. 听小骨链

三、问答题

1. 简述外耳道的构成和特点,以及如何观察成人和婴儿的外耳道。

2. 简述中耳鼓室各壁的构成、毗邻及临床意义。

3. 简述鼓膜的主要结构特点。

4. 简述咽鼓管的位置、分部和生理功能。

5. 简述幼儿咽鼓管较成人有何特点及其临床意义。

6. 试述内耳骨迷路和膜迷路的分部。

7. 简述内耳感受器的名称、位置及其功能。

8. 简述声音传导途径。

四、病例讨论

女,60岁,因反复左耳疼痛3年、流脓1年、听力下降入院。患者于3年前感冒后出现左耳疼痛,自服阿莫西林后病情好转。此后,反复出现感冒诱发左耳疼痛。1年前,左耳剧烈疼痛后,外耳道出现黄色脓性分泌物,伴臭味。耳镜检查可见左耳鼓膜紧张部大穿孔,鼓室干燥,纯音测听左耳气导平均损失40dB,行左侧鼓室探查加鼓膜修补术。做耳后切口,术中探查见鼓室内黏膜正常,咽鼓管口通畅,听骨链活动好,取颞肌筋膜行前内置后外置法修补鼓膜。术后第6天出现左侧不完全性周围性面瘫,分级V级。

问题:

(1)患者听力下降的原因可能是什么?

(2)简述该患者术后左侧不完全性周围性面瘫的发病原因及其解剖学原理。

(3)简述鼓室内侧壁的主要结构特点及意义。

参 考 答 案

一、选择题

(一) A1 型题

1. D 2. E 3. B 4. D 5. B 6. E 7. B 8. D 9. B 10. E 11. C 12. E 13. E
14. A 15. B 16. D 17. C 18. C 19. D 20. A 21. B 22. A 23. E 24. D 25. B
26. D 27. A 28. C 29. D 30. B 31. D 32. A 33. A 34. E 35. B 36. A 37. C
38. B 39. D 40. A

(二) A2 型题

1. C 2. D 3. E 4. D 5. A 6. D 7. A 8. B 9. C 10. B 11. D 12. A

(三) A3 型题

1. A 2. A 3. D 4. E 5. C 6. D 7. E 8. A 9. B 10. A 11. C 12. C

(四) B1 型题

1. A 2. E 3. D 4. C 5. B 6. A 7. E 8. C 9. C 10. B 11. A 12. E

二、名词解释

1. 光锥:在鼓膜紧张部的前下部有一三角形的反光区,称光锥。

2. 咽鼓管:为连通鼻咽部与鼓室之间的通道,斜向前内下方,长3.5~4.0cm,其作用是使鼓室内的气压与外界的大气压相等,以保持鼓膜内、外两面的压力平衡。

3. 耳蜗:为骨迷路的一部分,位于前庭的前方,形如蜗牛壳。尖向前外方,称为蜗顶;底朝向后内方,称为蜗底,对向内耳道底。耳蜗由蜗轴和蜗螺旋管构成。

4. 螺旋器:在蜗管下壁螺旋膜上有听觉感受器,称螺旋器,又称Corti器,能感受声波的刺激。

5. 膜迷路:为套在骨迷路内封闭的膜性管和囊,借纤维束固定于骨迷路的壁上,由椭圆囊和球囊、膜半规管及蜗管组成,内充满内淋巴。

6. 椭圆囊斑:在椭圆囊上端的底部和前壁有感觉上皮,称椭圆囊斑,是位觉感受器,能感受头部静止的位置及直线变速运动(水平加速)引起的刺激。

7. 壶腹嵴:在膜半规管的膜壶腹上有一嵴状隆起,称壶腹嵴,是位觉感受器,能感受头部旋转运动的刺激。

8. 听小骨链:鼓室内的锤骨借柄连于鼓膜,中间为砧骨,继而以镫骨底封闭前庭窗,它们在鼓膜与前庭窗之间以关节和韧带连结成听小骨链,连于鼓膜与前庭窗之间,可增强声波的振动力而减小振幅。

三、问答题

1. 简述外耳道的构成及特点,以及如何观察成人和婴儿的外耳道。

答:外耳道是从外耳门至鼓膜的管道,约呈一斜形的 S 状弯曲,从外向内,先斜向前上方,继而水平转向后,最后又转向前下方。外耳道外 1/3 为软骨部,与耳郭的软骨相延续;内 2/3 为骨性部,是由颞骨鳞部和鼓部围成的椭圆形短管。两部交界处较狭窄。观察成人外耳道时须将耳郭向后上方牵拉,观察婴儿外耳道时则向后下方牵拉耳郭。

2. 简述中耳鼓室各壁的构成、毗邻及临床意义。

答:鼓室位于颞骨岩部内,为一含气的不规则的小腔,由 6 个壁围成。

(1)外侧壁:鼓室外侧壁大部分由鼓膜构成。在鼓膜上方为骨性部,即鼓室上隐窝的外侧壁,借鼓膜与外耳道相隔。

(2)上壁:又称鼓室盖壁,由颞骨岩部前面外侧的鼓室盖构成,邻颅中窝。中耳疾病可能侵犯此壁,引起耳源性颅内并发症。

(3)下壁:为颈静脉壁,仅为一薄层骨板,将鼓室与颈静脉窝分隔。该壁可能未骨化形成骨壁,仅借黏膜和纤维结缔组织分隔鼓室和颈静脉球。对这种患者施行鼓膜或鼓室手术时,极易伤及颈静脉球而发生严重出血。

(4)前壁:为颈动脉壁,即颈动脉管的后外壁。该壁的上方有咽鼓管的开口,鼓室借咽鼓管通向鼻咽部。

(5)内侧壁:是内耳前庭部的外侧壁,又称迷路壁。紧邻内耳。在内侧壁前庭窗后上方有一弓形隆起,称面神经管凸,内藏面神经。此管壁骨质甚薄,甚至缺如,中耳的炎症或手术易伤及面神经。

(6)后壁:为乳突壁,上部有乳突窦的入口,鼓室借乳突窦向后通入乳突小房。中耳炎易侵入乳突小房而引起乳突炎。

3. 简述鼓膜的主要结构特点。

答:鼓膜呈斜位,位于外耳道和鼓室之间,分隔外耳道和鼓室,并构成鼓室外侧壁的大部分。其外侧面朝向前、下、外,与外耳道底约成 45°~50° 的倾斜角,因而外耳道的前、下壁较长。婴儿鼓膜更为倾斜,几乎呈水平位。鼓膜边缘附着于颞骨鼓部和鳞部,周缘较厚。鼓膜中心向内凹陷,为锤骨柄末端附着处,称鼓膜脐。由鼓膜脐沿锤骨柄向上,鼓膜向前、后形成锤骨前襞和锤骨后襞。两襞之间,鼓膜上 1/4 的三角区,为松弛部,薄而松弛;而两襞下方的鼓膜下 3/4 部固定于鼓膜环沟内,坚实而紧张,称为紧张部。紧张部的前下部有一三角形的反光区,称光锥。

4. 简述咽鼓管的位置、分部和生理功能。

答:

（1）位置：连通鼻咽部与鼓室之间的管道，斜向前内下方。

（2）分部：①前内侧份为软骨部，近咽侧 2/3；②后外侧份为骨部，近鼓室侧 1/3。

（3）功能：咽鼓管使鼓室内的气压与外界的大气压相等，以保持鼓膜内、外两面的压力平衡。

5. 简述幼儿咽鼓管较成人有何特点及其临床意义。

答：与成人相比，幼儿咽鼓管短、管径较大，接近水平位，故咽部感染易沿咽鼓管侵入鼓室。

6. 试述内耳骨迷路和膜迷路的分部。

答：内耳形状不规则，由弯曲复杂的管道构成，又称迷路，可分为骨迷路和膜迷路两部分，两者形状相似，皆为内部连续而不规则的腔隙结构。骨迷路为颞骨岩部骨密质围成的骨性隧道，包括耳蜗、前庭、骨半规管 3 部分。膜迷路套于骨迷路内，是密闭的膜性管腔或囊，可分为位于前庭内的前庭迷路椭圆囊、球囊，位于骨半规管内的膜半规管和位于耳蜗内的蜗迷路蜗管。

7. 简述内耳感受器的名称、位置及其功能。

答：内耳感受器的名称、位置及功能见表 8-2。

表 8-2　内耳感受器的名称、位置及功能

名称	位置	功能
椭圆囊斑	椭圆囊上端的底部和前壁	位觉感受器，能感受头部静止的位置及直线变速运动（水平加速）引起的刺激
球囊斑	球囊的前上壁	位觉感受器，感受头部静止的位置及直线变速运动（垂直加速）引起的刺激
壶腹嵴	膜半规管膨大的膜壶腹内的壁上	位觉感受器，能感受头部旋转运动的刺激
螺旋器	螺旋膜上	听觉感受器，能感受声波的刺激

8. 简述声音传导途径。

答：声音的传导可分为空气传导和骨传导两条路径。正常情况下以空气传导为主。

空气传导：声波经外耳道传至鼓膜，引起鼓膜振动，继而使听小骨链随之运动，将声波转换成机械振动并加以放大，经镫骨底传至前庭窗，引起前庭阶的外淋巴波动。外淋巴波动经前庭膜传至内淋巴，内淋巴的波动刺激基底膜上的螺旋器，产生神经冲动，再经蜗神经传入中枢，产生听觉。

骨传导：指声波经颅骨传入内耳的过程。声波的冲击和鼓膜的振动可经颅骨和骨迷路传入，使耳蜗内的外淋巴和内淋巴波动，刺激基底膜上的螺旋器产生神经兴奋，引起较弱听觉。

四、病例讨论

女，60 岁，因反复左耳疼痛 3 年、流脓 1 年、听力下降入院。患者于 3 年前感冒后出现左耳疼痛，自服阿莫西林后病情好转。此后，反复出现感冒诱发左耳疼痛。1 年前，左耳剧烈疼痛后，外耳道出现黄色脓性分泌物，伴臭味。耳镜检查可见左耳鼓膜紧张部大穿孔，鼓室干燥，纯音测听左耳气导平均损失 40dB，行左侧鼓室探查加鼓膜修补术。做耳后切口，术中探查见鼓室内黏膜正常，咽鼓管口通畅，听骨链活动好，取颞肌筋膜行前内置后外置法修补鼓膜。术后第 6 天出现左侧不完全性周围性面瘫，分级 V 级。

问题：

（1）患者听力下降的原因可能是什么？

（2）简述该患者术后左侧不完全性周围性面瘫的发病原因及其解剖学原理。

（3）简述鼓室内侧壁的主要结构特点及意义。

答：

（1）患者听力下降的原因是反复发作的慢性中耳炎症导致鼓膜穿孔，影响了声音的空气传导。

（2）患者术后发生左侧不完全性周围性面瘫的原因可能是鼓室探查术中伤及面神经管凸中的面神经。在鼓室内侧壁前庭窗的后上方有弓形隆起的面神经管凸，该部位面神经管壁骨质甚薄，故手术时易伤及管内的面神经。

（3）鼓室内侧壁，又称迷路壁，与内耳相隔，是内耳前庭部的外侧壁。其中部有圆形的隆起，称岬，由耳蜗第一圈的隆凸形成。岬的后上方有一卵圆形小孔，称前庭窗或卵圆窗，通向前庭。在活体，由镫骨底及其周缘的韧带将前庭窗封闭。岬的后下方有一圆形小孔，称蜗窗或圆窗，在活体上由第二鼓膜封闭。前庭窗的后上方有一弓形隆起，称面神经管凸，内藏面神经。面神经管壁骨质甚薄，中耳炎或手术时易伤及面神经。

（张 静　孙晋浩）

第九章

神经系统

第一节 总论

学习指导

(一) 学习目的

能够复述:神经系统的区分;灰质、白质、纤维束、神经、神经核、神经节和网状结构的概念。

能够说明:神经系统在人体中的作用和地位;神经系统的组成和活动方式。

明确:神经元的分类、神经纤维、突触和反射的概念。

(二) 学习要点

1. 神经系统分为中枢部和周围部 中枢部包括脑和脊髓,也称中枢神经系统。周围部包括脑神经和与脊髓相连的脊神经,又称周围神经系统。根据分布不同,周围神经系统可分为躯体神经和内脏神经。根据功能不同,周围神经系统又可分为感觉神经和运动神经。感觉神经又称传入神经,运动神经又称传出神经。内脏神经中的传出神经又称自主神经或植物神经,根据功能不同可分为交感神经和副交感神经。

2. 神经系统的组成 神经系统主要由神经组织构成。神经组织有神经细胞(或称神经元)以及神经胶质细胞(或称神经胶质)两种细胞成分。神经元是神经系统结构和功能的基本单位,具有感受刺激和传导神经冲动的功能,由胞体和突起两部分构成。突起按其形态构造分为树突和轴突。神经元根据突起的数目可分为假单极神经元、双极神经元和多极神经元;根据功能和传导方向可分为感觉神经元(又称传入神经元)、运动神经元(又称传出神经元)和联络神经元;根据神经元合成和分泌化学递质的不同可分为胆碱能神经元、单胺能神经元、氨基酸能神经元和肽能神经元。突触是神经元与神经元之间或神经元与效应器之间传递信息的特化的接触区域,是神经系统信息传递的关键部位。神经胶质细胞不能传导神经冲动,其数量远多于神经元,具有支持、营养、保护、修复、免疫和再生等功能。神经胶质细胞有中枢神经系统内的星形胶质细胞、少突胶质细胞、小胶质细胞、室管膜细胞等,以及周围神经系统的施万细胞和卫星细胞等。

3. 神经系统的常用术语 在中枢部,神经元胞体及其树突的聚集部位在新鲜标本中色泽灰暗,称灰质;神经纤维聚集的部位,因髓鞘含类脂质而色泽明亮,称白质;配布于大脑和小脑表面的灰质称皮质;位于大脑和小脑皮质深部的白质称髓质;形态和功能相似的神经元胞体聚集成团或柱,称神经核;起止、行程和功能基本相同的神经纤维集合在一起,称为纤维束。在周围部,神经纤维聚集成束,外包结缔组织膜,称神经;神经元胞体聚集处称神经节。

4. 神经系统的活动方式 反射是神经系统的基本活动方式。反射的结构基础是反射弧,由感受器、传入神经、中枢、传出神经和效应器构成。

复习思考题

一、选择题

(一) A1 型题

1. 神经组织的两种主要细胞是
   A. 神经细胞和胶质细胞
   B. 神经元和星形胶质细胞
   C. 神经细胞和少突胶质细胞
   D. 星形胶质细胞和少突胶质细胞
   E. 神经元和施万细胞

2. 依据功能和传导方向,将神经元分为
   A. 假单极神经元、双极神经元和多极神经元
   B. 传入神经元、传出神经元和中间神经元
   C. 胆碱能神经元、单胺能神经元和肽能神经元
   D. 假单极神经元、双极神经元和中间神经元
   E. 传入神经元、传出神经元和运动神经元

3. 关于突触的描述,正确的是
   A. 分为化学突触和电突触
   B. 分为树突和轴突
   C. 电突触是神经系统内部信息传递的主要方式
   D. 化学突触的信息中介是局部电流
   E. 化学突触的传递为双向性,传导速度快

4. 化学突触的三个部分包括
   A. 突触前膜、突触后膜和突触小泡
   B. 突触前部、突触后部和突触小泡
   C. 突触前部、突触后部和突触间隙
   D. 突触小泡、突触后膜和突触间隙
   E. 突触前膜、突触小泡和突触间隙

5. 胞质中含有 GFAP 的胶质细胞是
   A. 施万细胞　　　　　B. 室管膜细胞　　　　　C. 小胶质细胞
   D. 少突胶质细胞　　　E. 星形胶质细胞

6. 中枢神经系统中形成髓鞘的细胞是
   A. 施万细胞　　　　　B. 室管膜细胞　　　　　C. 小胶质细胞
   D. 少突胶质细胞　　　E. 星形胶质细胞

7. 周围神经系统中形成髓鞘的细胞是
   A. 施万细胞　　　　　B. 室管膜细胞　　　　　C. 小胶质细胞
   D. 少突胶质细胞　　　E. 星形胶质细胞

(二) B1 型题

(1~5 题共用备选答案)

A. 灰质	B. 白质	C. 神经核
D. 神经节	E. 髓质	

1. 在中枢部,神经元胞体及其树突的聚集部位被称为
2. 在中枢部,形态和功能相似的神经元胞体聚集成团或柱,被称为
3. 在中枢部,神经纤维聚集的部位被称为
4. 位于大脑和小脑皮质深部的白质被称为
5. 在周围部,神经元胞体聚集处被称为

二、名词解释题

1. 灰质	2. 白质	3. 皮质
4. 髓质	5. 神经核	6. 纤维束
7. 神经	8. 神经节	9. 神经纤维
10. 突触	11. 化学突触	12. 电突触
13. 反射弧		

三、问答题

1. 简述神经系统的分部。
2. 简述神经元的构造。
3. 根据突起的数目,神经元可分为哪几类?
4. 根据功能和传导方向,神经元可分为哪几类?
5. 简述神经系统的基本活动方式及结构基础。

参 考 答 案

一、选择题

(一) A1 型题

1. A　2. B　3. A　4. C　5. E　6. D　7. A

(二) B1 型题

1. A　2. C　3. B　4. E　5. D

二、名词解释

1. 灰质:在中枢部,神经元胞体及其树突的聚集部位在新鲜标本中色泽灰暗,称灰质。
2. 白质:在中枢部,神经纤维聚集的部位,因髓鞘含类脂质而色泽明亮,称白质。
3. 皮质:配布于大脑和小脑表面的灰质称皮质。
4. 髓质:位于大脑和小脑皮质深部的白质称髓质。
5. 神经核:在中枢部,形态和功能相似的神经元胞体聚集成团或柱,称神经核。
6. 纤维束:在中枢部,凡起止、行程和功能基本相同的神经纤维集合在一起,称为纤维束。

7. 神经:在周围部,神经纤维聚集成束,外包结缔组织膜,称神经。

8. 神经节:在周围部,神经元胞体聚集处称神经节。

9. 神经纤维:神经元较长的突起被髓鞘和神经膜所包裹,称为神经纤维。若被髓鞘和神经膜共同包裹,称有髓纤维。仅为神经膜所包裹,则为无髓纤维。

10. 突触:是神经元与神经元之间或神经元与效应细胞之间传递信息的特化的接触区域,通过它可实现细胞与细胞间的通信。

11. 化学突触:以释放化学递质为中介的突触为化学突触。

12. 电突触:以电位扩布的方式进行信息传递的突触为电突触。

13. 反射弧:是反射的结构基础,由感受器、传入神经、中枢、传出神经和效应器构成。

三、问答题

1. 简述神经系统的分部。

答:神经系统在结构和功能上是一个整体,为了叙述方便,将其分为中枢部和周围部。中枢部包括位于颅腔内的脑和位于椎管内的脊髓,也称中枢神经系统。周围部是指与脑相连的脑神经和与脊髓相连的脊神经,又称周围神经系统。根据分布不同,周围神经系统可分为分布于体表、骨、关节和骨骼肌等的躯体神经和分布于内脏、心血管、平滑肌和腺体等的内脏神经。根据功能不同,周围神经系统又可分为感觉神经和运动神经。感觉神经将神经冲动自感受器传向中枢,故又称传入神经;运动神经将神经冲动自中枢传向周围的效应器,故又称传出神经。内脏神经中的传出神经,即内脏运动神经支配平滑肌、心肌和腺体,其活动不受人的主观意志控制,故又称自主神经或植物神经,根据功能不同可分为交感神经和副交感神经。

2. 简述神经元的构造。

答:神经元由胞体和突起两部分构成。胞体是神经元的代谢中心,形态和大小不一。细胞核大而圆,核仁明显。胞质内含有神经细胞所特有的尼氏体、神经原纤维以及发达的高尔基复合体和丰富的线粒体。突起是神经元的胞体向外突出的部分,按其形态构造分为树突和轴突。树突为胞体发出的树枝状突起,较短且数量较多。树突基部较宽,向外逐渐变细并反复分支,其分支上有大量的棘状微小突起,称树突棘,是接收信息的装置。轴突是由胞体发出的一条细长且粗细均匀的突起,其末端发出许多终末分支,称轴突终末,可与其他神经元的树突或胞体形成突触或直接到达效应器。

3. 根据突起的数目,神经元可分为哪几类?

答:神经元根据突起的数目可分为:①假单极神经元。自胞体发出一个突起,随即呈 T 形分叉为两支:一支至周围的感受器,称周围突;另一支入脑或脊髓,称中枢突。脑神经节和脊神经节中的感觉神经元属于此类。②双极神经元。自胞体两端各发出一个突起,分别是止于感受器的周围突和进入中枢神经系统的中枢突,如位于视网膜内的双极细胞、内耳的前庭神经节和蜗神经节内的感觉神经元等。③多极神经元,具有多个树突和一个轴突,中枢神经系统内的神经元绝大部分属于此类。

4. 根据功能和传导方向,神经元可分为哪几类?

答:神经元根据功能和传导方向可分为:①感觉神经元,又称传入神经元,将内、外环境的各种刺激传向中枢部,多为假单极神经元和双极神经元。②运动神经元,又称传出神经元,将神经冲动自中枢部传向身体各部,支配骨骼肌或控制心肌、平滑肌和腺体的活动,多极神经元属于此类。③联络神经元,又称中间神经元,位于感觉和运动神经元之间,起联络作用。绝大多数中枢神经系统内的神经元属于此类,构成复杂的神经网络。

5. 简述神经系统的基本活动方式及结构基础。

答:神经系统的基本活动方式是反射。机体通过反射对内、外环境的各种刺激作出适宜的反应。反射的结构基础是反射弧。反射弧由感受器、传入神经、中枢、传出神经和效应器构成。

(李 莎　崔慧先)

第二节　中枢神经系统

一、脊　髓

学 习 指 导

(一) 学习目的

能够复述:脊髓的位置和形态。

能够解释:脊髓节段及其与椎骨的对应关系。

能够说明:脊髓横切面上灰质的配布各部名称及其结构。

能够分析:脊髓主要上行纤维束——薄束、楔束、脊髓丘脑束的位置和功能,以及脊髓主要下行纤维束——皮质脊髓侧束、皮质脊髓前束的位置和功能。

(二) 学习要点

脊髓位于椎管内,上起枕骨大孔与延髓相连,下至第 1 腰椎,通过终丝固定于尾骨。

1. 脊髓的外形　脊髓呈前后略扁的圆柱形,全长有两个膨大,即颈膨大($C_3 \sim T_2$)与腰骶膨大($L_1 \sim S_3$),分别与上肢和下肢的出现有关。脊髓表面有六条纵沟,将脊髓分成对称的前索、外侧索和后索,前外侧沟和后外侧沟分别有脊神经前根和后根的根丝附着。脊髓下端逐渐变细为脊髓圆锥,末端连有终丝。终丝周围有脊神经根丝组成的马尾。脊髓分 31 个节段,上颈髓节段($C_1 \sim C_4$)大致平对同序数的椎骨,下颈髓节段($C_5 \sim C_8$)和上胸髓节段($T_1 \sim T_4$)约平对同序数椎骨的上一块椎骨,中胸髓节段($T_5 \sim T_8$)约平对同序数椎骨的上两块椎骨,下胸髓节段($T_9 \sim T_{12}$)约平对同序数椎骨的上三块椎骨,腰髓节段约平对第 10~12 胸椎,骶髓、尾髓节段约平对第 1 腰椎。

2. 脊髓的内部结构

(1) 脊髓灰质呈 H 形,分前角、后角、中间带和中央灰质,胸髓和上腰髓横断面上尚有侧角。前角主要含躯体运动神经元,后角主要含躯体感觉神经元,中间带主要有内脏运动和内脏感觉神经元。中间外侧核为交感神经的低级中枢,骶副交感核为副交感神经的低级中枢。

(2) 脊髓白质主要含有上行纤维(感觉纤维)、下行纤维(运动纤维)和脊髓内部的固有纤维,也可称之为上行传导束、下行传导束和固有束。薄束和楔束传导躯干和四肢的意识性本体感觉和精细触觉,位于后索;脊髓丘脑束传导躯干和四肢的痛觉、温度觉和粗触压觉,分为脊髓丘脑前束和脊髓丘脑侧束,分别位于前索和外侧索;皮质脊髓束传导大脑皮质发出的运动指令,控制躯干和四肢的骨骼肌的活动,分皮质脊髓前束、皮质脊髓侧束和皮质脊髓前外侧束。

3. 脊髓的功能

(1) 上行和下行的传导通路:连接高级中枢和外周感受器、效应器。脊髓损伤会导致感觉和运动功能障碍。脊髓全横断会导致脊髓休克,脊髓半横断会导致布朗-塞卡综合征,脊髓空洞症会导致感觉分离,脊髓前角损伤会导致弛缓性瘫痪。

（2）反射功能:脊髓作为低级中枢,可以完成一些基本的反射活动,如牵张反射、屈曲反射、排尿反射、排便反射等。

复习思考题

一、选择题

（一）A1 型题

1. 以下关于终丝的描述,正确的是
   A. 是脊髓的膨大部分　　　　　　　　B. 是脊髓末端变细的部分
   C. 约平对第 2 腰椎下缘　　　　　　　D. 由结缔组织组成
   E. 附着于骶骨

2. 平对第 6 胸髓节段的椎体是
   A. 第 6 胸椎体　　　　　B. 第 8 胸椎体　　　　　C. 第 10 胸椎体
   D. 第 4 胸椎体　　　　　E. 第 7 胸椎体

3. 薄束和楔束在脊髓表面的分界标志是
   A. 前正中裂　　　　　B. 后正中沟　　　　　C. 前外侧沟
   D. 后外侧沟　　　　　E. 后中间沟

4. 以下关于马尾的描述,正确的是
   A. 是脊髓末端变细的部分　　　　　　B. 由结缔组织组成
   C. 由脊神经组成　　　　　　　　　　D. 由脊神经根与终丝组成
   E. 脊髓圆锥下方,围绕终丝的脊神经根

5. 以下关于脊髓圆锥的描述,正确的是
   A. 是脊髓的膨大部分　　　　　　　　B. 是脊髓末端变细的部分
   C. 约平对第 2 腰椎下缘　　　　　　　D. 由结缔组织组成
   E. 附着于尾骨背面

6. 有关脊髓节段的描述,错误的是
   A. 颈髓 7 节　　　　　B. 胸髓 12 节　　　　　C. 腰髓 5 节
   D. 骶髓 5 节　　　　　E. 尾髓 1 节

7. 胶状质属于脊髓灰质的
   A. Ⅰ层　　　　B. Ⅱ层　　　　C. Ⅲ层　　　　D. Ⅳ层　　　　E. Ⅴ层

8. 后角固有核位于脊髓灰质的
   A. Ⅰ、Ⅱ层　　　　　B. Ⅱ、Ⅲ层　　　　　C. Ⅲ、Ⅳ层
   D. Ⅳ、Ⅴ层　　　　　E. Ⅴ、Ⅵ层

9. 关于脊髓灰质中间外侧核的描述,正确的是
   A. 在Ⅶ层中央灰质外围　　　　　　　B. 为副交感神经的低级中枢
   C. 发出纤维经脊神经后根至交感干　　D. 发出纤维组成盆内脏神经
   E. 位于侧角

10. 关于脊髓前角运动神经元的描述,正确的是
    A. 位于Ⅹ层
    B. 包括大型的 α 运动神经元和小型的 γ 运动神经元
    C. α 运动神经元支配梭内肌
    D. γ 运动神经元支配梭外肌
    E. 反馈抑制 Renshaw 细胞

11. 关于薄束和楔束的描述,正确的是
    A. 起于肌、腱、关节和皮肤的感受器
    B. 止于延髓的薄束核和楔束核
    C. 传递非意识性本体感觉信息
    D. 薄束位于后索外侧部,楔束位于内侧部
    E. 损伤后出现共济失调

12. 关于脊髓丘脑束的描述,正确的是
    A. 包括脊髓丘脑前束和脊髓丘脑侧束
    B. 脊髓丘脑前束主要传递痛温觉信息
    C. 脊髓丘脑侧束主要传递粗触觉、压觉信息
    D. 纤维起自脊神经节
    E. 经脊髓灰质Ⅰ和Ⅳ~Ⅷ层中继后止于背侧丘脑

13. 有关皮质脊髓束的描述,**错误**的是
    A. 属锥体系
    B. 皮质脊髓侧束主要止于前角外侧核
    C. 皮质脊髓前束止于双侧的前角运动神经元
    D. 皮质脊髓前外侧束由交叉的纤维组成
    E. 支配躯干肌的前角运动神经元接受双侧皮质脊髓束的支配

14. 有关脊髓小脑束的描述,正确的是
    A. 脊髓小脑前束位于脊髓前索
    B. 脊髓小脑后束位于脊髓后索
    C. 脊髓小脑前束经小脑下脚进入小脑
    D. 脊髓小脑后束经小脑上脚进入小脑
    E. 传递非意识性本体感觉和触、压觉信息至小脑

15. 有关红核脊髓束的描述,**错误**的是
    A. 起自中脑红核   B. 至脊髓灰质Ⅴ~Ⅶ层
    C. 上行于脊髓外侧索   D. 兴奋屈肌运动神经元
    E. 抑制伸肌运动神经元

16. 有关前庭脊髓束的描述,**错误**的是
    A. 起于前庭神经核
    B. 在脊髓前索外侧部下行
    C. 止于脊髓灰质Ⅷ层和部分Ⅶ层
    D. 抑制伸肌运动神经元
    E. 在调节身体平衡中起作用

17. 参与视觉、听觉姿势反射活动的纤维束是
    A. 网状脊髓束　　　　B. 顶盖脊髓束　　　　C. 内侧纵束
    D. 前庭脊髓束　　　　E. 红核脊髓束

18. 参与协调眼球运动和头部姿势的纤维束是
    A. 网状脊髓束　　　　B. 顶盖脊髓束　　　　C. 内侧纵束
    D. 前庭脊髓束　　　　E. 红核脊髓束

19. 损伤后导致本体感觉丧失的纤维束是
    A. 薄束、楔束　　　　B. 脊髓丘脑束　　　　C. 脊髓小脑束
    D. 皮质脊髓束　　　　E. 红核脊髓束

20. 损伤后导致肢体瘫痪的纤维束是
    A. 红核脊髓束　　　　B. 脊髓丘脑束　　　　C. 顶盖脊髓束
    D. 皮质脊髓侧束　　　E. 皮质脊髓前束

21. 损伤后导致对侧损伤平面以下痛温觉丧失的纤维束是
    A. 网状脊髓束　　　　B. 脊髓丘脑束　　　　C. 脊髓小脑束
    D. 皮质脊髓束　　　　E. 顶盖脊髓束

22. 损伤后不会引起明显功能障碍的纤维束是
    A. 薄束、楔束　　　　B. 脊髓丘脑束　　　　C. 脊髓小脑束
    D. 皮质脊髓侧束　　　E. 皮质脊髓前束

23. 损伤后导致共济失调的纤维束是
    A. 脊髓丘脑前束　　　B. 脊髓丘脑侧束　　　C. 脊髓小脑束
    D. 皮质脊髓侧束　　　E. 皮质脊髓前束

24. 有关脊髓固有束的描述,错误的是
    A. 脊髓固有束纤维局限于脊髓内
    B. 脊髓内的神经元均属于脊髓固有束神经元
    C. 其纤维主要集中于脊髓灰质周围
    D. 完成脊髓节段内和节段间的整合和调节功能
    E. 脊髓横断后,脊髓固有束系统介导了几乎所有的内脏运动功能

25. 有关脊髓功能的描述,错误的是
    A. 接收初级感觉信息
    B. 是躯体和内脏运动的低级中枢
    C. 将中继后的感觉信息以及脊髓自身的信息上传到高级中枢
    D. 各种基本反射的中枢
    E. 发出随意运动信息

26. 脊髓反射反射弧的组成成分不包括
    A. 感受器　　　　　　　　　　　B. 效应器
    C. 脊神经节内感觉神经元及后根传入纤维　D. 脊髓白质上行纤维
    E. 脊髓运动神经元及前根传出纤维

27. 骨骼肌在受到外力牵拉伸长时,引起其收缩的反射属于
    A. 内脏-躯体反射　　B. 牵张反射　　　　C. γ-环路反射
    D. 屈曲反射　　　　　E. 躯体-内脏反射

28. 患者双侧对称分布的痛温觉消失,而本体感觉和精细触觉无障碍,可能损伤的部位是
    A. 脊髓横断　　　　　　B. 脊髓半横断　　　　　　C. 脊髓白质前连合受损
    D. 脊髓前角损伤　　　　E. 脊髓后角损伤

29. 下列关于脊髓的描述,正确的是
    A. 位于椎管内,占据椎管全长
    B. 前正中裂较浅,后正中沟较深
    C. 前正中裂有脊神经前根附着,后正中沟有脊神经后根附着
    D. 脊髓末端逐渐变细,称脊髓圆锥
    E. 脊髓全长有两处膨大,胸膨大和腰骶膨大

30. 关于脊髓功能的描述,错误的是
    A. 一侧脊髓半横断导致对侧上下肢瘫痪
    B. 一侧脊髓半横断导致对侧痛温觉丧失
    C. 脊髓空洞症患者会出现感觉分离
    D. 脊髓前角受损会导致弛缓性瘫痪
    E. 脊髓是上、下行传导通路的中继站

31. 交感神经的低级中枢是
    A. 中间外侧核　　　　　B. 中间内侧核　　　　　C. 骶副交感核
    D. 后角固有核　　　　　E. 胸核

32. 管理骨骼肌活动的神经元主要位于脊髓灰质的
    A. 前角　　　B. 后角　　　C. 中间带　　　D. 侧角　　　E. 中央灰质

(二) A2 型题

1. 女,31岁,脊柱外伤,MRI 检查显示第 3 胸椎骨折,可能伤及的脊髓节段是
    A. 第 5 胸髓　　　　　B. 第 8 胸髓　　　　　C. 第 10 胸髓
    D. 第 4 胸髓　　　　　E. 第 7 胸髓

2. 男,42岁,左下肢本体感觉丧失,可能损伤了
    A. 右侧薄束　　　　　B. 左侧楔束　　　　　C. 脊髓小脑束
    D. 右侧楔束　　　　　E. 左侧薄束

3. 女,40岁,左下肢痛温觉丧失,可能损伤了
    A. 右侧薄束、楔束　　　B. 右侧脊髓丘脑束　　　C. 左侧薄束、楔束
    D. 脊髓丘脑束　　　　　E. 左侧脊髓丘脑束

4. 男,1岁,脊髓灰质炎后,右上肢瘫痪,肌张力下降,但感觉正常,可能损伤了
    A. 前角运动神经元　　　　　　B. 左侧前角运动神经元
    C. 右侧前角运动神经元　　　　D. 右侧颈膨大处前角运动神经元
    E. 左侧颈膨大处前角运动神经元

5. 女,19岁,双下肢痛温觉障碍,但精细触觉正常,可能损伤了
    A. 脊髓丘脑束　　　　　B. 薄束、楔束　　　　　C. 白质前联合
    D. 双侧脊髓丘脑束　　　E. 脊髓小脑束

6. 男,28岁,脊柱外伤导致运动共济失调,可能损伤了
    A. 脊髓丘脑前束　　　　B. 脊髓丘脑侧束　　　　C. 脊髓小脑束
    D. 皮质脊髓侧束　　　　E. 皮质脊髓前束

7. 女,30 岁,左上肢本体感觉丧失,下肢正常,可能损伤了
   A. 右侧薄束　　　　　　　B. 左侧楔束　　　　　　　C. 脊髓小脑束
   D. 右侧楔束　　　　　　　E. 左侧薄束

8. 男,53 岁,脊柱外伤导致右下肢瘫痪,肌张力增高,腱反射亢进,可能损伤了
   A. 右侧皮质脊髓侧束　　　　　　　　　B. 左侧皮质脊髓前束
   C. 右侧脊髓小脑束　　　　　　　　　　D. 左侧皮质脊髓侧束
   E. 右侧皮质脊髓前束

9. 男,38 岁,为一脊髓空洞症患者。脊髓空洞症导致的感觉分离(浅感觉消失,深感觉存在),是因为
   A. 灰质前连合受损,后索完好　　　　　B. 白质前连合受损,后索完好
   C. 后索受损,白质前连合完好　　　　　D. 后索受损,灰质前连合完好
   E. 灰质前角受损,白质完好

(三) A3 型题

(1~5 题共用题干)

男,45 岁,脊柱外伤患者,检查发现:椎骨骨折,右下肢瘫痪,腱反射亢进,本体感觉丧失,左半身剑突以下痛温觉丧失。

1. 脊髓损伤的部位是
   A. 第 5 胸髓　　　　　　　B. 第 8 胸髓　　　　　　　C. 第 10 胸髓
   D. 第 4 胸髓　　　　　　　E. 第 7 胸髓

2. 椎骨骨折的部位是
   A. 第 6 胸椎　　　　　　　B. 第 5 胸椎　　　　　　　C. 第 7 胸椎
   D. 第 3 胸椎　　　　　　　E. 第 2 胸椎

3. 下肢瘫痪,腱反射亢进,可能损伤的纤维束是
   A. 脊髓丘脑前束　　　　　B. 脊髓丘脑侧束　　　　　C. 脊髓小脑束
   D. 皮质脊髓侧束　　　　　E. 皮质脊髓前束

4. 本体感觉丧失,可能损伤的纤维束是
   A. 薄束、楔束　　　　　　B. 脊髓丘脑束　　　　　　C. 脊髓小脑束
   D. 皮质脊髓侧束　　　　　E. 皮质脊髓前束

5. 剑突以下痛温觉丧失,可能损伤的纤维束是
   A. 薄束、楔束　　　　　　B. 脊髓丘脑侧束　　　　　C. 脊髓小脑束
   D. 皮质脊髓侧束　　　　　E. 皮质脊髓前束

(6~8 题共用题干)

男,59 岁,背上被人戳了一刀,检查发现右侧胸骨角平面以下痛温觉消失,左侧上、下肢瘫痪,左上肢内侧有一条带状区域感觉消失,其余部位浅感觉正常。

6. 关于患者受伤的部位,下列说法正确的是
   A. 伤及脊神经,未伤及脊髓
   B. 脊神经和脊髓都有损伤,损伤部位在左侧
   C. 脊神经和脊髓都有损伤,损伤部位在右侧
   D. 脊髓受伤,脊神经未受伤,损伤部位在左侧
   E. 脊髓受伤,脊神经未受伤,损伤部位在右侧

7. 该患者最有可能受损的脊髓节段是

    A. 第 1 胸髓   B. 第 3 胸髓   C. 第 5 胸髓

    D. 第 4 胸髓   E. 第 6 胸髓

8. 上、下肢瘫痪，浅感觉丧失所对应的受损传导束分别是

    A. 皮质脊髓束与脊髓丘脑束   B. 皮质脊髓束与薄束、楔束

    C. 红核脊髓束与薄束、楔束   D. 皮质核束与脊髓丘脑束

    E. 脊髓丘脑束与薄束、楔束

(四) B1 型题

（1~5 题共用备选答案）

    A. 第 6 胸椎体   B. 第 8 胸椎体   C. 第 2 胸椎体

    D. 第 4 胸椎体   E. 第 3 胸椎体

1. 第 6 胸髓节段平对

2. 第 11 胸髓节段平对

3. 第 9 胸髓节段平对

4. 第 3 胸髓节段平对

5. 第 5 胸髓节段平对

（6~10 题共用备选答案）

    A. 前正中裂   B. 后正中沟   C. 前外侧沟

    D. 后外侧沟   E. 后中间沟

6. 脊神经前根的根丝附着于

7. 脊神经后根的根丝附着于

8. 脊髓前面正中较明显的沟为

9. 脊髓后面正中较浅的沟为

10. 薄束和楔束在脊髓表面的分界标志是

（11~15 题共用备选答案）

    A. V 层   B. VI 层   C. VII 层

    D. VIII 层   E. X 层

11. 中央灰质对应于

12. 中间带对应于

13. 后角颈对应于

14. 后角基底部对应于

15. 前角基底部对应于

（16~20 题共用备选答案）

    A. 薄束   B. 楔束   C. 脊髓丘脑前束

    D. 脊髓丘脑侧束   E. 脊髓小脑束

16. 传递非意识性本体感觉信息的纤维束是

17. 主要传递痛温觉信息的纤维束是

18. 位于脊髓后索外侧部的纤维束是

19. 主要传递粗触觉、压觉信息的纤维束是

20. 起自同侧第 5 胸节以下的脊神经节细胞的纤维束是

（21~25 题共用备选答案）

    A. 内脏-躯体反射   B. 牵张反射   C. γ-环路反射

    D. 屈曲反射   E. 躯体-内脏反射

21. 骨骼肌在受到外力牵拉伸长时,引起其收缩的反射是

22. 当肢体某处皮肤受到伤害性刺激时,引起该肢体出现屈曲反应的现象是

23. γ 运动神经元兴奋引起相应骨骼肌收缩的现象是

24. 刺激躯体引起的内脏反应是

25. 刺激内脏引起的躯体反应是

二、名词解释

1. 脊髓圆锥   2. 终丝   3. 马尾

4. 终室   5. 骶副交感核   6. 中间外侧核

7. α 运动神经元   8. γ 运动神经元   9. Renshaw 细胞

10. 背外侧束   11. 薄束   12. 楔束

13. 脊髓小脑束   14. 皮质脊髓侧束   15. 皮质脊髓前束

16. 红核脊髓束   17. 前庭脊髓束   18. 网状脊髓束

19. 顶盖脊髓束   20. 脊髓固有束   21. 单突触反射

22. 牵张反射   23. γ-环路   24. 屈曲反射

25. 脊髓休克   26. 感觉分离

三、问答题

1. 脊髓表面有节段性标志吗?

2. 脊髓与椎管等长吗?

3. 为什么临床上常选择第 3、4 腰椎棘突间进行穿刺?

4. 简述脊髓节段与椎骨高度的对应关系。

5. 简述脊髓灰质与白质的配布概观。

6. 什么是脊髓灰质细胞分层构筑?

7. 简述脊髓灰质细胞分层构筑与核团或部位的对应关系。

8. 简述脊髓灰质中间带的结构。

9. 简述前角运动神经元的功能。

10. 简介脊髓灰质Ⅸ层的细胞类型。

11. 脊髓白质的神经纤维可分为哪几类,各有何功能?

12. 简述薄束、楔束的起止、位置及其功能。

13. 简述脊髓丘脑束的起止、位置及其功能。

14. 简述皮质脊髓束的起止、位置及其功能。

15. 简介脊髓固有束。

16. 脊髓有哪些功能?

17. 脊髓反射的反射弧由哪几部分组成?

18. 什么是牵张反射,有几种类型?

19. 什么是屈曲反射和对侧伸直反射?

20. 脊髓横断后会出现哪些障碍？

四、病例讨论

1. 男,43 岁,在高空作业时不慎跌下,脊椎损伤。送医院检查发现:左下肢不能随意运动,腱反射亢进,本体感觉和精细触觉丧失,右侧脐平面以下半身的皮肤痛温觉丧失。

诊断:椎骨骨折合并脊髓损伤。

问题:

（1）脊髓损伤部位(节段)是什么？

（2）哪一个椎骨骨折？

（3）解释上述症状及体征的原因。

2. 女,40 岁,脊柱损伤,急诊入院。检查发现:双下肢不能运动,一切反射消失,脐平面以下无任何感觉。1 周后逐渐出现:双下肢肌张力增高,但仍不能运动,膝腱反射亢进,病理反射阳性;脐平面以下的感觉障碍仍然存在。

诊断:脊椎骨折合并脊髓全横断。

问题:

（1）什么是脊髓休克？

（2）脊髓休克的原因是什么？

（3）解释脊髓横断后的症状。

参 考 答 案

一、选择题

（一）A1 型题

1. D 2. D 3. E 4. E 5. B 6. A 7. B 8. C 9. E 10. B 11. B 12. A 13. D
14. E 15. C 16. D 17. B 18. C 19. A 20. D 21. B 22. E 23. C 24. B 25. E
26. D 27. B 28. C 29. D 30. A 31. A 32. A

（二）A2 型题

1. A 2. E 3. B 4. D 5. C 6. C 7. B 8. A 9. B

（三）A3 型题

1. D 2. D 3. D 4. A 5. B 6. B 7. A 8. A

（四）B1 型题

1. D 2. B 3. A 4. C 5. E 6. C 7. D 8. A 9. B 10. E 11. E 12. C 13. A
14. B 15. D 16. E 17. B 18. B 19. C 20. A 21. B 22. D 23. C 24. E 25. A

二、名词解释

1. 脊髓圆锥:是脊髓下端变细呈圆锥状的部分,成人约平对第 1 腰椎下缘,新生儿可达第 3 腰椎下缘。

2. 终丝:是脊髓圆锥向下延续的一条结缔组织细丝,止于尾骨的背面,起固定脊髓的作用。

3. 马尾:腰、骶、尾部的脊神经根,在穿经相应椎间孔合成脊神经前,在椎管内几乎垂直下行,这些脊神经根在脊髓圆锥下方,围绕终丝周围形成马尾。

4. 终室:是脊髓中央管在脊髓圆锥内的一梭形扩大部。

5. 骶副交感核:位于 $S_2 \sim S_4$ 节段,Ⅶ层的外侧部,是副交感神经节前神经元胞体所在的部位,即副交感神经的低级中枢,发出纤维组成盆内脏神经。

6. 中间外侧核:位于脊髓灰质侧角($T_1 \sim L_2$ 或 L_3 节段),是交感神经节前神经元胞体所在的部位,即交感神经的低级中枢,发出纤维经前根进入脊神经,再经白交通支到交感干。

7. α运动神经元:位于脊髓灰质前角第Ⅸ层,属前角运动神经元中的大型神经元。α运动神经元的纤维支配跨关节的梭外肌纤维,引起关节运动。

8. γ运动神经元:位于脊髓灰质前角第Ⅸ层,属前角运动神经元中的小型神经元。γ运动神经元支配梭内肌纤维,其作用与肌张力调节有关。

9. Renshaw 细胞:位于脊髓灰质前角第Ⅸ层,属小型的中间神经元。它们接受 α 运动神经元轴突的侧支,而它们本身发出的轴突反过来与同一或其他的 α 运动神经元形成突触,对 α 运动神经元起抑制作用,形成负反馈环路。

10. 背外侧束:脊神经后根进入脊髓,分内、外侧两部分。外侧部主要由细的有髓和无髓纤维组成,这些纤维进入脊髓上升或下降 1 或 2 节段,在胶状质背外侧聚集成背外侧束(或称 Lissauer 束),由此束发出侧支或终支进入后角。后根外侧部的细纤维主要传导痛觉、温度觉、粗触压觉和内脏感觉信息。

11. 薄束:位于脊髓后索,第 5 胸节以下占据后索的全部,在胸 4 以上只占据后索的内侧部,起自同侧第 5 胸节及以下的脊神经节细胞,止于延髓的薄束核,传导同侧躯干胸部以下及下肢的肌、腱、关节的本体感觉(位置觉、运动觉和振动觉)和皮肤精细触觉(如通过触摸辨别物体纹理粗细和两点距离)的信息。

12. 楔束:位于脊髓后索外侧,起自同侧第 4 胸节及以上的脊神经节细胞,止于延髓的楔束核,传导同侧胸部以上及上肢的肌、腱、关节的本体感觉(位置觉、运动觉和振动觉)和皮肤精细触觉(如通过触摸辨别物体纹理粗细和两点距离)的信息。

13. 脊髓小脑束:包括脊髓小脑前束、脊髓小脑后束、脊髓小脑嘴侧束和楔小脑束,位于外侧索周边部,将躯干和肢体的非意识性本体感觉和触、压觉信息传递至小脑。

14. 皮质脊髓侧束:起自大脑皮质经锥体交叉来的纤维,在脊髓外侧索后部,脊髓小脑后束的内侧下行,直至骶髓(约 S_4)。纤维依次经各节灰质中继后或直接终于同侧前角运动神经元,主要是颈膨大和腰骶膨大的前角外侧核。

15. 皮质脊髓前束:起自大脑皮质未交叉的纤维,在前索最内侧靠近前正中裂下行,只达脊髓中胸部。大多数纤维逐节经白质前连合交叉,中继后终止于对侧前角运动神经元。部分不交叉的纤维,中继后终止于同侧支配躯干的前角运动神经元。

16. 红核脊髓束:起自中脑红核,纤维交叉至对侧,在脊髓外侧索内下行,至Ⅴ~Ⅶ层。在人类此束可能仅投射至上 3 个颈髓节段。此束有兴奋屈肌运动神经元、抑制伸肌运动神经元的作用,它与皮质脊髓束一起对肢体远端肌肉运动发挥重要影响。

17. 前庭脊髓束:起于前庭神经核,在同侧前索外侧部下行,止于Ⅷ层和部分Ⅶ层。主要兴奋伸肌运动神经元,抑制屈肌运动神经元,在调节身体平衡中起作用。

18. 网状脊髓束:起自脑桥和延髓的网状结构,大部分在同侧下行,行于白质前索和外侧索前内侧部,止于Ⅶ、Ⅷ层,有兴奋或抑制 α 和 γ 运动神经元的作用。

19. 顶盖脊髓束:主要起自中脑上丘,向腹侧行,于中脑导水管周围灰质腹侧经被盖背侧交叉至对侧,在前索内下行,终止于颈髓上段Ⅵ~Ⅷ层。与兴奋对侧、抑制同侧颈肌的运动神经元形成多突触联系,参与完成视觉、听觉的姿势反射。

20. 脊髓固有束:纤维局限于脊髓内,其上行或下行纤维的起、止神经元均位于脊髓灰质,主要完成脊髓节段内和节段间的整合和调节功能。

21. 单突触反射:是反射弧中只包括一个传入神经元和一个传出神经元(只经过一次突触)的反射。

22. 牵张反射:是指有神经支配的骨骼肌,在受到外力牵拉伸长时,引起受牵拉的同一块肌肉收缩的反射。

23. γ-环路:γ运动神经元兴奋时,引起梭内肌纤维收缩,肌梭感受器感受到刺激而产生神经冲动,通过牵张反射弧的通路兴奋α运动神经元,使相应骨骼肌(梭外肌)收缩。γ-环路在维持肌张力方面发挥作用。

24. 屈曲反射:是指当肢体某处皮肤受到伤害性刺激时,该肢体出现屈曲反应的现象。

25. 脊髓休克:是指当外伤致脊髓突然完全横断后,横断平面以下全部感觉和运动丧失,反射消失,处于无反射的一种状态。

26. 感觉分离:指的是脊髓空洞症损伤了白质前连合,但是没有损伤后索的薄束和楔束,进而导致患者浅感觉消失,深感觉存在的现象。

三、问答题

1. 脊髓表面有节段性标志吗?

答:脊髓在外形上没有明显的节段标志,每一对脊神经前、后根的根丝附着处即是一个脊髓节段。由于有31对脊神经,故脊髓可分为31个节段,颈髓(C)8个节段、胸髓(T)12个节段、腰髓(L)5个节段、骶髓(S)5个节段和尾髓(Co)1个节段。

2. 脊髓与椎管等长吗?

答:胚胎早期,脊髓几乎与椎管等长,脊神经根基本成直角与脊髓相连。从胚胎第4个月起,脊柱的生长速度快于脊髓,致使脊髓的长度短于椎管。由于脊髓上端连于延髓,位置固定,所以脊髓节段的位置高于相应的椎骨,出生时脊髓下端已平对第3腰椎,至成人则达第1腰椎下缘。由于脊髓的相对升高,腰、骶、尾部的脊神经根,在穿经相应椎间孔合成脊神经前,在椎管内几乎垂直下行。这些脊神经根在脊髓圆锥下方,围绕终丝聚集成束,形成马尾。

3. 为什么临床上常选择第3、4腰椎棘突间进行穿刺?

答:脊髓的末端平对第1腰椎下缘(新生儿可达第3腰椎下缘),第1腰椎以下已无脊髓,故临床上常选择第3、4腰椎棘突间进行穿刺,避免损伤脊髓。

4. 简述脊髓节段与椎骨高度的对应关系。

答:成人脊髓的长度与椎管的长度不一致,所以脊髓的各个节段与相应的椎骨不在同一高度。成人上颈髓节段(C_1~C_4)大致平对同序数椎骨,下颈髓节段(C_5~C_8)和上胸髓节段(T_1~T_4)约平对同序数椎骨的上1块椎骨,中胸髓节段(T_5~T_8)约平对同序数椎骨的上2块椎骨,下胸髓节段(T_9~T_{12})约平对同序数椎骨的上3块椎骨,腰髓节段约平对第10~12胸椎,骶髓、尾髓节段约平对第1腰椎。了解脊髓节段与椎骨的对应高度,对判断脊髓损伤的平面及手术定位,具有重要的临床意义。

5. 简述脊髓灰质与白质的配布概观。

答:脊髓由围绕中央管的灰质和位于外围的白质组成。在脊髓的横切面上,可见中央有一细小的中央管,围绕中央管周围是呈 H 形的灰质,灰质的外围是白质。

在纵切面上灰质纵贯成柱。在横切面上,有些灰质柱呈突起状,称为角。每侧的灰质,前部扩大为前角或前柱;后部狭细为后角或后柱,它由后向前又可分为头、颈和基底三部分;前、后角之间的区域为中间带,在胸髓和上腰髓($T_1 \sim L_3$),中间带外侧部向外伸出侧角或侧柱;中央管前、后的灰质分别称为灰质前连合和灰质后连合,连接两侧的灰质。

白质借脊髓的纵沟分为 3 个索:前正中裂与前外侧沟之间为前索;前、后外侧沟之间为外侧索;后外侧沟与后正中沟之间为后索。在灰质前连合的前方有纤维横越,称白质前连合。在后角基部外侧与白质之间,灰、白质混合交织,称网状结构,在颈部比较明显。

中央管为细长的管道,纵贯脊髓全长,内含脑脊液。此管向上通第四脑室,向下在脊髓圆锥内扩大为一梭形的终室。

6. 什么是脊髓灰质细胞分层构筑?

答:脊髓灰质是神经元胞体及突起、神经胶质和血管等的复合体。灰质内的神经细胞往往聚集成群(神经核)或分布呈层。20 世纪 50 年代 Rexed 描述了猫脊髓灰质神经元的细胞分层构筑,即 Rexed 板层学说。后被公认在高级哺乳动物包括人类中均有类似的结构。Rexed 将脊髓灰质共分为 10 层,灰质从后向前分为 9 层,分别用罗马数字 I~IX 表示,中央管周围灰质为第 X 层。

7. 简述脊髓灰质细胞分层构筑与核团或部位的对应关系。

答:I 层含后角边缘核。II 层又称胶状质。III 层和 IV 层内含后角固有核。I~IV 层相当于后角头。V 层对应于后角颈。VI 层相当于后角基底部。VII 层对应于中间带,含有胸核、中间内侧核、中间外侧核和骶副交感核。VIII 层横跨前角基底部。IX 层内有前角内侧核和前角外侧核。X 层为中央灰质。

8. 简述脊髓灰质中间带的结构。

答:脊髓灰质前、后角之间的区域为中间带,相当于脊髓灰质细胞分层构筑中的 VII 层。此层向后内侧可延伸至后角基底部,含有一些明显的核团:胸核、中间内侧核和中间外侧核。此层的外侧部与中脑和小脑之间有广泛的上、下行的纤维联系(包括脊髓小脑束、脊髓顶盖束、脊髓网状束、顶盖脊髓束、网状脊髓束和红核脊髓束),参与姿势与运动的调节。其内侧部与毗邻灰质和节段之间有许多脊髓固有反射联系,与运动和自主功能有关。胸核又称背核或 Clarke 柱,见于 $C_8 \sim L_3$ 节段,位于后角基底部内侧,靠近白质后索,接受后根的传入纤维,发出纤维到脊髓小脑后束和脊髓中间神经元。胚胎脊髓背外侧至中央管的细胞迁移到中央管外侧,形成靠近中央管的中间内侧核和位于侧角的中间外侧核。中间外侧核($T_1 \sim L_2$ 或 L_3 节段)是交感神经节前神经元胞体所在的部位,即交感神经的低级中枢,发出纤维经前根进入脊神经,再经白交通支到交感干。这种节前纤维也来自中间内侧核的细胞。该核的其余细胞属中间神经元。在 $S_2 \sim S_4$ 节段,VII 层的外侧部有骶副交感核,是副交感神经节前神经元胞体所在的部位,即副交感神经的低级中枢,发出纤维组成盆内脏神经。

9. 简述前角运动神经元的功能。

答:前角运动神经元的主要功能为支配骨骼肌。在颈、腰骶膨大处,前角运动神经元主要分为内、外侧两群。内侧群又称前角内侧核,与其他部位的前角运动神经元一样,发出纤维经脊神经前根至脊神经,支配躯干的固有肌。外侧群又称前角外侧核,发出纤维经脊神经前根至脊神经,支配肢带肌和四肢肌。

10. 简介脊髓灰质 IX 层的细胞类型。

答:脊髓灰质Ⅸ层是一些排列复杂的核柱,位于前角的腹侧,由前角运动神经元和中间神经元组成。前角运动神经元包括大型的α运动神经元和小型的γ运动神经元。α运动神经元的纤维支配跨关节的梭外肌纤维,引起关节运动;γ运动神经元支配梭内肌纤维,其作用与肌张力调节有关。此层内的中间神经元是一些中、小型神经元,大部分是分散的,少量的细胞形成核群,如前角连合核,发出轴突终于对侧前角。有一些小型的中间神经元称为 Renshaw 细胞,它们接受α运动神经元轴突的侧支,而它们本身发出的轴突反过来与同一或其他的α运动神经元形成突触,对α运动神经元起抑制作用,形成负反馈环路。

11. 脊髓白质的神经纤维可分为哪几类,各有何功能?

答:脊髓白质的神经纤维可分为传入纤维、传出纤维、上行纤维、下行纤维和脊髓固有纤维。传入纤维由脊神经节神经元发出,经后根进入脊髓,分内、外侧两部分。内侧部纤维粗,沿后角内侧部进入后索,组成薄束、楔束,主要传导本体感觉和精细触觉,其侧支进入脊髓灰质。外侧部主要由细的无髓和有髓纤维组成,这些纤维进入脊髓上升或下降 1 或 2 节段,在胶状质背外侧聚集成背外侧束或 Lissauer 束,由此束发出侧支或终支进入后角。后根外侧部的细纤维主要传导痛觉、温度觉、粗触压觉和内脏感觉信息。

传出纤维由灰质前角运动神经元和侧角的交感节前纤维发出,经前根至周围神经管理骨骼肌、平滑肌、心肌和腺体的活动。上行纤维起自脊髓,将后根的传入信息和脊髓的信息上传至脊髓以上的脑区。下行纤维起自各脑区的神经元,下行与脊髓神经元发生突触联系。脊髓固有纤维(脊髓固有束)执行脊髓节段内和节段间的联系。

12. 简述薄束、楔束的起止、位置及其功能。

答:薄束起自同侧第 5 胸节以下的脊神经节细胞,楔束起自同侧第 4 胸节以上的脊神经节细胞。这些细胞的周围突分别至肌、腱、关节和皮肤的感受器;中枢突经后根内侧部进入脊髓,在后索上行,止于延髓的薄束核和楔束核。薄束在第 5 胸节以下占据后索的全部,在胸 4 以上只占据后索的内侧部,楔束位于后索的外侧部。薄、楔束传导同侧躯干及上下肢的肌、腱、关节的本体感觉和皮肤的精细触觉信息。当脊髓后索病变时,本体感觉和精细触觉的信息不能向上传至大脑皮质。患者闭目时,不能确定关节的位置和方向,运动时出现感觉性共济失调。此外,患者精细触觉丧失。

13. 简述脊髓丘脑束的起止、位置及其功能。

答:脊髓丘脑束可分为脊髓丘脑侧束和脊髓丘脑前束。脊髓丘脑侧束位于外侧索的前半部,主要传递痛温觉信息。脊髓丘脑前束位于前索,主要传递粗触觉、压觉信息。脊髓丘脑束主要起自脊髓灰质Ⅰ和Ⅳ~Ⅷ层,纤维经白质前连合时上升 1 或 2 节段,或先上升 1 或 2 节段后经白质前连合,至对侧外侧索和前索上行,两者均止于背侧丘脑。当一侧脊髓丘脑侧束损伤时,损伤下方 1 或 2 节段平面以下的对侧身体部位痛温觉减退或消失。

14. 简述皮质脊髓束的起止、位置及其功能。

答:皮质脊髓束起于大脑皮质中央前回和其他一些皮质区域,下行至延髓锥体交叉处,大部分纤维交叉至对侧,称为皮质脊髓侧束,未交叉的纤维在同侧下行为皮质脊髓前束,另有少量未交叉的纤维在同侧下行加入至皮质脊髓侧束,称皮质脊髓前外侧束。皮质脊髓侧束在脊髓外侧索后部下行直至骶髓。纤维下行过程中逐渐经各节灰质中继后或直接终于同侧前角运动神经元,主要是前角外侧核(至四肢肌)。皮质脊髓前束在前索下行,只达脊髓中胸部,大多数纤维逐节经白质前连合交叉,中继后终于对侧前角运动神经元(至躯干肌)。部分不交叉的纤维,中继后终于同侧前角运动神经元(至躯干肌)。皮质脊髓束传递的是大脑皮质发出的随意运动信息。当脊髓一侧的皮质脊髓束损伤后，出现同侧损伤平面以下的肢体骨骼肌痉挛性瘫痪，而躯干肌不瘫痪。

15. 简介脊髓固有束。

答：脊髓固有束局限于脊髓内，其上行或下行纤维的起始神经元均位于脊髓灰质。脊髓内的大多数神经元属于脊髓固有束神经元，多数位于 V~VII 层内。脊髓固有束纤维行于脊髓节段内、节段间甚至脊髓全长，主要集中于脊髓灰质周围，有的也分散至白质各索内。脊髓固有束完成脊髓节段内和节段间的整合和调节功能。在脊髓的功能中，脊髓固有束系统发挥着重要的作用。各下行通路止于脊髓固有束神经元的特定亚群，中继后到达运动神经元和其他脊髓神经元。当脊髓横断后，脊髓固有束系统介导了几乎所有的内脏运动功能，如发汗、血管活动、肠道和膀胱的功能等。

16. 脊髓有哪些功能？

答：脊髓是神经系统的低级中枢，其功能基本且重要，是高级中枢功能的基础，一些高级中枢的功能通过脊髓得以实现。脊髓的功能有以下几个方面：①经后根，接受身体大部分区域的躯体和内脏感觉信息，这些信息在脊髓中继，进行初步的整合和分析。中继后的信息一部分向上传递至高级中枢，一部分传给运动神经元和其他脊髓神经元。②发出上行传导通路，将中继后的感觉信息以及脊髓自身的信息上传到高级中枢。③经前根，发出运动纤维，管理躯体运动和内脏活动，是躯体和内脏运动的低级中枢。④各种基本反射的中枢。⑤通过下行传导通路，中继上位中枢下传的信息，接受上级中枢的控制和调节，完成高级中枢的功能。

17. 脊髓反射的反射弧由哪几部分组成？

答：脊髓反射的反射弧由以下部分组成：感受器，脊神经节内感觉神经元及后根传入纤维，脊髓固有束神经元及固有束，脊髓运动神经元及前根传出纤维，效应器。

18. 什么是牵张反射，有几种类型？

答：牵张反射是指有神经支配的骨骼肌，在受到外力牵拉伸长时，引起受牵拉的同一块肌肉收缩的反射。肌肉被牵拉，肌梭感受器受到刺激而产生神经冲动，经脊神经后根进入脊髓，兴奋 α 运动神经元，反射性地引起被牵拉的肌肉收缩。牵张反射有两种类型，腱反射和肌紧张。腱反射是指快速牵拉肌腱时发生的牵张反射，为单突触反射，如膝反射、跟腱反射、肱二头肌反射等。肌紧张是指缓慢持续牵拉肌肉时发生的牵张反射，表现为受牵拉的肌肉发生持续性收缩，属多突触反射。肌紧张是维持躯体姿势的最基本的反射活动，是姿势反射的基础。

19. 什么是屈曲反射和对侧伸直反射？

答：屈曲反射是指当肢体某处皮肤受到伤害性刺激时，该肢体出现屈曲反应的现象。屈曲反射径路至少要有 3 个神经元参加，属多突触反射，即皮肤的信息经后根传入脊髓后角，再经中间神经元传递给前角的 α 运动神经元，α 运动神经元兴奋，引起骨骼肌收缩。由于肢体收缩要涉及成群的肌肉，故兴奋的 α 运动神经元也常是多节段的。屈曲反射是一种保护性反射，其强度与刺激强度有关。当刺激强度足够大时，在同侧肢体发生屈曲反射的基础上出现对侧肢体伸直的反射活动，称为对侧伸直反射。

20. 脊髓横断后会出现哪些障碍？

答：当外伤导致脊髓突然完全横断后，横断平面以下全部感觉和运动丧失，反射消失，处于无反射状态，称为脊髓休克。数周至数月后，各种反射可逐渐恢复。由于传导束很难再生，脊髓又失去了脑的易化和抑制作用，所以恢复后的深反射和肌张力比正常时高，离断平面以下的感觉和随意运动不能恢复。

四、病例讨论

1. 男,43 岁,在高空作业时不慎跌下,脊椎损伤。送医院检查发现:左下肢不能随意运动,腱反射亢进,本体感觉和精细触觉丧失,右侧脐平面以下半身的皮肤痛温觉丧失。

诊断:椎骨骨折合并脊髓损伤。

问题:

（1）脊髓损伤部位(节段)是什么?

（2）哪一个椎骨骨折?

（3）解释上述症状及体征的原因。

答:脊椎损伤伴运动、感觉障碍,应为脊髓受损所致。

（1）皮肤痛温觉信息经脊神经后根传至脊髓灰质Ⅰ和Ⅳ~Ⅷ层,中继后发纤维经白质前连合时上升 1 或 2 节段,或先上升 1 或 2 节段后经白质前连合,至对侧外侧索和前索上行,止于背侧丘脑。当一侧脊髓丘脑侧束损伤时,损伤下方 1 或 2 节段平面以下的对侧身体部位痛、温觉减退或消失。右侧脐平面受右侧第 10 胸神经支配,故损伤部位应为脊髓第 8 胸髓节段左侧半。

（2）根据脊髓节段与椎骨的对应高度,第 8 胸髓节段约平对第 6 胸椎体,所以应该为第 6 胸椎骨折。

（3）左侧皮质脊髓束损伤导致左下肢运动障碍、腱反射亢进;左侧薄束损伤导致左侧损伤平面以下本体感觉和精细触觉丧失;左侧脊髓丘脑束在第 8 胸髓节段受损导致右侧脐平面以下半身的皮肤痛温觉丧失。

2. 女,40 岁,脊柱损伤,急诊入院。检查发现:双下肢不能运动,一切反射消失,脐平面以下无任何感觉。1 周后逐渐出现:双下肢肌张力增高,但仍不能运动,膝腱反射亢进,病理反射阳性;脐平面以下的感觉障碍仍然存在。

诊断:脊椎骨折合并脊髓全横断。

问题:

（1）什么是脊髓休克?

（2）脊髓休克的原因是什么?

（3）解释脊髓横断后的症状。

答:

（1）当外伤导致脊髓突然完全横断后,横断平面以下全部感觉丧失,运动丧失,肌张力消失,一切反射活动消失,称为脊髓休克。

（2）正常情况下,脊髓的功能活动依赖于脑的调节。脊髓突然完全横断后,断面以下的脊髓失去了脑的调节,导致其功能完全丧失即脊髓休克。一段时间以后脊髓的原始功能会逐渐恢复,但与脑的联系中断,不受脑的控制。脊髓休克的时间长短因动物的种类不同而不同,人脊髓休克的时间在 1~6 周,平均为 3 周。

（3）脊髓横断后,断面以下的部分与脑的联系中断,感觉信息不能上传,脑的随意运动信息也不能传至断面以下,因此脐平面以下的感觉障碍仍然存在,双下肢仍不能运动。正常时,肌张力和腱反射受脑的下行纤维控制,脊髓横断后控制取消,导致双下肢肌张力增高、膝腱反射亢进,并出现病理反射。

（廖燕宏）

二、脑

脑 干

学 习 指 导

(一) 学习目的

能够复述:脑的分部;脑干的组成。

能够说明:脑干各部的主要外形结构;第Ⅲ~Ⅻ对脑神经的名称、性质、连脑及出脑部位;脑干的各主要上行纤维束(内侧丘系、外侧丘系、脊髓丘系和三叉丘系)和下行纤维束(锥体束)。

(二) 学习要点

脑干自下而上由延髓、脑桥和中脑三部分组成。延髓在枕骨大孔处下接脊髓,中脑上连间脑,延髓和脑桥背面与小脑相连。

1. 脑干的外形

(1) 延髓形似倒置的圆锥体,其腹侧面上有与脊髓相续的沟和裂,以延髓脑桥沟与脑桥分界,位于前正中裂两侧的纵行隆起,称为锥体,内有皮质脊髓束通过。锥体下方纤维交叉,在外形上可见发辫状,称锥体交叉。锥体背外侧的卵圆形隆起为橄榄,橄榄和锥体之间有舌下神经根丝。在橄榄的背侧,自上而下依次有舌咽神经、迷走神经和副神经的根丝出入。延髓背侧面下半部形似脊髓,与脊髓的薄束、楔束相续,且向上延伸,分别扩展为薄束结节和楔束结节,薄束、楔束分别终止于其深面的薄束核和楔束核。

(2) 脑桥位于脑干中部,其腹侧面宽阔膨大,称脑桥基底部,其下端的延髓脑桥沟中,自内向外依次有展神经根、面神经根和前庭蜗神经根出入。延髓、脑桥和小脑的邻接处,临床上称脑桥小脑三角,面神经和前庭蜗神经根出入于此处。脑桥背侧面形成菱形窝的上半部,其两侧是小脑上脚和小脑中脚。

(3) 中脑的腹侧面有一对粗大的柱状隆起,称大脑脚,主要由自大脑皮质发出的大量下行纤维束构成,两脚之间的凹陷为脚间窝。大脑脚底的内侧有动眼神经根出脑。中脑背侧面上、下各有两个圆形隆起,分别称为上丘和下丘。前者与视觉反射有关,后者与听觉反射有关。在下丘的下部有滑车神经根出脑。

(4) 菱形窝又称第四脑室底,由脑桥和延髓的上半部背侧面构成,其中部髓纹为脑桥和延髓的分界。在窝的正中线上的纵沟,称正中沟,其外侧的纵沟为界沟。界沟外侧的三角区,称前庭区,深面为前庭神经核。前庭区的外侧角上的小隆起称听结节,内含蜗神经核。靠近髓纹上方,界沟内侧的圆形隆起,称面神经丘,其深面为展神经核。髓纹以下可见迷走神经三角和舌下神经三角,分别内含迷走神经背核和舌下神经核。

第四脑室是位于延髓、脑桥和小脑之间的腔室。第四脑室向上经中脑导水管与第三脑室相通,向下通延髓中央管,并借第四脑室正中孔和左、右外侧孔与蛛网膜下隙相通。

2. 脑干的内部结构 其主要结构为神经核(脑神经核和非脑神经核)、纤维束和网状结构。

(1) 脑神经核是指脑干内直接与第Ⅲ~Ⅻ对脑神经相连的神经核,有以下几种。

1) 一般躯体运动核:支配自肌节衍化的骨骼肌,即眼球外肌和舌肌,由动眼神经核、滑车神经核、展神经核和舌下神经核组成。

2）特殊内脏运动核：位于一般躯体运动柱的腹外侧，支配由鳃弓衍化的骨骼肌，即咀嚼肌、面部表情肌、软腭和咽喉肌等，由三叉神经运动核、面神经核、疑核和副神经核组成。

3）一般内脏运动核：位于躯体运动核的外侧，近界沟，支配头、颈、胸、腹部的平滑肌、心肌和腺体，由动眼神经副核、上泌涎核、下泌涎核和迷走神经背核组成。

4）内脏感觉核（包括一般和特殊内脏感觉）：位于界沟外侧，由单一的孤束核构成。

5）一般躯体感觉：位于内脏感觉柱的腹外侧，接受头面部皮肤及口、鼻腔黏膜的初级感觉纤维，由三叉神经中脑核、三叉神经脑桥核和三叉神经脊束核组成。

6）特殊躯体感觉核：位于内脏感觉柱外侧，接受内耳初级听和平衡觉纤维，由蜗神经核和前庭神经核组成。

（2）非脑神经核有薄束核和楔束核、红核、黑质、下橄榄核、脑桥核等。薄束核、楔束核接受薄束和楔束的纤维。

（3）纤维束包括上行纤维束、下行纤维束及进出小脑的纤维。

1）上行纤维束：主要是4个丘系。

①内侧丘系：由薄束核和楔束核发出的感觉纤维，经内侧丘系交叉以后组成内侧丘系继续上升，终止于背侧丘脑的腹后外侧核。内侧丘系传导来自对侧躯干和四肢的本体觉和精细触觉冲动。

②脊丘系：脊髓丘脑束，传导对侧躯干及四肢的温、痛、触觉冲动，终止于背侧丘脑的腹后外侧核。

③三叉丘系：由三叉神经脊束核和三叉神经脑桥核纤维交叉到对侧上行，组成三叉丘系，终止于背侧丘脑的腹后内侧核。三叉丘系传导对侧头面部温、痛、触觉冲动。

④外侧丘系：由双侧上橄榄核及双侧蜗背侧核和蜗腹侧核发出的纤维在脑桥中、下部折返向上形成，终止于间脑的内侧膝状体，传导听觉信息。

2）下行纤维束：主要是锥体束。锥体束是大脑皮质锥体细胞发出的控制骨骼肌随意运动的下行纤维束，经内囊、中脑的大脑脚底，穿越脑桥基底部后继续下行入延髓锥体。锥体束由至脊髓前角躯体运动神经元的皮质脊髓束和至脑干躯体运动神经核的皮质核束（或称皮质脑干束）构成。

3）进出小脑的纤维：主要是小脑的3对脚，即进小脑的下脚（绳状体）和中脚（桥臂）以及出小脑的上脚（结合臂）。

脑干网状结构：在中脑导水管周围灰质、第四脑室室底灰质和延髓中央灰质的腹外侧，脑干被盖的广大区域内，除了脑神经核、中继核和长的纤维束外，尚有神经纤维纵横交织成网状，其间散在分布着大小不等的神经细胞核团，这些结构称为网状结构。管理心跳和呼吸的中枢（生命中枢）就存在于延髓的网状结构中。

复习思考题

一、选择题

（一）A1 型题

1. 三叉神经中脑核属于

    A. 一般内脏运动核　　　　B. 特殊内脏运动核　　　　C. 一般内脏感觉核

    D. 一般躯体感觉核　　　　E. 特殊躯体感觉核

2. 下泌涎核发出纤维加入
   A. 三叉神经　　　　　　B. 面神经　　　　　　C. 迷走神经
   D. 舌下神经　　　　　　E. 舌咽神经

3. 位于黑质腹侧的结构是
   A. 中脑导水管　　　　　B. 大脑脚底　　　　　C. 被盖部
   D. 顶盖　　　　　　　　E. 基底部

4. 支配咀嚼肌的核团是
   A. 三叉神经运动核　　　B. 疑核　　　　　　　C. 副神经核
   D. 面神经核　　　　　　E. 动眼神经副核

5. 疑核属于
   A. 一般躯体感觉核　　　　　　　　B. 一般躯体运动核
   C. 特殊躯体感觉核　　　　　　　　D. 特殊内脏感觉核
   E. 特殊内脏运动核

6. 下列关于面神经核的描述,正确的是
   A. 属一般躯体运动核　　　　　　　B. 紧位于面丘深面
   C. 部分神经元接受双侧皮质脑干束支配　　D. 不参与角膜反射
   E. 支配咀嚼肌

7. 下列关于三叉神经脊束核的描述,正确的是
   A. 贯穿脑干全长　　　　　　　　　B. 司躯干、四肢痛温觉
   C. 三叉神经感觉纤维进入该核　　　D. 发出纤维构成三叉神经脊束
   E. 属于特殊躯体感觉核团

8. 下列关于内侧丘系的描述,正确的是
   A. 发自延髓的脑神经核　　　　　　B. 在锥体交叉正下方左右交叉
   C. 止于丘脑腹后内侧核　　　　　　D. 司躯干四肢的深感觉
   E. 在下丘高度位于红核的内侧

9. 在脑干背面出脑的神经是
   A. 动眼神经　　　　　　B. 三叉神经　　　　　C. 舌下神经
   D. 面神经　　　　　　　E. 滑车神经

10. 经延髓脑桥沟出脑的脑神经由内向外依次为
    A. Ⅵ、Ⅴ、Ⅶ　　　　　B. Ⅶ、Ⅷ、Ⅸ　　　　C. Ⅹ、Ⅺ、Ⅻ
    D. Ⅵ、Ⅶ、Ⅷ　　　　　E. 无上述情况

11. 延髓内有
    A. 三叉神经运动核　　　B. 上泌涎核　　　　　C. 下橄榄核
    D. 面神经核　　　　　　E. 展神经核

12. 迷走神经与以下核团均有联系,**除了**
    A. 三叉神经脊束核　　　B. 迷走神经背核　　　C. 疑核
    D. 下泌涎核　　　　　　E. 孤束核

13. 在上丘平面**不能看到**的结构是
    A. 中脑导水管　　　　　B. 大脑脚　　　　　　C. 斜方体
    D. 黑质　　　　　　　　E. 中脑被盖

14. 脑干内含去甲肾上腺素能神经元最多的核团是
    A. 蓝斑核　　　　　　　B. 红核　　　　　　　　C. 黑质
    D. 疑核　　　　　　　　E. 孤束核

15. 关于蓝斑核的说法，**错误**的是
    A. 与异相睡眠关系密切
    B. 位于延髓下部
    C. 成人多含黑色素
    D. 是脑内去甲肾上腺素能神经元最多的部位
    E. 与伤害性信息的调控有密切关系

16. Horner 综合征的临床表现**不包括**
    A. 眼裂变小　　　　　　B. 瞳孔缩小　　　　　　C. 心跳加快
    D. 面部无汗　　　　　　E. 面部潮红

17. 关于黑质的说法，**错误**的是
    A. 黑质与纹状体有往返的纤维联系　　　B. 核团内神经元能够合成多巴胺
    C. 见于中脑全长并延伸至间脑尾部　　　D. 位于大脑脚和被盖之间
    E. 属于脑神经核

18. 三叉神经脊束核**不接受**传入的脑神经是
    A. V　　　　B. VI　　　　C. VII　　　　D. IX　　　　E. X

19. **不属于**网状结构的核团是
    A. 中缝大核　　　　　　B. 臂旁内、外侧核　　　　C. 孤束核
    D. 楔形核　　　　　　　E. 中缝背核

20. 三叉神经脊束核**不接受**的纤维投射属于
    A. 第 V 对脑神经　　　　B. 第 VI 对脑神经　　　　C. 第 VII 对脑神经
    D. 第 IX 对脑神经　　　　E. 第 X 对脑神经

21. 脑干内上行的传导束是
    A. 锥体束　　　　　　　B. 内侧丘系　　　　　　C. 大脑脚
    D. 皮质核束　　　　　　E. 顶盖脊髓束

22. 关于上泌涎核的描述，**错误**的是
    A. 又称脑桥泌涎核　　　B. 司腮腺分泌　　　　　C. 司泪腺分泌
    D. 司下颌下腺分泌　　　E. 司舌下腺分泌

23. **不**与脑干相连的脑神经是
    A. II　　　　B. VI　　　　C. VII　　　　D. IX　　　　E. XII

24. 从脑干背侧面发出的脑神经是
    A. V　　　　B. IV　　　　C. VII　　　　D. IX　　　　E. XII

25. 一般躯体感觉核是
    A. 迷走神经背核　　　　B. 滑车神经核　　　　　C. 三叉神经脑桥核
    D. 疑核　　　　　　　　E. 舌下神经核

26. 属于特殊内脏运动神经核的是
    A. 面神经核　　　　　　B. 动眼神经核　　　　　C. 滑车神经核
    D. 动眼神经副核　　　　E. 舌下神经核

27. **不属于**一般内脏运动核的是
    A. 疑核　　　　　　　　B. E-W 核　　　　　　　　C. 上泌涎核
    D. 下泌涎核　　　　　　E. 迷走神经背核

28. 疑核属于
    A. 特殊躯体感觉核　　　B. 一般内脏感觉核　　　　C. 特殊内脏感觉核
    D. 特殊内脏运动核　　　E. 一般内脏运动核

29. 司一般内脏感觉的核团是
    A. 疑核　　　　　　　　B. 迷走神经背核　　　　　C. 孤束核中、尾段
    D. 孤束核前段　　　　　E. E-W 核

30. 脑干从下到上依次是
    A. 延髓、中脑、脑桥　　B. 中脑、脑桥、延髓　　　C. 脑桥、中脑、延髓
    D. 脑桥、延髓、中脑　　E. 延髓、脑桥、中脑

31. 属于脑干背面的结构是
    A. 面神经丘　　　　　　B. 锥体　　　　　　　　　C. 橄榄
    D. 大脑脚　　　　　　　E. 脑桥基底部

32. 属于脑干腹侧面的结构是
    A. 锥体交叉　　　　　　B. 楔束结节　　　　　　　C. 四叠体
    D. 菱形窝　　　　　　　E. 界沟

33. 关于第四脑室的描述，**错误**的是
    A. 借中脑导水管连接第三脑室
    B. 借 Luschka 孔与小脑延髓池相通
    C. 与脊髓中央管相通
    D. 借第四脑室正中孔与小脑延髓池相通
    E. 直接与侧脑室相通

34. 能合成多巴胺并输送到纹状体的结构是
    A. 红核　　　　　　　　B. 疑核　　　　　　　　　C. 上橄榄核
    D. 黑质　　　　　　　　E. 薄束核

35. 橄榄中部平面**不能看到**的结构是
    A. 疑核　　　　　　　　B. 孤束核　　　　　　　　C. 红核
    D. 三叉神经脊束核　　　E. 前庭神经核

36. 下与头面部痛觉传导有关的结构是
    A. 面神经　　　　　　　B. 三叉神经感觉主核　　　C. 内囊膝
    D. 内侧丘系　　　　　　E. 孤束核

37. 舌咽神经与以下核团均有联系，**除外**
    A. 疑核　　　　　　　　B. 上泌涎核　　　　　　　C. 下泌涎核
    D. 孤束核　　　　　　　E. 三叉神经脊束核

38. 关于舌下神经及核的描述，**错误**的是
    A. 属于特殊内脏运动性质
    B. 其纤维由锥体和橄榄间出脑
    C. 右侧舌下神经受损，伸舌偏向右侧

　　D. 损伤右侧中央前回下部,伸舌偏向左侧

　　E. 损伤左内囊后肢,右侧舌下神经核的支配不受影响

39. 关于外侧丘系的描述,**错误**的是

　　A. 传导听觉冲动

　　B. 由蜗神经核的二级纤维组成

　　C. 全部由对侧蜗神经核发出的轴突构成

　　D. 终止于下丘核和内侧膝状体

　　E. 在中脑水平位于被盖的外侧

(二) A2 型题

1. 男,68 岁,高血压患者,右侧小脑下后动脉血栓造成延髓外侧受损,可产生的症状是

　　A. 右侧头面部浅感觉障碍　　　　　　　B. 左侧软腭、咽喉肌瘫痪

　　C. 左侧共济失调　　　　　　　　　　　D. 右侧半身痛温觉障碍

　　E. 鼻侧视野缺损

2. 女,69 岁,左侧大脑后动脉分支阻塞累及皮质脑干束,可产生的症状是

　　A. 左侧面神经核上瘫　　　　　　　　　B. 右侧舌下神经核上瘫

　　C. 右侧瞳孔散大　　　　　　　　　　　D. 左侧上、下肢瘫痪

　　E. 右侧上睑下垂

3. 男,69 岁,诊断为右侧椎动脉延髓支闭塞,病变累及中枢性交感神经下行纤维,**不准确**的症状是

　　A. 眼裂变小　　　　　　B. 瞳孔缩小　　　　　　C. 眼球内陷

　　D. 面部潮红　　　　　　E. 大汗淋漓

4. 女,53 岁,被确诊为舌咽神经与迷走神经合并损伤,**不正确**的临床表现是

　　A. 同侧咽喉肌瘫痪　　　B. 吞咽困难　　　　　　C. 舌前 2/3 味觉消失

　　D. 声音嘶哑　　　　　　E. 腮腺分泌障碍

5. 男,46 岁,为一肌萎缩侧索硬化症患者,出现延髓性麻痹,与之有关的表现是

　　A. 瞳孔缩小　　　　　　B. 耳鸣　　　　　　　　C. 面部无汗

　　D. 饮水呛咳　　　　　　E. 睑裂变小

6. 女,64 岁,左侧基底动脉脑桥支阻塞,可出现的症状是

　　A. 左侧眼球外肌麻痹,眼球不能外展　　B. 右侧眼球外肌麻痹,眼球不能外展

　　C. 左侧瞳孔缩小　　　　　　　　　　　D. 右侧瞳孔缩小

　　E. 左侧眼睑下垂

7. 男,76 岁,经脑血管造影证实左侧基底动脉脑桥支发生阻塞,正确的临床症状是

　　A. 左侧上、下肢瘫痪　　　　　　　　　B. 右侧上、下肢瘫痪

　　C. 左侧上、下肢及躯干痛温觉障碍　　　D. 右侧上、下肢及躯干痛温觉障碍

　　E. 右侧眼球外直肌麻痹,眼球不能外展

8. 男,63 岁,高血压老年患者,检查发现右侧小脑下前动脉阻塞,导致该侧脑桥尾侧被盖损伤,主要受损结构**不包括**

　　A. 右侧展神经核　　　　　　　　　　　B. 右侧前庭神经核

　　C. 右侧锥体束　　　　　　　　　　　　D. 右侧内侧丘系

　　E. 右侧三叉神经脊束

9. 男,67岁,高血压老年患者,检查发现左侧小脑下前动脉阻塞,导致该侧脑桥尾侧被盖损伤,主要临床症状**不包括**
  A. 左侧眼球外直肌麻痹   B. 左侧面肌麻痹
  C. 左侧头面部痛温觉障碍   D. 左侧 Horner 综合征
  E. 左侧上、下肢及躯干痛温觉障碍

10. 女,64岁,高血压患者,左侧大脑后动脉分支阻塞,造成大脑脚底综合征,其临床表现**不包括**
  A. 左侧瞳孔散大   B. 左侧内直肌麻痹   C. 左侧外直肌麻痹
  D. 右侧上、下肢瘫痪   E. 右侧舌下神经核上瘫

11. 女,59岁,高血压患者,突发脑梗,病变累及左侧中脑被盖腹内侧部,其临床表现**不包括**
  A. 左侧瞳孔散大   B. 左侧内直肌麻痹
  C. 左侧下直肌麻痹   D. 左侧上、下肢意向性震颤
  E. 右侧上、下肢意识性本体感觉障碍

12. 女,70岁,诊断为左侧小脑下后动脉梗阻,可能受损的结构是
  A. 左侧锥体束   B. 左侧内侧丘系   C. 左侧三叉神经脊束
  D. 左侧舌下神经根   E. 左侧展神经根

13. 男,69岁,影像学检查发现右侧小脑上动脉的背外侧支阻塞,**不可能**出现的症状是
  A. 左侧上、下肢瘫痪   B. 右侧上、下肢共济失调   C. 右侧凝视麻痹
  D. 右侧头部痛温觉障碍   E. 右侧霍纳综合征

14. 女,71岁,影像学检查发现左侧大脑后动脉中央支阻塞,导致 Weber 综合征,**不正确**的损害是
  A. 左侧瞳孔散大   B. 右侧上、下肢瘫痪   C. 右侧面神经瘫痪
  D. 右侧舌下神经核上瘫   E. 左侧舌下神经核上瘫

15. 男,69岁,影像学检查发现右侧基底动脉旁中央穿支阻塞,**不正确**的损害是
  A. 右侧瞳孔散大   B. 右侧上、下肢意向性震颤
  C. 左侧上、下肢意识性本体感觉障碍   D. 左侧上、下肢精细触觉障碍
  E. 左侧躯体意识性本体感觉障碍

(三) A3 型题

(1~5 题共用题干)

男,63岁,在2个月前突然头晕倒地,神志尚清。随后出现言语不清,右手运动不协调。检查发现:患者右侧上、下肢运动失调,但肌张力和反射正常;右侧软腭和声带瘫痪,腭垂偏向左侧;两足靠拢站立并闭目时,身体倾向右侧;右侧面部、左侧躯干和左侧上、下肢的痛、温感觉丧失;其他感觉正常。

1. 在本病例中,受累的感觉传导通路是
  A. 楔束   B. 薄束   C. 内侧丘系
  D. 三叉丘系和脊髓丘系   E. 外侧丘系

2. 病变出现的部位是
  A. 延髓右背外侧区   B. 延髓右腹外侧区   C. 延髓左背外侧区
  D. 延髓左腹外侧区   E. 延髓锥体交叉

3. 根据患者的症状和体征,临床诊断为脑梗死,病变血管为

　　A. 小脑下前动脉　　　　B. 基底动脉脑桥支　　　C. 大脑中动脉

　　D. 大脑后动脉分支　　　E. 小脑下后动脉

4. 患者出现软腭和声带瘫痪,病变可能累及

　　A. 左侧三叉神经运动核　B. 右侧三叉神经运动核　C. 左侧疑核

　　D. 右侧疑核　　　　　　E. 孤束核

5. 根据患者的症状和体征,诊断为

　　A. Horner 综合征　　　　B. Weber 综合征　　　　C. Benedikt 综合征

　　D. Jackson 综合征　　　 E. Wallenberg 综合征

(6~10 题共用题干)

　　男,61 岁,在 3 周前,突然昏迷。意识恢复后,出现右侧上、下肢不能动弹,舌活动不灵活。检查发现:①右侧上、下肢痉挛性瘫痪,肌张力增强,腱反射亢进,Babinski 征阳性,无肌萎缩。②伸舌时舌尖偏向左侧,左侧半舌肌明显萎缩。③身体右侧躯干及上、下肢本体感觉和两点辨别觉完全丧失。全身痛温觉正常。

6. 患者伸舌时舌尖偏向左侧,左侧半舌肌明显萎缩,病变累及

　　A. 右侧舌下神经　　　　B. 左侧舌下神经　　　　C. 右侧舌咽神经

　　D. 右侧舌咽神经　　　　E. 左侧舌动脉

7. 患者出现右侧上、下肢痉挛性瘫痪,是因为

　　A. 锥体交叉以上左侧皮质脊髓束损伤

　　B. 锥体交叉以上右侧皮质脊髓束损伤

　　C. 左侧皮质核束损伤

　　D. 右侧皮质核束损伤

　　E. 锥体交叉损伤

8. 根据临床症状和体征,推测病变血管为

　　A. 椎动脉的延髓支阻塞　B. 基底动脉脑桥支阻塞　C. 小脑下前动脉阻塞

　　D. 大脑后动脉分支阻塞　E. 小脑下后动脉阻塞

9. 患者出现感觉障碍,病变累及

　　A. 楔束　　　　　　　　B. 薄束　　　　　　　　C. 内侧丘系

　　D. 三叉丘系　　　　　　E. 脊髓丘系

10. 根据临床表现和体格检查,初步诊断为

　　A. Horner 综合征　　　　B. Weber 综合征　　　　C. Benedikt 综合征

　　D. Dejerine 综合征　　　 E. Wallenberg 综合征

(11~16 题共用题干)

　　女,56 岁,高血压病史 5 年,2 个月前突然头晕,初觉右侧肢体无力,动作不灵。随后说话也困难,视物出现重影。检查发现:左眼外斜视,上睑下垂,左侧瞳孔散大,直接对光反射和调节反射消失。右侧睑裂以下面肌瘫痪,右侧鼻唇沟变浅,口角歪向左侧。伸舌时舌尖偏向右侧,无舌肌萎缩。右侧上、下肢痉挛性瘫痪,腱反射亢进,Babinski 征阳性。

11. 患者左眼外斜视是因为病变累及

　　A. 左侧动眼神经　　　　B. 右侧动眼神经　　　　C. 左侧展神经

　　D. 右侧展神经　　　　　E. 左侧滑车神经

12. 伸舌时舌尖偏向右侧,无舌肌萎缩,病变为
    A. 左侧舌下神经瘫痪   B. 右侧舌下神经瘫痪
    C. 左侧舌下神经核上瘫痪   D. 右侧舌下神经核上瘫痪
    E. 左侧舌动脉梗死

13. 患者右侧睑裂以下面肌瘫痪,右侧鼻唇沟变浅,口角歪向左侧,病变为
    A. 左侧面神经瘫痪   B. 右侧面神经瘫痪   C. 左侧面神经核上瘫痪
    D. 右侧面神经核上瘫痪   E. 左侧三叉神经核上瘫痪

14. 右侧上、下肢痉挛性瘫痪,腱反射亢进,Babinski 征阳性,说明受损结构为
    A. 左侧皮质脊髓束   B. 左侧小脑   C. 左侧黑质
    D. 右侧皮质脊髓束   E. 右侧小脑

15. 根据临床表现和体格检查,病变可能为
    A. 椎动脉延髓支阻塞   B. 基底动脉脑桥支阻塞   C. 小脑下前动脉阻塞
    D. 大脑后动脉分支阻塞   E. 小脑下后动脉阻塞

16. 根据临床表现和体格检查,诊断为
    A. Horner 综合征   B. Weber 综合征   C. Benedikt 综合征
    D. Jackson 综合征   E. Wallenberg 综合征

(四) B1 型题
(1~5 题共用备选答案)
    A. 黑质   B. 红核   C. 蓝斑
    D. 白交通支   E. 灰交通支

1. 与帕金森病发病密切相关的是
2. 去甲肾上腺素能神经元最多的部位是
3. 由有髓神经纤维构成的是
4. 富含血管和铁成分的是
5. 由无髓神经纤维构成的是
(6~10 题共用备选答案)
    A. 三叉神经中脑核   B. 舌下神经核   C. 孤束核
    D. 疑核   E. 迷走神经背核

6. 特殊内脏运动核是
7. 一般躯体感觉核是
8. 一般内脏运动核是
9. 一般躯体运动核是
10. 特殊内脏感觉核是
(11~15 题共用备选答案)
    A. 内侧丘系   B. 外侧丘系   C. 脊髓丘系
    D. 三叉丘系   E. 丘系带

11. 与听觉有关的是
12. 传递躯干、四肢痛温觉的是
13. 传递头面部浅感觉的是
14. 传导躯干、四肢深感觉的是

15. 在锥体交叉上方左右交叉的是

（16~20 题共用备选答案）

    A. 锥体   B. 斜方体   C. 四叠体   D. 蓝斑复合体   E. 绳状体

16. 位于延髓腹侧面的是

17. 位于中脑的是

18. 纤维向后连于小脑的是

19. 和听觉传导有关的是

20. 富含去甲肾上腺素能神经元的是

（21~25 题共用备选答案）

    A. 脑桥基底部综合征   B. 延髓内侧综合征   C. 延髓外侧综合征

    D. 脑桥背侧部综合征   E. 大脑脚底综合征

21. 大脑后动脉分支阻塞为

22. 小脑下前动脉阻塞为

23. 基底动脉脑桥支阻塞为

24. 椎动脉延髓支或小脑下后动脉阻塞为

25. 椎动脉延髓支阻塞为

（26~30 题共用备选答案）

    A. E-W 核   B. 副神经核   C. 孤束核

    D. 上泌涎核   E. 蜗神经核

26. 与第Ⅸ对脑神经相连的脑神经核是

27. 与第Ⅷ对脑神经相连的脑神经核是

28. 与第Ⅲ对脑神经相连的脑神经核是

29. 与第Ⅺ对脑神经相连的脑神经核是

30. 与第Ⅶ对脑神经相连的脑神经核是

（31~35 题共用备选答案）

    A. 副神经核   B. 展神经核   C. 动眼神经核

    D. 疑核   E. 滑车神经核

31. 锥体交叉平面能看到的脑神经核是

32. 橄榄中部平面能看到的脑神经核是

33. 面神经丘高度平面能看到的脑神经核是

34. 下丘平面能看到的脑神经核是

35. 上丘平面能看到的脑神经核是

（36~40 题共用备选答案）

    A. 疑核   B. 三叉神经运动核   C. 面神经核

    D. 动眼神经副核   E. 副神经核

36. 支配咬肌的是

37. 支配表情肌的是

38. 支配咽喉肌的是

39. 支配瞳孔括约肌的是

40. 支配斜方肌的是

二、名词解释

1. 脑干	2. Horner 综合征	3. 丘系带
4. 四叠体	5. 面神经膝	6. E-W 核
7. 被盖和顶盖	8. 脑干网状结构	9. 锥体
10. 中脑导水管周围灰质	11. 绳状体	12. 蓝斑
13. 斜方体	14. 蓝斑复合体	15. 黑质
16. 红核	17. 外侧丘系	18. 内侧丘系
19. 内侧纵束	20. 脑神经核功能柱	21. 起核
22. 终核	23. Luschka 孔	24. 锥体交叉
25. 丘系三角	26. 界沟	27. 大脑脚
28. 面神经丘	29. 脑桥小脑三角	30. 味觉核
31. 上行网状激动系统	32. 角膜反射	33. 喷嚏反射
34. 瞳孔对光反射		

三、问答题

1. 试述脑神经核的性质。

2. 简述脑干网状系统的功能。

3. 试述 Wallenberg 综合征的受损结构和临床表现。

4. 简述延髓内侧综合征的受损结构和临床表现。

5. 基底动脉脑桥支阻塞后,会出现哪些症状?

6. 试述大脑脚底综合征受损结构及临床表现。

7. 简述本尼迪克综合征的受损结构及临床表现。

8. 试述延髓下橄榄核中部平面的左背外侧部缺氧(如小脑下后动脉血栓)或受压损伤的结构及症状。

9. 简述锥体交叉平面的重要结构。

10. Horner 综合征的临床表现有哪些?

11. 试述红核的位置、纤维联系及功能。

12. 叙述三叉神经根平面的内部结构。

13. 左侧脑桥外侧部受肿瘤压迫可累及哪些结构,产生何种症状?

14. 叙述下丘平面的内部结构。

15. 简述丘系带的组成及功能。

16. 试述脊髓与脑干的区别。

17. 以延髓橄榄中部平面为例,说明脑神经核功能柱的排列关系。

18. 试述脑干内副交感核团有哪些。

19. 试述脑干内部与听觉有关的结构。

20. 试述脑干内部与眼球运动有关的核团。

21. 脑干与小脑通过哪些结构联系?

22. 简述三叉神经核的功能。

23. 简述蓝斑核的功能。

24. 简述脑桥背侧部综合征的临床表现。

25. 试述中脑导水管周围灰质的功能。

四、病例讨论

1. 男,58 岁,走路时突然跌倒,自行起来后感觉右侧手脚无力,2 个月后就诊。检查发现:右侧上、下肢瘫痪,肌张力增高,腱反射亢进,病理反射阳性;左侧上睑下垂,左眼球向外下方偏斜;左侧瞳孔散大,对光反射消失,右侧鼻唇沟变浅,口角歪向左,两侧额纹对称,伸舌时舌尖偏向右侧;全身浅、深感觉正常。脑血管造影显示大脑后动脉阻塞。

问题:

（1）患者的病变部位可能位于哪里?

（2）患者瞳孔对光反射消失的原因是什么?

（3）患者瘫痪的原因是什么?

2. 女,47 岁,5 年前开始右耳出现耳鸣、听力减弱,1 年后右耳全聋。3 年前出现步态不稳,常有头痛、呕吐,随后右侧面部发麻。半年前出现吞咽、咀嚼困难。检查发现:右侧面部感觉减退,右侧角膜反射消失,右侧咬合力弱,右侧额纹变浅,右眼闭合力弱,右鼻唇沟略浅,右侧听力丧失;左侧上、下肢肌力减弱,腱反射亢进,病理反射阳性;右手指鼻、轮替动作差,并伴有震颤。X 线检查显示右侧内耳门附近有骨质破坏。

问题:

（1）患者的病变部位可能位于哪里?

（2）该病变可能累及哪些脑神经及中枢内结构?

（3）患者患病原因是血管梗死还是肿瘤?

参 考 答 案

一、选择题

（一）A1 型题

1. D 2. E 3. B 4. A 5. E 6. C 7. C 8. D 9. E 10. D 11. C 12. D 13. C 14. A 15. B 16. C 17. E 18. B 19. C 20. B 21. B 22. B 23. A 24. B 25. C 26. A 27. A 28. D 29. C 30. E 31. A 32. A 33. E 34. D 35. C 36. B 37. B 38. A 39. C

（二）A2 型题

1. A 2. B 3. E 4. C 5. D 6. A 7. B 8. C 9. E 10. C 11. D 12. C 13. A 14. E 15. B

（三）A3 型题

1. D 2. A 3. E 4. D 5. E 6. B 7. A 8. A 9. C 10. D 11. A 12. C 13. C 14. A 15. D 16. B

（四）B1 型题

1. A 2. C 3. D 4. B 5. E 6. D 7. A 8. E 9. B 10. C 11. B 12. C 13. D 14. A 15. A 16. A 17. C 18. E 19. B 20. D 21. E 22. D 23. A 24. C 25. B

26. C　27. E　28. A　29. B　30. D　31. A　32. D　33. B　34. E　35. C　36. B　37. C
38. A　39. D　40. E

二、名词解释

1. 脑干:从下往上,由菱脑发育来的延髓、脑桥以及中脑泡发育来的中脑组成;从上向下
依次与第Ⅲ~Ⅻ对脑神经相连。大脑皮质、间脑、小脑、脊髓之间通过脑干相互联系,脑干中还
有许多重要的神经中枢。

2. Horner 综合征:损伤脊髓颈段、延髓及脑桥外侧部的交感纤维,临床病例除有瞳孔缩小
外,还可能出现上眼睑下垂以及同侧汗腺分泌障碍等症状(称 Horner 综合征),是由于交感神经
的中枢下行纤维束经过这些部位,同时交感神经除管理瞳孔外,也管理眼睑平滑肌即睑板肌运
动(Müller 肌)和头面部汗腺的分泌。

3. 丘系带:在脑桥内部,外侧丘系、内侧丘系、脊髓丘系和三叉丘系所占的位置合称丘系带。

4. 四叠体:中脑背侧面有上、下两对圆形的隆起,分别称为上丘和下丘,合称四叠体,其深
面分别含有上丘核和下丘核,是视觉和听觉反射中枢。

5. 面神经膝:面神经核发出的纤维先走向背内至展神经核的内侧,后绕过展神经核的背
面折向腹外,形成的弯曲称为面神经膝。

6. E-W 核:又称动眼神经副核。成对,位于动眼神经核的背侧,其功能是控制瞳孔的收缩
和晶状体的调节。

7. 被盖和顶盖:中脑的上丘和下丘合称顶盖,分别与视觉和听觉有关,自上丘和下丘发出
的纤维组成顶盖脊髓束,参与完成视觉和听觉的躯体反射;在黑质背侧、中脑导水管周围灰质
腹侧核腹外侧的部分称为中脑被盖,是脑桥被盖在中脑部位的延续,在种系发生上比较古老,
内有神经和及纤维束。

8. 脑干网状结构:在中脑导水管周围灰质、第四脑室室底灰质和延髓中央灰质的腹外侧,
脑干被盖的广大区域内,除了明显的脑神经核、中继核和长的纤维束外,尚有神经纤维纵横交
织成网状,其间散在大小不等的神经细胞团块的结构,称为脑干网状结构。

9. 锥体:脑桥基底部纵行的锥体束纤维下降至延髓聚集成锥体。

10. 中脑导水管周围灰质:又称中央灰质,属于顶盖和被盖之间环绕中脑导水管的一片灰
质区。该部位涉及多种功能,如发怒、进食、参与膀胱紧张性反应和镇痛等。

11. 绳状体:小脑下脚,是占据延髓背外侧的粗大纤维束。它主要由来自脊髓和延髓进入
小脑的纤维构成,其中包括橄榄小脑束,脊髓小脑后束,来自前庭神经及其终止核、三叉神经脊
束核等向小脑投射的纤维。

12. 蓝斑:位于脑桥上半部,第四脑室底菱形窝界沟上端的深方,外侧紧邻三叉神经中脑
核。核柱下端始于三叉神经运动核上端平面,上端达中脑下丘下缘平面。核的下部位置表浅,
接近菱形窝底的表面,透视出青灰色斑,故名蓝斑。

13. 斜方体:从蜗神经核发出的传导听觉的二级纤维,在基底部和被盖部之间组成一个横
穿内侧丘系的带状纤维束,称斜方体。

14. 蓝斑复合体:蓝斑核和蓝斑下核组成蓝斑复合体。

15. 黑质:仅见于哺乳类,在人类最为发达。位于中脑的大脑脚底和被盖之间,见于中
脑的全长,并延伸至间脑尾部。依据细胞构筑,黑质可分为腹侧的网状部和背侧的致密部两
部分。

16. 红核:位于中脑被盖部的中央,自上丘高度一直迁至间脑尾端,在新鲜标本上多少带有红色。

17. 外侧丘系:从蜗神经核发出的传导听觉的二级纤维,在基底部和被盖部之间组成一个横穿内侧丘系的带状纤维束,越过中线到达对侧被盖部的前外侧,在上橄榄核的外方折向上行,称为外侧丘系。

18. 内侧丘系:由薄束核和楔束核发出的二级纤维呈弓状走向中央管的腹侧,在锥体交叉的正上方左右交叉,交叉后的纤维转折向上,在中线两侧,两下橄榄核之间,形成背腹方向上纵行的纤维束,称内侧丘系。

19. 内侧纵束:位于舌下神经核深方,紧靠正中沟两侧纵行的纤维束,起自中脑,向下行于脊髓前索,终于脊髓前角运动神经元。

20. 脑神经核功能柱:若干个功能相同的脑神经核团在脑干内有规律地排列成一个纵行而不连续的细胞柱,即脑神经核功能柱。每个功能柱并非纵贯脑干的全长,而是长短不一。

21. 起核:从脑干发出纤维至外周的脑神经运动核称为起核,与运动指令的发出有直接的关系。

22. 终核:接受外周传入纤维的脑神经感觉核称为终核,与感觉信息的传递有直接的关系。

23. Luschka孔:位于第四脑室外侧隐窝尖端的1对外侧孔,脑室系统内的脑脊液经该孔及第四脑室正中孔注入蛛网膜下隙的小脑延髓池。

24. 锥体交叉:脑桥基底部纵行的锥体束纤维下降至延髓聚集成锥体。锥体的下端约有70%~90%的纤维交叉至对侧形成锥体交叉。

25. 丘系三角:是小脑上脚上段腹外侧的三角区,其上界为下丘臂,下界为小脑上脚外侧缘,腹侧界为中脑外侧沟,内有外侧丘系纤维通过。

26. 界沟:在第四脑室底正中沟的外侧各有一条大致与之平行的纵行沟,称为界沟,将每侧半的菱形窝又分成内、外侧部。

27. 大脑脚:在中脑腹侧下部为大脑脚底和被盖,两者合称为大脑脚。

28. 面神经丘:第四脑室底靠近髓纹上方的内侧隆起处有一圆形的隆凸,为面神经丘,内隐面神经膝和展神经核。

29. 脑桥小脑三角:延髓脑桥沟的外侧部,延髓、脑桥和小脑的结合处,临床上称为脑桥小脑三角,前庭蜗神经根恰位于此处。

30. 味觉核:味觉纤维中枢突止于孤束核的上部,故孤束核的上段也称味觉核。

31. 上行网状激动系统:是维持大脑皮质觉醒状态的功能系统,包括向脑干网状结构的感觉传入、脑干网状结构内侧核群向间脑的上行投射,以及间脑至大脑皮质的广泛区域投射。

32. 角膜反射:角膜处的三叉神经纤维受机械刺激后,眼睑迅速闭合,称为直接角膜反射;同时和刺激无关的另一只眼睛也会同时产生反应,称为间接角膜反射。具体过程是:角膜刺激经三叉神经第一支(眼神经)之分支鼻睫神经传至三叉神经脑桥核和脊束核,再传至两侧的面神经核,后者发出面神经到两侧的眼轮匝肌引起闭眼。

33. 喷嚏反射:鼻黏膜受到刺激,经三叉神经的上颌神经传至感觉核簇,再传至与呼吸有关的中枢和疑核,经三叉神经、舌咽神经、迷走神经、膈神经等到相关骨骼肌,引起收缩,导致打喷嚏。

34. 瞳孔对光反射:强光照射视网膜引起瞳孔缩小的反应称为瞳孔对光反射,光照一侧视网膜时本侧瞳孔缩小,称直接对光反射;对侧瞳孔缩小称间接对光反射。

三、问答题

1. 试述脑神经核的性质。

答:根据脑神经核支配或接收信息的性质和范围,可分为 7 种类型,分别是:①一般躯体运动核,包括动眼神经核、滑车神经核、展神经核和舌下神经核;②特殊内脏运动核,包括三叉神经运动核、面神经核、疑核和副神经核;③一般内脏运动核,包括动眼神经副核、上泌涎核、下泌涎核和迷走神经背核;④一般内脏感觉核,孤束核的中、尾端段;⑤特殊内脏感觉核,孤束核的上部;⑥一般躯体感觉核,包括三叉神经脑桥核、三叉神经脊束核和三叉神经中脑;⑦特殊躯体感觉核,包括蜗神经核和前庭神经核。

2. 简述脑干网状系统的功能。

答:①参与躯体运动的调节;②参与躯体感觉信息的传递;③调节呼吸运动、心血管活动;④参与内分泌活动及生物节律的调节;⑤对睡眠、觉醒、意识状态进行调节;⑥参与认知、学习、记忆及情感变化等高级神经活动。

3. 试述 Wallenberg 综合征的受损结构和临床表现。

答:①三叉神经脊束受损:同侧头面部痛温觉障碍;②脊髓丘脑束受损:对侧上、下肢及躯干痛温觉障碍;③疑核受损:同侧软腭及咽喉肌麻痹,吞咽困难,声音嘶哑;④下丘脑至脊髓中间外侧核的交感下行通路受损:同侧 Horner 综合征;⑤小脑下脚受损:同侧上、下肢运动共济失调;⑥前庭神经核受损:眩晕、眼球震颤。

4. 简述延髓内侧综合征的受损结构和临床表现。

答:①锥体束受损:对侧上、下肢瘫痪;②内侧丘系受损:对侧上、下肢及躯干意识性本体感觉和精细触觉障碍;③舌下神经根受损:同侧半舌肌瘫痪,伸舌时偏向患侧。

5. 基底动脉脑桥支阻塞后,会出现哪些症状?

答:①锥体束受损:对侧上、下肢瘫痪;②展神经根受损:同侧眼球外直肌麻痹,眼球不能外展。

6. 试述大脑脚底综合征受损结构及临床表现。

答:①动眼神经根受损:同侧除外直肌和上斜肌以外的所有眼外肌麻痹,瞳孔散大;②皮质脊髓束受损:对侧上、下肢瘫痪;③皮质核束损伤:对侧面神经和舌下神经核上瘫。

7. 简述本尼迪克综合征的受损结构及临床表现。

答:①动眼神经根受损:同侧除外直肌和上斜肌以外的所有眼球外肌麻痹,瞳孔散大;②小脑丘脑纤维(为已交叉的小脑上脚纤维)和红核受损:对侧上、下肢意向性震颤,共济失调;③内侧丘系受损:对侧上、下肢及躯干意识性本体感觉和精细触觉障碍。

8. 试述延髓下橄榄核中部平面的左背外侧部缺氧(如小脑下后动脉血栓)或受压损伤的结构及症状。

答:①延髓下橄榄核中部平面左侧背外侧区损伤累及的结构:前庭核,绳状体,孤束核及孤束,三叉神经脊束及核,疑核,迷走神经,脊髓小脑前束,脊髓丘系;②产生的症状:说话声音嘶哑,左侧软腭肌瘫痪,左侧手脚精细动作不协调,左侧面部及右侧上、下肢和躯干痛温觉消失。

9. 简述锥体交叉平面的重要结构。

答:锥体交叉平面轮廓上与脊髓很相似,平面中心为中央管,灰质大体上仍呈蝶状,但前角被交叉的皮质脊髓束打乱;灰质后角扩大,移行于三叉神经脊束核尾侧亚核;其外侧与脊髓侧索相当的部分也为下行的三叉神经脊束所代替。后索的薄束和楔束中开始出现薄束核和楔束核的神经元群。锥体中的皮质脊髓束纤维大部分交叉至对侧的侧索中下降,形成皮质脊髓侧束,有小部分不交叉,在本侧前索中下降形成皮质脊髓前束。其他传导束如脊髓丘脑侧束,脊髓小脑前、后束等仍保持在脊髓中的位置继续上升。

10. Horner 综合征的临床表现有哪些?

答:Horner 综合征由自丘脑下部发出的交感神经纤维,路经脑干、上部脊髓、颈交感神经节及节后纤维任何一处的病变所引起,主要症状有瞳孔缩小、眼裂变小、眼球内陷、面部无汗、面部潮红等。

11. 试述红核的位置、纤维联系及功能。

答:红核大致占据中脑被盖部的中央,自上丘高度一直延续至间脑尾端。红核主体由小型细胞组成(小细胞部),而其尾端腹内侧由大型细胞组成(大细胞部)。前者发出中央被盖束,是同侧性的,终于下橄榄核;后者发出红核脊髓束,在被盖腹侧交叉后下行,一部分纤维终止于桥延网状结构(红核网状束),另一部分至脊髓,终于前角运动神经元。此束主要兴奋屈肌运动神经元,同时抑制伸肌运动神经元,与皮质脊髓束一起对肢体远端肌肉的运动发挥重要影响。红核的传入纤维主要来源于小脑和大脑皮质,其次还有苍白球、下丘脑、下丘、黑质和脊髓等。红核是躯体运动通路中的重要中继站,连接大脑皮质、小脑和脊髓,参与对躯体运动的控制。

12. 叙述三叉神经根平面的内部结构。

答:此切面通过脑桥上部,其背侧的被盖部和第四脑室已渐变小,基底部则变得很宽大。脑室侧壁自内向外有小脑上脚、小脑下脚和小脑中脚构成边界,脑室的背面为小脑。在被盖的外侧部有三叉神经脑桥核,其内侧有三叉神经运动核,两者之间有三叉神经根通向腹外侧出脑。少量纤维向背内侧延伸至小脑上脚内侧的三叉神经中脑核。三叉神经根纤维的下行分支形成三叉神经脊束,止于三叉神经脊束核。在被盖与基底之间有内侧丘系、脊髓丘系和外侧丘系。被盖的正中线旁靠背侧的部分仍为内侧纵束和顶盖脊髓束,其两侧有网状结构和被盖中央束。

13. 左侧脑桥外侧部受肿瘤压迫可累及哪些结构,产生何种症状?

答:累及的结构有左侧展神经核,面神经及其核,锥体束;症状有左侧展神经及面神经麻痹,右侧上、下肢瘫痪。

14. 叙述下丘平面的内部结构。

答:下丘平面第四脑室已消失,代之以中脑导水管。中脑导水管背侧为属于顶盖的下丘,腹侧为大脑脚底和被盖,两者合称为大脑脚。围绕中脑导水管的是很厚的中脑导水管周围灰质,在中脑导水管周围灰质外侧边缘处可见少量三叉神经中脑核的大细胞,腹侧部分中线两旁有滑车神经核。滑车神经核腹侧有内侧纵束。内侧纵束两侧有被盖中央束。被盖部的中央有小脑上脚交叉,大量的小脑传出纤维在此交叉继续上升。内侧丘系和脊髓丘系、三叉丘系移至黑质背侧的被盖两侧,呈腹背方向排列,外侧丘系在最背侧,逐渐靠近并终止于下丘。被盖与大脑脚底之间为黑质。大脑脚底全部由纵行纤维组成,自外向内是顶枕颞桥束、皮质脊髓束、皮质脑干束和额桥束。

15. 简述丘系带的组成及功能。

答:丘系带由内侧丘系、外侧丘系、脊髓丘系和三叉丘系所构成。内侧丘系传导躯体及四肢意识性本体感觉;外侧丘系传导听觉;脊髓丘系传导躯体和四肢痛温觉、粗触觉和压觉;三叉丘系传导头面部痛温觉和压觉。

16. 试述脊髓与脑干的区别。

答:①脑干内长传导束走行发生变化;②脑干有大量的神经纤维与小脑联系;③脑干发出第Ⅲ~Ⅻ对脑神经,它们分别由一种或数种功能不同的纤维组成,每种纤维在脑干都与相应的脑神经核联系;④脑干内有发达的网状结构,具有许多重要的纤维联系和生理功能。

17. 以延髓橄榄中部平面为例,说明脑神经核功能柱的排列关系。

答:①运动性脑神经核柱位于界沟的内侧,感觉性脑神经核柱位于界沟的外侧;②由中线向两侧依次为一般躯体运动核柱、一般内脏运动核柱、一般和特殊内脏感觉核柱、特殊躯体感觉核柱;③特殊内脏运动核柱和一般躯体感觉核柱位于室底灰质(或中央灰质)腹外侧的网状结构。

18. 试述脑干内副交感核团有哪些。

答:脑干内副交感核团包括迷走神经背核、下泌涎核、上泌涎核和动眼神经副核。

19. 试述脑干内部与听觉有关的结构。

答:①核团:蜗神经核、上橄榄核、下丘核;②纤维束:斜方体、外侧丘系、顶盖脊髓束。

20. 试述脑干内部与眼球运动有关的核团。

答:①动眼神经核;②滑车神经核;③展神经核。

21. 脑干与小脑通过哪些结构联系?

答:①小脑下脚:由来自脊髓和延髓进入小脑的纤维构成;②小脑中脚:由交叉性的桥横纤维组成,连接脑桥与小脑;③小脑上脚:由发自小脑齿状核及中间核、行向红核及丘脑的纤维构成,还有脊髓小脑前束的纤维参加。

22. 简述三叉神经核的功能。

答:①三叉神经脑桥核:位于脑桥被盖部网状结构的外侧,下接脊束核,是传导面部触压觉信息的中继核。②三叉神经脊束核:接收面口部的痛温觉信息。③三叉神经中脑核:主要管理咀嚼肌和表情肌的本体感觉,并参与调节咀嚼肌力。中脑核的上部可能还与传导眼肌的本体感觉有关。④三叉神经运动核:支配咀嚼肌、二腹肌前腹、下颌舌骨肌、腭帆张肌和鼓膜张肌。

23. 简述蓝斑核的功能。

答:蓝斑是脑内去甲肾上腺素能神经元最多的部位。这种神经元在引起异相睡眠(或称快波睡眠、深睡眠)中起重要作用。例如破坏双侧蓝斑核的后 2/3 区域,可以完全抑制异相睡眠的发生,同时脑内去甲肾上腺素含量明显减少。此外,蓝斑核向脊髓和延髓后角浅层的下行投射与伤害性信息的调控有密切的关系。

24. 简述脑桥背侧部综合征的临床表现。

答:①展神经核受损:同侧眼球外直肌麻痹,双眼患侧凝视麻痹;②面神经核受损:同侧面肌麻痹;③前庭神经核受损:眩晕、眼球震颤;④三叉神经脊束受损:同侧头面部痛温觉障碍;⑤脊髓丘脑束受损:对侧上、下肢及躯干痛温觉障碍;⑥内侧丘系受损:对侧上、下肢及躯干意识性本体感觉和精细触觉障碍;⑦下丘脑至脊髓中间外侧核的交感下行通路受损:同侧 Horner综合征;⑧小脑下脚和脊髓小脑前束受损:同侧上、下肢共济失调。

25. 试述中脑导水管周围灰质的功能。

答:①情绪反应,如发怒;②参与进食活动;③参与膀胱紧张性反应;④参与疼痛的下行调控,与吗啡的镇痛机制有密切关系。

四、病例讨论

1. 男,58 岁,走路时突然跌倒,自行起来后感觉右侧手脚无力,2 个月后就诊。检查发现:

右侧上、下肢瘫痪,肌张力增高,腱反射亢进,病理反射阳性;左侧上睑下垂,左眼球向外下方偏斜;左侧瞳孔散大,对光反射消失,右侧鼻唇沟变浅,口角歪向左,两侧额纹对称,伸舌时舌尖偏向右侧;全身浅、深感觉正常。脑血管造影显示大脑后动脉阻塞。

问题:

(1)患者的病变部位可能位于哪里?

(2)患者瞳孔对光反射消失的原因是什么?

(3)患者瘫痪的原因是什么?

答:

(1)患者病变部位在左侧中脑大脑脚,病变累及左侧锥体束和动眼神经根。

(2)光照一侧视网膜时,本侧瞳孔缩小,称直接对光反射;对侧瞳孔缩小称间接对光反射。反射通路是由视网膜开始,至顶盖前区交换神经元,部分纤维经后联合跨边,部分不跨边,至E-W核传出,经睫状神经节支加入动眼神经支配瞳孔括约肌。该患者左侧上睑下垂,左眼球斜向外下方,说明上睑提肌、内直肌和上直肌等眼肌瘫痪。上述眼肌由动眼神经支配,提示动眼神经受损。

(3)患者躯体部分瘫痪,肌张力增高,腱反射亢进,病理反射阳性,说明该患者是中枢性瘫痪,即由于大脑皮层运动区锥体细胞及其发生的下行纤维——锥体束受损。

右侧上、下肢瘫痪,提示左侧皮质脊髓束受损;右侧鼻唇沟变浅,口角歪向左,两侧额纹对称,提示左侧面神经核上瘫;伸舌时舌尖偏向右侧,提示左侧舌下神经核上瘫。

2. 女,47岁,5年前开始右耳出现耳鸣、听力减弱,1年后右耳全聋。3年前出现步态不稳,常有头痛、呕吐,随后右侧面部发麻。半年前出现吞咽、咀嚼困难。检查发现:右侧面部感觉减退,右侧角膜反射消失,右侧咬合力弱,右侧额纹变浅,右眼闭合力弱,右鼻唇沟略浅,右侧听力丧失;左侧上、下肢肌力减弱,腱反射亢进,病理反射阳性;右手指鼻、轮替动作差,并伴有震颤。X线检查显示右侧内耳门附近有骨质破坏。

问题:

(1)患者的病变部位可能位于哪里?

(2)该病变可能累及哪些脑神经及中枢内结构?

(3)患者患病原因是血管梗死还是肿瘤?

答:

(1)该患者病变部位在右侧小脑脑桥角。

(2)右耳耳鸣、听力减弱,1年后右耳全聋,提示病变在右侧蜗神经核;常有头痛、呕吐,提示占位性病变造成颅内压升高;右侧面部发麻,半年前出现吞咽、咀嚼困难,右侧面部感觉减退,右侧角膜反射消失,右侧咬合力弱,提示右侧三叉神经受损;右侧额纹变浅,右眼闭合力弱,右鼻唇沟略浅,提示右侧面神经受损;左侧上、下肢肌力减弱,腱反射亢进,病理反射阳性,提示右侧皮质脊髓束受损;右手指鼻、轮替动作差,并伴有震颤,提示右侧小脑功能受损。

(3)患者发病缓慢,渐进性加重,X线检查显示右侧内耳门附近有骨质破坏,提示为肿瘤病变。临床诊断为右侧听神经瘤。手术发现右侧小脑脑桥角有一肿瘤,直径约3cm。病理检查为听神经瘤。

(李云庆)

小 脑

学 习 指 导

(一) 学习目的

能够复述:小脑的位置和外形;小脑分叶和分区;小脑的内部结构、纤维联系和功能。

(二) 学习要点

小脑位于颅后窝,借上、中、下 3 对小脑脚连于脑干背面,其上方借小脑幕与大脑分隔。

1. 小脑的外形 两侧部膨大,称小脑半球;中间部狭窄,称小脑蚓。小脑蚓上面平坦,下面膨隆,从前向后依次为小结、蚓垂、蚓锥体和蚓结节。蚓垂两侧小脑半球较膨出的部分称小脑扁桃体。小脑分为前叶、后叶和绒球小结叶。前叶和后叶构成小脑的主体,合称为小脑体。小脑由内向外分成内侧区、中间区和外侧区 3 个纵区。根据传入和传出的纤维联系,将小脑划分为 3 个功能区。绒球小结叶主要与前庭神经核和前庭神经相联系,称为前庭小脑,又称为原小脑;小脑体内侧区和中间区主要接收来自脊髓的信息,传出纤维经顶核、中间核中继后传出,称为脊髓小脑,又称为旧小脑;小脑体外侧区接收大脑皮质经脑桥核中继后传入的信息,传出纤维经齿状核中继后传出,称为大脑小脑,又称为新小脑。

2. 小脑的内部结构

(1) 小脑皮质细胞构筑由浅至深分为 3 层:分子层、梨状细胞层和颗粒层。小脑皮质的神经元有 5 类:星形细胞和篮细胞位于分子层;梨状细胞位于梨状细胞层;颗粒细胞和 Golgi Ⅱ 型细胞位于颗粒层。

(2) 小脑核,也称为小脑中央核,由内侧向外侧依次为顶核、球状核、栓状核和齿状核。顶核属于原小脑;球状核和栓状核合称为中间核,属于旧小脑;齿状核属于新小脑。

(3) 小脑髓质由 3 类纤维构成:①小脑皮质与小脑中央核之间的往返纤维;②小脑叶片间或小脑各叶之间的联络纤维;③小脑的传入和传出纤维。这些纤维参与上、中、下 3 对小脑脚的组成。小脑下脚,又称绳状体,与延髓相连,由进入小脑的脊髓小脑后束、前庭小脑束、橄榄小脑束、网状小脑束、前外弓状纤维、后外弓状纤维等多种纤维束组成;小脑中脚,又称脑桥臂,与脑桥相连,由进入小脑的来自脑桥核发出的脑桥小脑纤维汇集而成;小脑上脚:又称结合臂,与中脑相连,由小脑中央核发出的传出纤维和脊髓小脑前束、三叉小脑束、顶盖小脑束、红核小脑束等小脑的传入纤维组成。

3. 小脑的纤维联系和功能

(1) 前庭小脑(原小脑)接受来自同侧前庭神经节(初级)和前庭神经核(次级)发出的纤维,经小脑下脚至绒球小结叶。传出纤维经顶核中继或直接经小脑下脚终止于同侧前庭神经核和脑干网状结构。主要作用为调节躯干肌运动、协调眼球运动以及维持身体平衡。

(2) 脊髓小脑(旧小脑)接受来自脊髓小脑前、后束经小脑上、下脚到达小脑前叶和后叶内侧区及中间区皮质的纤维。传出纤维主要投射至顶核和中间核,中继后发出纤维至前庭神经核、脑干网状结构和红核,再经前庭脊髓束、网状脊髓束以及红核脊髓束影响脊髓前角运动细胞,以调节肌张力。

(3) 大脑小脑(新小脑)接受皮质脑桥束在脑桥核中继后经小脑中脚传入的纤维。传出纤维在齿状核中继后,经小脑上脚止于对侧红核和对侧背侧丘脑的腹前核及腹外侧核。后者再发出纤维至大脑皮质躯体运动区,最后经皮质脊髓侧束下行至脊髓前角运动神经元,以调控骨骼肌的精细运动。

复习思考题

一、选择题

(一) A1 型题

1. 关于小脑的描述,正确的是
   - A. 位于颅中窝
   - B. 上面与大脑枕叶直接相贴
   - C. 分前、后两叶
   - D. 前叶构成小脑的主体
   - E. 小脑下脚与延髓相连

2. 关于小脑功能的描述,错误的是
   - A. 维持身体平衡
   - B. 调节肌张力
   - C. 控制随意运动
   - D. 协调眼球运动
   - E. 维持身体姿势

3. 关于原裂的描述,正确的是
   - A. 原裂位于小脑的下面
   - B. 原裂为小脑前叶和后叶在小脑下面的分界
   - C. 原裂位于小脑上面前 2/3 与后 1/3 交界处
   - D. 原裂是小脑后叶与绒球小结叶的分界
   - E. 原裂以前的小脑半球和小脑蚓为小脑前叶

4. 小脑蚓从前向后依次是
   - A. 蚓锥体、蚓垂、小结、蚓结节
   - B. 小结、蚓垂、蚓锥体、蚓结节
   - C. 蚓垂、蚓锥体、蚓结节、小结
   - D. 蚓结节、蚓垂、蚓锥体、小结
   - E. 蚓叶、蚓垂、蚓锥体、蚓结节

5. 关于小脑扁桃体的描述,错误的是
   - A. 蚓垂两侧小脑半球膨出的部分为小脑扁桃体
   - B. 小脑扁桃体位于小脑的后叶
   - C. 颅内压增高时,小脑扁桃体可嵌入枕骨大孔,形成小脑扁桃体疝
   - D. 发生小脑扁桃体疝时,小脑扁桃体向后压迫延髓
   - E. 小脑扁桃体疝可导致呼吸、循环功能障碍,危及生命

6. 关于小脑分部的描述,错误的是
   - A. 小脑分为小脑体和小脑蚓
   - B. 小脑分为原小脑、旧小脑和新小脑
   - C. 小脑分为绒球小结叶、前叶和后叶
   - D. 小脑分为前庭小脑、脊髓小脑和大脑小脑
   - E. 小脑分为内侧区、中间区和外侧区 3 个纵区

7. 关于小脑功能分区的描述,错误的是
   - A. 根据小脑的传入和传出纤维联系,可将小脑划分为 3 个功能区
   - B. 绒球小结叶为前庭小脑

C. 小脑蚓和小脑半球中间区共同组成脊髓小脑

D. 新小脑也称大脑小脑

E. 小脑半球外侧区进化上出现较晚,称旧小脑

8. 小脑皮质的神经元排列成3层,由浅入深依次是

   A. 分子层、梨状细胞层、颗粒层   B. 颗粒层、分子层、梨状细胞层

   C. 颗粒层、梨状细胞层、分子层   D. 梨状细胞层、颗粒层、分子层

   E. 梨状细胞层、分子层、颗粒层

9. 小脑髓质内的小脑核,从内侧向外侧依次是

   A. 顶核、球状核、栓状核、齿状核   B. 顶核、栓状核、球状核、齿状核

   C. 齿状核、栓状核、球状核、顶核   D. 栓状核、球状核、顶核、齿状核

   E. 球状核、齿状核、顶核、栓状核

10. 关于小脑核的描述,错误的是

   A. 顶核最古老,属于原小脑

   B. 球状核和栓状核合称为小脑中央核

   C. 球状核和栓状核在进化上属于旧小脑

   D. 齿状核体积最大,属于新小脑

   E. 齿状核呈皱褶的袋状,袋口朝向前内侧

11. 小脑下脚的传入纤维不包括

   A. 脊髓小脑后束   B. 楔小脑束   C. 脊髓小脑前束

   D. 橄榄小脑束   E. 前庭小脑纤维

12. 小脑上脚的传入纤维不包括

   A. 脊髓小脑前束   B. 三叉小脑束   C. 顶盖小脑束

   D. 红核小脑束   E. 前庭小脑束

13. 关于小脑脚的描述,错误的是

   A. 小脑下脚又称绳状体,主要为传入纤维

   B. 小脑中脚又称脑桥臂,主要为传入纤维

   C. 小脑上脚又称结合臂,主要为传出纤维

   D. 小脑上脚有传出纤维,也有传入纤维

   E. 小脑上脚的传出纤维主要止于同侧的红核和背侧丘脑

14. 关于前庭小脑的描述,错误的是

   A. 前庭小脑又称原小脑

   B. 主要接受来自前庭神经和前庭神经核的纤维

   C. 前庭小脑为绒球小结叶

   D. 接收头部位置变化和头部相对于重力作用方向的信息

   E. 前庭小脑病变的患者会出现指鼻不准与指鼻试验阳性

15. 小脑损伤的典型体征不包括

   A. 共济失调   B. 眼球震颤   C. 意向性震颤

   D. 随意运动障碍   E. 肌张力低下

16. 关于苔藓纤维和攀缘纤维的描述,错误的是

   A. 攀缘纤维起源于对侧下橄榄核

B. 是兴奋传入纤维,其神经递质主要是谷氨酸

C. 苔藓纤维主要起源于脊髓、前庭神经核、脑桥核和脑干网状结构

D. 苔藓纤维主要位于梨状细胞层

E. 攀缘纤维可到达分子层

(二) A2 型题

1. 男,24 岁,外伤后,提示原小脑损伤的临床表现为

A. 上肢和下肢肌力下降,肌张力增高
B. 平衡失调、步态蹒跚、站立不稳
C. 闭眼困难、口角偏斜
D. 吞咽困难、构音障碍
E. 眩晕、耳鸣、听力下降

2. 男,36 岁,小脑损伤时,出现眼球震颤、平衡失调、站立不稳,身体倒向病变的一侧,因为

A. 小脑上脚传出的纤维交叉至对侧大脑半球,对侧大脑半球管理同侧肢体

B. 小脑前庭束和前庭脊髓束均是同侧管理

C. 小脑中脚传入纤维和小脑上脚的传出纤维均发生交叉

D. 大脑皮质、脑桥和小脑之间信息传递出现障碍

E. 脊髓小脑束的纤维交叉到对侧的小脑半球

3. 男,45 岁,指鼻试验时,右侧指鼻不准且伴有意向性震颤,提示

A. 左侧小脑半球损伤
B. 右侧小脑半球损伤
C. 小脑蚓部损伤
D. 左侧内囊损伤
E. 右侧内囊损伤

(三) A3 型题

(1~3 题共用题干)

女,59 岁,上呼吸道感染 5 天后,开始出现剧烈头痛、频繁呕吐,医生诊断为病毒性脑炎。正在办理住院手续时,患者突然出现昏迷,肌力和肌张力降低,呼吸浅慢,血压升高,心跳缓慢。

1. 该患者出现剧烈头痛和频繁呕吐,提示

A. 枕骨大孔疝
B. 小脑扁桃体疝
C. 小脑幕切迹疝
D. 颅内压增高
E. 颅内压降低

2. 该患者出现病情加重的原因为

A. 小脑扁桃体疝
B. 病毒性脑炎
C. 小脑幕切迹疝
D. 脑炎并发脑出血
E. 脑炎并发脑栓塞

3. 临床医生对该患者进行的对症治疗,最有效的为

A. 经 L_3、L_4 之间行腰椎穿刺放出大量脑脊液,以降低颅内压

B. 经枕骨大孔行小脑延髓池穿刺放出大量脑脊液

C. 静脉快速输入大量液体,以提高颅内压

D. 抗病毒治疗

E. 抗生素治疗

(四) B1 型题

(1~5 题共用备选答案)

A. 前庭小脑
B. 脊髓小脑
C. 大脑小脑
D. 小脑前叶
E. 小脑后叶

1. 在小脑的上面,原裂前方的是

2. 在小脑的下面,小脑蚓的小结属于

3. 小脑蚓和半球中间部共同组成

4. 在进化过程中,出现最晚的部分是

5. 传出纤维到达齿状核的是

(6~10 题共用备选答案)

    A. 原小脑   B. 旧小脑   C. 新小脑

    D. 小脑核   E. 小脑中脚

6. 接受脊髓小脑前、后束的结构是

7. 接受前庭神经节和前庭神经核发出的纤维的结构是

8. 接受皮质脑桥束在脑桥核中继后传入的纤维的结构是

9. 接受小脑皮质纤维的结构是

10. 纤维主要成分为脑桥小脑纤维的结构是

二、名词解释

1. 小脑扁桃体   2. 原裂   3. 中间核

4. 前庭小脑   5. 脊髓小脑   6. 大脑小脑

7. 小脑下脚   8. 小脑中脚   9. 小脑上脚

三、问答题

1. 小脑依据表面的沟裂分为哪 3 叶?

2. 小脑可分为哪 3 个功能区,各功能区的纤维联系是什么?

3. 小脑皮质的神经元有哪 5 类,它们分别位于哪一层?

4. 小脑核分为哪 4 对,它们分别隶属于小脑的哪个功能区?

5. 小脑的主要纤维联系和功能是什么?

参 考 答 案

一、选择题

(一) A1 型题

1. E　2. C　3. E　4. B　5. D　6. A　7. E　8. A　9. A　10. B　11. C　12. E　13. E
14. E　15. D　16. D

(二) A2 型题

1. B　2. B　3. B

(三) A3 型题

1. D　2. A　3. B

(四) B1 型题

1. D　2. A　3. B　4. C　5. C　6. B　7. A　8. C　9. D　10. E

二、名词解释

1. **小脑扁桃体**:枕骨大孔外上方,蚓垂两侧的小脑半球较膨出,称小脑扁桃体,颅内压力增高时,可嵌入枕骨大孔,形成小脑扁桃体疝。

2. 原裂:在小脑的上面,前 1/3 与后 2/3 交界处的深沟称原裂,它是小脑前叶和后叶的分界。

3. 中间核:小脑核有四对,其中球状核和栓状核合称为中间核,在进化上出现较晚,属于旧小脑。

4. 前庭小脑:绒球小结叶主要与前庭神经核和前庭神经相联系,称为前庭小脑,在进化上出现最早,故又称为原小脑。

5. 脊髓小脑:小脑体内侧区和中间区主要接收来自脊髓的信息,传出纤维经顶核、中间核中继后传出,称为脊髓小脑,在进化上出现较晚,故又称为旧小脑。

6. 大脑小脑:小脑体外侧区接收大脑皮质经脑桥核中继后传入的信息,传出纤维经齿状核中继后传出,称为大脑小脑,在进化上出现最晚,与大脑皮质同步发展,故又称为新小脑。

7. 小脑下脚:又称绳状体,与延髓相连,由进入小脑的脊髓小脑后束、前庭小脑束、橄榄小脑束、网状小脑束及前外、后外弓状纤维等多种纤维束组成。

8. 小脑中脚:又称脑桥臂,与脑桥相连,由进入小脑的来自脑桥核发出的脑桥小脑纤维汇集而成。

9. 小脑上脚:又称结合臂,与中脑相连,由小脑中央核发出的传出纤维和脊髓小脑前束、三叉小脑束、顶盖小脑束、红核小脑束等小脑的传入纤维组成。

三、问答题

1. 小脑依据表面的沟裂分为哪 3 叶?

答:小脑依据表面的沟和裂可分为前叶、后叶和绒球小结叶。在小脑下面,以后外侧裂为界,前方绒球、绒球脚和小结合称为绒球小结叶,后方的小脑半球和小脑蚓为后叶;在小脑上面,以原裂为界,原裂前方的小脑半球和小脑蚓为前叶,原裂以后的小脑半球和小脑蚓为后叶。

2. 小脑可分为哪 3 个功能区,各功能区的纤维联系是什么?

答:小脑依据功能可分为 3 个主要的功能区,前庭小脑、脊髓小脑和大脑小脑。前庭小脑为绒球小结叶,主要与前庭神经核和前庭神经相互联系,在进化上出现最早,又称原小脑。脊髓小脑为小脑体内侧区和中间区,主要接收来自脊髓的信息,传出纤维经顶核、中间核中继传出,在进化上出现较晚,称旧小脑。大脑小脑为小脑体外侧区,接收大脑皮质经脑桥核中继后的信息,传出纤维经齿状核中继后传出,在进化上出现最晚,与大脑皮质的发展有关,为新小脑。

3. 小脑皮质的神经元有哪 5 类,它们分别位于哪一层?

答:小脑皮质的神经元主要有星形细胞、篮细胞、梨状细胞、颗粒细胞和 Golgi Ⅱ 型细胞。其中星形细胞和篮细胞位于分子层;梨状细胞位于梨状细胞层;颗粒细胞和 Golgi Ⅱ 型细胞位于颗粒层。

4. 小脑核分为哪 4 对,它们分别隶属于小脑的哪个功能区?

答:小脑核分为顶核、球状核、栓状核和齿状核,一共 4 对。顶核属于原小脑;球状核和栓状核合称中间核,属于旧小脑;齿状核属于新小脑。

5. 小脑的主要纤维联系和功能是什么?

答:前庭小脑(原小脑)主要接受来自同侧前庭神经节(初级)和前庭神经核发出的(次级)

纤维,经小脑下脚到绒球小结叶皮质,传递头部位置变化及头部相对于重力作用方向的信息。传出纤维由绒球小结叶发出,经小脑下脚至同侧前庭神经核,再经前庭脊髓束和内侧纵束到脊髓前角,维持身体平衡,还可影响眼球的运动。

脊髓小脑(旧小脑)传入纤维来自脊髓小脑束,经小脑上脚和下脚到达小脑前叶和后叶的内侧区和中间区,获取运动过程中身体内外各种变化信息,也接收视觉、听觉、前庭和大脑皮质的传入信息。其传出纤维经顶核和中间核中继后离开小脑。经顶核中继后的纤维经小脑下脚到达前庭神经核和网状结构,通过前庭脊髓束和网状脊髓束到达脊髓前角细胞;经中间核中继后的纤维经小脑上脚交叉到对侧,部分纤维止于红核,另一部分经背侧丘脑腹中间核止于大脑皮质,通过红核脊髓束和皮质脊髓束到达脊髓前角细胞,调节肌张力和协调运动。

大脑小脑(新小脑)接受来自对侧脑桥核的传入纤维,经小脑中脚至小脑外侧区皮质,传出纤维经齿状核中继后,经小脑上脚交叉至对侧,终止于对侧红核和背侧丘脑腹前核、腹外侧核,再投射到大脑皮质运动区。大脑皮质发出皮质脊髓束,到达脊髓前角细胞,影响肢体的精细运动。

(李 莎 崔慧先)

间 脑

学 习 指 导

(一) 学习目的

能够复述:间脑的位置和分部;背侧丘脑和后丘脑的特异性中继核团和纤维联系;下丘脑的主要核团以及与垂体的纤维联系。

(二) 学习要点

间脑位于中脑和端脑之间,大部分被大脑半球所覆盖,两侧间脑之间的矢状狭窄间隙为第三脑室。间脑可分为背侧丘脑、后丘脑、上丘脑、底丘脑和下丘脑5个部分。

1. 背侧丘脑又称丘脑,为两个卵圆形的灰质团块。前端为丘脑前结节,后端为丘脑枕。内部被内髓板分隔为3个核群:前核群、内侧核群和外侧核群。外侧核群分为背、腹两层:背层核群由前向后分为背外侧核、后外侧核和丘脑枕;腹层核群由前向后分为腹前核、腹外侧核(又称腹中间核)和腹后核,腹后核又分为腹后外侧核和腹后内侧核。

根据进化顺序的先后,背侧丘脑可分为古丘脑、旧丘脑和新丘脑3类核团:非特异性投射核团(古丘脑)包括中线核、网状核和板内核,脑干网状结构上行激动系统的纤维经这些核团中继后,投射到大脑皮质广泛区域,维持机体的觉醒状态。特异性中继核团(旧丘脑)包括腹前核、腹外侧核和腹后核,主要充当脊髓或脑干等的特异性上行传导系统的中继核,再由这些核发出纤维将不同的感觉及运动有关的信息转送达大脑特定区。联络性核团(新丘脑)包括内侧核群、外侧核群背层及前核群,接受广泛的传入纤维,与大脑皮质形成丰富的纤维联系,与脑的高级神经活动,如情感、学习记忆等有关。

2. 后丘脑位于背侧丘脑的后下方,中脑顶盖的上方,包括内侧膝状体和外侧膝状体。内侧膝状体是听觉传导通路的中继核,外侧膝状体是视觉传导通路的中继核。

3. 上丘脑位于背侧丘脑的后上方,间脑背侧部与中脑顶盖前区相移行的部分,包括松果体、缰三角、缰连合、丘脑髓纹和后连合。松果体为内分泌腺,产生褪黑激素,具有抑制性腺和调节生物钟的功能。

4. 底丘脑位于间脑与中脑被盖之间的移行区,背侧丘脑的腹侧,下丘脑的背外侧及内囊的内侧。底丘脑内含有底丘脑核和未定带,中脑的红核、黑质也延伸至此区域。底丘脑与苍白球之间有底丘脑束,是锥体外系的重要结构,主要功能是对苍白球起抑制作用。

5. 下丘脑位于背侧丘脑前下方,两者借下丘脑沟为界。终板和视交叉位于下丘脑最前部,视交叉向后延伸为视束,视交叉后方为灰结节,灰结节向前下移行为漏斗和垂体。灰结节后方为乳头体。下丘脑从前向后分为视前区、视上区、结节区和乳头体区4个区,由内向外可分为室周带、内侧带和外侧带3个带。下丘脑主要核团有视交叉上核、视上核、室旁核、漏斗核、腹内侧核、背内侧核、乳头体核和下丘脑后核。下丘脑是内脏活动的较高级中枢,也是神经-内分泌调控中心,具有复杂的纤维联系和功能,主要有3种纤维联系:①下丘脑与垂体的联系,由视上核和室旁核产生的抗利尿激素和催产素,分别经视上垂体束和室旁垂体束,输送到神经垂体。由漏斗核和邻近室周区分泌的激素释放因子或抑制因子经结节漏斗束和垂体门脉系统运送至腺垂体,控制腺垂体的分泌功能。②下丘脑与背侧丘脑、脑干和脊髓的联系,分别通过乳头丘脑束、乳头被盖束、背侧纵束和下丘脑脊髓束与丘脑前核、中脑被盖、脑干副交感核和脊髓侧角相联系。③下丘脑与边缘系统的联系。借终纹与杏仁体相联系;借穹窿与海马和乳头体核相联系;借前脑内侧束与隔区、下丘脑和中脑被盖相联系。

复习思考题

一、选择题

(一) A1 型题

1. 下丘脑沟位于
   A. 下丘脑下方
   B. 背侧丘脑与下丘脑之间
   C. 上丘脑与下丘脑之间
   D. 底丘脑与下丘脑之间
   E. 后丘脑与下丘脑之间

2. 关于第三脑室边界与交通的描述,错误的是
   A. 顶部为脉络组织
   B. 底为视交叉、灰结节、漏斗和乳头体
   C. 前界为终板
   D. 两侧为背侧丘脑和下丘脑
   E. 前方经室间孔与第四脑室相通,后方通中脑导水管

3. 关于背侧丘脑的描述,错误的是
   A. 背侧丘脑又称丘脑
   B. 背侧丘脑是间脑体积最大的部分
   C. 背侧丘脑的两个灰质团块之间为第三脑室
   D. 背侧丘脑的两个灰质团块之间有丘脑间黏合
   E. 丘脑终纹为背侧丘脑与下丘脑的分界

4. 关于背侧丘脑非特异性投射核团的描述,错误的是
   A. 包括正中核、丘脑网状核和板内核
   B. 在进化上比较古老,也称古丘脑

C. 主要接受嗅脑和脑干网状结构的传入纤维

D. 传出纤维到下丘脑和纹状体等结构

E. 脑干的上行激动系统维持机体的清醒状态与非特异性投射核团无关

5. 关于背侧丘脑的特异性中继核的描述,**错误**的是

A. 在进化上比较新,称旧丘脑

B. 包括腹前核、腹外侧核和腹后核

C. 腹前核和腹中间核主要传递信息到端脑,调节运动

D. 内侧丘系的纤维经腹后外侧核传递

E. 脊髓丘系的纤维经腹后内侧核传递

6. 关于背侧丘脑腹前核和腹外侧核的纤维联系的描述,**错误**的是

A. 接受小脑齿状核的纤维

B. 接受端脑纹状体的纤维

C. 接受中脑黑质的纤维

D. 发出的纤维至大脑皮质运动中枢,调节运动

E. 发出的纤维至大脑皮质感觉中枢,传递感觉

7. 背侧丘脑的联络性核团**不包括**

A. 背侧丘脑的内侧核群　　　　　　　B. 丘脑前核群

C. 丘脑背外侧核和后外侧核　　　　　D. 丘脑枕

E. 板内核

8. 背侧丘脑腹后外侧核接受

A. 三叉丘系和脊髓丘系　　　　　　　B. 内侧丘系和外侧丘系

C. 内侧丘系和脊髓丘系　　　　　　　D. 外侧丘系和脊髓丘系

E. 三叉丘系和外侧丘系

9. 关于内侧膝状体的描述,**错误**的是

A. 位于丘脑枕后下方　　　　　　　　B. 属于特异性感觉中继核

C. 接受上丘经上丘臂的听觉纤维　　　D. 传出纤维为听辐射

E. 听觉传导通路在间脑的中继站

10. 关于外侧膝状体的描述,正确的是

A. 属于底丘脑　　　　　　　　　　　B. 是听觉传导通路的中继核

C. 接受视神经的传入纤维　　　　　　D. 传出纤维为视辐射

E. 发出纤维投射至双侧大脑皮质的听觉中枢

11. 内侧膝状和外侧膝状体属于

A. 下丘脑　　　　　B. 上丘脑　　　　　C. 后丘脑

D. 丘脑　　　　　　E. 底丘脑

12. 上丘脑**不包括**

A. 丘脑髓纹　　　　B. 乳头体　　　　　C. 缰三角

D. 缰连合　　　　　E. 后连合

13. 下丘脑**不包括**

A. 视交叉　　　　　B. 漏斗　　　　　　C. 垂体

D. 松果体　　　　　E. 灰结节

14. 人类的生物钟位于
    A. 视交叉上核　　　　B. 视上核　　　　　　C. 乳头体核
    D. 漏斗核　　　　　　E. 灰结节

15. 下丘脑的传出纤维**不包括**
    A. 乳头丘脑束　　　　B. 背侧纵束　　　　　C. 视上垂体束
    D. 结节漏斗束　　　　E. 穹窿

16. 关于下丘脑功能的描述，**错误**的是
    A. 神经内分泌中心　　B. 调节内脏活动　　　C. 参与情绪的调节
    D. 调节人体昼夜节律　E. 维持人的清醒状态

(二) A2 型题

1. 男,45 岁,一侧底丘脑核受损,可出现
    A. 情绪的改变　　　　B. 对侧半身舞蹈病　　C. 感觉功能障碍
    D. 自发性疼痛　　　　E. 昼夜节律改变

2. 女,41 岁,表现为多饮、多尿、烦渴等症状,实验室检查尿比重低,临床诊断:垂体瘤。受影响的激素是
    A. 催乳素　　　　　　B. 加压素　　　　　　C. 生长素
    D. ACTH　　　　　　E. 甲方状腺素

3. 男,51 岁,下丘脑肿瘤患者,出现双眼颞侧视野偏盲,病变可能伤及
    A. 视神经　　　　　　B. 视束　　　　　　　C. 视交叉
    D. 漏斗　　　　　　　E. 垂体

4. 女,35 岁,出现右侧头面部浅感觉障碍,病变可能伤及背侧丘脑
    A. 左侧腹后外侧核　　B. 右侧腹后外侧核　　C. 左侧腹后内侧核
    D. 右侧腹后内侧核　　E. 左侧的腹外侧核

5. 女,40 岁,出现双眼左侧半视野缺损,病变可能累及
    A. 左侧内侧膝状体　　B. 右侧内侧膝状体　　C. 左侧外侧膝状体
    D. 右侧外侧膝状体　　E. 视交叉中部

(三) A3 型题

(1、2 题共用题干)

男,30 岁,脑 CT 平扫显示第三脑室后方,背侧丘脑之间有一高密度影,大小为 4mm × 7mm,临床医生称之为脑砂。

1. 脑砂是间脑的某一结构,在 16 岁以后逐渐钙化,此结构为
    A. 垂体　　　　　　　B. 视交叉　　　　　　C. 松果体
    D. 内侧膝状体　　　　E. 外侧膝状体

2. 脑砂在没有钙化之前,可产生
    A. 催乳素　　　　　　B. 加压素　　　　　　C. ACTH
    D. 褪黑激素　　　　　E. 催产素

(四) B1 型题

(1~4 题共用备选答案)
    A. 视上核　　　　　　B. 室旁核　　　　　　C. 漏斗核
    D. 乳头体核　　　　　E. 下丘脑后核

1. 在下丘脑的视上区,第三脑室侧壁上部有
2. 在下丘脑的结节区,漏斗的深面有
3. 在下丘脑的乳头体区,乳头体深面有
4. 在下丘脑的视上区,视交叉背外侧有

(5~8 题共用备选答案)

A. 背侧丘脑的腹后外侧核　B. 背侧丘脑的腹后内侧核　C. 外侧膝状体
D. 内侧膝状体　　　　　　E. 背侧丘脑的腹前核

5. 接受内侧丘系和脊髓丘系纤维的为
6. 听觉传导通路的中继站为
7. 可接受小脑齿状核发出的纤维为
8. 视觉传导通路的中继站为

(9~13 题共用备选答案)

A. 穹窿　　　　　　　　　B. 视上垂体束　　　　　C. 室旁垂体束
D. 结节垂体束　　　　　　E. 视上连合

9. 下丘脑最粗大的传入纤维为
10. 下丘脑的连合纤维为
11. 起于视上核到垂体后叶的为
12. 运送 ACTH 等激素到垂体前叶的为
13. 位于下丘脑内侧带和外侧带之间的纤维束为

二、名词解释

1. 内髓板　　　　　　2. 下丘脑沟　　　　　　3. 古丘脑
4. 旧丘脑　　　　　　5. 新丘脑　　　　　　　6. 内侧膝状体
7. 外侧膝状体

三、问答题

1. 简述间脑的位置和分部。
2. 简述第三脑室的位置、边界和交通。
3. 下丘脑到垂体的传出纤维主要包括哪些？它们的起始核团、终止的部位以及运输的激素是什么？
4. 背侧丘脑的主要核团有哪些？
5. 简述背侧丘脑的特异性中继核团及其纤维联系。
6. 简述下丘脑的分区与核团。

四、病例讨论

女,45 岁,10 年前开始出现肢端肥大,3 年前出现前头痛和视力降低。视力检查:左眼 0.4,右眼 0.5;视野检查:双眼颞侧视野偏盲;磁共振(MRI)检查:蝶鞍区扩大,可见 12mm×13mm×11mm 大小的占位病变。临床诊断:垂体瘤。临床治疗:经蝶窦入路切除了垂体瘤。病理诊断为垂体腺瘤。术后,患者尿量明显增多,每天约 8 000ml。

问题:

（1）垂体瘤患者为什么会出现肢端肥大？

（2）垂体瘤患者为什么会出现视力下降和双眼颞侧视野偏盲？

（3）术后患者出现尿量增多，可能损伤了下丘脑的哪部分？

（4）患者为什么会出现尿量增多？对症治疗可用什么药物？

参 考 答 案

一、选择题

（一）A1 型题

1. B　2. E　3. E　4. E　5. E　6. E　7. E　8. C　9. C　10. D　11. C　12. B　13. A　14. A　15. E　16. E

（二）A2 型题

1. B　2. B　3. C　4. C　5. D

（三）A3 型题

1. C　2. D

（四）B1 型题

1. B　2. C　3. D　4. A　5. A　6. D　7. E　8. C　9. A　10. E　11. B　12. D　13. A

二、名词解释

1. 内髓板：在背侧丘脑内部有呈 Y 形的白质板，称内髓板，将背侧丘脑分隔为 3 个核群，前方为前核群，内侧为内侧核群，外侧为外侧核群。内髓板内有板内核。

2. 下丘脑沟：在第三脑室的侧壁，有一自室间孔走向中脑导水管上端的浅沟，称下丘脑沟，是背侧丘脑与下丘脑的分界。

3. 古丘脑：为背侧丘脑进化中较古老的部分，包括中线核、丘脑网状核和板内核，接受嗅脑和脑干网状结构的纤维，传出纤维至下丘脑和纹状体等结构。

4. 旧丘脑：为背侧丘脑进化中较新的部分，包括腹前核、腹外侧核和腹后核，主要充当脊髓或脑干等的特异性上行传导系统的中继核，再由这些核发出纤维将不同的感觉及运动有关的信息转送达大脑特定区。

5. 新丘脑：为背侧丘脑进化中最新的部分，包括内侧核群、外侧核群背层及前核群，接受广泛的传入纤维，与大脑皮质形成丰富的纤维联系，与脑的高级神经活动，如情感、学习记忆等有关。

6. 内侧膝状体：属于后丘脑，位于背侧丘脑的后下方，中脑顶盖的上方，是听觉传导通路的中继核，接受下丘经下丘臂传入的听觉纤维，中继后发出纤维组成听辐射，投射至大脑皮质的听觉中枢。

7. 外侧膝状体：属于后丘脑，位于背侧丘脑的后下方，中脑顶盖的上方，是视觉传导通路的中继核，接受视束的传入纤维，中继后发出纤维组成视辐射，投射至大脑皮质的视觉中枢。

三、问答题

1. 简述间脑的位置和分部。

答:间脑位于中脑和端脑之间,可分为背侧丘脑、后丘脑、上丘脑、底丘脑和下丘脑5部分。

2. 简述第三脑室的位置、边界和交通。

答:间脑中间矢状的狭窄间隙为第三脑室。第三脑室的边界:顶为第三脑室脉络组织;底为视交叉、灰结节、漏斗和乳头体;前界为终板;两侧为背侧丘脑和下丘脑。第三脑室的交通:前方经室间孔与侧脑室相通,后方经中脑水管与第四脑室相通。

3. 下丘脑到垂体的传出纤维主要包括哪些?它们的起始核团、终止的部位以及运输的激素是什么?

答:下丘脑到垂体的主要纤维有视上垂体束、室旁垂体束和结节漏斗束。

视上垂体束起自视上核,运送抗利尿激素和催产素至垂体后叶。

室旁垂体束起自室旁核,运送抗利尿激素和催产素至垂体后叶。

结节漏斗束起自漏斗核,运送激素释放因子或抑制因子至腺垂体,控制腺垂体的分泌功能。

4. 背侧丘脑的主要核团有哪些?

答:在背侧丘脑内部有一呈Y形的白质板,称内髓板。内髓板将背侧丘脑分隔为3个核群:内髓板前方的前核群以及分别位于内髓板内侧的内侧核群和外侧的外侧核群。外侧核群分为背、腹两层,这两层核团之间无明显界限。背层核群由前向后分为背外侧核、后外侧核和丘脑枕;腹层核群由前向后分为腹前核、腹外侧核(又称腹中间核)和腹后核,腹后核又分为腹后外侧核和腹后内侧核。此外,在内髓板内有若干板内核,第三脑室侧壁的薄层灰质和丘脑间黏合内的核团称中线核;外侧核群与内囊之间的薄层灰质称丘脑网状核。

5. 简述背侧丘脑的特异性中继核团及其纤维联系。

答:腹前核和腹中间核主要接受小脑齿状核、纹状体和黑质的传入纤维,中继后发出纤维到大脑皮质运动中枢,调节躯体运动。

腹后内侧核接受三叉丘系和由孤束核发出的味觉纤维,是对侧头面部浅感觉纤维束的中继核团,发出的纤维投射到大脑皮质中央后回下部,管理头面部的躯体感觉。

腹后外侧核接受内侧丘系和脊髓丘系的纤维,是对侧躯干和四肢感觉纤维束的中继核团,发出的纤维投射到大脑皮质中央后回中上部和中央旁小叶后部,管理四肢和躯干的躯体感觉。

6. 简述下丘脑的分区与核团。

答:下丘脑从前向后分为4个区,分别是视前区、视上区、结节区和乳头体区,其中视前区位于视交叉前缘与前连合之间,其余3部分分别位于视交叉、灰结节及乳头体上方。下丘脑由内向外可分为室周带、内侧带和外侧带3个带。室周带是第三脑室室管膜深面的薄层灰质,内侧带和外侧带以穹窿柱和乳头丘脑束分界。

下丘脑主要核团有:位于视上区视交叉上方的视交叉上核,视交叉背外侧的视上核,第三脑室侧壁上部的室旁核;位于结节区漏斗深面的漏斗核以及腹内侧核和背内侧核;位于乳头体区乳头体深面的乳头体核以及下丘脑后核。

四、病例讨论

女,45岁,10年前开始出现肢端肥大,3年前出现前头痛和视力降低。视力检查:左眼0.4,右眼0.5;视野检查:双眼颞侧视野偏盲;磁共振(MRI)检查:蝶鞍区扩大,可见 $12mm \times 13mm \times 11mm$ 大小的占位病变。临床诊断:垂体瘤。临床治疗:经蝶窦入路切除了垂体瘤。病理诊断为垂体腺瘤。术后,患者尿量明显增多,每天约 8 000ml。

问题:

(1)垂体瘤患者为什么会出现肢端肥大?

(2)垂体瘤患者为什么会出现视力下降和双眼颞侧视野偏盲?

(3)术后患者出现尿量增多,可能损伤了下丘脑的哪部分?

(4)患者为什么会出现尿量增多?对症治疗可用什么药物?

答:

(1)病理诊断为垂体腺瘤。垂体可分泌生长激素,如小儿分泌过多,可形成巨人症,成人分泌过多可出现肢端肥大。本病例为成人肢端肥大,是由垂体腺瘤分泌过多的生长激素引起。

(2)垂体瘤增大,向上压迫视交叉,引起视力下降。视交叉中部的纤维来自双侧视网膜的内侧半,而视网膜的内侧半感受视野外侧半的光线刺激,当肿瘤累及视交叉中部时,可引起双眼视野颞侧偏盲。

(3)可能损伤了垂体或漏斗。

(4)下丘脑的视上核和室旁核均分泌抗利尿激素,经视上垂体束及室旁垂体束运送至正中隆起或垂体后叶,再经垂体后叶的血管扩散到全身,作用于肾,促进肾对水、钠的重吸收。如果手术伤及垂体或漏斗,可引起抗利尿激素的运输障碍,血液中抗利尿激素的含量降低,肾对水、钠的重吸收功能减弱,出现尿量明显增多。对症治疗的药物可用抗利尿激素。

(李 莎 崔慧先)

端 脑

学 习 指 导

(一) 学习目的

能够复述:大脑的外形、主要沟裂、解剖学分叶和主要功能区。

能够说明:基底神经节的组成、形态、分部、联系和主要功能;侧脑室的形态及与其他脑室的联系,了解。

能够分析:大脑白质纤维联系的分类和特点,主要纤维系统的名称、走行和功能;边缘系统的组成和纤维联系。

能够了解:大脑皮质的层构筑和细胞构筑;皮质神经元的主要类型及联系特点;脑室系统的胚胎发育起源;端脑断面影像和三维构成演变。

(二) 学习要点

1. 端脑的外形、主要沟裂、解剖学分叶,大脑皮质主要功能区。

2. 大脑皮质的层构筑和细胞构筑,皮质神经元主要类型及联系特点。

3. 基底神经节的组成,各结构的形态和分部。

4. 侧脑室的形态及与其他脑室的联系,脑室系统的胚胎发育起源。

5. 大脑白质的纤维联系系统。

6. 边缘系统的组成和纤维联系。

7. 端脑结构断面观和三维构筑的关系。

复习思考题

一、单项选择题

(一) A1 型题

1. 关于大脑半球的描述,正确的是
    A. 中央前沟是额叶和顶叶的分界线
    B. 左右大脑半球由大脑纵裂将其完全分隔开
    C. 岛叶位于颞叶、额叶和枕叶的深面
    D. 海马和齿状回属于海马旁回
    E. 嗅三角与视束之间为前穿质

2. 顶枕沟位于
    A. 大脑半球背外侧面前部　　　　　B. 大脑半球背外侧面后部
    C. 大脑半球内侧面前部　　　　　　D. 大脑半球内侧面后部
    E. 枕叶后方

3. 在大脑半球背外侧面看得到的沟回是
    A. 海马沟　　　　　B. 距状沟　　　　　C. 缘上回与角回
    D. 扣带回　　　　　E. 侧副沟与海马旁回

4. 下列关于缘上回的描述,正确的是
    A. 位于额叶　　　　B. 围绕外侧沟末端　　C. 围绕颞上沟末端
    D. 是视觉性语言中枢　E. 是运动性语言中枢

5. 海马结构包括
    A. 扣带回　　　　　B. 齿状回　　　　　C. 钩
    D. 杏仁体　　　　　E. 海马旁回

6. 基底核包括
    A. 视上核　　　　　B. 室旁核　　　　　C. 屏状核
    D. 顶核　　　　　　E. 齿状核

7. 下列关于新纹状体的描述,正确的是
    A. 包括尾状核和苍白球　　　　　　B. 包括尾状核和壳
    C. 包括苍白球和屏状核　　　　　　D. 为皮质下的感觉整合中枢
    E. 为主要下行纤维发起处

8. 内囊位于
    A. 背侧丘脑与尾状核之间　　　　　B. 豆状核与尾状核之间
    C. 豆状核与屏状核之间　　　　　　D. 新纹状体之间
    E. 豆状核与尾状核、背侧丘脑之间

9. 关于大脑皮质功能定位的描述,正确的是
    A. 与手的运动有关区在中央前回中部
    B. 运动性语言中枢在额中回后部
    C. 听觉性语言中枢在颞横回

D. 视觉性语言中枢在距状沟上、下枕叶皮质

E. 与下肢的运动有关区在中央前回下部

10. 距状沟两侧的皮质接受

    A. 背侧丘脑前核群的纤维   B. 背侧丘脑腹后外侧核的纤维

    C. 背侧丘脑腹后内侧核的纤维   D. 内侧膝状体的纤维

    E. 外侧膝状体的纤维

11. 下列关于侧脑室的描述,正确的是

    A. 室腔内有脉络丛   B. 中央部位于额叶内

    C. 在后角有海马的隆起   D. 经左、右室间孔与第四脑室相通

    E. 后角向后伸入顶叶

12. 下列关于岛叶的描述,正确的是

    A. 与内脏运动有关   B. 与内脏感觉有关

    C. 与视觉信息的整合有关   D. 与记忆功能有关

    E. 与高级思维活动有关

13. 下列关于齿状回的描述,正确的是

    A. 位于侧副沟外侧   B. 位于海马旁回外侧

    C. 与海马旁回构成海马结构   D. 与边缘叶无关

    E. 是海马旁回与海马之间的窄条皮质

14. 下列关于前连合的描述,正确的是

    A. 在终板下方横过中线   B. 联系左、右扣带回

    C. 联系左、右海马和齿状回   D. 联系左、右嗅球和颞叶

    E. 联系左、右海马和颞叶

15. 下列关于穹窿的描述,正确的是

    A. 由海马的传入纤维构成

    B. 由海马至脑垂体的纤维构成

    C. 由海马至下丘脑乳头体的纤维构成

    D. 由海马旁回至下丘脑乳头体的纤维构成

    E. 两侧穹窿间没有联系

16. 属于大脑内联络纤维的是

    A. 穹窿   B. 胼胝体   C. 额桥束

    D. 顶枕颞桥束   E. 钩束

17. 属于端脑内部结构的是

    A. 海马   B. 嗅球   C. 豆状核

    D. 红核   E. 腹后核

18. 下列说法,正确的是

    A. 大脑弓状纤维主要联系同侧半球各叶

    B. 屏状核与岛叶皮质之间的白质称外囊

    C. 颞上回后部损伤,将产生感觉性失语症

    D. 皮质核束经内囊后肢下行

    E. 下纵束和扣带属于连合纤维

19. 下列关于皮质柱的描述,正确的是
    A. 由形态和功能相同或相似的神经元构成
    B. 是垂直贯穿大脑皮质的柱状结构
    C. 有传入纤维,无传出纤维
    D. 有传出纤维,无传入纤维
    E. 只有联络纤维和传入纤维

20. 下列关于第一躯体感觉中枢的描述,正确的是
    A. 位于中央前回
    B. 接受背侧丘脑腹前核的纤维传入
    C. 接受背侧丘脑腹后核的纤维传入
    D. 身体各部在该区的投射上、下颠倒
    E. 身体各部投射范围的大小取决于该部器官的大小

21. 下列关于第一躯体运动区的描述,正确的是
    A. 位于中央前回
    B. 接收非意识性本体感觉
    C. 为所有锥体束纤维发起处
    D. 接受中央后回,背侧丘脑腹前、后和外侧核的纤维传入
    E. 只控制对侧肢体运动

22. 下列关于视区的描述,正确的是
    A. 位于 Brodamann17 区
    B. 直接接受视束纤维
    C. 接受内侧膝状体纤维传入
    D. 接受同侧视网膜鼻侧半和对侧视网膜颞侧半视野
    E. 两侧视野代表区在同侧的视区

23. 下列关于一侧枕叶皮质的描述,正确的是
    A. 接受双眼对侧半上部视网膜的冲动传入
    B. 接受双眼对侧半下部视网膜的冲动传入
    C. 接受双眼同侧半上部视网膜的冲动传入
    D. 接受双眼同侧半下部视网膜的冲动传入
    E. 接受对侧眼上部视网膜的冲动传入

24. 中央旁小叶损伤可引起
    A. 同侧下肢瘫痪
    B. 对侧下肢瘫痪
    C. 同侧上肢瘫痪
    D. 同侧下肢感觉异常
    E. 对侧下肢感觉异常

25. 右侧内囊后肢受损可出现
    A. 嗅觉丧失
    B. 同侧四肢麻痹和躯体感觉丧失
    C. 双眼左侧偏盲
    D. 对侧痛温觉丧失而精细触觉存在
    E. 右耳听觉丧失

26. 损伤一侧大脑皮质躯体运动区可导致
    A. 对侧肢体瘫痪和肌张力减退
    B. 对侧肢体瘫痪和肌张力增加
    C. 对侧肢体瘫痪并有感觉障碍
    D. 同侧共济运动障碍
    E. 对侧肢体震颤并有肌张力增加

(二) A2 型题

1. 男,23 岁,该患者头面部肌肉出现痉挛性瘫痪,左侧鼻唇沟消失、舌肌瘫痪,口角歪向右侧,躯干和四肢感觉和运动均未发现异常,则损伤部位最可能在

　　A. 右侧中央前回　　　　　B. 右侧中央前回下部　　　　C. 左侧中央前回
　　D. 左侧中央前回下部　　　E. 右侧中央旁小叶

2. 女,23 岁,该患者受损后,手能自如运动,但写字、绘画等动作出现障碍,则可能受损的脑区是

　　A. Brodmann 分区的 4、6 区　　　　　　　　B. Brodmann 分区的 8 区
　　C. Brodmann 分区 17 区　　　　　　　　　 D. Brodmann 分区的 39 区
　　E. Brodmann 分区的 44、45 区

3. 女,56 岁,该患者唇、舌运动自如,发音亦无障碍,但不能说出有意义的言语,则可能受损的脑区是

　　A. 额上回后部　　　　　　B. 额中回后部　　　　　　　C. 额下回后部
　　D. 舌回　　　　　　　　　E. 颞横回

4. 女,35 岁,该患者为右利手,自述看右侧物体障碍,左侧无异常,视力无明显改变,则可能的损伤在

　　A. 左侧楔回和舌回　　　　B. 右侧楔回和舌回　　　　　C. 左侧角回
　　D. 右侧角回　　　　　　　E. 左侧颞横回

5. 女,50 岁,大学文化,右利手,近期出现双眼视觉正常,但不能正常阅读书籍、报纸等,其他无异常,则可能损伤的脑区在

　　A. 楔回和舌回　　　　　　B. 左侧颞上回　　　　　　　C. 右侧颞上回
　　D. 左侧角回　　　　　　　E. 右侧角回

6. 男,30 岁,外伤后不能说话,但能看懂文字、听懂别人说话,同时右上肢痉挛性瘫痪,伸舌偏向右侧,未出现舌肌萎缩,右下面部瘫痪,身体感觉正常,损伤的部位是

　　A. 左侧大脑脚底　　　　　　　　　　　　　B. 左侧内囊
　　C. 左侧中央前回下部　　　　　　　　　　　D. 左侧中央前回中下部及额下回后部
　　E. 脑干平面神经核右侧

7. 男,46 岁,出现左侧上、下肢痉挛性瘫痪,左侧身体感觉障碍,双眼视野左侧同向性偏盲。损伤部位在

　　A. 左侧第 3 颈髓半横断　　　　　　　　　　B. 右侧中央前、后回损伤
　　C. 右侧大脑脚损伤　　　　　　　　　　　　D. 右侧内囊后肢损伤
　　E. 右侧锥体束及内侧丘系损伤

8. 男,60 岁,突然出现左侧鼻唇沟变浅,口角歪向右侧,伸舌时舌尖偏向左侧,其他未见异常,则损伤部位可能在

　　A. 左侧内囊膝部　　　　　B. 右侧内囊膝部　　　　　　C. 左侧内囊前肢
　　D. 右侧内囊前肢　　　　　E. 右侧大脑脚底

(三) A3 型题

(1~3 题共用题干)

大脑半球借外侧沟、中央沟和顶枕沟分为额叶、顶叶、枕叶、颞叶和岛叶 5 个叶。在外侧沟上方和中央沟以前的部分为额叶;外侧沟以下的部分为颞叶;枕叶位于半球后部,在内侧面为

顶枕沟以后的部分；顶叶为外侧沟上方、中央沟后方、枕叶以前的部分；在外侧沟深面，被额、顶、颞3叶掩盖的岛状皮质称为岛叶。

1. 岛叶位于
   - A. 额、顶、颞3叶之间
   - B. 额、顶、枕3叶之间
   - C. 顶、枕、颞3叶之间
   - D. 额、枕、颞3叶之间
   - E. 额、顶、枕、颞4叶之间

2. 中央前沟、额上沟和额下沟3沟将额叶分成4个脑回，**不包括**
   - A. 中央前回
   - B. 额回
   - C. 额上回
   - D. 额中回
   - E. 额下回

3. 下列有关距状沟的描述，正确的是
   - A. 与顶枕沟无连通
   - B. 位于胼胝体后下方
   - C. 距状沟与顶枕沟之间为舌回
   - D. 距状沟下方为楔回
   - E. 是听觉中枢所在

（4~7题共用题干）

大脑半球表层的灰质称大脑皮质，表层下的白质称髓质。蕴藏在白质深部的灰质团块为基底核。端脑的内腔为侧脑室。

4. 下列有关基底核的描述，正确的是
   - A. 由尾状核、屏状核和杏仁体组成
   - B. 豆状核被白质纤维板分成两个部分
   - C. 屏状核位于岛叶皮质与尾状核之间
   - D. 杏仁体在侧脑室后角前端的上方
   - E. 从功能角度常将与运动密切联系的黑质和底丘脑核归为基底核

5. 关于侧脑室的说法，正确的是
   - A. 中央部位室间孔和胼胝体膝部之间
   - B. 前角伸向顶叶，后角伸入枕叶
   - C. 下角伸到颞叶，向前达海马旁回钩
   - D. 在中央部和后角有产生脑脊液的脉络丛
   - E. 不属于端脑的内部结构

6. 关于大脑皮质的分层，说法**错误**的是
   - A. 海马可分为3个基本层：分子层、锥体细胞层和多形细胞层
   - B. 海马与海马旁回至新皮质之间存在过渡区域，这一区域通常分为尖下托、下托、前下托和旁下托4个带形区
   - C. 新皮质的外颗粒层由大量颗粒细胞和大锥体细胞密集而成，此层含大量有髓纤维
   - D. 内锥体细胞层由中型和大型锥体细胞、颗粒细胞和马丁诺蒂细胞组成
   - E. 大脑新皮质也可分为粒上层、内粒层和粒下层

7. 大脑的联络纤维**不包括**
   - A. 钩束
   - B. 上纵束
   - C. 下纵束
   - D. 扣带
   - E. 前连合

（8~10题共用题干）

大脑皮质是脑最重要的部分，是高级神经活动的物质基础。机体各种功能活动的最高中枢在大脑皮质上具有定位关系，形成许多重要中枢。

8. 关于大脑皮质功能定位的说法，正确的是
   - A. 大脑皮质功能定位形成的中枢是严格执行某种功能的部分，与其他功能无关

  B. 与手的运动有关区在中央前回下部

  C. 与下肢的运动有关区在中央前回下部

  D. 感觉越敏感的部位在感觉区的投射范围就越大

  E. 人类只有第Ⅰ躯体运动区和第Ⅰ躯体感觉区

9. 关于视觉中枢的说法,正确的是

  A. 位于距状沟上、下方的枕叶皮质,即上方的楔回和下方的舌回

  B. 接受来自内侧膝状体的纤维

  C. 距状沟上方的视皮质接受下部视网膜来的冲动,下方的视皮质接受上部视网膜来的冲动

  D. 距状沟前 1/3 上、下方接受黄斑区来的冲动

  E. 一侧视区接受双眼对侧半视网膜来的冲动,损伤一侧视区可引起双眼同侧视野偏盲

10. 下列关于语言中枢的描述,正确的是

  A. 与其他中枢类似,语言中枢在人类双侧大脑半球都存在

  B. 书写中枢在额上回后部

  C. 听觉性语言中枢在颞横回

  D. 视觉性语言中枢在距状沟上、下枕叶皮质

  E. 听觉性语言中枢和视觉性语言中枢之间没有明显界限

(四) B1 型题

(1~5 题共用备选答案)

  A. 中央沟　　　　　　B. 顶内沟　　　　　　C. 外侧沟

  D. 距状沟　　　　　　E. 顶枕沟

1. 分隔顶上小叶和顶下小叶的是

2. 与外侧沟隔一个脑回的是

3. 位于大脑半球内侧面后部的是

4. 下方为舌回的是

5. 下方为颞上回的是

(6~10 题共用备选答案)

  A. 颞横回　　　　　　B. 钩　　　　　　　　C. 缘上回

  D. 角回　　　　　　　E. 楔叶

6. 围绕颞上沟末端的是

7. 围绕外侧沟末端的是

8. 位于海马旁回前端的是

9. 位于距状沟与顶枕沟之间的是

10. 接受内侧膝状体纤维的是

(11~15 题共用备选答案)

  A. Brodmann 分区的 22 区　　　　　　B. Brodmann 分区的 39 区

  C. Brodmann 分区的 8 区　　　　　　D. Brodmann 分区的 17 区

  E. Brodmann 分区的 44、45 区

11. 听觉性语言中枢是

12. 运动性语言中枢是

13. 阅读中枢是

14. 书写中枢是

15. 视觉中枢是

（16~20 题共用备选答案）

  A. 连接两侧颞叶和嗅球　　　　　　　B. 属于锥体外系

  C. 含海马至下丘脑乳头体的纤维　　　D. 属于联络纤维

  E. 连接两侧的海马

16. 齿状核

17. 穹窿连合

18. 钩束

19. 前连合

20. 穹窿

（21~25 题共用备选答案）

  A. 与学习记忆有关　　　B. 与前庭反射有关　　　C. 属于边缘叶的脑区

  D. 听觉相关的脑区　　　E. 嗅觉相关的脑区

21. 内侧纵束

22. 颞叶

23. 扣带回

24. 颞上回

25. 海马旁回钩内侧部

二、名词解释

1. 胼胝体　　　　　　2. 海马结构　　　　　3. Wernicke 区

4. 基底神经核　　　　5. 纹状体　　　　　　6. 内囊

7. 皮质柱　　　　　　8. 大脑功能侧化　　　9. 边缘叶

10. Papez 回路

三、问答题

1. 简述大脑半球的分叶及依据。

2. 简述大脑皮质的分层结构。

3. 简述第 I 躯体运动区的位置、投射特点及损伤后的可能症状。

4. 简述第 I 躯体感觉区的位置、投射特点及损伤后的可能症状。

5. 简述语言中枢的组成、各部位置和功能。

6. 简述大脑半球侧脑室的位置、分部和连通。

7. 简述大脑半球髓质的分类。

8. 简述内囊的位置、分部、通过的主要纤维和损伤后的症状。

9. 简述边缘系统的组成及功能。

四、病例讨论

59 岁的陈老师,女性,右侧上肢无力,右手抬起困难,能握笔但不能写字(右利手)。能发音,但自感言语困难,头痛,无恶心呕吐,无明显肢体麻木。患者曾检查血糖和血脂偏高,但未服药。

体格检查:神志清醒,言语表达困难,仅能发单音节,对提问能理解,但只能以点头或摇头示意。双眼睑无下垂,眼球活动自如,双侧瞳孔等大等圆,对光反应(+),双侧额纹对称,右侧鼻唇沟浅,露齿时口角歪向左侧,伸舌时舌尖偏向右侧,右上肢肌张力较左侧增高,右上肢腱反射亢进,双下肢肌力、肌张力正常,双侧巴宾斯基征(-)。四肢痛、温、触觉存在,对称。眼底检查:双侧眼底动脉迂曲、反光增强,视神经盘正常。

头颅 MRI 显示:左半球皮质局灶性梗死。

诊断:左半球皮质局灶性梗死。

问题:

(1)损伤了什么结构会引起上述躯体运动功能障碍?

(2)损伤了什么结构会引起上述语言功能障碍?

(3)中枢性面瘫与周围性面瘫及舌肌瘫痪有什么区别?

(4)导致躯体运动和语言功能障碍的原因是什么?

参 考 答 案

一、选择题

(一) A1 型题

1. E 2. D 3. C 4. B 5. B 6. C 7. B 8. E 9. A 10. E 11. A 12. B 13. E 14. D 15. C 16. E 17. C 18. C 19. B 20. C 21. D 22. A 23. B 24. B 25. C 26. B

(二) A2 型题

1. B 2. B 3. C 4. A 5. D 6. D 7. D 8. B

(三) A3 型题

1. A 2. B 3. B 4. E 5. C 6. C 7. E 8. D 9. A 10. E

(四) B1 型题

1. B 2. A 3. E 4. D 5. C 6. D 7. C 8. B 9. E 10. A 11. A 12. E 13. B 14. C 15. D 16. B 17. E 18. D 19. A 20. C 21. B 22. A 23. C 24. D 25. E

二、名词解释

1. 胼胝体:在大脑半球的内侧面中部,位于大脑纵裂底,由连合左、右半球新皮质的纤维构成,其纤维向两半球内部前、后、左、右辐射,广泛联系额、顶、枕、颞叶,由前向后可分为胼胝体嘴、膝、干和压部四部分。

2. 海马结构:颞叶下方侧副沟的内侧为海马旁回,在海马旁回的内侧为海马沟,在沟的上方有呈锯齿状的窄条皮质,称齿状回。在齿状回的外侧,侧脑室下角底壁上有一弓形隆起,称海马,海马和齿状回构成海马结构。海马结构与学习和记忆、情感等高级神经活动有关。

3. Wernicke 区:听觉性语言中枢和视觉性语言中枢之间没有明显界限,有学者将它们均归为 Wernicke 区。该区包括颞上回、颞中回后部、缘上回以及角回。该区损伤,将产生严重的感觉性失语症。

4. 基底神经核:位于大脑基底部白质内的神经核团,包括尾状核、豆状核、杏仁核和屏状核。其中豆状核和尾状核称纹状体。纹状体与肌张力调节和姿势调整有关。

5. 纹状体:豆状核和尾状核称纹状体。豆状核可分为外侧的壳和内侧的苍白球。在种系发生上,尾状核和壳是较新的结构,合称新纹状体。苍白球为较旧的结构,称旧纹状体。纹状体是锥体外系的重要组成部分,是躯体运动的一个主要调节中枢。

6. 内囊:位于背侧丘脑、尾状核和豆状核之间的白质板。在水平切面上呈向外开放的 V 字形,分前肢、膝和后肢 3 部。内囊纤维向上向各方向放射至大脑皮质,称辐射冠,与胼胝体的纤维交错。内囊向下续于中脑的大脑脚底。内囊是投射纤维集中的部位,局部缺血、出血或肿瘤压迫等常可引起内囊的广泛损伤。

7. 皮质柱:是贯穿大脑皮质全层的柱状结构。柱状结构的大小不等,可占一个或几个神经元的宽度。每个皮质柱由各种神经元构成,均有其传入、传出及联络神经纤维,构成垂直的柱内回路,通过星形细胞的轴突与相邻的皮质柱相联系。皮质柱是大脑皮质的结构和功能单位,传入冲动进入第Ⅳ层,在柱内垂直扩布,最后由第Ⅴ、Ⅵ层细胞发出传出冲动离开大脑皮质。

8. 大脑功能侧化:在长期的进化和发育过程中,大脑皮质的结构和功能都得到了高度的分化。而且,左、右大脑半球的发育情况不完全相同,呈不对称性或侧化现象。左侧大脑半球与语言、意识、数学分析等密切相关,右侧半球则主要感知非语言信息、音乐、图形和时空概念。左、右大脑半球各有优势,两半球间互相协调和配合完成各种高级神经精神活动。

9. 边缘叶:在半球的内侧面环绕胼胝体周围和侧脑室下角底壁的结构,包括隔区(胼胝体下区和终板旁回)、扣带回、海马旁回、海马和齿状回等,加上岛叶前部、颞极共同构成。主要具有内脏调节、情绪反应和性活动等功能;同时还与机体的高级精神活动学习、记忆密切相关。

10. Papez 环路:又称海马环路,即海马旁回→海马结构→乳头体→丘脑前核→扣带回→海马旁回,是与学习和记忆、情感等高级神经活动有关的循环往复的神经传导环路。

三、问答题

1. 简述大脑半球的分叶及依据。

答:大脑半球借外侧沟、中央沟和顶枕沟分为额叶、顶叶、枕叶、颞叶和岛叶 5 个叶。外侧沟起于半球下面,行向后上方,至上外侧面,向后上方行进不远就分为短的前支、升支和长的后支。中央沟起于半球上缘中点稍后方,斜向前下方,下端与外侧沟隔一脑回,上端延伸至半球内侧面。顶枕沟位于半球内侧面后部,由前下斜向后上并转延至上外侧面。在外侧沟上方和中央沟以前的部分为额叶;外侧沟以下的部分为颞叶;枕叶位于半球后部,在内侧面为顶枕沟以后的部分;顶叶为外侧沟上方、中央沟后方、枕叶以前的部分;在外侧沟深面,被额、顶、颞 3 叶掩盖的岛状皮质称为岛叶。顶、枕、颞叶之间在上外侧面并没有明显的大脑沟或回作为分界,顶枕沟至枕前切迹的连线以后为枕叶,自此连线的中点至外侧沟后端的连线为顶、颞叶的分界。

2. 简述大脑皮质的分层结构。

答:大脑皮质可分为古皮质(海马、齿状回)、旧皮质(嗅脑)和新皮质(其余大部分)。古皮质、旧皮质与嗅觉和内脏活动有关;新皮质高度发展,占大脑半球皮质的 96% 以上,而将古皮质和旧皮质推向半球的内侧面下部和下面。

古皮质和旧皮质为 3 层结构,如海马可分为 3 个基本层,分子层、锥体细胞层和多形细胞层,又可分为 CA1、CA2、CA3、CA4 区;新皮质基本为 6 层结构。海马与海马旁回至新皮质之间存在过渡区域,过渡区域逐渐变成 4 层、5 层、6 层。

3. 简述第 I 躯体运动区的位置、投射特点及损伤后的可能症状。

答:第 I 躯体运动区位于中央前回和中央旁小叶前部(4 区和 6 区),该中枢对骨骼肌运动的管理有一定的局部定位关系,其特点为:①上下颠倒,但头部是正的,中央前回最上部和中央旁小叶前部与下肢、会阴部运动有关,中部与躯干和上肢的运动有关,下部与面、舌、咽、喉的运动有关;②左右交叉,即一侧运动区支配对侧肢体的运动,但一些与联系运动有关的肌则受两侧运动区的支配,如面上部肌、眼球外肌、咽喉肌、咀嚼肌、躯干会阴肌等;③各部分投影区的大小与各部形体大小无关,而取决于所支配区域功能的重要性和复杂程度。该区接受中央后回、背侧丘脑腹前核、腹外侧核和腹后核的纤维,发出纤维组成锥体束,至脑干躯体运动核和脊髓前角。该区损伤可能引起对侧肢体痉挛性瘫痪(硬瘫)。

4. 简述第 I 躯体感觉区的位置、投射特点及损伤后的可能症状。

答:第 I 躯体感觉区位于中央后回和中央旁小叶后部(3、1、2 区),接受背侧丘脑腹后核传来的对侧半身痛、温、触、压以及位置和运动觉,身体各部投影和第 I 躯体运动区相似,身体各部在此区的投射特点是:①上下颠倒,但头部是正的;②左右交叉;③身体各部在该区投射范围的大小也取决于该部感觉敏感程度,例如手指和唇的感受器最密,在感觉区的投射范围就最大。该区损伤可能引起对侧肢体感觉障碍。

5. 简述语言中枢的组成、各部位置和功能。

答:在人类大脑皮质优势半球上具有相应的语言中枢,包括听觉、说话、阅读和书写等中枢,分述如下。

(1) 运动性语言中枢:又称 Broca 区或说话中枢,在额下回后部(44、45 区),如果此中枢受损,患者虽能发音,却不能说出具有意义的语言,称运动性失语症。

(2) 书写中枢:在额中回的后部(8 区),紧靠中央前回的上肢,特别是手的运动区。此中枢若受伤,虽然手的运动功能仍然保存,但写字、绘图等精细动作发生障碍,称为失写症。

(3) 听觉性语言中枢:在颞上回后部(22 区),它能调整自己的语言和听取、理解别人的语言。此中枢受损后,患者虽能听到别人讲话,但不理解讲话的意思,对自己讲的话也同样不能理解,故不能正确回答问题和正常说话,称感觉性失语症。

(4) 视觉性语言中枢:又称阅读中枢,在顶下小叶的角回(39 区),靠近视觉中枢。此中枢受损时,患者视觉没有障碍,但不理解文字符号的意义,称为失读症。

值得注意的是:听觉性语言中枢和视觉性语言中枢之间没有明显界限,它们均可归为 Wernicke 区。该区包括颞上回、颞中回后部、缘上回以及角回。Wernicke 区的损伤,将引起严重的感觉性失语症。此外,各语言中枢不是彼此孤立存在的,它们之间有着密切的联系,语言能力需要大脑皮质有关区域的协调配合才能完成。

6. 简述大脑半球侧脑室的位置、分部和连通。

答:侧脑室左右各一,位于大脑半球内,延伸至半球的各个叶内。分为 4 部分:中央部位于顶叶内,室间孔和胼胝体压部之间;前角伸向额叶,室间孔以前的部分;后角伸入枕叶;下角最长伸到颞叶,向前达海马旁回钩。侧脑室经左、右室间孔与位于两侧间脑之间的第三脑室相通。

7. 简述大脑半球髓质的分类。

答:大脑半球的髓质主要由联系皮质各部和皮质下结构的神经纤维组成,可分为 3 类:联络纤维、连合纤维和投射纤维。

（1）联络纤维是联系同侧半球内各部分皮质的纤维,其中短纤维联系相邻脑回,称弓状纤维。长纤维联系本侧半球各叶,其中主要的有:①钩束,呈钩状绕过外侧裂,连接额、颞两叶的前部;②上纵束,在豆状核与岛叶的上方,连接额、顶、枕、颞4个叶;③下纵束,沿侧脑室下角和后角的外侧壁行走,连接枕叶和颞叶;④扣带,位于扣带回和海马旁回的深部,连接边缘叶的各部。

（2）连合纤维是连合左、右半球皮质的纤维,包括胼胝体、前连合和穹窿连合:①胼胝体。位于大脑纵裂底,由连合左、右半球新皮质的纤维构成,其纤维向两半球内部前、后、左、右辐射,广泛联系额、顶、枕、颞叶。②前连合。是在终板上方横过中线的一束连合纤维,主要连接两侧颞叶,有小部分联系两侧嗅球。③穹窿和穹窿连合。穹窿是由海马至下丘脑乳头体的弓形纤维束,两侧穹窿经胼胝体的下方前行并互相靠近,其中一部分纤维越至对边,连接对侧的海马,称穹窿连合。

（3）投射纤维由大脑皮质与皮质下各中枢间的上、下行纤维组成。它们大部分经过内囊。内囊是位于背侧丘脑、尾状核和豆状核之间的白质板,在水平切面上呈向外开放的V字形,分前肢、膝和后肢3部。

8. 简述内囊的位置、分部、通过的主要纤维和损伤后的症状。

答:内囊是位于背侧丘脑、尾状核和豆状核之间的白质板,在水平切面上呈向外开放的V字形,分前肢、膝和后肢3部。

内囊前肢伸向前外,位于豆状核与尾状核之间,该部通过的纤维主要有额桥束和由丘脑背内侧核投射到前额叶的丘脑前辐射。内囊后肢伸向后外,分为豆丘部(豆状核与丘脑之间)、豆状核后部和豆状核下部。通过该部的下行纤维束主要为皮质脊髓束、皮质红核束和顶桥束等,上行纤维束是丘脑中央辐射、丘脑后辐射和丘脑下辐射。内囊膝部介于前、后肢之间,即V字形转角处,通过的纤维主要是皮质核束。

内囊是投射纤维集中的部位,局部缺血、出血或肿瘤压迫等常可引起内囊的广泛损伤。内囊不同部位的损伤表现也不同,若损伤内囊膝(皮质核束受损),可出现对侧舌肌和面下部肌肉瘫痪;若损伤内囊后肢,可引起对侧偏身感觉障碍(丘脑中央辐射受损)和对侧肢体偏瘫(皮质脊髓束受损),伤及视辐射可引起偏盲。而当内囊广泛损伤时,患者会出现对侧偏身感觉丧失、对侧偏瘫和对侧视野偏盲的"三偏"症状。

9. 简述边缘系统的组成及功能。

答:边缘系统由边缘叶及与其联系密切的皮质下结构等共同组成。边缘叶包括隔区、扣带回、海马旁回、海马和齿状回等结构,此外还包括岛叶前部和颞极;皮质下结构包括杏仁体、隔核、下丘脑、背侧丘脑前核和中脑被盖等。

边缘系统在进化上是脑的古老部分,主要司内脏及内分泌活动的调节、情绪活动等,这在维持个体生存和种族生存(延续后代)方面发挥重要作用。同时边缘系统,特别是海马,与机体的高级精神活动如学习、记忆密切相关。

四、病例讨论

59岁的陈老师,女性,右侧上肢无力,右手抬起困难,能握笔但不能写字(右利手)。能发音,但自感言语困难,头痛,无恶心呕吐,无明显肢体麻木。患者曾检查血糖和血脂偏高,但未服药。

体格检查:神志清醒,言语表达困难,仅能发单音节,对提问能理解,但只能以点头或摇头示意。双眼睑无下垂,眼球活动自如,双侧瞳孔等大等圆,对光反应(+),双侧额纹对称,右侧鼻唇沟浅,露齿时口角歪向左侧,伸舌时舌尖偏向右侧,右上肢肌张力较左侧增高,右上肢腱反射亢进,双下肢肌力、肌张力正常,双侧巴宾斯基征(-)。四肢痛、温、触觉存在,对称。眼底检查:双侧眼底动脉迂曲、反光增强,视神经盘正常。

头颅 MRI 显示:左半球皮质局灶性梗死。

诊断:左半球皮质局灶性梗死。

问题:

(1)损伤了什么结构会引起上述躯体运动功能障碍?

(2)损伤了什么结构会引起上述语言功能障碍?

(3)中枢性面瘫与周围性面瘫及舌肌瘫痪有什么区别?

(4)导致躯体运动和语言功能障碍的原因是什么?

答:

(1)第Ⅰ躯体运动区:位于中央前回和中央旁小叶前部,包括 Brodmann 第 4、6 区,管理骨骼肌的运动。存在一定的局部定位关系,其特点为:①上下颠倒。为倒置人形,但头部是正的。中央前回最上部和中央旁小叶前部与下肢、会阴,中部与躯干和上肢,下部与头面部的运动有关。②左右交叉。一侧运动区支配对侧肢体的运动,但一些与联合运动有关的肌,则受两侧运动区的支配,如面上部肌、眼球外肌、咽喉肌、咀嚼肌、呼吸肌、躯干肌和会阴肌等,故在一侧运动区受损后这些肌不出现瘫痪。而与眼裂以下面肌和舌肌运动有关的脑神经运动核团只接受对侧躯体运动区的支配。当中央前回中、下 2/3 功能障碍时,就会出现对侧上肢运动和眼裂以下面肌及舌肌瘫痪,表现为:对侧上肢无力,抬起困难,肌张力增高;鼻唇沟变浅或消失,口角下垂并歪向病灶侧,流涎,不能鼓腮、露牙;伸舌时,舌尖偏向病灶对侧。

(2)语言中枢位于左半球。运动性语言中枢在额下回后部(44、45 区)。此区受损,患者虽能发音,但不能说出具有意义的语言,称运动性失语症。书写中枢位于额中回后部(8 区)。此区受损,虽然手的运动正常,但不能写出正确的文字,称失写症。患者出现言语表达困难,仅能发单音节,对提问能理解,但只能以点头或摇头示意。

(3)临床上常将上运动神经元损伤引起的瘫痪称为核上瘫;而将下运动神经元损伤引起的瘫痪称为核下瘫。面神经核上瘫表现为对侧鼻唇沟变浅或消失,口角下垂并歪向病灶侧,流涎,不能鼓腮、露牙;面神经核下瘫可导致同侧面肌全部瘫痪,表现除上述面神经核上瘫的症状外,还有损伤侧额纹消失,不能皱眉,不能闭眼。舌下神经核上瘫的特点是损伤对侧舌肌瘫痪,伸舌时舌尖偏向病灶的对侧;舌下神经核下瘫表现为损伤侧舌肌瘫痪,伸舌时舌尖偏向病灶侧,损伤侧舌肌萎缩。

(4)大脑中动脉是颈内动脉的直接延续,向外行进入大脑外侧沟内,沿途发出数条皮质支,供应大脑半球上外侧面的大部分(顶枕沟前)和岛叶。该部位包括躯体运动中枢、躯体感觉中枢和语言中枢。大脑中动脉的分支——中央前沟动脉主要营养中央前回的中下 3/2(头面部和上肢运动区),以及额中、下回的后部(运动性语言中枢和书写中枢)。本病例中的患者为左侧中央前沟动脉梗死,影响中央前回中下 3/2 和额中、下回后部的供血,而出现了相应功能障碍:右侧鼻唇沟变浅,嘴歪向左侧(面神经核上瘫);伸舌时舌尖偏向右侧(舌下神经核上瘫);右侧上肢无力,肌张力较左侧高;言语困难(运动性失语症)。

(严小新)

三、脑和脊髓的被膜、血管及脑脊液循环

学 习 指 导

(一) 学习目的

能分析说明:脑和脊髓的被膜;硬膜外隙、蛛网膜下隙的构成和内容物及意义;大脑镰、小脑幕、幕切迹的构成及意义;硬膜窦的名称及其回流途径;海绵窦的位置、穿经结构和外侧壁通过的结构及交通;脑的动脉来源;颈内动脉和椎基底动脉的主要分支及其分布;大脑动脉环的组成、位置和作用;大脑静脉的分布特点;脊髓的动脉供应和静脉回流;脑脊液的产生部位、循环途径及作用;脑屏障的概念、组成及作用。

了解:硬脊膜、硬脑膜、蛛网膜、软脊膜和软脑膜的位置和结构特点;齿状韧带的构成及意义;蛛网膜下池的概念及组成;颈内动脉的分段;大脑上静脉、大脑中静脉、大脑下静脉、大脑内静脉和大脑大静脉的收集范围和回流途径;脉络组织及脉络丛的构成及作用;触液神经元及神经-体液回路;神经-免疫-内分泌网络。

(二) 学习要点

1. 脊髓和脑的被膜

(1) 脊髓的被膜:自外向内为硬脊膜、脊髓蛛网膜和软脊膜(齿状韧带)。形成的腔隙:硬膜外隙(硬麻)、硬膜下隙、蛛网膜下隙(终池-腰椎穿刺、腰麻)。

(2) 脑的被膜

1) 硬脑膜:两层,为骨内膜层和脑膜层;硬膜外隙与硬膜外血肿。

硬膜隔:大脑镰、小脑幕、小脑幕切迹(小脑幕切迹疝即海马沟回疝)、小脑镰和鞍膈。

硬膜窦:上矢状窦、下矢状窦、直窦、窦汇、横窦、乙状窦、海绵窦、岩上窦和岩下窦等。海绵窦位于蝶鞍两侧,形似海绵,窦内有颈内动脉和展神经穿过;窦的外侧壁内,自上而下有动眼神经、滑车神经、眼神经(三叉神经第 1 支)和上颌神经(三叉神经第 2 支)通过,主要接受大脑中静脉、眼静脉(内眦静脉)和视网膜中央静脉的血液。

2) 脑蛛网膜:薄而透明,缺乏血管和神经,与脊髓蛛网膜延续,有蛛网膜小梁。

蛛网膜下池:小脑延髓池(穿刺抽脑脊液)、交叉池、脚间池、脑桥池、大脑大静脉池。

蛛网膜粒:蛛网膜靠近硬脑膜,特别是在上矢状窦的两侧形成许多绒毛状突起,突入上矢状窦内,脑脊液经此结构渗入硬脑膜窦内,回流入静脉。

3) 软脑膜:薄而富有血管,覆于脑表面。

脉络组织:在脑室壁的一定部位,由软脑膜及其血管与该部位的室管膜上皮共同构成。

脉络丛:某些部位的脉络组织及其血管反复分支成丛,连同其表面的软脑膜和室管膜上皮一起突入脑室,是产生脑脊液的主要结构。

2. 脑和脊髓的血管

(1) 脑的血管

1) 脑的动脉

来源:颈内动脉和椎基底动脉。

颈内动脉:来自颈总动脉,分 5 段,除发出脉络丛前动脉和后交通动脉外,主要分支为:

大脑前动脉:行于大脑半球内侧面,皮质支有额底内侧动脉、额(前、中间、后)内侧动脉、胼

周动脉、中央旁动脉和楔前动脉,分布于顶枕沟以前的半球内侧面、额叶底面的一部分和额、顶两叶上外侧面的上部;中央支主要有内侧豆纹动脉,自大脑前动脉的近侧段发出,经前穿质入脑实质,供应尾状核、豆状核前部和内囊前肢。

大脑中动脉:行于大脑半球外侧面,皮质支主要有额底外侧动脉、中央前沟动脉、中央沟动脉、中央后沟动脉、顶后动脉、颞(前、中间和后)动脉和角回动脉,供应大脑半球上外侧面的大部分和岛叶。中央支又称豆纹动脉供应尾状核、豆状核、内囊膝和后肢的前部。

椎-基底动脉:椎动脉发自锁骨下动脉,基底动脉由两侧椎动脉汇合而成,主要分支包括:小脑下后动脉、小脑下前动脉、迷路动脉、脑桥动脉、小脑上动脉和大脑后动脉。

大脑后动脉:行于大脑半球底面,皮质支主要有颞(前、中间和后)下动脉、距状沟动脉和顶枕沟动脉,分布于颞叶的内侧面和底面及枕叶;中央支供应背侧丘脑、内侧膝状体、外侧膝状体、下丘脑和底丘脑等。

大脑动脉环:也称为 Willis 环,由两侧的大脑前动脉、颈内动脉、大脑后动脉、后交通动脉和单一的前交通动脉吻合而成。位于脑底下方,蝶鞍上方,环绕视交叉、灰结节及乳头体周围,具有调节血流的作用。

2)脑的静脉:壁薄,无静脉瓣,不与动脉伴行,包括收集大脑的静脉和收集脑干、小脑的静脉。

大脑的静脉分浅、深两组。浅组:包括大脑上静脉、大脑中(浅、深)静脉和大脑下静脉,主要收集大脑半球内侧面、外侧面和底面的血液,注入附近的硬膜窦。深组:由大脑内静脉汇成大脑大静脉注入直窦,收集大脑半球深部髓质、基底核、间脑和脉络丛等处的静脉血。

(2)脊髓的血管

1)脊髓的动脉:来自椎动脉发出的沿脊髓下行的脊髓前、后动脉和从椎间孔进入的节段性动脉。

2)脊髓的静脉:多而粗,收集脊髓内的小静脉,汇成脊髓前、后静脉注入椎内静脉丛。

(3)脑脊液及其循环:由各脑室的脉络丛产生,无色透明,含各种离子、营养素和神经递质等,对中枢神经系统具有缓冲、保护、运输代谢产物和调节颅内压的作用。

循环途径:侧脑室→室间孔→第三脑室→中脑导水管→第四脑室→正中孔、两侧孔→蛛网膜下隙(腔)→蛛网膜粒→上矢状窦。

(4)脑屏障:其特定结构能选择性地允许某些物质通过,不允许另一些物质通过,包括血脑屏障、血-脑脊液屏障和脑脊液-脑屏障。在正常情况下,脑屏障能使脑和脊髓免受内、外环境中各种物理、化学因素的影响,而维持相对稳定的状态,从而保证了神经元功能的正常发挥。

复习思考题

一、选择题

(一) A1 型题

1. 关于硬脊膜的描述,**错误**的是
   A. 厚而坚韧,包裹脊髓　　　　　　　　B. 上端附于枕骨大孔边缘
   C. 下端包裹终丝　　　　　　　　　　　D. 向两侧包绕脊神经根
   E. 与脊神经的外膜相延续

2. 硬膜外隙内含有
    A. 终丝   B. 马尾   C. 脑脊液
    D. 脊神经根   E. 脊神经

3. 有关硬膜外隙的描述,正确的是
    A. 位于硬脊膜与椎管内骨膜和韧带之间   B. 位于硬脊膜与椎管内骨膜之间
    C. 内有脊神经经过   D. 与颅内相通
    E. 内有脑脊液

4. 关于软脊膜的描述,**错误**的是
    A. 薄而富有血管   B. 与软脑膜有明显分界
    C. 形成齿状韧带   D. 齿状韧带可固定脊髓
    E. 向下移行为终丝

5. 关于终池的描述,**错误**的是
    A. 位于脊髓下端至第 2 骶椎水平   B. 内有马尾
    C. 腰椎穿刺可在第 2、3 腰椎间进针   D. 为蛛网膜下隙扩大的部分
    E. 腰麻常将麻醉药注入此处

6. 硬脑膜形成物**不包括**
    A. 大脑镰   B. 脚间池   C. 小脑幕
    D. 小脑镰   E. 鞍膈

7. 下列关于脑脊液功能的描述,**错误**的是
    A. 免疫功能   B. 运走代谢产物   C. 维持正常颅内压
    D. 保护功能   E. 供应营养

8. 关于硬脑膜的描述,正确的是
    A. 仅为一层
    B. 与颅盖骨连接紧密
    C. 在颅底处与颅骨结合疏松,易于分离
    D. 不与硬脊膜相延续
    E. 在某些部位两层分开,内面衬以内皮细胞,构成硬脑膜窦

9. **不属于**硬脑膜窦的是
    A. 上矢状窦   B. 下矢状窦   C. 冠状窦
    D. 乙状窦   E. 海绵窦

10. 脑的蛛网膜下池,**不包括**
    A. 小脑延髓池   B. 大脑大静脉池   C. 交叉池
    D. 终池   E. 脚间池

11. 营养内囊的动脉主要是
    A. 大脑前动脉的分支   B. 大脑后动脉的分支
    C. 大脑中动脉的皮质支   D. 大脑中动脉的中央支
    E. 基底动脉

12. 脑出血最易发生的动脉是
    A. 大脑前动脉   B. 大脑中动脉   C. 大脑后动脉
    D. 颈内动脉   E. 椎动脉

13. 脑出血最易发生的部位是
    A. 内囊　　　　　　　　B. 大脑皮质　　　　　　C. 胼胝体
    D. 侧脑室　　　　　　　E. 第三脑室

14. 供应大脑中央后回下 2/3 的动脉来自
    A. 大脑中动脉　　　　　B. 大脑后动脉　　　　　C. 大脑前动脉
    D. 后交通动脉　　　　　E. 大脑中动脉中央支

15. 颈内动脉的分支,**不包括**
    A. 大脑前动脉　　　　　B. 大脑前交通动脉　　　C. 大脑中动脉
    D. 脉络丛前动脉　　　　E. 后交通动脉

16. 大脑前动脉分支中,**不包括**
    A. 额底侧外侧动脉　　　B. 额前内侧动脉　　　　C. 额后内侧动脉
    D. 中央旁动脉　　　　　E. 楔前动脉

17. 大脑前动脉主要供应
    A. 大脑前面　　　　　　B. 大脑背外侧面　　　　C. 大脑内侧面
    D. 大脑底面　　　　　　E. 大脑后部

18. 关于大脑后动脉的描述,正确的是
    A. 来自基底动脉　　　　　　　　　　　B. 分布于颞叶、枕叶及额叶
    C. 分布于颞叶、枕叶　　　　　　　　　D. 中央支供应尾状核
    E. 中央支供应间脑的大部分核团

19. 属于颈内动脉的分支是
    A. 后交通动脉　　　　　B. 脑膜中动脉　　　　　C. 小脑上动脉
    D. 大脑后动脉　　　　　E. 小脑下前动脉

20. 颈内动脉系与椎基底系的吻合支是
    A. 前交通动脉　　　　　B. 脉络丛前动脉　　　　C. 后交通动脉
    D. 大脑中动脉　　　　　E. 大脑后动脉

21. **不参与**构成大脑动脉环的血管是
    A. 前交通动脉　　　　　B. 大脑中动脉　　　　　C. 大脑后动脉
    D. 后交通动脉　　　　　E. 颈内动脉

22. 基底动脉的分支**不包括**
    A. 大脑后动脉　　　　　B. 大脑中动脉　　　　　C. 小脑上动脉
    D. 小脑下前动脉　　　　E. 迷路动脉

23. 小脑下后动脉发自
    A. 椎动脉　　　　　　　B. 基底动脉　　　　　　C. 大脑后动脉
    D. 脉络丛后动脉　　　　E. 大脑动脉环

24. 供应枕叶的动脉来自
    A. 大脑前动脉　　　　　B. 前交通动脉　　　　　C. 大脑中动脉
    D. 后交通动脉　　　　　E. 大脑后动脉

25. 脊髓的动脉来自
    A. 椎动脉　　　　　　　B. 大脑前动脉　　　　　C. 大脑中动脉
    D. 大脑后动脉　　　　　E. 颈内动脉

26. 属于大脑深静脉的是
    A. 大脑上静脉　　　　　　B. 大脑中浅静脉　　　　　　C. 大脑中深静脉
    D. 大脑下静脉　　　　　　E. 大脑大静脉

27. 产生脑脊液的结构是
    A. 蛛网膜　　B. 脉络膜　　C. 脉络丛　　D. 蛛网膜粒　　E. 软脑膜

28. 有关脑脊液的描述,正确的是
    A. 是一种有色、不透明的液体　　　　B. 主要由脑室脉络丛产生
    C. 仅位于脑的周围　　　　　　　　　D. 最后进入淋巴液
    E. 经蛛网膜颗粒渗透到下矢状窦

29. 关于脑脊液的描述,正确的是
    A. 位于硬脊膜与蛛网膜之间　　　　　B. 充满蛛网膜下隙
    C. 经蛛网膜流入下矢状窦　　　　　　D. 经室间孔流入硬脑膜窦
    E. 经室间孔流入软脑膜窦

30. 第四脑室位于
    A. 延髓、脑桥与中脑之间　　　　　　B. 延髓、脑桥与小脑之间
    C. 脑桥、中脑与小脑之间　　　　　　D. 中脑、小脑与延髓之间
    E. 间脑、中脑与小脑之间

31. 下列结构中,不属于构成血脑屏障的结构基础的是
    A. 脑的毛细血管内皮　　　　　　　　B. 脊髓的毛细血管内皮
    C. 毛细血管基膜　　　　　　　　　　D. 胶质膜
    E. 脉络丛上皮细胞

(二) A2 型题

1. 女,29 岁,入院行手术治疗,进行腰部局麻,麻醉药物应注入
    A. 硬膜外隙　　　　　B. 硬膜下隙　　　　　C. 蛛网膜外隙
    D. 蛛网膜下隙　　　　E. 终池

2. 女,45 岁,患脊髓肿瘤,椎管内手术中可以作为手术标志的结构是
    A. 黄韧带　　　　　　B. 齿状韧带　　　　　C. 蛛网膜小梁
    D. 终丝　　　　　　　E. 后纵韧带

3. 男,31 岁,因右下腹疼痛就诊,经检查确诊为阑尾炎,须行腰麻进行手术治疗,下列描述正确的是
    A. 可在第 1、2 腰椎间进针　　　　　B. 可在第 2、3 腰椎间进针
    C. 将药物麻醉注入麦氏点　　　　　　D. 将麻醉药物注入硬膜下隙
    E. 将麻醉药物注入终池

4. 男,43 岁,面部感染未及时治疗,引起颅内感染。感染的部位可能是
    A. 上矢状窦　　　　　B. 下矢状窦　　　　　C. 海绵窦
    D. 直窦　　　　　　　E. 横窦

5. 女,49 岁,脑出血后出现偏瘫、偏盲和偏身感觉障碍,临床诊断为内囊病变,可能累及的血管为
    A. 脉络丛前动脉　　　B. 前交通动脉　　　　C. 脊髓前动脉
    D. 豆纹动脉　　　　　E. 迷路动脉

6. 女,50岁,突发耳聋,可能有关的血管是

    A. 小脑下后动脉　　　　B. 迷路动脉　　　　C. 脑桥动脉

    D. 小脑上动脉　　　　E. 大脑后动脉

7. 男,39岁,因呕吐和头痛入院,经检查发现左侧面部痛温觉障碍,右侧躯体痛温觉和粗略触觉障碍,并伴有小脑共济失调的症状,可能栓塞或病变的血管是

    A. 左侧小脑下后动脉　　B. 左侧小脑下前动脉　　C. 右侧脑桥动脉

    D. 两侧小脑上动脉　　　E. 大脑后动脉

8. 男,54岁,患胶质瘤造成颅内压升高,进而导致其发生小脑幕切迹疝,下列描述正确的是

    A. 脑疝的定义是颅内压增高而引起小脑结构移位

    B. 仅有小脑幕切迹疝和小脑扁桃体疝

    C. 小脑幕后外侧缘形成小脑幕切迹

    D. 小脑幕前内缘游离形成小脑幕切迹

    E. 可压迫中脑的大脑脚和展神经

9. 男,63岁,高血压患者,突发剧烈头痛,呕吐,全身冷汗,烦躁不安,入院检查发现为脑动脉瘤破裂所致蛛网膜下隙出血,与其无关的是

    A. 大脑前动脉　　　　B. 豆纹动脉　　　　C. 大脑中动脉

    D. 大脑后动脉　　　　E. 小脑下后动脉

(三) A3 型题

(1~3 题共用题干)

女,49岁,右侧脑血管病变,表现为右侧头面部痛温觉障碍。右侧咽喉肌麻痹,吞咽困难,声音嘶哑。左侧上、下肢及躯干痛温觉障碍,瘫痪。右侧有 Horner 综合征,以及眩晕,眼球震颤。

1. 以上症状提示发生病变的血管为

    A. 小脑上动脉　　　　B. 小脑下前动脉　　　C. 小脑下后动脉

    D. 大脑中动脉　　　　E. 大脑后动脉

2. 此动脉来源于

    A. 颈内动脉　　　　B. 颈外动脉　　　　C. 椎动脉

    D. 大脑后动脉　　　　E. 后交通动脉

3. 此动脉发出处平对

    A. 橄榄上端　　　　B. 橄榄下端　　　　C. 锥体交叉水平

    D. 延髓脑桥沟　　　　E. 基底沟

(4、5 题共用题干)

男,38岁,频发头痛、头晕,脑血管造影显示大脑动脉环发育不全,一侧的后交通动脉管径小于1毫米。

4. 后交通动脉来源于

    A. 颈内动脉　　　　B. 颈外动脉　　　　C. 椎动脉

    D. 与大脑前动脉吻合　E. 与大脑中动脉吻合

5. 后交通动脉是两条血管的吻合支,这两条血管分别是

    A. 大脑中动脉与大脑后动脉　　　　　　B. 大脑前动脉与大脑中动脉

C. 大脑前动脉与大脑后动脉　　　　D. 颈内动脉与椎动脉

E. 颈内动脉与椎基底动脉系

（四）B1型题

（1~6题共用备选答案）

　　A. 上矢状窦　　　　B. 下矢状窦　　　　C. 直窦

　　D. 横窦　　　　　　E. 乙状窦

1. 位于大脑镰与小脑幕连接处,向后汇入窦汇的是

2. 向前止于颈静脉孔处,出颅续为颈内静脉的是

3. 位于大脑镰上缘的是

4. 位于大脑镰下缘的是

5. 位于枕骨横窦沟内的是

6. 连于窦汇与乙状窦之间的是

（7~13题共用备选答案）

　　A. 大脑中动脉　　　B. 椎动脉　　　　C. 颈外动脉

　　D. 颈内动脉　　　　E. 后交通动脉

7. 颈内动脉的直接延续是

8. 供应大脑半球上外侧面的大部分,包括第Ⅰ躯体运动中枢、第Ⅰ躯体感觉中枢和语言中枢的是

9. 发出中央支,又称豆纹动脉的是

10. 与大脑后动脉吻合,为颈内动脉系与椎基底动脉系吻合支的动脉是

11. 合成一条基底动脉的是

12. 发出小脑下后动脉的是

13. 发出眼动脉的是

（14~19题共用备选答案）

　　A. 大脑上静脉　　　B. 大脑中静脉　　　C. 大脑下静脉

　　D. 大脑大静脉　　　E. 基底静脉

14. 注入上矢状窦的是

15. 分为浅、深两组,即大脑中浅静脉和大脑中深静脉的是

16. 本干沿外侧沟向前下,注入海绵窦的是

17. 注入横窦和海绵窦的是

18. 由两侧的大脑内静脉合成的是

19. 收集半球深部的髓质、基底核、间脑和脉络丛等处的静脉血,在胼胝体压部的后下方向后注入直窦的是

（20~22题共用备选答案）

　　A. 血脑屏障　　　　　　　　　B. 血-脑脊液屏障

　　C. 脑脊液-脑屏障　　　　　　D. 伸长细胞

　　E. 神经-免疫-内分泌网络

20. 位于血液与脑、脊髓的神经细胞之间的是

21. 位于脑室脉络丛的血管与脑脊液之间的是

22. 位于脑室和蛛网膜下隙的脑脊液与脑、脊髓的神经细胞之间的是

（23~25 题共用备选答案）

　　A. 硬膜外隙　　　　　　B. 硬膜下隙　　　　　　C. 蛛网膜下隙
　　D. 齿状韧带　　　　　　E. 大脑镰

23. 位于硬脊膜与椎管内骨膜和韧带之间的是

24. 软脊膜在脊髓两侧脊神经前、后根之间形成的结构是

25. 内充满脑脊液,扩大形成脑池的是

二、名词解释

1. 硬膜外隙　　　　　　2. 硬膜下隙　　　　　　3. 终池

4. 齿状韧带　　　　　　5. 硬脑膜隔　　　　　　6. 硬脑膜窦

7. 大脑镰　　　　　　　8. 小脑幕　　　　　　　9. 小脑幕切迹疝

10. 海绵窦　　　　　　 11. 鞍膈　　　　　　　 12. 蛛网膜下池

13. 蛛网膜粒　　　　　 14. 大脑动脉环　　　　 15. 基底动脉

16. 脑脊液　　　　　　 17. 脉络丛　　　　　　 18. 脑屏障

19. 血脑屏障　　　　　 20. 神经-免疫-内分泌网络

三、问答题

1. 简述脑和脊髓的被膜、排列及其作用。

2. 什么是硬脑膜窦,硬脑膜窦有哪些?

3. 什么是小脑幕切迹疝?

4. 简述海绵窦的概念、交通以及与海绵窦密切相关的结构。

5. 图示硬脑膜窦内的血液流向。

6. 蛛网膜下池如何形成,主要包括哪些?

7. 简述脑的血液供应。

8. 简述大脑中动脉的来源、特点以及主要分布在哪些区域。一旦中央支破裂出血,会引起什么症状?

9. 简述椎动脉的来源及分支分布。

10. 简述脑静脉的特点以及分布。

11. 简述脊髓动脉的来源以及分布。

12. 简述脑脊液的概念及其循环途径。

四、病例讨论

　　女,49 岁,突发搏动性头痛,持续约 30 分钟,随后疼痛慢慢减轻。其后的 1 周内,类似头痛时有发生。当天在搬运一张重椅子时,突然感到严重的头痛、恶心、呕吐并伴全身无力。被紧急送往医院就诊。

　　体格检查:颈项强直,血压升高,检眼镜观察可见眼底视网膜和玻璃体之间出血。腱反射对称。进而行 X 线片和 CT 检查。

　　动脉造影和 CT 扫描显示:前交通动脉瘤破裂。

　　诊断:前交通动脉瘤破裂并蛛网膜下隙出血。

　　问题:

（1）简述前交通动脉的位置。

（2）动脉瘤破裂的血液最有可能流到哪里？

（3）从解剖学角度解释蛛网膜下隙出血以及可能出现什么后果。

参 考 答 案

一、选择题

（一）A1 型题

1. C　2. D　3. A　4. B　5. C　6. B　7. A　8. E　9. C　10. D　11. D　12. B　13. A

14. A　15. B　16. A　17. C　18. A　19. A　20. C　21. B　22. B　23. A　24. E　25. A

26. E　27. C　28. B　29. B　30. B　31. E

（二）A2 型题

1. A　2. B　3. E　4. C　5. D　6. B　7. A　8. D　9. B

（三）A3 型题

1. C　2. C　3. B　4. A　5. E

（四）B1 型题

1. C　2. E　3. A　4. B　5. D　6. D　7. A　8. A　9. A　10. E　11. B　12. B　13. D

14. A　15. B　16. B　17. C　18. D　19. D　20. A　21. B　22. C　23. A　24. D　25. C

二、名词解释

1. 硬膜外隙：硬脊膜与椎管内骨膜和韧带之间的疏松间隙称为硬膜外隙，其容积约为 100ml，略呈负压，内含疏松结缔组织、脂肪、淋巴管和静脉丛，有脊神经根通过。临床上进行硬膜外麻醉，就是将药物注入此隙，以阻滞脊神经根内的神经传导。

2. 硬膜下隙：在硬脊膜与脊髓蛛网膜之间有潜在的硬膜下隙，内含浆液，向上与颅内硬膜下隙相通。

3. 终池：蛛网膜下隙的下部，自脊髓下端至第 2 骶椎水平扩大为终池，内有马尾。

4. 齿状韧带：软脊膜在脊髓两侧脊神经前、后根之间形成齿状韧带，该韧带尖端附于硬脊膜上。脊髓借齿状韧带和脊神经根固定于椎管内，并浸泡于脑脊液中，加上硬膜外隙内的脂肪组织和椎内静脉丛的弹性垫作用，使脊髓不易受外界震荡的损伤。齿状韧带还可作为椎管内手术的标志。

5. 硬脑膜隔：硬脑膜不仅包被在脑的表面，而且其内层折叠形成板状突起，称硬脑膜隔，深入脑各部之间，以更好地保护脑。

6. 硬脑膜窦：硬脑膜在某些部位两层分开，内面衬以内皮细胞，构成硬脑膜窦。窦内含静脉血，窦壁无平滑肌，不能收缩，故损伤时不易止血，而容易形成颅内血肿。

7. 大脑镰：硬脑膜内层在大脑半球纵裂内垂直向下的折叠，呈镰刀形，伸入两侧大脑半球之间，后端连于小脑幕的上面，下缘游离于胼胝体上方。

8. 小脑幕：小脑幕形似幕帐，伸入大脑与小脑之间。后外侧缘附着于枕骨横窦沟和颞骨岩部上缘，前内缘游离形成小脑幕切迹。切迹与鞍背之间形成一环形孔，称小脑幕裂孔，其间有中脑通过。

9. 小脑幕切迹疝：小脑幕将颅腔不完全地分隔成上、下两部。当上部颅脑病变引起颅内压增高时，位于小脑幕切迹上方的海马旁回或钩可能被挤入小脑幕切迹，形成小脑幕切迹疝（也称海马沟回疝）而压迫中脑的大脑脚和动眼神经。

10. 海绵窦：位于蝶鞍两侧，为硬脑膜两层间的不规则腔隙，形似海绵。两侧海绵窦借海绵间前、后窦而相连。海绵窦内有颈内动脉和展神经通过；窦的外侧壁内，自上而下有动眼神经、滑车神经、眼神经（三叉神经第 1 支）和上颌神经（三叉神经第 2 支）通过。

11. 鞍膈：位于蝶鞍上方，连于鞍结节和鞍背上缘之间，封闭垂体窝，中央有一小孔容垂体柄通过。

12. 蛛网膜下池：脑蛛网膜除在大脑纵裂和大脑横裂处伸入沟内外，其他均跨越脑的沟裂而不伸入沟内，故蛛网膜下隙的大小不一。此隙在某些部位扩大，称蛛网膜下池。

13. 蛛网膜粒：蛛网膜靠近硬脑膜，特别是在上矢状窦处形成许多绒毛状突起，突入上矢状窦内，称为蛛网膜粒。脑脊液经这些蛛网膜粒渗入硬脑膜窦内，回流入静脉。

14. 大脑动脉环：也称为 Willis 环，由两侧大脑前动脉起始段、两侧颈内动脉末端、两侧大脑后动脉借前、后交通动脉连通而共同组成。位于脑底下方，蝶鞍上方，环绕视交叉、灰结节及乳头体周围。大脑动脉环可使血液重新分配和代偿，以维持脑的血液供应。

15. 基底动脉：椎动脉在脑桥与延髓交界处合成一条基底动脉，后者沿脑桥腹侧的基底沟上行，至脑桥上缘分为左、右大脑后动脉两大终支。

16. 脑脊液：是充满脑室系统、蛛网膜下隙和脊髓中央管内的无色透明液体，内含各种浓度不等的无机离子、葡萄糖、微量蛋白、维生素、酶、少量淋巴细胞和神经递质、神经激素等，功能上相当于外周组织中的淋巴，对中枢神经系统起缓冲、保护、运输代谢产物和调节颅内压等作用。

17. 脉络丛：在脑室壁的一定部位，软脑膜及其血管与该部位的室管膜上皮共同构成脉络组织。某些部位的脉络组织及其血管反复分支成丛，连同其表面的软脑膜和室管膜上皮一起突入脑室，形成脉络丛，是产生脑脊液的主要结构。

18. 脑屏障：中枢神经系统神经元的正常功能活动，需要其周围的微环境保持一定的稳定性，而维持这种稳定性的结构称为脑屏障。脑屏障的特定结构能选择性地允许某些物质通过，不允许另一些物质通过，脑屏障由血脑屏障、血-脑脊液屏障和脑脊液-脑屏障 3 部分组成。

19. 血脑屏障：位于血液与脑、脊髓的神经细胞之间，其结构基础为①脑和脊髓内毛细血管内皮细胞无窗孔，内皮细胞之间为紧密连接，使大分子物质难以通过；②毛细血管基膜；③毛细血管基膜外有星形胶质细胞终足围绕，形成胶质膜。

20. 神经-免疫-内分泌网络：脑屏障的相对性，使人体内神经、免疫和内分泌三大调节系统的物质之间能相互调节。在中枢神经系统中它在全面调节人体的各种功能活动中起着重要的作用。

三、问答题

1. 简述脑和脊髓的被膜、排列及其作用。

答：脑和脊髓的表面包有 3 层被膜，自外向内依次为硬膜、蛛网膜和软膜。脑和脊髓的 3 层被膜相互延续，有保护、支持脑和脊髓的作用。

2. 什么是硬脑膜窦，硬脑膜窦有哪些？

答：硬脑膜坚韧而有光泽，由两层合成。外层为骨内膜层，兼具颅骨内骨膜的作用；内层为脑膜层,较外层坚厚。两层之间有丰富的血管和神经。

硬脑膜在某些部位两层分开,内面衬以内皮细胞,构成硬脑膜窦。窦内含静脉血,窦壁无平滑肌,不能收缩,故损伤时不易止血,而容易形成颅内血肿。

颅内有以下硬脑膜窦。

（1）上矢状窦:位于大脑镰的上缘,前方起自盲孔,向后汇入窦汇。窦汇由上矢状窦与直窦在枕内隆凸处汇合而成。

（2）下矢状窦:位于大脑镰下缘,其走向与上矢状窦一致,向后汇入直窦。

（3）直窦:位于大脑镰与小脑幕连接处,由大脑大静脉和下矢状窦汇合而成,向后汇入窦汇。

（4）横窦:成对,位于小脑幕后外侧缘附着处的枕骨横窦沟内,连于窦汇与乙状窦之间。

（5）乙状窦:成对,位于乙状窦沟内,是横窦的延续,向前内于颈静脉孔处出颅续为颈内静脉。

（6）海绵窦:位于蝶鞍两侧,为硬脑膜两层间的不规则腔隙,形似海绵。两侧海绵窦借海绵间前、后窦而相连。

（7）岩上窦和岩下窦:分别位于颞骨岩部的上缘和后缘,将海绵窦的血液分别引入横窦和颈内静脉。

3. 什么是小脑幕切迹疝?

答:小脑幕形似幕帐,伸入大脑与小脑之间。后外侧缘附着于枕骨横窦沟和颞骨岩部上缘,前内缘游离形成小脑幕切迹。切迹与鞍背之间形成一环形孔,称小脑幕裂孔,其间有中脑通过。小脑幕将颅腔不完全地分隔成上、下两部。当上部颅脑病变引起颅内压增高时,位于小脑幕切迹上方的海马旁回或钩可能被挤入小脑幕切迹,形成小脑幕切迹疝(也称海马沟回疝)而压迫中脑的大脑脚和动眼神经。

4. 简述海绵窦的概念、交通以及与海绵窦密切相关的结构。

答:海绵窦位于蝶鞍两侧,为硬脑膜两层间的不规则腔隙,形似海绵。两侧海绵窦借海绵间前、后窦而相连。

海绵窦与周围的静脉有广泛联系和交通:①向前借眼上静脉、内眦静脉与面静脉交通;②向后外经岩上窦、岩下窦连通横窦和颈内静脉;③向下经卵圆孔的小静脉与翼静脉丛相通。故面部感染可蔓延至海绵窦,引起海绵窦炎和血栓的形成,进而累及经过海绵窦的神经,出现相应的症状。海绵窦向后借斜坡上的基底窦与椎内静脉丛相通,而椎内静脉丛又与腔静脉系交通。因此,腹、盆部的感染(如直肠的血吸虫卵)或癌细胞可经此途径进入颅内。

海绵窦内有颈内动脉和展神经通过;窦的外侧壁内,自上而下有动眼神经、滑车神经、眼神经(三叉神经第 1 支)和上颌神经(三叉神经第 2 支)通过。海绵窦主要接受大脑中静脉、眼静脉和视网膜中央静脉。

5. 图示硬脑膜窦内的血液流向。

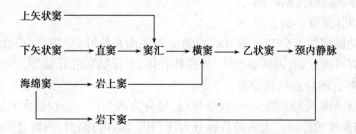

6. 蛛网膜下池如何形成,主要包括哪些?

答:脑蛛网膜除在大脑纵裂和大脑横裂处伸入沟内外,其他均跨越脑的沟裂而不伸入沟内,故蛛网膜下隙的大小不一。此隙在某些部位扩大,称蛛网膜下池。

蛛网膜下池包括位于小脑与延髓之间的小脑延髓池,临床上可在此经枕骨大孔穿刺,抽取脑脊液检查。在视交叉前方有交叉池;中脑的大脑脚之间为脚间池;脑桥腹侧有脑桥池;胼胝体压部与小脑上面之间为大脑大静脉池,也称为 Galen 静脉池或上池,松果体和大脑大静脉突入此池。

7. 简述脑的血液供应。

答:脑的血液供应很丰富。在静息状态下,占体重仅 2% 的脑,约需要全身供血量的 20%,所以脑组织对血液供应的依赖性很强,对缺氧很敏感。脑的动脉来源于颈内动脉和椎动脉。以顶枕沟为界,大脑半球的前 2/3 和部分间脑由颈内动脉分支供血,大脑半球后 1/3 及部分间脑、脑干和小脑由椎动脉供血。因此,按脑的动脉血供来源,归纳为颈内动脉系和椎基底动脉系。此两系动脉在大脑的分支可分为皮质支和中央支:前者供应大脑皮质及其深面的髓质;后者供应基底核、内囊及间脑等。

8. 简述大脑中动脉的来源、特点以及主要分布在哪些区域。一旦中央支破裂出血,会引起什么症状?

答:大脑中动脉可视为颈内动脉的直接延续,向外行进入外侧沟内,发出数支皮质支,供应大脑半球上外侧面的大部分和岛叶,其中包括第Ⅰ躯体运动中枢、第Ⅰ躯体感觉中枢和语言中枢。若该动脉发生阻塞供血不足,将出现严重的功能障碍。大脑中动脉途经前穿质时,发出一些细小的中央支,又称豆纹动脉,垂直向上进入脑实质,供应尾状核、豆状核、内囊膝和后肢的前部。豆纹动脉行程呈 S 形弯曲,因血流动力学关系,在高血压动脉硬化时容易破裂(故又名出血动脉),一旦破裂常累及内囊,而引起对侧半身的运动及感觉障碍和两眼视野对侧半偏盲等,即"三偏"综合征,故脑出血者将出现严重的功能障碍,甚至危及生命。

9. 简述椎动脉的来源及分支分布。

答:椎动脉起自锁骨下动脉第 1 段,穿第 6 至第 1 颈椎横突孔,经枕骨大孔进入颅腔,入颅后行于延髓的前外侧;然后左、右椎动脉逐渐靠拢,在脑桥与延髓交界处合成一条基底动脉;后者沿脑桥腹侧的基底沟上行,至脑桥上缘分为左、右大脑后动脉两大终支。

(1)椎动脉的主要分支有脊髓前、后动脉和小脑下后动脉。脊髓前、后动脉与阶段性动脉吻合供应脊髓;小脑下后动脉平橄榄下端附近发出,行于延髓与小脑扁桃体之间,分支供应小脑下面的后部和延髓外侧部。

(2)基底动脉的主要分支

1)小脑下前动脉供应小脑下面的前部。

2)迷路动脉供应内耳迷路。

3)脑桥动脉供应脑桥基底部。

4)小脑上动脉供应小脑上部。

5)大脑后动脉皮质支分布于颞叶的内侧面和底面及枕叶,中央支由起始部发出,经脚间窝入脑实质,供应背侧丘脑、内侧膝状体、外侧膝状体、下丘脑和底丘脑等。

10. 简述脑静脉的特点以及分布。

答:脑的静脉壁薄而无瓣膜,不与动脉伴行,可分为两类。一是收集大脑血液的静脉;二是收集脑干和小脑血液的静脉。大脑的静脉分为浅(外)、深(内)两组,两组之间相互吻合。

（1）大脑浅（外）静脉以大脑外侧沟为界分为3组。

1）大脑上静脉（外侧沟以上）:8~12支,收集大脑半球外侧面和内侧面的血液,注入上矢状窦。

2）大脑下静脉（外侧沟以下）:收集大脑半球外侧面下部和底面的血液,主要注入横窦和海绵窦。

3）大脑中静脉:位于大脑外侧沟附近,又分为浅、深两组。大脑中浅静脉收集半球外侧面近外侧沟的静脉,本干沿外侧沟向前下,注入海绵窦。大脑中深静脉收集脑岛的血液,与大脑前静脉和纹状体静脉汇合成基底静脉,注入大脑大静脉。

（2）大脑内静脉由脉络丛静脉和丘脑纹静脉在室间孔后上缘合成,向后至松果体后方,与对侧的大脑内静脉汇合成一条大脑大静脉,也称Galen静脉。大脑大静脉收集半球深部的髓质、基底核、间脑和脉络丛等处的静脉血,在胼胝体压部的后下方向后注入直窦。

11. 简述脊髓动脉的来源以及分布。

答:脊髓的动脉有两个来源,即椎动脉和节段性动脉。椎动脉发出的脊髓前动脉和脊髓后动脉在下行过程中,不断得到颈、胸和腰部动脉发出的节段性动脉分支的补充,以保障脊髓足够的血液供应。

12. 简述脑脊液的概念及其循环途径。

答:脑脊液是充满脑室系统、蛛网膜下隙和脊髓中央管内的无色透明液体,内含各种浓度不等的无机离子、葡萄糖、微量蛋白、维生素、酶、少量淋巴细胞和神经递质、神经激素等,功能上相当于外周组织中的淋巴,对中枢神经系统起缓冲、保护、运输代谢产物和调节颅内压等作用。脑脊液总量在成人平均约为150ml,处于不断产生、循环和回流的平衡状态。

脑脊液循环途径:脑脊液主要由侧脑室脉络丛产生,经室间孔至第三脑室,和第三脑室脉络丛产生的脑脊液一起经中脑导水管至第四脑室,和第四脑室脉络丛产生的脑脊液一起经第四脑室正中孔和两外侧孔流入小脑延髓池,由池流入脑和脊髓的蛛网膜下隙,沿该隙流向大脑背面,经蛛网膜颗粒渗入上矢状窦,以后再经窦汇、直窦、乙状窦回流至颈内静脉。

四、病例讨论

女,49岁,突发搏动性头痛,持续约30分钟,随后疼痛慢慢减轻。其后的1周内,类似头痛时有发生。当天在搬运一张重椅子时,突然感到严重的头痛、恶心、呕吐并伴全身无力。被紧急送往医院就诊。

体格检查:颈项强直,血压升高,检眼镜观察可见眼底视网膜和玻璃体之间出血。腱反射对称。进而行X线片和CT检查。

动脉造影和CT扫描显示:前交通动脉瘤破裂。

诊断:前交通动脉瘤破裂并蛛网膜下隙出血。

问题:

（1）简述前交通动脉的位置。

（2）动脉瘤破裂的血液最有可能流到哪里?

（3）从解剖学角度解释蛛网膜下隙出血以及可能出现什么后果。

答:

（1）大脑前动脉经视神经上方斜行向前内,进入大脑纵裂,沿胼胝体沟向后行。左、右大脑前动脉进入大脑纵裂前有横支相连,称前交通动脉。未破裂的动脉瘤通常无症状。

（2）脑蛛网膜薄而透明,无血管、神经,包绕整个脑,除在大脑纵裂和大脑横裂处以外,均跨越脑的沟裂而不深入沟内。脑蛛网膜与硬脑膜之间有硬膜下隙;与软脑膜之间有蛛网膜下隙,内含脑脊液,向下经枕骨大孔处与脊髓的蛛网膜下隙互相交通。

本病例中,起初的头痛可能是由动脉瘤间歇性扩张所引起。突然感到严重的、几乎无法忍受的头痛、恶心、呕吐是动脉瘤破裂,大量出血进入蛛网膜下隙的结果,进入脑脊液中的血液刺激脑膜可引起严重头痛和呕吐。

因为前交通动脉位于两大脑半球之间的纵向裂缝中,视交叉上方,所以从破裂的动脉瘤中流出的血液将进入交叉池以及大脑和脊髓周围的蛛网膜下隙。因此,此时的脑脊液含有血液。

通常不主张在有明显蛛网膜下隙出血的患者中进行腰穿抽取脑脊液,因为腰穿使脊髓蛛网膜下隙的脑脊液压力下降,诱发处于颅内高压的脑向薄弱部位突出,形成脑疝。

(3)有些病例前交通动脉瘤破裂的血液通过脑脊液进入脑室系统引起脑室急性扩张,脑脊液中的大量血液阻塞蛛网膜下隙影响脑脊液循环,使颅内压进一步升高。颅内高压可把颞叶的海马旁回或钩挤入小脑幕切迹,形成小脑幕切迹疝,压迫大脑和中脑,波及动眼神经,出现相应的症状;颅内高压也可使小脑扁桃体突入枕骨大孔,形成小脑扁桃体疝而压迫脑干,影响包括心血管和呼吸中枢在内的生命中枢,严重威胁生命。

本例患者体格检查时检眼镜观察可见眼底视网膜和玻璃体之间出血,此为 Terson 综合征,是颅内压增高和出血块压迫视神经鞘,而引起视网膜中央静脉出血所致。因脑脊液恢复正常后它仍然存在,是诊断蛛网膜下隙出血的重要依据之一,也是患者致盲的主要原因。

(李　岩)

第三节　周围神经系统

一、脊　神　经

学　习　指　导

(一)学习目的

能指出:颈丛、臂丛、腰丛、骶丛体表投影的位置,描绘出各神经丛主要分支的走行。

熟练复述:脊神经的组成、分支;颈丛、臂丛、腰丛和骶丛的组成、位置及其主要分支、分布或支配,以及损伤后症状。

熟知:肋间神经的行程及分布,胸、腹壁皮神经节段性分布。

(二)学习要点

1. 概述

(1)周围神经系统概念及其种类、纤维成分。

(2)脊神经的构成、分部及纤维分布特点。

(3)脊神经的分支。

(4)脊神经走行和分布的一般形态学特点。

2. 颈丛

(1)计数和观察颈、胸、腰、骶和尾神经的对数,寻认它们穿出椎管的部位及出椎管后发出的前、后支和交通支。观察除第2~11对胸神经的前支外,其他神经前支分别组成的颈丛、臂丛、腰丛、骶丛的位置。

（2）寻认枕小、耳大、颈横和锁骨上神经,观察其行程和分布。

（3）寻认膈神经,追踪其行程,观察其分布。

3. 臂丛

（1）寻认臂丛,观察臂丛的根、干、股、束的组成、位置。

（2）寻认:臂丛外侧束发出的肌皮神经、尺神经、正中神经内侧头和胸内侧神经;内侧束发出的胸外侧神经、臂内侧及前臂内侧皮神经、尺神经和正中神经内侧头;后束发出的肩胛下神经、腋神经和桡神经。

（3）寻认胸背神经、胸长神经。

（4）沿尺神经、正中神经、桡神经、肌皮神经的根部,分别追踪各神经的走行,寻认其主要分支,观察其分布。

（5）观察手掌侧面及背侧面皮神经的分布。区分尺神经和正中神经在手掌侧面的分布范围及尺神经与桡神经在手背侧面的分布范围。

4. 胸神经前支　观察:第1胸神经和第12胸神经前支与臂丛和腰丛的关系;肋间和肋下神经的行程及其与肋间血管的关系。掌握肋间神经的行程及分布。熟悉胸、腹壁皮神经节段性分布。

5. 腰丛

（1）观察腰丛的组成,寻认髂腹下神经、髂腹股沟神经、股外侧皮神经、股神经、生殖股神经和闭孔神经。

（2）由股神经、闭孔神经根部追踪它们的行程,查主要分支,观察其分布。

6. 骶丛

（1）寻认腰骶干的组成,观察骶丛的组成和位置。

（2）观察臀上神经、臀下神经、阴部神经、坐骨神经。查认:坐骨神经与梨状肌的位置关系;坐骨神经的体表投影;坐骨神经的分支、分布;坐骨神经分成终末支的部位。

（3）寻认胫神经、腓总神经,观察其行程。分辨腓浅神经、腓深神经;观察其行程、分支和分布。

复习思考题

一、选择题

（一）A1 型题

1. 有关脊神经的构成,叙述正确的是
   A. 由前根和后根会合而成
   B. 由前支和后支会合而成
   C. 由躯体运动和躯体感觉两种纤维成分构成
   D. 由内脏运动和内脏感觉两种纤维成分构成
   E. 其所含内脏运动纤维属于副交感神经

2. 脊神经前根内含有
   A. 副交感纤维　　　　B. 交感纤维　　　　C. 特殊内脏运动纤维
   D. 一般躯体感觉纤维　　E. 特殊躯体感觉纤维

3. 脊神经后根内含有
　　A. 特殊躯体感觉纤维　　　B. 特殊内脏感觉纤维　　　C. 躯体运动纤维
　　D. 内脏运动纤维　　　　　E. 躯体感觉和内脏感觉纤维

4. 脊神经节含有
　　A. 躯体运动神经元　　　　B. 内脏运动神经元　　　　C. 躯体感觉神经元
　　D. 特殊内脏感觉神经元　　E. 特殊躯体感觉神经元

5. 关于脊神经交通支的叙述,正确的是
　　A. 交通支由后支发出
　　B. 白交通支由后支发出
　　C. 灰交通支返回后支
　　D. 白交通支由前支内的交感神经节前纤维组成
　　E. 灰交通支由副交感神经的节前纤维组成

6. 关于脊神经前支的叙述,正确的是
　　A. 具有明显阶段性分布的特点
　　B. 既分布于躯干前部,也分布于躯干背部
　　C. 通过颈丛分布于上肢
　　D. 通过臂丛分布于上肢
　　E. 通过腰丛分布于腹前壁

7. 关于脊神经后支的叙述,正确的是
　　A. 没有节段性分布的特点　　　　　　　　B. 不含交感神经节后纤维
　　C. 仅为分布于背部的感觉神经　　　　　　D. 为分布于背部的混合神经
　　E. 含有副交感纤维

8. 颈袢发支支配
　　A. 茎突舌骨肌　　　　　　B. 胸锁乳突肌　　　　　　C. 胸骨甲状肌
　　D. 颏舌骨肌　　　　　　　E. 斜方肌

9. 臂丛发出的分支中,通过四边孔的是
　　A. 胸背神经　　　　　　　B. 腋神经　　　　　　　　C. 肩胛上神经
　　D. 桡神经　　　　　　　　E. 旋肩胛神经

10. 关于臂丛的叙述,正确的是
　　A. 由第 5~8 颈神经前支反复分支组合后形成臂丛
　　B. 臂丛在腋腔内最后形成的 3 个神经干
　　C. 臂丛在腋腔内最后形成 3 个神经束夹持腋动脉
　　D. 从后束发出正中神经
　　E. 从外侧束发出桡神经

11. 支配肱二头肌的神经是
　　A. 肌皮神经　　　　　　　B. 尺神经　　　　　　　　C. 腋神经
　　D. 桡神经　　　　　　　　E. 正中神经的分支

12. 关于尺神经的叙述,正确的是
　　A. 发自臂丛外侧束
　　B. 支配前臂所有屈肌

C. 经肱骨下端尺神经沟下行进入前臂后面

D. 损伤后不影响拇指的任何功能

E. 肱骨外侧髁骨折时易受损

13. 前臂屈肌群中受正中神经和尺神经双重支配的是

   A. 指浅屈肌   B. 旋前圆肌   C. 指深屈肌

   D. 尺侧腕屈肌   E. 拇长屈肌

14. 臂丛在颈部从某肌的深面斜穿下行入腋腔,该肌为

   A. 胸锁乳突肌   B. 肩胛舌骨肌上腹   C. 前斜角肌

   D. 中斜角肌   E. 胸骨甲状肌

15. 关于正中神经的叙述,正确的是

   A. 发自臂丛后束   B. 发支支配臂前群肌

   C. 发支支配除拇收肌以外的鱼际肌   D. 损伤后影响小指功能,不能屈曲

   E. 损伤后可出现"爪形手"

16. 以下前臂肌和手肌中受正中神经支配的是

   A. 肱桡肌   B. 拇短伸肌   C. 拇长伸肌

   D. 拇收肌   E. 拇长屈肌

17. 关于腋神经的叙述,正确的是

   A. 从臂丛后束发出后,穿三边孔达肩胛区

   B. 从臂丛外侧束发出后,穿四边孔达肩胛区

   C. 从臂丛后束发出后,穿四边孔达肩胛区

   D. 不发支到小圆肌

   E. 支配三角肌和大圆肌

18. 关于桡神经的叙述,正确的是

   A. 从臂丛外侧束发出,下行穿桡神经沟至臂后区

   B. 从臂丛后束发出,穿四边孔达臂后区

   C. 在肱三头肌深面穿桡神经沟下行至肘的前外侧

   D. 不支配肱桡肌

   E. 在臂后区不发支支配臂部伸肌群

19. 关于胸神经前支的叙述,正确的是

   A. 进入肋间隙形成 12 对肋间神经

   B. 神经纤维来自脊神经前根

   C. 是支配肋间肌的运动神经

   D. 第 1 肋间神经的外侧皮支称为肋间臂神经

   E. 在胸、腹壁皮肤具有明显的节段性分布特点

20. 胸长神经支配的肌为

   A. 三角肌   B. 大圆肌   C. 冈上肌   D. 背阔肌   E. 前锯肌

21. 对膈神经的描述,**错误**的是

   A. 膈神经由第 3~5 颈神经前支组成   B. 为运动性神经,支配膈肌的运动

   C. 膈神经经前斜角肌前面下行   D. 与心包、膈血管伴行

   E. 经锁骨下动、静脉之间下行入胸腔

22. 分布于胆囊的感觉神经来自
　　A. 迷走神经　　　　　　　B. 肋间神经　　　　　　C. 交感神经
　　D. 左膈神经　　　　　　　E. 右膈神经
23. 脊神经前、后根合成部位是在
　　A. 横突孔处　　　　　　　B. 椎孔内　　　　　　　C. 椎间孔处
　　D. 椎管内　　　　　　　　E. 骶管裂孔处

(二) A2 型题

1. 女,37 岁,施行乳腺癌扩大根治术时,若不慎出现"翼状肩"后遗症,是因为损伤了
　　A. 胸内侧神经　　　　　　B. 胸背神经　　　　　　C. 肌皮神经
　　D. 胸长神经　　　　　　　E. 胸外侧神经

2. 男,29 岁,因颈前部化脓性感染欲行切开引流术,麻药除可在手术区周围注入外,还可注入的位置是
　　A. 锁骨中点上方　　　　　B. 胸锁乳突肌前缘中点　　C. 锁骨中点后方
　　D. 胸锁乳突肌后缘中点　　E. 锁骨中点下方

3. 男,13 岁,在行斜疝修补术时,因操作不当,术后大腿根部感觉麻木,有牵拉感,可能伤及的神经是
　　A. 腰骶干　　　　　　　　B. 髂腹下神经　　　　　C. 髂腹股沟神经
　　D. 生殖股神经　　　　　　E. 臀上神经

4. 男,43 岁,外伤致臂部大面积损伤,行清创手术时,麻药注入锁骨中点后方,麻醉的神经是
　　A. 颈丛　　　　　　　　　B. 臂丛　　　　　　　　C. 腋神经
　　D. 肌皮神经　　　　　　　E. 臂内侧皮神经

5. 男,37 岁,肱骨上段骨肉瘤引发骨折,致肩外展障碍,可能累及的神经是
　　A. 腋神经　　　　　　　　B. 肌皮神经　　　　　　C. 正中神经
　　D. 尺神经　　　　　　　　E. 桡神经

6. 男,27 岁,肱骨体骨折导致"垂腕症",其伤及的神经是
　　A. 腋神经　　　　　　　　B. 肌皮神经　　　　　　C. 正中神经
　　D. 桡神经　　　　　　　　E. 尺神经

7. 男,41 岁,因锐器刺伤腹股沟区,检查发现患者膝跳反射消失,其累及的神经为
　　A. 髂腹股沟神经　　　　　B. 股神经　　　　　　　C. 闭孔神经
　　D. 隐神经　　　　　　　　E. 坐骨神经

8. 男,35 岁,受外力撞击致左乳头外下第七肋骨折,因疼痛做神经封闭,其麻药注射点可选在
　　A. 左锁骨中线处第七肋下缘　　　　　　B. 左锁骨中线处第七肋上缘
　　C. 左腋中线处第八肋上缘　　　　　　　D. 左腋中线处第七肋上缘
　　E. 左腋中线处第七肋下缘

9. 女,31 岁,摔跤时上肢做保护性支撑,即刻引起肘部严重变形,手呈"爪形手",其可能伤及的神经是
　　A. 肌皮神经　　　　　　　B. 腋神经　　　　　　　C. 正中神经
　　D. 尺神经　　　　　　　　E. 桡神经

10. 女,32岁,因前臂下部外侧皮外伤就诊,检查发现其"虎口处"感觉障碍,可能受损的神经是
    A. 正中神经返支   B. 桡神经浅支   C. 前臂外侧皮神经
    D. 尺神经浅支   E. 尺神经手背支

11. 女,43岁,梨状肌痉挛(梨状肌综合征)引起下肢后部中线上放射性疼痛,是因为累及
    A. 坐骨神经   B. 阴部神经   C. 臀下神经
    D. 股后皮神经   E. 闭孔神经

12. 女,16岁,膝部外侧擦伤致"马蹄内翻足",其损伤的是
    A. 腓浅神经   B. 腓深神经   C. 腓总神经
    D. 胫前神经   E. 胫后神经

13. 女,31岁,手掌外伤后继发感染化脓,手术切开引流不慎,致拇指不能握茶杯,可能损伤了
    A. 尺神经手背支   B. 正中神经返支   C. 尺神经浅支
    D. 桡神经深支   E. 尺神经深支

14. 女,8岁,摔跤使腕部豌豆骨外侧受损,出现除拇指外其余四指不能并拢和分开,其损伤了
    A. 尺神经   B. 桡神经浅支   C. 桡神经深支
    D. 正中神经   E. 正中神经返支

15. 女,28岁,分娩时,因胎儿头部较大,为防止会阴撕裂,遂行会阴侧切术,麻药针刺向坐骨棘给药,麻醉的神经是
    A. 闭孔神经   B. 髂腹股沟神经   C. 生殖股神经
    D. 髂腹下神经   E. 阴部神经

16. 男,10岁,玩耍时不慎从高处坠地,致股骨下段骨折,检查发现其足为"钩状足",提示可能伤及了
    A. 坐骨神经   B. 腓总神经   C. 腓浅神经
    D. 腓深神经   E. 胫神经

17. 女,41岁,收割庄稼时不慎割伤小腿下部,伤口处理时发现患者足背感觉丧失,其可能已伤及了
    A. 隐神经   B. 腓浅神经   C. 腓深神经
    D. 腓肠神经   E. 胫神经

18. 男,39岁,大隐静脉曲张患者,近年来"老烂脚"(内踝上方溃烂)频发,致足内侧感觉障碍,此患者可能已累及
    A. 隐神经   B. 胫神经   C. 腓浅神经
    D. 腓深神经   E. 腓肠神经

19. 男,40岁,手部长期单一动作引发"腕管综合征",致患者对掌功能障碍,其影响的神经为
    A. 尺神经深支   B. 尺神经浅支   C. 正中神经
    D. 桡神经浅支   E. 桡神经深支

20. 男,32岁,被利器刺伤臀部后髋关节外展功能缺失,可能伤及的神经是
    A. 臀上神经   B. 臀下神经   C. 阴部神经
    D. 坐骨神经   E. 股后皮神经

（三）A3 型题

（1~4 题共用题干）

周围神经根据其与中枢连接的部位不同,可分为脊神经和脑神经两部分;根据其与效应器和感受器的连接关系,可分为躯体神经和内脏神经两部分。

1. 以下符合脊神经特点的选项是
   A. 与脊髓 31 个节段相连　　　　　B. 与延髓相连
   C. 含 7 对颈神经　　　　　　　　　D. 仅含有躯体运动和躯体感觉纤维
   E. 其含有的内脏运动纤维属于副交感纤维

2. 以下符合脑神经特点的选项是
   A. 所有脑神经与脑干相连
   B. 一共有 12 对脑神经
   C. 所有感觉信息都传入脑干的感觉神经核
   D. 脑神经的内脏运动纤维属于交感神经
   E. 脑神经的特殊内脏运动纤维属于副交感神经

3. 以下**不符合**躯体神经特点的选项是
   A. 支配肌节衍化的骨骼肌
   B. 支配鳃弓衍化的骨骼肌(特殊内脏运动)
   C. 传导皮肤感受器产生的一般感觉信息
   D. 传导眼和耳产生的特殊感觉信息
   E. 传导舌部味蕾产生的味觉信息

4. 以下**不符合**内脏神经特点的选项是
   A. 支配咽喉肌　　　　　　　　　　B. 支配平滑肌、心肌和腺体
   C. 传导内脏产生的感觉信息　　　　D. 传导舌部味蕾产生的味觉信息
   E. 传导鼻腔嗅黏膜产生的嗅觉信息

（5~9 题共用题干）

脊神经由前根和后根会合而成,出椎间孔后脊神经分成前支、后支、交通支和脊膜支。

5. 下列关于脊神经前根的描述,正确的是
   A. 含有躯体运动纤维和内脏运动纤维　　B. 含有躯体运动和躯体感觉纤维
   C. 含有内脏运动纤维和内脏感觉纤维　　D. 含有躯体运动纤维和内脏感觉纤维
   E. 含有内脏运动纤维和躯体感觉纤维

6. 下列关于脊神经后根的描述,正确的是
   A. 由脊神经节中的假单极神经元的中枢突聚集形成
   B. 由脊神经节中的假单极神经元的周围突聚集形成
   C. 只含有躯体感觉纤维
   D. 只含有内脏感觉纤维
   E. 其纤维进入脊神经后支

7. 下列关于脊神经前支的描述,正确的是
   A. 是纯运动神经　　　　　　　　　B. 只含有躯体运动和躯体感觉纤维
   C. 主要分布于项、背、腰骶部　　　　D. 形成颈丛、臂丛、腰丛和骶丛
   E. 形成腹腔丛

8. 下列关于脊神经后支的描述,正确的是
    A. 是纯感觉神经
    B. 较前支更为粗大
    C. 没有阶段性分布的特点
    D. 第2颈神经的后支的皮支为枕大神经
    E. 第1~3骶神经后支的皮支为臀上皮神经
9. 下列关于交通支的描述,正确的是
    A. 属于副交感神经结构
    B. 白交通支由交感神经节前纤维组成
    C. 灰交通支由交感神经节前纤维组成
    D. 白交通支含有从椎旁节返回脊神经的交感纤维
    E. 灰交通支含有从脊神经进入椎旁节的交感纤维

（10~12题共用题干）

颈丛的皮支从胸锁乳突肌后缘中点浅出。颈丛也发肌支支配颈部深层肌和膈。另外颈丛分支与某些脑神经之间有交通联系,形成颈袢。

10. 下列关于神经点的描述,正确的是
    A. 位于胸锁乳突肌后缘中点　　　　B. 副神经从此点浅出
    C. 枕大神经从此点浅出　　　　　　D. 膈神经从此点浅出
    E. 此点深面可找到舌下神经
11. 下列关于膈神经的描述,正确的是
    A. 为颈丛的肌支　　　　　　　　　B. 在前斜角肌的后面下行
    C. 经肺根后方下行　　　　　　　　D. 膈神经损伤不会影响腹式呼吸
    E. 既含有支配膈肌的运动纤维,也含有感觉纤维
12. 下列关于颈袢的描述,正确的是
    A. 为颈丛分支与迷走神经之间的交通支
    B. 为颈丛分支与副神经之间的交通支
    C. 第1颈神经分支离开舌下神经形成舌下神经降支
    D. 第2、3颈神经分支合成舌下神经降支
    E. 颈袢发支支配胸锁乳突肌

（13~16题共用题干）

臂丛的分支可分为锁骨上分支和锁骨下分支两大类。锁骨上分支较少,主要分布于颈部、肩胛后区和胸侧壁;锁骨下分支多,短支分布于上肢带肌,长支主要分布于臂肌、前臂肌和手肌。

13. 下列关于胸长神经的描述,正确的是
    A. 属于锁骨下分支　　　　　　　　B. 发出后向后下行进入肩胛区
    C. 与胸背动脉伴行　　　　　　　　D. 损伤后出现"翼状肩"
    E. 为纯运动神经
14. 下列关于胸背神经的描述,正确的是
    A. 属于锁骨上分支　　　　　　　　B. 从臂丛外侧束发出
    C. 伤及此神经会导致背阔肌瘫痪　　D. 与胸外侧动脉伴行
    E. 下行过程中尚发支到胸大肌

15. 下列关于腋神经的描述,正确的是
    A. 从臂丛内侧束发出
    B. 与旋肱后动脉伴行穿四边孔
    C. 绕肱骨解剖颈至三角肌深面
    D. 为纯运动神经
    E. 仅支配三角肌

16. 下列关于肌皮神经的描述,正确的是
    A. 自臂丛后束发出
    B. 仅支配肱二头肌和肱肌
    C. 损伤后前臂内侧份皮肤感觉减弱
    D. 损伤后表现为屈肘无力
    E. 损伤后表现为臂不能外展

(17~20 题共用题干)

腰丛由第 12 胸神经前支部分纤维和第 1~3 腰神经前支及第 4 腰神经前支的部分纤维组成。其分支支配髂腰肌和腰方肌,腹股沟区肌组织以及大腿前部和内侧部肌群。骶丛由腰骶干和所有骶、尾神经组成。骶丛分支分布于除大腿前部和内侧部以外的所有下肢肌。

17. 下列关于腰骶干的描述,正确的是
    A. 由第 4 腰神经第 5 腰神经组成
    B. 由第 4 腰神经部分纤维和第 5 腰神经组成
    C. 在腰大肌表面下行入盆腔
    D. 在盆腔加入盆丛
    E. 在盆腔穿闭孔分布于股内收肌群

18. 下列关于生殖股神经的描述,正确的是
    A. 自骶丛发出
    B. 在腰大肌深面下行入盆腔
    C. 在腹股沟韧带上方分为生殖支和股支
    D. 股支穿腹股沟深环入腹股沟管
    E. 生殖支分布于男、女性内生殖器

19. 下列关于骶丛的描述,正确的是
    A. 由所有骶神经和尾神经前支组成
    B. 位于梨状肌后面、髂血管前面
    C. 所有分支都分布于下肢肌
    D. 较短分支分布于股内侧部和股前部
    E. 盆腔邻近器官的恶性肿瘤可浸润、扩散至该丛

20. 下列关于坐骨神经的描述,正确的是
    A. 由腰骶干延续而成
    B. 在腘窝上方分为胫神经和腓深神经
    C. 在股后区不发任何分支
    D. "梨状肌综合征"影响的是该神经
    E. 出盆腔后立即穿坐骨小孔

(四) B1 型题

(1~5 题共用备选答案)
    A. 躯体运动纤维
    B. 躯体感觉纤维
    C. 内脏运动纤维
    D. 内脏感觉纤维
    E. 特殊内脏运动纤维

1. 支配骨骼肌的神经纤维是
2. 支配平滑肌、心肌和腺体的神经纤维是
3. 支配鳃弓衍化的骨骼肌的神经纤维是
4. 接收皮肤浅感受器信息的神经纤维是

5. 接收来自内脏感受器信息的神经纤维是

（6~10 题共用备选答案）

    A. 前支   B. 后支   C. 前根

    D. 后根   E. 交通支

6. 含有躯体运动和内脏运动纤维的结构是

7. 含有躯体感觉和内脏感觉纤维的结构是

8. 分布于项部、背部和腰骶部的神经分支是

9. 组成颈丛的是第 1~4 颈神经的

10. 含有交感神经纤维的是

（11~15 题共用备选答案）

    A. 枕小神经   B. 耳大神经   C. 颈横神经

    D. 锁骨上神经   E. 颈袢

11. 沿胸锁乳突肌表面向耳垂方向上行的神经是

12. 沿胸锁乳突肌后缘向枕部外侧份上行的神经是

13. 可以用作神经干移植的神经是

14. 由舌下神经降支和颈神经降支吻合形成的结构是

15. 与面神经颈支有交通支的神经是

（16~20 题共用备选答案）

    A. 胸长神经   B. 肩胛背神经   C. 肩胛上神经

    D. 肩胛下神经   E. 胸背神经

16. 损伤后可导致"翼状肩"的神经是

17. 支配肩胛提肌和菱形肌的神经是

18. 肩胛上切迹处骨折容易引起损伤的神经是

19. 支配肩胛下肌和大圆肌的神经是

20. 支配背阔肌的神经是

（21~25 题共用备选答案）

    A. 第 2 胸神经前支   B. 第 6 胸神经前支

    C. 第 8 胸神经前支   D. 第 10 胸神经前支

    E. 第 12 胸神经前支

21. 分布于胸骨角平面皮肤的神经是

22. 分布于两肋弓中点连线平面皮肤的神经是

23. 分布于剑突平面皮肤的神经是

24. 分布于脐与耻骨联合连线中点平面皮肤的神经是

25. 分布于脐平面皮肤的神经是

（26~30 题共用备选答案）

    A. 坐骨神经   B. 股神经   C. 闭孔神经

    D. 腓总神经   E. 臀上神经

26. 支配股二头肌的神经是

27. 支配股内收肌群的神经是

28. 受伤后会导致膝跳反射消失的神经是

29. 腓骨颈处骨折会导致损伤的神经是

30. 经梨状肌上孔出盆腔到达臀部的神经是

二、名词解释

1. 传入神经	2. 传出神经	3. 躯体神经
4. 内脏神经	5. 神经	6. 神经节
7. 溃变	8. 前根	9. 后根
10. 交通支	11. 颈袢	12. 腰骶干
13. 前支	14. 后支	15. 神经点
16. 脊神经根	17. 垂腕征	18. 正中神经返支

三、问答题

1. 试述周围神经系统划分的依据。

2. 试述感觉神经和运动神经的本质特点。

3. 试述脊神经的构成和分支规律。

4. 试述脊神经纤维成分与脊髓灰质的关系。

5. 试述脊神经内脏运动纤维与交感神经椎旁节的关系。

6. 试述脊神经走行和分布的普遍特点。

7. 试述颈袢的形成及分支支配对象。

8. 试述臂丛锁骨上分支与锁骨下分支的主要不同点。

9. 试分析正中神经损伤后"猿掌"症状产生的解剖学原因。

10. 试分析尺神经损伤后"爪形手"症状产生的解剖学原因。

11. 试分析臂丛上部损伤的主要特点及原因。

12. 试分析臂丛下部损伤的主要特点及原因。

13. 试述掌握胸神经前支节段性分布特点的临床意义。

14. 试分析胫神经损伤后"钩状足"症状产生的解剖学原因。

15. 试用溃变和再生的理论解释周围神经损伤和临床治疗修复的过程。

16. 试述手的神经支配。

17. 试述坐骨神经的行程特点及其意义、主要分支和分布。

18. 列表比较肌皮神经、正中神经、尺神经、桡神经、腋神经、股神经、闭孔神经、坐骨神经、腓总神经和胫神经等躯体大神经干的按摩点及按压方向、易受损区和主要症状。

四、病例讨论

1. 男,23 岁,雨天骑摩托车,由于车速较快,车行至拐弯处滑倒,左肩及戴有头盔的头部撞地。急诊送往医院,各种检查显示头部和肩关节无损伤,但见患者左侧上肢无力下垂并内收内旋,且前臂旋前,手掌的掌面向后。

问题:

(1)患者的体征提示臂丛的哪些分支被损伤?

(2)这种神经损伤还可能发生在什么情况下?

2. 男,27 岁,冰球运动员,打冰球时被对方运动员的冰鞋踢到左侧膝关节外下方。表面外伤处理后仍感伤口深处疼痛以及小腿乏力,无法继续打球。同时还有小腿外侧及足背部的麻木和刺痛感。左足及足趾不能背屈。

体格检查:患者步态异常,左腿抬起时较平时为高。左侧腓骨头及腓骨颈处有触痛,小腿远端外侧及足背区感觉缺失。行膝部 X 线片检查。

左侧胫腓骨正、侧位 X 线片显示:腓骨颈处见斜行透亮的骨折线,骨折处对位、对线显示尚好,所示邻近膝关节面未见明显异常改变。

诊断:腓骨颈骨折并神经损伤。

问题:

(1)本病例可能伤及什么神经?

(2)患者足部感觉缺失及功能障碍的解剖学基础是什么?

3. 某护士在右腕部背侧进行头静脉内注射时,患者剧痛难忍,乃抽针改注其他地方。但随后患者右腕活动受限,不能负重,自觉右拇指、示指麻木,检查两处皮肤感觉不灵敏。进行封闭、理疗等,历时 2 个月,功能才逐渐恢复正常。

问题:

(1)请你确定是何神经受损。

(2)还有何静脉注射可能遇上这种情况?

4. 男,18 岁,因右胸外伤,于全麻下向左侧卧位做修补术,历时 3 小时。清醒后发现其左手拿东西时手指和手腕均不能背伸,肘关节背伸则无障碍,后经 1 个半月治疗才恢复正常。

问题:请确定是何神经于何处受到压迫。

5. 男,5 岁,因病臀部双侧轮流注射青霉素 80 万单位,每日一次,历时 3 周。约 1 个月后发现患儿走路不便,右足易被地面绊住,因足尖总翘不起来。6 个月后足过屈,足内翻畸形,走路时须刻意把右足提高以免足尖刮着地面。

问题:请解释这是损伤了何神经所致。

参 考 答 案

一、选择题

(一) A1 型题

1. A　2. B　3. E　4. C　5. D　6. D　7. D　8. C　9. B　10. C　11. A　12. C　13. C
14. C　15. C　16. E　17. C　18. C　19. E　20. E　21. B　22. E　23. C

(二) A2 型题

1. D　2. D　3. C　4. B　5. A　6. D　7. B　8. E　9. D　10. B　11. A　12. C　13. B
14. A　15. E　16. C　17. B　18. A　19. D　20. A

(三) A3 型题

1. A　2. B　3. E　4. A　5. A　6. A　7. D　8. D　9. B　10. A　11. C　12. C　13. D
14. C　15. B　16. D　17. B　18. C　19. E　20. D

(四) B1 型题

1. A　2. C　3. E　4. B　5. D　6. C　7. D　8. B　9. A　10. CE　11. B　12. A
13. B　14. E　15. C　16. A　17. C　18. D　19. D　20. E　21. A　22. C　23. B　24. E

25. D　26. A　27. C　28. B　29. D　30. E

二、名词解释

1. 传入神经:将神经冲动由外周感受器向中枢内传导的周围神经部分,又称为感觉神经。

2. 传出神经:将神经冲动由中枢向外周效应器传导的周围神经部分,又称为运动神经。

3. 躯体神经:指分布于身体皮肤和骨骼肌的周围神经部分,传导身体的浅、深感觉,支配骨骼肌运动。

4. 内脏神经:指分布于体腔脏器、心血管系统和腺体组织的周围神经部分,传导内脏感觉,控制内脏活动。

5. 神经:周围神经系统中,由神经外膜包被多条神经束形成的条索状结构。

6. 神经节:周围神经系统中,某些特定部位由神经元胞体聚集在一起形成的结节样结构。

7. 溃变:周围神经中的神经纤维受伤与神经元胞体离断后,其结构会发生崩解和破坏,这种过程称为神经纤维的溃变。

8. 前根:是脊神经与脊髓前外侧沟相连的神经根,由运动性神经根丝构成。

9. 后根:是脊神经与脊髓后外侧沟相连的神经根,由感觉性神经根丝构成。

10. 交通支:为连于脊神经与交感干之间的神经支,分为白交通支和灰交通支;前者为进入交感干的交感神经节前纤维构成,后者为离开交感干的交感神经节后纤维构成。

11. 颈袢:由第1颈神经前支形成的舌下神经降支与第2、3颈神经前支合成的颈神经降支吻合形成,发支支配舌骨下肌群。

12. 腰骶干:由第4腰神经前支的部分纤维和第5腰神经前支的所有纤维合成,下行入盆腔加入骶丛。

13. 前支:是脊神经出椎间孔后发出的较大分支,主要分布到躯干前部、外侧部和四肢的肌肉和皮肤;多数前支在到达分布区之前与相邻神经干相互交织成神经丛。

14. 后支:是脊神经出椎间孔后发出的较小分支,主要分布到项部、背部和腰骶部,具有明显的阶段性分布的特点。

15. 神经点:胸锁乳突肌后缘中点是颈丛所有皮支浅出的部位,为颈部浸润麻醉的阻滞点,故称为神经点。

16. 脊神经根:脊神经前根指与脊髓前角相连的神经纤维,属运动性;后根指与脊髓后角相连的神经纤维,属感觉性,较前根略粗,后根在椎间孔附近有椭圆形膨大,称脊神经节。

17. 垂腕征:为桡神经损伤所致。桡神经损伤导致其支配的臂和前臂后群肌瘫痪。当抬起前臂时(手心向下),由于受重力的影响,呈"垂腕"状态,谓之"垂腕征"。

18. 正中神经返支:在屈肌支持带下缘的桡侧,正中神经发出一粗短的正中神经返支,行于桡动脉掌浅支的外侧并进入鱼际,支配拇收肌以外的鱼际肌。

三、问答题

1. 试述周围神经系统划分的依据。

答:根据周围神经与中枢连接的部位不同,分出脊神经和脑神经两大部分。脊神经是指与脊髓31个节段相连接的周围神经部分;脑神经是指与脑干和端脑相连接的周围神经部分。

2. 试述感觉神经和运动神经的本质特点。

答:感觉神经是周围神经中将来自外周感受器的神经冲动向中枢内传导的神经部分;运动

神经是周围神经中将来自中枢的下行神经冲动向外周效应器传导的神经部分。

3. 试述脊神经的构成和分支规律。

答：脊神经由前根和后根会合而成。前根含有来自脊髓灰质前角运动神经元的躯体运动纤维和来自脊髓灰质侧角的内脏运动神经元的内脏运动纤维；后根含有来自脊神经后根感觉神经节的躯体感觉和内脏感觉纤维。脊神经出椎间孔后会分为前支、后支、交通支和脊膜支。

4. 试述脊神经纤维成分与脊髓灰质的关系。

答：脊神经的运动纤维来自脊髓灰质的前角和侧角，其感觉纤维为脊神经节假单极神经元发出的中枢突，大部分需要在脊髓灰质后角中继。脊神经的躯体运动纤维由脊髓灰质前角 α 运动神经元发出的轴突形成，脊神经的内脏运动纤维由位于灰质侧角的多级神经元发出的轴突组成。来自脊神经节的躯体感觉和内脏感觉纤维绝大部分需要在灰质后角不同板层内交换神经元，进行中继。

5. 试述脊神经内脏运动纤维与交感神经椎旁节的关系。

答：脊神经所含的内脏运动纤维属于交感神经纤维，包括交感神经节前纤维和节后纤维两种。交感神经节前纤维是脊髓灰质侧角的多级神经元发出的轴突，经前根进入脊神经后即随白交通支到达交感干的椎旁节。在节内换元或是穿过椎旁节到椎前节内换元。交感神经节后纤维是椎旁节内的神经元发出的轴突经灰交通支返回脊神经的交感纤维，主要分布到皮肤的血管、汗腺和立毛肌。

6. 试述脊神经走行和分布的普遍特点。

答：脊神经在走行和分布上有一些普遍的形态学特点：①较大的神经干多与血管伴行于结缔组织筋膜鞘内，构成所谓血管神经束；②在肢体的关节处血管神经束多行于关节的屈侧隐蔽处；③较大的神经干在走行过程中，多分出皮支、肌支和关节支。皮支含有躯体感觉纤维和内脏运动纤维，肌支含有躯体运动和躯体感觉纤维，关节支只含有躯体感觉纤维。

7. 试述颈袢的形成及分支支配对象。

答：颈袢由舌下神经降支和颈神经降支吻合而成。舌下神经降支实际上是由第 1 颈神经前支形成的，该神经支攀附舌下神经走行一段距离后离开该神经独立下行与颈神经降支吻合。颈神经降支实际上是第 2、3 颈神经前支结合后形成的下行神经支。颈袢发出几条分支支配舌骨下肌群。

8. 试述臂丛锁骨上分支与锁骨下分支的主要不同点。

答：根据各分支发出的部位不同，将臂丛的分支分为锁骨上分支和锁骨下分支两大类。锁骨上分支一般在臂丛尚未形成 3 条神经束之前的各级神经干上发出，多为行程较短的肌支，主要分布于部分胸上肢肌、上肢带肌以及部分背部浅层肌，因此这些神经的损伤不会引起严重的上肢运动功能障碍。锁骨下分支都从锁骨下方臂丛的内侧束、外侧束和后束上发出，多为行程较长的分支，分布范围广泛，涉及整个游离上肢肌，这些神经的损伤会造成严重的上肢运动功能障碍和感觉功能异常。

9. 试分析正中神经受损后"猿掌"症状产生的解剖学原因。

答：正中神经在前臂和腕部外伤时极易被损伤，损伤后除了前臂旋前、屈腕和拇指的运动功能受损外，随着时间的推移患者还会出现鱼际肌萎缩，手掌外侧变平，呈"猿掌"样改变。究其原因，是受正中神经返支支配的鱼际肌群（除拇收肌外）在神经损伤后，失去神经分泌的神经营养因子的供应而逐渐变性萎缩。手掌外侧的鱼际实际上是鱼际肌群在此处集中分布形成的膨隆，由于三块鱼际肌（拇短展肌、拇短屈肌和拇对掌肌）萎缩，鱼际的膨隆自然消失，手掌外侧变平,于是出现"猿掌"样改变。

10. 试分析尺神经受损后"爪形手"症状产生的解剖学原因。

答:尺神经在肘部肱骨内上髁和腕部豌豆骨外侧极易受损。损伤后出现的症状包括:屈腕力减弱,环指和小指远节指关节不能屈曲,拇指不能内收,小鱼际肌群和骨间肌萎缩,各指不能互相靠拢,同时各指间关节过伸,出现"爪形手"样改变。"爪形手"症状的出现是由于受尺神经支配的小鱼际群和骨间掌侧肌失去神经支配收缩力减弱,失去神经营养因子的供应发生萎缩,出现掌骨间软组织深陷;同时,由于前臂伸肌群的功能正常,手指各指间关节出现过伸现象,综合起来形成"爪形手"症状。

11. 试分析臂丛上部损伤的主要特点及原因。

答:臂丛上部的损伤多由颈部和肩部之间的剧烈拉伤造成,在身体接触的激烈体育比赛中多见,分娩时过度拉扯胎儿颈部也易造成此类损伤。此类损伤比较多见的是第5、6颈神经前根和后根从脊髓两侧撕脱,此时患者主要表现为肩胛区的肌肉运动障碍和该区的皮肤感觉障碍,因为第5、6颈神经前支主要支配肩胛区的骨骼肌和臂前群肌。如果患者只有肩胛区的运动功能障碍而没有感觉障碍,那么可能只有第5颈神经的损伤。臂丛上干损伤的典型特征为:上肢呈内旋位悬垂于身体侧方。

12. 试分析臂丛下部损伤的主要特点及原因。

答:臂丛下部的损伤比较少见,主要表现为臂丛下干的损伤或者是第7颈神经和第1胸神经前根和后根与脊髓侧面的离断。由于尺神经的纤维来源主要是第7颈神经和第1胸神经的前支,因此此类损伤主要表现为尺神经分布区域的皮肤感觉障碍和尺神经所支配的骨骼肌的功能障碍,如屈腕力减弱和手部精细功能的障碍。

13. 试述掌握胸神经前支节段性分布特点的临床意义。

答:胸神经前支是所有脊神经前支中尚保持着阶段性分布特点的部分。熟记这些神经支在躯干的特定性分布具有较大临床意义。在临床体格检查中,如果我们确认了患者躯干某一环形区域存在皮肤感觉障碍,就可以马上知道受影响的胸神经前支。因为每一对特定的胸神经与一个特定的脊髓节段相连,据此,我们能够迅速推断出脊髓中出现病理性变化的节段。

14. 试分析胫神经损伤后"钩状足"症状产生的解剖学原因。

答:胫神经在小腿后区发出许多分支支配小腿后群诸肌,而小腿后群肌是跖屈踝关节的主动肌群,同时协助内翻足内侧缘。胫神经损伤后小腿后群肌收缩无力,表现为足不能跖屈,结果导致小腿前外侧群肌的收缩力相对增强,形成过度牵拉,使足呈背屈和外翻位,形成所谓"钩状足"畸形。

15. 试用溃变和再生的理论解释周围神经损伤和临床治疗修复的过程。

答:周围神经损伤的临床病例经过适当的外科手术处理后都能达到康复的治疗效果。当神经干因为外伤受损或离断时,其结构发生崩解和破坏,顺行溃变和逆行溃变都会发生。正常情况下2~3周受损的神经元胞体和纤维会出现结构的修复和功能的恢复过程,即神经纤维的再生。这时候与胞体相连的神经纤维轴突向远侧端生出许多幼芽,穿过损伤处的组织间隙,沿着仍然存活的施万细胞索向远侧端生长,最后到达原来分布的组织和器官,完成整个神经纤维的修复过程。通过外科手术的方法对损伤神经的断端之间进行精确的复位,以期受损的神经纤维轴突能够更好地向原来分布的器官生长,可以有效地促进和保证周围神经的再生修复过程,有效地提高受损神经的修复率。

16. 试述手的神经支配。

答:手的肌肉:正中神经支配除拇收肌以外的鱼际肌,以及第1、2蚓状肌;尺神经支配拇收肌和第3、4蚓状肌、小鱼际肌、骨间肌。手的皮肤:正中神经支配手掌、掌心、鱼际、桡侧三个半指的掌面及其中节和远节手指背面的皮肤;桡神经支配手背桡侧半和桡侧两个半指手指近节背面皮肤;尺神经支配手掌小鱼际、小指和环指尺侧半掌面皮肤,手背尺侧半和小指、环指及中指尺侧半背面的皮肤。

17. 试述坐骨神经的行程特点及其意义、主要分支和分布。

答:坐骨神经(L_4~S_3)为骶丛的分支。从梨状肌下孔出骨盆,在臀大肌深面下行,经坐骨结节与大转子之间至股后区,继沿股后部中线下行至腘窝上方分为胫神经和腓总神经。其行程特点是:①坐骨神经与梨状肌关系密切,有时分支穿经梨状肌,坐骨神经可因梨状肌损伤等原因受到压迫,引起梨状肌综合征;②坐骨神经在臀大肌下缘和股二头肌外侧之间,有一小段表面无肌肉覆盖,位置表浅,是临床上检查坐骨神经压痛和进行封闭的适宜部位;③坐骨神经在股后部发出肌支支配大腿后群肌,除股二头肌短头支是自神经的外侧发出外,其余各支均起自神经的内侧,所以坐骨神经的外侧为其安全侧,手术显露坐骨神经时须沿其外侧缘分离。

胫神经在腘窝与腘血管伴行,在小腿伴胫后动脉下降;经内踝后方,在屈肌支持带深面分为足底内侧和足底外侧神经,分别支配足底肌和足底皮肤,此外胫神经在腘窝及小腿还发肌支支配小腿后群肌。腓总神经绕过腓骨颈在小腿前面分为腓浅神经和腓深神经。腓浅神经下行于腓骨长、短肌之间,发肌支支配此二肌,皮支分布于小腿外侧、足背及趾背皮肤。腓深神经与胫前动脉伴行,支配小腿前群肌和足背肌,皮支分布于第一趾间隙背面的皮肤。

18. 列表比较肌皮神经、正中神经、尺神经、桡神经、腋神经、股神经、闭孔神经、坐骨神经、腓总神经和胫神经等躯体大神经干的按摩点及按压方向、易受损区和主要症状。

答:见表9-1。

表9-1 躯体大神经干的按摩点及按压方向、易受损区和主要症状

神经名称	按摩点及按压方向	分布的肌群	易受损区	主要症状
肌皮神经	肱二头肌两头间,向后	臂前群	肱二头肌肌腱外侧	屈肘障碍
正中神经	肘窝处肱二头肌止腱内侧及腕前方二肌腱间,向后	前臂前群,鱼际肌	腕管处	拇指活动障碍
尺神经	内上髁与鹰嘴间的沟内	前臂前群,手肌大部	经肘处	2~5指收展障碍
桡神经	桡神经沟处向前,肘前横纹外侧端处向后内	臂后群,前臂后群	桡神经沟处	垂腕
腋神经	三角肌后缘中点处向前内	三角肌	绕肱骨外科颈处	上肢外展障碍
股神经	腹股沟韧带中点处向后	股前群	股神经上段	伸膝障碍
闭孔神经	大腿根内侧,肌腱的后方靠耻骨支处向后上	大腿内侧群	前角(脊髓灰质炎)闭孔处(骨盆骨折)	单足站立不稳
坐骨神经	坐骨结节与大转子连线中点处,大腿后面中线向前	大腿后群	臀部(肌内注射)	屈膝障碍,余见腓总神经项
腓总神经	腓骨颈处,胫骨粗隆与腓骨头连线中点下方3cm处(腓深神经)	小腿前群,小腿外侧群	绕腓骨颈处,腘窝	垂足、足外翻障碍
胫神经	小腿后面中线,内踝与跟骨连线中点处	小腿后群	腘窝	屈踝、屈趾障碍致迈步困难

四、病例讨论

1. 男,23 岁,雨天骑摩托车,由于车速较快,车行至拐弯处滑倒,左肩及戴有头盔的头部撞地。急诊送往医院,各种检查显示头部和肩关节无损伤,但见患者左侧上肢无力下垂并内收内旋,且前臂旋前,手掌的掌面向后。

问题:

(1)患者的体征提示臂丛的哪些分支被损伤?

(2)这种神经损伤还可能发生在什么情况下?

答:

(1)臂丛神经损伤多由外力牵拉引起。当外力使头部和肩部向相反方向分离时,易引起臂丛损伤。从摩托车上摔下,摔倒时肩部着地,肩部受重压,头和颈被严重地屈向身体的另一侧,肩颈角增大,这种牵拉常常引起臂丛的损伤。当臂丛的颈 5 和颈 6 颈脊神经根撕裂时,由它们支配的肌将发生部分或全部瘫痪。

颈 5 和颈 6 颈脊神经支配的肌肉有冈上肌、冈下肌(颈 5 和颈 6 颈脊神经→肩胛上神经→肌肉),三角肌和小圆肌(颈 5 和颈 6 颈脊神经→腋上神经→肌肉);颈 5 和颈 6 颈脊神经根损伤后上述肌肉瘫痪,使肩关节呈内收、内旋位,不能主动外展。肱二头肌、肱肌(颈 5 和颈 6 颈脊神经→肌皮神经→肌肉)、肱桡肌(颈 5 和颈 6 颈脊神经→桡神经→肌肉)也由颈 5 和颈 6 颈脊神经支配,颈 5 和颈 6 颈脊神经根损伤后上述肌肉全部或部分瘫痪,使前臂不能屈、旋后。患者损伤侧的上肢呈现"小费收受"位。

损伤侧的上肢部分肌肉瘫痪,导致伤侧上肢无力地下垂,并内收内旋,且前臂旋前。因此,当上肢处于内收位且静止时,手掌的掌面向后而不是向内。同时还伴有肩部和上肢外侧皮肤感觉障碍等。

(2)重物从高处坠落于肩上,突然将肩部下压,也可引起臂丛损伤。

难产时,新生儿的肩部还未被分娩出时,如果想通过拉胎儿上肢助其生产,但肩部仍在产道内,这个过程容易造成新生儿臂丛或参与构成臂丛上干的颈 5 和颈 6 脊神经前支撕裂或被牵拉而损伤,临床也称为"产瘫"。

2. 男,27 岁,冰球运动员,打冰球时被对方运动员的冰鞋踢到左侧膝关节外下方。表面外伤处理后仍感伤口深处疼痛以及小腿乏力,无法继续打球。同时还有小腿外侧及足背部的麻木和刺痛感。左足及足趾不能背屈。

体格检查:患者步态异常,左腿抬起时较平时为高。左侧腓骨头及腓骨颈处有触痛,小腿远端外侧及足背区感觉缺失。行膝部 X 线片检查。

左侧胫腓骨正、侧位 X 线片显示:腓骨颈处见斜行透亮的骨折线,骨折处对位、对线显示尚好,所示邻近膝关节面未见明显异常改变。

诊断:腓骨颈骨折并神经损伤。

问题:

(1)本病例可能伤及什么神经?

(2)患者足部感觉缺失及功能障碍的解剖学基础是什么?

答:

(1)腓总神经($L_4 \sim S_2$)为坐骨神经的两大终支之一。沿腘窝上外侧缘的股二头肌腱内侧下降,绕腓骨颈外侧向前下,穿腓骨长肌起始部达小腿前面,分为腓浅神经和腓深神经。

腓浅神经下行于腓骨长、短肌之间,并支配此二肌。在小腿中、下 1/3 交界处浅出成皮支,分布于小腿前外侧、足背及第 2~5 趾背面的皮肤。

腓深神经在小腿前群肌深面伴胫前动脉下降,经踝关节前方至足背,分布于小腿前群肌、足背肌和第 1、2 趾背相对缘的皮肤。

腓总神经与腓骨颈关系密切,在腓骨颈的骨折中容易受损。该神经位于腓骨颈的外侧,浅表的损伤亦可导致该神经的受损。患者的症状及体征明显提示腓总神经的损伤。另外硬物长时间压迫腓骨颈(如睡眠时床沿的压迫)或石膏固定时捆绑过紧都会出现类似的临床表现。

(2)腓总神经的损伤会影响小腿前群肌(胫骨前肌、姆长伸肌、趾长伸肌)和外侧群(腓骨长肌、腓骨短肌)的功能,影响足部的外翻、背屈以及伸趾,患者表现出特征性的"垂足"和跨阈步态,行走时脚趾拖地,足部拍击地面。因此患者行走时常会把患侧足抬得比正常高,以免脚趾拖地情况的发生。患者小腿及足部的感觉迟钝是腓总神经的皮支损伤所致。该神经可能是由冰鞋擦伤或者骨折片的压迫或撕裂所致的损伤。

腓总神经在腓骨颈处易受损,表现为:①感觉障碍。小腿外侧、足背皮肤感觉迟钝或消失。②运动障碍。足不能背屈,不能伸趾,足下垂且略有内翻,行走时呈"跨阈步态"。③足畸形。因小腿后群肌的牵拉,足呈跖屈内翻状态,为"马蹄内翻足"。

3. 某护士在右腕部背侧进行头静脉内注射时,患者剧痛难忍,乃抽针改注其他地方。但随后患者右腕活动受限,不能负重,自觉右拇指、示指麻木,检查两处皮肤感觉不灵敏。进行封闭、理疗等,历时 2 个月,功能才逐渐恢复正常。

问题:

(1)请你确定是何神经受损。

(2)还有何静脉注射可能遇上这种情况?

答:

(1)这是药物刺激了与头静脉伴行的皮神经(前臂外侧皮神经或桡神经的皮支)所致。一般神经被针刺着时反应不会如此强烈。

(2)有皮神经相伴的常用静脉还有大隐静脉(隐神经,发自股神经)和颈外静脉(耳大神经,属颈丛浅支),值得警惕,避免伤及。

4. 男,18 岁,因右胸外伤,于全麻下向左侧卧位做修补术,历时 3 小时。清醒后发现其左手拿东西时手指和手腕均不能背伸,肘关节背伸则无障碍,后经 1 个半月治疗才恢复正常。

问题:请确定是何神经于何处受到压迫。

答:手指和腕不能背伸说明前臂后群肌瘫痪。能伸肘说明臂后群肌完好。上肢背侧肌由桡神经支配,说明桡神经在发出臂后群肌支之后受到压迫,结合此患者左侧卧位手术的情况,可推知桡神经在快离开肱骨桡神经沟处时被肱骨和手术台夹压至伤。若时间短,损伤可抢救过来。若超过 4 小时,则情况严重。值得护理工作时警惕。

5. 男,5 岁,因病臀部双侧轮流注射青霉素 80 万单位,每日一次,历时 3 周。约 1 个月后发现患儿走路不便,右足易被地面绊住,因足尖总翘不起来。6 个月后足过屈,足内翻畸形,走路时须加意把右足提高以免足尖刮着地面。

问题:请解释这是损伤了何神经所致。

答:右足下垂说明小腿前群肌瘫痪,半年后足内翻畸形是由外翻肌组即小腿外侧群肌瘫痪,内翻肌组失去拮抗而过度收缩所致。小腿前群肌由腓深神经支配,外侧群肌由腓浅神经支配。说明患者由于臀部长期注射大量具刺激性药物,损伤了坐骨神经的外侧部即腓总神经。

(汪华侨)

二、脑 神 经

学 习 指 导

(一) 学习目的

能复述:全部脑神经的名称、顺序、性质、出入颅部位的结构;动眼神经的纤维成分、支配及其副交感纤维的来源、分布和相关的睫状神经节;三叉神经的纤维成分,其周围三大支在头面部皮肤的分布区,各支主要分支、径行、分布;面神经的纤维成分,面神经管内和管外分支、径行、分布及相关的副交感性神经节;舌咽神经的纤维成分、主要分支、分布及相关的副交感性神经节;迷走神经的纤维成分,在颈、胸、腹的主要分支、径行、分布。

熟知:嗅神经、视神经、滑车神经、展神经、前庭蜗神经、副神经、舌下神经的分布和功能。

了解:三叉神经损伤、舌咽神经损伤、迷走神经及其主要分支(左、右喉返神经)损伤、副神经和舌下神经损伤后的主要表现。

(二) 学习要点

1. 概论

(1)脑神经的名称、性质、连脑部位及出入颅腔的部位。

(2)脑神经的 7 种纤维成分。

(3)脑神经分类及相关神经节的概况。

2. 三叉神经、面神经、舌咽神经和迷走神经

(1)三叉神经:2 种纤维成分来源、三叉神经节的位置、其周围三大支在头面部皮肤的分布区。眼神经的主要分支:额神经、鼻睫神经和泪腺神经分布;上颌神经径行及其分支:眶下神经、颧神经、上牙槽神经和翼腭神经分布;下颌神经主要分支:耳颞神经、颊神经、舌神经、下牙槽神经和咀嚼肌神经的径行和分布。

(2)面神经:4 种纤维成分来源。面神经管内分支:鼓索、岩浅大神经和镫骨肌神经径行与分布;面神经管外分支、分布。翼腭神经节和下颌下神经节相关的神经根及其分布。

(3)舌咽神经:5 种纤维成分来源。主要分支:舌支、咽支、颈动脉窦支和鼓室神经的分布。耳神经节相关的神经根及其分布。

(4)迷走神经:4 种纤维成分来源。颈部分支:喉上神经、颈心支、耳支、咽支、脑膜支的来源、径行和分布;胸部分支:喉返神经、支气管支、食管支的来源、径行与分布;腹部分支:胃前、后支、肝支、腹腔支的来源、径行与分布。

3. 嗅神经、视神经、滑车神经、展神经、前庭蜗神经、副神经、舌下神经来源、径行及其分布或支配。

4. 常见的脑神经及其分支病变或损伤后主要临床表现。

复习思考题

一、选择题

(一) A1 型题

1. 关于脑神经出入脑的部位,正确的说法是
    A. 动眼神经在脚间窝
    B. 三叉神经于脑桥基底部
    C. 滑车神经于下丘上方
    D. 舌咽、迷走、副神经于延髓橄榄与锥体之间
    E. 舌下神经于橄榄后沟

2. 有关脑神经性质的描述,正确的是
    A. 嗅神经为一般内脏感觉性神经
    B. 动眼神经和眼神经为一般躯体运动性神经
    C. 三叉神经为一般躯体感觉性神经
    D. 面神经和舌咽神经为混合性神经
    E. 迷走神经为特殊内脏运动神经

3. 脑神经出、入颅部位正确的是
    A. 下颌神经通过圆孔
    B. 面神经和位听神经通过内耳门及内耳道
    C. 颈静脉孔有后三对脑神经出入
    D. 上颌神经经眶上裂入眶
    E. 视神经经眶上裂入颅

4. 穿经颈静脉孔的脑神经有
    A. 上颌神经、面神经和展神经
    B. 下颌神经、面神经和展神经
    C. 面神经、前庭蜗神经和舌咽神经
    D. 舌咽神经、迷走神经和副神经
    E. 前庭蜗神经、舌咽神经和迷走神经

5. 关于嗅神经的叙述,正确的是
    A. 为一般内脏感觉性神经
    B. 由嗅黏膜嗅细胞的树突组成
    C. 穿筛孔后终于嗅球
    D. 嗅细胞的胞体位于嗅球内
    E. 嗅丝是嗅球发出的周围突

6. 有关视神经的描述,正确的是
    A. 是内脏感觉性神经
    B. 由视网膜节细胞中枢突组成
    C. 经眶上裂入颅中窝
    D. 由视网膜双极细胞中枢突组成
    E. 视束包含来自对侧视网膜颞侧半的视神经纤维

7. 关于动眼神经的描述,正确的是
    A. 支配泪腺分泌
    B. 经眶下裂出颅
    C. 含副交感纤维
    D. 为混合性神经
    E. 支配上斜肌

8. 出现瞳孔散大,是损伤了
    A. 视神经   B. 动眼神经   C. 眼神经
    D. 滑车神经   E. 展神经

9. 支配眼球外肌运动的神经有
    A. 展神经、迷走神经、舌下神经   B. 眼神经、舌咽神经、面神经
    C. 动眼神经、滑车神经、眼神经   D. 动眼神经、滑车神经、展神经
    E. 滑车神经、三叉神经、面神经

10. 唯一连于脑干背面的脑神经是
    A. 动眼神经   B. 滑车神经   C. 三叉神经
    D. 展神经   E. 面神经

11. 传导口腔底及舌前 2/3 部黏膜痛温觉感觉的神经是
    A. 眼神经   B. 上颌神经   C. 下颌神经
    D. 面神经   E. 舌咽神经

12. 穿经圆孔的神经为
    A. 眼神经   B. 上颌神经   C. 下颌神经
    D. 面神经   E. 展神经

13. 有关三叉神经的描述,正确的是
    A. 为躯体感觉神经
    B. 以三大支经圆孔、卵圆孔和棘孔出颅
    C. 特殊内脏传出纤维支配面部表情肌
    D. 眼神经的分支分布于泪腺,司其感觉
    E. 传导舌前 2/3 的黏膜味觉

14. 关于下牙槽神经的描述,正确的是
    A. 为上颌神经的分支   B. 主要行于下颌管内
    C. 发出颊神经   D. 分布于上、下颌牙和牙龈
    E. 发出舌神经

15. 三叉神经的特殊内脏运动纤维包含在
    A. 颊神经   B. 上颌神经   C. 下颌神经
    D. 舌神经   E. 眼神经

16. 支配咀嚼肌运动的神经是
    A. 面神经   B. 舌神经   C. 上颌神经
    D. 下颌神经   E. 舌下神经

17. 在海绵窦内紧邻颈内动脉的神经是
    A. 动眼神经   B. 滑车神经   C. 眼神经
    D. 上颌神经   E. 展神经

18. 展神经损伤时,瞳孔将转向
    A. 外上   B. 外下   C. 内侧   D. 外侧   E. 内上

19. 分布于眼球角膜的感觉神经是
    A. 视神经   B. 动眼神经   C. 眼神经
    D. 泪腺神经   E. 鼻睫神经

20. 某患者意识清醒,角膜反射消失,可能损伤了
    A. 视神经或动眼神经   B. 动眼神经或面神经   C. 面神经或三叉神经
    D. 视神经或三叉神经   E. 动眼神经或三叉神经

21. 舌前 2/3 黏膜的味觉由
    A. 下颌神经管理   B. 面神经鼓索管理   C. 舌神经管理
    D. 舌下神经管理   E. 舌咽神经管理

22. 穿过茎乳孔的神经是
    A. 舌下神经   B. 下颌神经   C. 面神经
    D. 副神经   E. 舌咽神经

23. 有关面神经的叙述,正确的是
    A. 经延髓橄榄后沟出入脑干
    B. 特殊内脏运动纤维支配咀嚼肌
    C. 经内耳门、内耳道、面神经管和茎乳孔出颅
    D. 内脏感觉纤维管理舌前 2/3 黏膜一般感觉
    E. 副交感纤维管理腮腺的分泌

24. 有关面神经,叙述正确的是
    A. 为运动性神经   B. 连于延髓前外侧
    C. 分为内、外两支   D. 不支配泪腺的分泌
    E. 与翼腭神经节和下颌下神经节相连

25. 与泪腺分泌有关的神经节是
    A. 睫状神经节   B. 翼腭神经节   C. 耳神经节
    D. 下颌下神经节   E. 颈上神经节

26. 面神经支配
    A. 提上睑肌   B. 下颌舌骨肌   C. 颏舌肌
    D. 咬肌   E. 颊肌

27. 关于鼓索的描述,**错误**的是
    A. 出鼓室后并入舌神经
    B. 其一般内脏运动纤维在下颌下神经节换元
    C. 内含一般内脏运动纤维和特殊内脏感觉纤维
    D. 是面神经在鼓室内发出的分支
    E. 味觉纤维分布于舌前 2/3 黏膜味蕾

28. 关于前庭神经,正确的描述是
    A. 起自内耳门处前庭神经节
    B. 传导本体感觉
    C. 在橄榄体上端入脑干
    D. 与蜗神经同行,在延髓脑桥沟外侧端入脑
    E. 全部纤维终止于延髓内的前庭神经核

29. 关于舌咽神经的描述,正确的是
    A. 含有 3 种纤维成分
    B. 连于延髓的背侧

C. 管理舌前 2/3 的味觉和一般感觉

D. 是舌根及咽部感觉的重要传入纤维

E. 管理下颌下腺的分泌

30. 支配腮腺的副交感纤维来自

    A. 舌咽神经   B. 迷走神经   C. 面神经

    D. 动眼神经   E. 鼓索

31. 与腮腺分泌有关的神经节是

    A. 睫状神经节   B. 翼腭神经节   C. 耳神经节

    D. 下颌下神经节   E. 蝶腭神经节

32. 舌的味觉纤维来自

    A. 面神经和舌下神经   B. 面神经和舌咽神经

    C. 舌咽神经和迷走神经   D. 舌下神经和迷走神经

    E. 上颌神经和下颌神经

33. 关于迷走神经,正确的描述是

    A. 分布于颈、胸以及大部分腹部脏器

    B. 连于延髓前外侧沟

    C. 为混合性,穿经枕骨大孔出入颅

    D. 在胸腔内经肺根前方下降

    E. 右迷走神经参与形成食管前神经丛

34. 关于喉返神经的叙述,**错误**的是

    A. 右侧勾绕右锁骨下动脉   B. 左侧勾绕主动脉弓

    C. 上行于气管食管沟内   D. 分布于声门裂以上的喉黏膜

    E. 与甲状腺下动脉交叉

35. 司外耳道皮肤感觉的神经是

    A. 耳大神经   B. 耳颞神经   C. 迷走神经

    D. 颧神经   E. 舌咽神经

36. 喉上神经支配

    A. 环杓后肌   B. 环杓侧肌   C. 杓会厌肌

    D. 甲杓肌   E. 环甲肌

37. 关于副神经,正确的描述是

    A. 为混合性神经   B. 连于延髓前外侧沟

    C. 经颈静脉孔出颅   D. 其脑根支配胸锁乳突肌

    E. 其脊髓根支配咽喉肌

38. 关于舌下神经的描述,正确的是

    A. 为舌的感觉和运动神经   B. 经颈静脉孔出颅

    C. 在颏舌肌外侧分支   D. 一侧损伤伸舌时偏向患侧

    E. 根丝由延髓脑桥沟出脑干

39. 声带麻痹是由于损伤了

    A. 舌咽神经   B. 喉上神经   C. 喉返神经

    D. 颈交感支   E. 副神经

40. 关于舌的神经支配,正确的是
    A. 舌前 2/3 味觉是舌咽神经
    B. 舌前 2/3 一般感觉是面神经
    C. 舌后 1/3 味觉是面神经
    D. 舌后 1/3 一般感觉是三叉神经
    E. 支配舌肌运动是舌下神经

(二) A2 型题

1. 男,22 岁,高速公路车祸后被即刻送入医院。CT 影像提示颅前窝骨折,急诊科医生检查发现,伤者左侧黑眼征,脑脊液鼻漏。此外,医生还应检查的脑神经是
    A. 面神经
    B. 三叉神经
    C. 展神经
    D. 嗅神经
    E. 视神经

2. 女,25 岁,筛窦癌患者,除有鼻塞、流鼻涕、呼吸欠通畅外,近日出现左眼视力下降,可能涉及的脑神经是
    A. 视神经
    B. 动眼神经
    C. 展神经
    D. 三叉神经
    E. 面神经

3. 男,42 岁,因持续性头痛 1 个月余来医院就诊。MRI 检查显示患有垂体瘤。近日患者出现视力减退,医生检查有视野缺损,此时垂体瘤可能压迫的结构是
    A. 动眼神经
    B. 视神经
    C. 滑车神经
    D. 展神经
    E. 三叉神经

4. 女,36 岁,1 年前曾患有结核性脑膜炎,近半个月来头痛,复视,左眼睁不开。查体:脑膜刺激征阳性,左眼睑下垂,左瞳孔散大,直接及间接瞳孔对光反射消失,左眼球处于外下斜位,向上、下、内活动不能。该患者受损的结构是
    A. 左视神经
    B. 右视神经
    C. 左动眼神经
    D. 右动眼神经
    E. 右展神经

5. 男,50 岁,晨起刷牙时右口角流口水,伴右耳后痛。查体:右额纹消失,右眼闭合无力,右鼻唇沟浅,口角左歪,可能受损的神经是
    A. 右三叉神经
    B. 左三叉神经
    C. 右面神经
    D. 左面神经
    E. 右三叉神经第三支

6. 男,31 岁,车祸伤及头部,伤后出现左侧鼻唇沟变浅,鼻出血,左耳听力下降,左外耳道流出淡血性液体。医生初步诊断为左侧颅中窝骨折,可能受损的脑神经是
    A. 嗅神经和三叉神经
    B. 三叉神经和面神经
    C. 三叉神经和前庭蜗神经
    D. 面神经和前庭蜗神经
    E. 前庭蜗神经舌咽神经

7. 女,85 岁,20 年来右面部闪电样疼痛反复发作。说话和鼻翼旁触摸诱发疼痛。今年已痛 10 个月余未缓解,有疾病的脑神经是
    A. 右三叉神经
    B. 左三叉神经
    C. 右舌咽神经
    D. 左舌咽神经
    E. 右展神经

8. 女,65 岁,糖尿病患者,出现右侧眼球瞳孔无法向外向下转动,并伴随复视,提示受损的脑神经是
    A. 右动眼神经
    B. 右面神经
    C. 右展神经
    D. 右三叉神经
    E. 右滑车神经

9. 男,68岁,流涎,右眼闭不上3天。查体:右额纹浅,右鼻唇沟消失,右口角低垂,示齿口角歪向左。病变为

    A. 左周围性面瘫　　　　　B. 右周围性面瘫　　　　　C. 左中枢性面瘫

    D. 右中枢性面瘫　　　　　E. 左中枢性舌瘫

10. 男,33岁,行颈外侧部诊断性淋巴结活检后,出现患侧肩下垂,不能耸肩,肩胛骨位置偏斜,可能医源性损伤了

    A. 面神经　　　　　　　　B. 三叉神经　　　　　　　C. 副神经

    D. 迷走神经　　　　　　　E. 颈神经丛

11. 女,45岁,患有右侧下颌磨牙牙髓炎,拟行牙根管治疗,术前麻醉药应注射到

    A. 右侧颏孔　　　　　　　B. 右侧茎乳孔　　　　　　C. 右侧下颌孔

    D. 右侧颞窝　　　　　　　E. 右侧颞下窝

12. 男,44岁,左侧听神经瘤患者,除出现患侧耳鸣、听力减退及眩晕外,近期又出现同侧面肌抽搐及泪腺分泌减少,以及面部麻木、痛触觉减退、角膜反射减弱和咀嚼肌力差等症状。该患者除前庭蜗神经受累外,肿瘤增大还压迫

    A. 眼神经　　　　　　　　　　　　　　　B. 上颌神经

    C. 下颌神经　　　　　　　　　　　　　　D. 面神经和三叉神经

    E. 面神经和舌咽神经

(三) A3 型题

(1、2题共用题干)

女,68岁,早晨醒后感觉右侧面部沉重,照镜发现口角向左侧歪,右侧眼睑下垂,发笑时右侧脸木板样僵硬,进餐时食物滞留于右侧颊龈沟内,不能吹口哨,口唇不能闭合。医生检查:整个右侧半面肌麻痹,讲话稍有含糊不清,其他未见异常。

1. 出现了疾病的脑神经是

    A. 动眼神经　　　　　　　B. 滑车神经　　　　　　　C. 展神经

    D. 三叉神经　　　　　　　E. 面神经

2. 病变的部位在

    A. 颅腔内　　　　　　　　B. 茎乳孔及以下部位　　　C. 外耳道

    D. 中耳　　　　　　　　　E. 内耳道

(3、4题共用题干)

女,64岁,因头昏、左眼不能闭合3天就诊。查体:左眼裂增大,上眼睑下垂,左眼球向内、向上及向下活动受限而出现外斜视和复视,并有瞳孔散大,调节和聚合反射消失。

3. 该患者受累的结构是

    A. 左侧动眼神经　　　　　B. 右侧动眼神经　　　　　C. 左侧展神经

    D. 右侧展神经　　　　　　E. 右侧舌下神经

4. 进一步查体发现右下肢病理反射阳性,该患者最可能的病变部位是

    A. 右侧大脑皮质下髓质　　　　　　　　B. 左侧内囊

    C. 左侧脑桥　　　　　　　　　　　　　D. 左侧中脑

    E. 左侧延髓

(5、6题共用题干)

女,28岁,1天前左耳后疼痛,耳鸣,未介意。晨起洗脸刷牙时,发现左侧口角流口水伴左

耳后疼痛加重。查体:左侧额纹消失,左眼睑闭合不全,左侧鼻唇沟消失,示齿口角歪向右侧,左茎乳孔区压痛(+)。

5. 疾病部位可能在
    A. 左侧中耳   B. 右侧中耳   C. 左侧内耳道
    D. 右侧内耳道   E. 左侧腮腺

6. 进一步查体发现左侧半舌黏膜味觉障碍,意味着可能累及的神经是
    A. 左侧前庭蜗神经   B. 右侧前庭蜗神经   C. 左侧面神经
    D. 右侧面神经   E. 左侧腮腺

(7~10题共用题干)

男,28岁,高空作业时不慎掉下,虽经抢救已无生命危险,但因左侧颅前窝和颅中窝骨折,患者仍处于浅昏迷状态。查体:左眼睑下垂,瞳孔直接和间接对光反射阴性,左侧面部痛温觉消失。

7. 眼睑下垂的可能原因是
    A. 视神经损伤   B. 动眼神经损伤   C. 滑车神经损伤
    D. 展神经损伤   E. 面神经损伤

8. 左眼瞳孔直接和间接对光反射都阴性,受累的神经是
    A. 动眼神经   B. 眼神经   C. 视神经
    D. 眼交感神经   E. 眼副交感神经

9. 左侧面部痛温觉消失,受累的神经可能是
    A. 面神经   B. 舌咽神经   C. 三叉神经
    D. 耳颞神经   E. 副神经

10. 未穿经眶上裂的神经为
    A. 动眼神经   B. 滑车神经   C. 展神经
    D. 眼神经   E. 上颌神经

(11、12题共用题干)

男,45岁,因"吞咽困难、声音嘶哑20余天"入院。临床查体表现为:左侧舌的痛温觉和后1/3味觉丧失,左侧咽反射消失;左侧软腭及喉麻痹;耸肩困难,且头不能转向对侧。初步诊断为颅后窝脉络膜肿瘤。

11. 患者表现为左侧软腭及喉麻痹伴有声音嘶哑,可能累及的神经是
    A. 左三叉神经   B. 左喉上神经   C. 左迷走神经
    D. 左舌咽神经   E. 左下颌神经

12. 患者出现左侧软腭及喉麻痹伴有声音嘶哑,可能累及的神经是
    A. 左下颌神经   B. 左迷走神经   C. 左喉上神经
    D. 左舌咽神经   E. 左三叉神经

(四) B1型题

(1~5题共用备选答案)
    A. 眼神经   B. 上颌神经   C. 下颌神经
    D. 面神经   E. 舌咽神经

1. 穿经眶上裂的神经是
2. 穿经圆孔的神经是

3. 穿经卵圆孔的神经是

4. 穿经颈静脉孔的神经是

5. 穿经茎乳孔的神经是

（6~10 题共用备选答案）

　　A. 三叉神经　　　　　B. 嗅神经　　　　　C. 动眼神经

　　D. 视神经　　　　　E. 舌咽神经

6. 连于端脑的神经是

7. 连于间脑的神经是

8. 连于中脑的神经是

9. 连于脑桥的神经是

10. 连于延髓的神经是

（11~15 题共用备选答案）

　　A. 视神经　　　　　B. 上颌神经　　　　　C. 嗅神经

　　D. 面神经　　　　　E. 舌下神经

11. 含有一般躯体运动纤维的是

12. 含有一般内脏运动纤维的是

13. 含有特殊内脏运动纤维的是

14. 含有一般躯体感觉纤维的是

15. 含有特殊躯体感觉纤维的是

（16~18 题共用备选答案）

　　A. 睫状神经节　　　　B. 翼腭神经节　　　　C. 耳神经节

　　D. 下颌下神经节　　　E. 三叉神经节

16. 节后纤维支配腮腺分泌的是

17. 节后纤维支配下颌下腺分泌的是

18. 节后纤维支配泪腺分泌的是

（19~23 题共用备选答案）

　　A. 面神经　　　　　B. 三叉神经　　　　　C. 动眼神经

　　D. 迷走神经　　　　E. 舌下神经

19. 支配下斜肌运动的是

20. 支配环甲肌运动的是

21. 支配咬肌运动的是

22. 支配表情肌运动的是

23. 支配颏舌肌运动的是

（24~27 题共用备选答案）

　　A. 舌咽神经　　　　B. 下颌神经　　　　　C. 动眼神经

　　D. 面神经　　　　　E. 副神经

24. 支配镫骨肌的是

25. 支配下颌舌骨肌的是

26. 支配茎突咽肌的是

27. 支配瞳孔括约肌的是

（28~30 题共用备选答案）

　　A. 面神经　　　　　　B. 舌神经　　　　　　C. 舌咽神经

　　D. 舌下神经　　　　　E. 迷走神经

28. 管理舌前 2/3 味觉的是

29. 管理舌后 1/3 味觉的是

30. 管理舌前 2/3 一般感觉的是

（31~33 题共用备选答案）

　　A. 三叉神经节　　　　B. 睫状神经节　　　　C. 膝状神经节

　　D. 翼腭神经节　　　　E. 耳神经

31. 与瞳孔缩小有关的神经节是

32. 与舌尖温度觉有关的神经节是

33. 与舌尖味觉有关的神经节是

（34~36 题共用备选答案）

　　A. 瞳孔括约肌　　　　B. 瞳孔开大肌　　　　C. 上斜肌

　　D. 上直肌　　　　　　E. 外直肌

34. 动眼神经一般躯体运动纤维支配

35. 滑车神经支配

36. 展神经支配

二、名词解释

1. 脑神经　　　　　　　2. 特殊内脏运动纤维　　　3. 睫状神经节

4. 三叉神经节　　　　　5. 耳颞神经　　　　　　　6. 鼓索

7. 岩大神经　　　　　　8. 下颌下神经节　　　　　9. 翼腭神经节

10. 耳神经节　　　　　　11. 迷走神经前干　　　　　12. 颈静脉孔综合征

三、问答题

1. 简述脊神经、脑神经的构成成分和功能的异同。

2. 简述一侧动眼神经完全损伤患者的临床表现及其解剖学基础。

3. 简述管理瞳孔开大和缩小的肌肉、神经支配及来源。

4. 上、下颌牙及牙龈的神经支配如何？

5. 试述舌的神经支配，并说明各类纤维的性质及其起或止的核团。

6. 脑神经中，哪些神经含有副交感纤维？其节前纤维来源、节后纤维的去向如何？

7. 试述眼的神经分布，并说明各类纤维的性质及其起止核团。

8. 简述穿经眶上裂的神经及其分布。

9. 简述海绵窦及其穿行的脑神经。

10. 面神经含几种纤维成分？它们各与脑干内哪些核团联系，在周围分布于何处？

11. 何谓鼓索，含有哪些纤维成分？

12. 简述面部皮肤和面部肌肉的神经支配。

13. 试述面神经管外和管内受损伤后的临床症状。

14. 前庭神经节、蜗神经节各位于何处，由哪类神经元组成，其周围突和中枢突分布于何处？

15. 试述睫状神经节的神经来源及分布。

16. 试述翼腭神经节的神经来源及分布。

17. 试述下颌下神经节的神经来源及分布。

18. 试述耳神经节的神经来源及分布。

19. 试述喉上神经、喉返神经的起始、走行及支配。

20. 在颈根部手术、肺手术中,如何从神经走行上区分膈神经和迷走神经?

四、病例讨论

1. 男,35 岁,2 个月前出现左额部疼痛,经对症治疗后有所缓解。1 个月后自觉左额部麻木,左眼睑下垂,复视。近 10 天来,病情加重。查体:左眼睑下垂,眼睑和结膜水肿,角膜反射消失,瞳孔散大,左眼球各方运动不能;左额部浅感觉消失;左眼球凹陷,左面部汗少。

问题:

(1)受损位置位于何处?

(2)指出引起上述症状及体征的解剖学基础。

2. 男,58 岁,受右侧耳鸣的困扰已有 2 年多。起初,感觉就像是风在耳边吹过发出的"呼呼"声,他没太在意,以为是年龄大、工作劳累引起的。随着时间的推移,耳鸣越来越严重,好像蝉鸣一样连绵不绝,并时有眩晕,且发作在晚上和白天不定,严重时伴恶心、呕吐,面肌抽搐。最近,患者发现自己用右耳接听手机时声音变得越来越小,努力想听清楚却总感觉有噪声;右眼干涩;吃饭自感味淡,食物常滞留于齿颊之间;右侧额纹变浅,眼睑闭合不全,鼻唇沟不明显,口角下垂。

问题:

(1)指出病变的位置。

(2)指出受累的神经及纤维成分和功能。

参 考 答 案

一、选择题

(一) A1 型题

1. A 2. D 3. B 4. D 5. C 6. B 7. C 8. B 9. D 10. B 11. C 12. B 13. D
14. B 15. C 16. D 17. E 18. C 19. C 20. C 21. B 22. C 23. C 24. E 25. B
26. E 27. D 28. D 29. D 30. A 31. C 32. C 33. A 34. D 35. C 36. E 37. C
38. D 39. C 40. E

(二) A2 型题

1. D 2. A 3. B 4. C 5. C 6. D 7. A 8. E 9. B 10. C 11. C 12. D

(三) A3 型题

1. E 2. B 3. A 4. D 5. C 6. C 7. B 8. A 9. C 10. E 11. D 12. B

(四) B1 型题

1. A 2. B 3. C 4. E 5. D 6. B 7. D 8. C 9. A 10. E 11. E 12. D 13. D
14. B 15. A 16. C 17. D 18. E 19. C 20. D 21. B 22. A 23. E 24. D 25. B

26. A　27. C　28. A　29. C　30. B　31. B　32. A　33. C　34. D　35. C　36. E

二、名词解释

1. 脑神经:指与脑相连的周围神经,共 12 对,按它们与脑相连部位的先后顺序依次为嗅神经、视神经、动眼神经、滑车神经、三叉神经、展神经、面神经、前庭蜗神经、舌咽神经、迷走神经、副神经和舌下神经。

2. 特殊内脏运动纤维:支配由鳃弓(与消化管前端有密切关系)衍化而来的横纹肌,包括咀嚼肌、表情肌、咽喉肌、胸锁乳突肌和斜方肌的运动神经纤维。

3. 睫状神经节:为副交感神经节,位于视神经与外直肌后份之间,大小约 2mm × 2mm × 1mm,连有副交感根、交感根和感觉根 3 个根,只有副交感根纤维在此节交换神经元。

4. 三叉神经节:位于颅中窝颞骨岩部尖端前面的三叉神经压迹处,是由假单极神经元胞体组成的一般躯体感觉神经节,其中枢突集中成粗大的三叉神经感觉根,自脑桥基底部与小脑中脚交界处入脑;其周围突组成三叉神经三大分支,即眼神经、上颌神经、下颌神经。

5. 耳颞神经:以两根起自下颌神经,两根间夹脑膜中动脉,向后两根合成一干,与颞浅动脉伴行,分布于颞区、耳屏、外耳道的皮肤。来自舌咽神经的副交感纤维,经耳神经节交换神经元后,伴随耳颞神经的腮腺支进入腮腺,控制腮腺的分泌。

6. 鼓索:自面神经出茎乳孔前约 6mm 处发出,向前进入鼓室,沿鼓膜内侧前行,横过锤骨柄的上端达鼓室前壁,穿岩鼓裂出鼓室,行向前下加入舌神经。鼓索含有味觉纤维和副交感纤维,前者随舌神经分布于舌前 2/3 黏膜的味蕾,后者进入下颌下神经节交换神经元,节后纤维分布于舌下腺和下颌下腺,控制其分泌。

7. 岩大神经:由副交感神经纤维组成,从膝神经节处发出,经颞骨岩部前面的岩大神经裂孔穿出颞骨岩部并沿此面行向前内,后经破裂孔出颅中窝至颅底,在破裂孔附近与颈内动脉交感丛发出的岩深神经合并成翼管神经,穿翼管入翼腭窝内的翼腭神经节,交换神经元后,节后纤维分布于泪腺以及鼻腔、腭的黏膜腺。

8. 下颌下神经节:为副交感神经节,位于舌神经与下颌下腺之间,连有副交感根、交感根和感觉根,只有副交感根纤维在此节交换神经元。

9. 翼腭神经节:是位于翼腭窝上部的副交感神经节,上颌神经主干的下方,为一不规则扁平小结。有副交感根、交感根和感觉根。来自面神经的副交感根纤维在翼腭神经节交换神经元,节后纤维分布于泪腺以及腭、鼻黏膜的腺体,控制腺体的分泌。

10. 耳神经节:为副交感神经节,位于卵圆孔下方,贴附于下颌神经干的内侧,连有副交感根、交感根、感觉根和运动根,只有副交感根纤维在此节交换神经元。

11. 迷走神经前干:左迷走神经经左肺根后方至食管前面下行并分为许多细支,构成左肺丛和食管前丛,在食管下段延续为迷走神经前干,入腹腔后分为胃前支和肝支,支配胃和肝。

12. 颈静脉孔综合征:由于舌咽神经、迷走神经和副神经共同经过颈静脉孔出颅,所以当颈静脉孔处病变时,常先后同时累及上述神经,表现出相应神经功能受损的症状,即所谓的"颈静脉孔综合征"。

三、问答题

1. 简述脊神经、脑神经的构成成分和功能的异同。

答:脑神经的纤维成分比脊神经复杂。脊神经含 4 种纤维成分,脑神经则含有 7 种。脑神经除有与脊神经一样的一般躯体感觉纤维、一般内脏感觉纤维、躯体运动纤维和一般内脏运动纤维外,还有分布于前庭蜗器和视器的特殊躯体感觉纤维,分布于舌、咽部味蕾和嗅黏膜的特殊内脏感觉纤维以及支配由鳃弓衍化的骨骼肌(如咀嚼肌、面肌、咽喉肌、胸锁乳突肌、斜方肌等)的特殊内脏运动纤维。

另外,每对脊神经均含有 4 种纤维,而每对脑神经不一定都含有 7 种纤维。各脑神经间所含成分的差异则较大:Ⅰ、Ⅱ、Ⅷ是纯感觉性的,只含有 1 种纤维成分;Ⅲ、Ⅳ、Ⅵ、Ⅺ、Ⅻ是纯运动性的,第Ⅲ对含有一般内脏运动和一般躯体运动 2 种纤维,Ⅺ只含有特殊内脏运动 1 种纤维,Ⅳ、Ⅵ、Ⅻ只含有一般躯体运动 1 种纤维;Ⅴ、Ⅶ、Ⅸ、Ⅹ是混合性的脑神经,除第Ⅴ对含有一般躯体感觉和特殊内脏运动 2 种纤维外,其余的Ⅶ、Ⅸ、Ⅹ对脑神经均含有 3 种以上纤维,如一般内脏运动、特殊内脏运动、一般内脏感觉、特殊内脏感觉及一般躯体感觉纤维。

2. 简述一侧动眼神经完全损伤患者的临床表现及其解剖学基础。

答:

(1)眼外斜视,眼球不能向内、上、下运动,因为动眼神经的一般躯体运动纤维支配的内直肌、上直肌、下直肌、下斜肌瘫痪,而外直肌、上斜肌的功能正常。

(2)眼睑下垂,因为动眼神经的一般躯体运动纤维支配的上睑提肌瘫痪。

(3)瞳孔散大,因为动眼神经损伤后瞳孔括约肌瘫痪,而交感神经控制的瞳孔开大肌占优势。

(4)瞳孔对光反射和调节反射消失,因为动眼神经的副交感成分支配瞳孔括约肌和睫状肌,当受到损伤后,瞳孔括约肌和睫状肌瘫痪,导致瞳孔对光反射和调节反射消失。

(5)复视,为损伤侧眼外斜视所致。

3. 简述管理瞳孔开大和缩小的肌肉、神经支配及来源。

答:管理瞳孔缩小的肌是瞳孔括约肌,由动眼神经中的副交感纤维支配,此纤维起自中脑动眼神经副核。管理瞳孔开大的肌是瞳孔开大肌,由交感神经支配,此纤维发自交感干颈上节的交感节后纤维,经颈内动脉丛及睫状神经节到达眼球。

4. 上、下颌牙及牙龈的神经支配如何?

答:

(1)上颌第 1~3 牙的牙体、牙周膜及颊侧牙龈由上牙槽前支支配,腭侧牙龈由切牙孔神经(鼻腭神经的终末支)支配。在上颌第 3 牙的腭侧切牙孔神经与腭前神经吻合。

(2)上颌第 4~6 牙的近中颊根及颊侧牙龈和牙周膜由上牙槽中支支配,腭侧牙龈由腭前神经支配。

(3)上颌第 6 牙腭侧根及远中颊根和第 7、8 牙体,牙周膜及颊侧牙龈由上牙槽后支支配,腭侧牙龈由腭前神经支配。

(4)下颌第 1~8 牙的牙体、牙周膜由下牙槽神经支配,舌腭侧牙龈由舌神经支配。下颌第 1~4 牙颊侧牙龈由颏神经支配,第 5~8 牙颊侧牙龈由颊神经支配。下牙槽神经、舌神经和颏神经在中缝处与对侧同名神经交叉吻合。

5. 试述舌的神经支配,并说明各类纤维的性质及其起或止的核团。

答:①三叉神经的分支舌神经分布于舌前 2/3 黏膜,含一般躯体感觉纤维,终止于三叉神经脊束核;②面神经的分支鼓索加入舌神经,分布于舌前 2/3 味蕾,含特殊内脏感觉纤维,终止于孤束核;③舌咽神经的舌支分支分布于舌后 1/3 部的黏膜及味蕾,含一般和特殊内脏感觉纤维,终止于孤束核;④舌下神经分布于舌肌,为一般躯体运动神经,起始于舌下神经核。

6. 脑神经中,哪些神经含有副交感纤维? 其节前纤维来源、节后纤维的去向如何?

答:

(1)动眼神经的副交感神经纤维发自动眼神经副核,在睫状神经节交换神经元,节后纤维支配瞳孔括约肌和睫状肌。

(2)面神经中的副交感纤维来源于上泌涎核,一部分到翼腭神经节交换神经元,节后纤维到达泪腺、鼻腭部的黏膜腺,另一部分纤维则随舌神经在下颌下神经节交换神经元,节后纤维支配下颌下腺和舌下腺。

(3)舌咽神经中的副交感纤维发自下泌涎核,到达耳神经节交换神经元,节后纤维分布于腮腺,管理其分泌。

(4)迷走神经中的副交感纤维来源于迷走神经背核,在胸、腹腔脏器的器官内节或器官旁节交换神经元,节后纤维分布于胸、腹腔内的大部分脏器,如心、肺、食管及肝、脾、肾、胰和结肠左曲以前的消化管等。

7. 试述眼的神经分布,并说明各类纤维的性质及其起止核团。

答:①视神经由视网膜节细胞的轴突组成,属特殊躯体感觉纤维,经视束终止于外侧膝状体和上丘等,传导视觉;②动眼神经的一般躯体运动纤维起始于动眼神经核,支配上睑提肌、上直肌、下直肌、内直肌和下斜肌等;③动眼神经的副交感纤维起于动眼神经副核,在睫状神经节交换神经元、节后纤维支配瞳孔括约肌和睫状肌;④滑车神经由一般躯体运动纤维组成,起始于滑车神经核,支配上斜肌;⑤展神经也由一般躯体运动纤维组成,起于展神经核,支配外直肌;⑥三叉神经的分支眼神经为一般躯体感觉纤维,分布于眶内容物等,终止于三叉神经感觉核,传导视器的一般躯体感觉;⑦面神经的副交感纤维(一般内脏运动纤维),起始于上泌涎核,在翼腭神经节中继交换神经元,节后纤维支配泪腺;⑧颈部交感干神经节发出节后纤维随颈内动脉、眼动脉走行,支配瞳孔开大肌。

8. 简述穿经眶上裂的神经及其分布。

答:

(1)动眼神经:一般躯体运动纤维支配上、下、内直肌,下斜肌和上睑提肌;一般内脏运动纤维在睫状神经节交换神经元,节后纤维支配瞳孔括约肌和睫状肌。

(2)滑车神经:支配上斜肌。

(3)展神经:支配外直肌。

(4)眼神经:为三叉神经的分支,分布于硬脑膜、眼眶、泪腺(一般感觉)、结膜、部分鼻腔黏膜、额顶部及上睑和鼻背的皮肤。

9. 简述海绵窦及其穿行的脑神经。

答:海绵窦位于蝶鞍两侧,是两层硬脑膜间的不规则腔隙,窦内有许多结缔组织小梁,形似海绵。窦内有颈内动脉和展神经通过;在窦的外侧壁内,自上而下有动眼神经、滑车神经、眼神经和上颌神经通过。

10. 面神经含几种纤维成分? 它们各与脑干内哪些核团联系,在周围分布于何处?

答:①面神经含有 4 种纤维。②其纤维性质、联系核团及周围分布为:特殊内脏运动神经纤维由面神经核发出,支配面肌等;一般内脏运动纤维(副交感纤维)由上泌涎核发出,分别在翼腭神经节和下颌下神经节中继,节后纤维分别支配泪腺、舌下腺和下颌下腺等;特殊内脏感觉纤维来自膝神经节,中枢突终于孤束核,周围突分布于舌前 2/3 部味蕾;一般躯体感觉纤维也来自膝神经节,中枢突终于三叉神经感觉核,周围突分布于耳部小片皮肤,传导皮肤的浅感觉和面肌的本体感觉。

11. 何谓鼓索,含有哪些纤维成分?

答:鼓索在面神经出茎乳孔上方 6mm 处发出,向前入鼓室,经鼓室前下部的岩鼓裂出鼓室至颞下窝加入三叉神经的分支舌神经中,含有 2 种纤维成分。味觉纤维随舌神经分布于舌前 2/3 的味蕾,传导味觉。副交感纤维在下颌下神经节换元后,节后纤维分布于下颌下腺和舌下腺,支配腺体分泌。

12. 简述面部皮肤和面部肌肉的神经支配。

答:①面部皮肤感觉由三叉神经支配,其中眼神经支配睑裂以上皮肤,上颌神经支配睑裂与口裂之间的皮肤,下颌神经则支配口裂以下皮肤感觉;②面部表情肌由面神经支配;③面部咀嚼肌由三叉神经的下颌神经支配。

13. 试述面神经管外和管内受损伤后的临床症状。

答:因面神经的分支有管内、管外之分,故面神经损伤部位不同,表现出不同的症状。面神经管外损伤主要表现为损伤侧表情肌瘫痪,如:口角偏向健侧、不能鼓腮;说话时唾液从口角流出;伤侧额纹消失、鼻唇沟变平坦;眼轮匝肌瘫痪使闭眼困难、角膜反射消失等。面神经管内损伤并伤及面神经管段的分支,除以上的面肌瘫痪症状外:若味觉纤维受损,则伤侧舌前 2/3 味觉障碍;若副交感神经纤维受损,则伤侧泪腺和唾液腺的分泌障碍;镫骨肌神经受损致镫骨肌功能丧失,出现听觉过敏现象。

14. 前庭神经节、蜗神经节各位于何处,由哪类神经元组成,其周围突和中枢突分布于何处?

答:前庭神经节位于内耳道底,为双极神经元,其周围突分布于内耳球囊斑、椭圆囊斑、壶腹嵴中的毛细胞;中枢突终止于脑干的前庭神经核和小脑的绒球小结叶等。

蜗神经节位于耳蜗的蜗轴内,为双极神经元,其周围突分布于内耳螺旋器上的毛细胞;中枢突终止于脑干的蜗神经核。

15. 试述睫状神经节的神经来源及分布。

答:睫状神经节为副交感神经节,位于视神经与外直肌后份之间。有副交感根、交感根和感觉根:①副交感根,即睫状神经节短根,来自动眼神经中的一般内脏运动纤维在此节交换神经元,节后纤维加入睫状短神经进入眼球,分布于瞳孔括约肌和睫状肌;②交感根,来自颈内动脉丛,穿过神经节加入睫状短神经,进入眼球后支配瞳孔开大肌和眼球血管;③感觉根,来自鼻睫神经,穿过神经节随睫状短神经入眼球,传导眼球的一般感觉。

16. 试述翼腭神经节的神经来源及分布。

答:翼腭神经节为位于翼腭窝上部的副交感神经节。有副交感根、交感根和感觉根:①副交感根起自上泌涎核,经面神经的岩大神经达此节,在节内交换神经元;②交感根来自颈内动脉交感丛的岩深神经;③感觉根来自上颌神经的分支翼腭神经。交感根和感觉根仅从该节经过,并不交换神经元。翼腭神经节的节后纤维随神经节的一些分支及三叉神经的分支到达泪腺、鼻腔、腭部的黏膜,管理黏膜的一般感觉及控制腺体的分泌。

17. 试述下颌下神经节的神经来源及分布。

答:下颌下神经节为副交感神经节,位于舌神经与下颌下腺之间。有副交感根、交感根和感觉根:①副交感根起自上泌涎核,经面神经的鼓索加入下颌神经的舌神经,到达此节,交换神经元;②交感根来自面动脉的交感丛;③感觉根来自舌神经。下颌下神经节的分支分布于舌下腺和下颌下腺,管理腺体的感觉和控制腺体的分泌。

18. 试述耳神经节的神经来源及分布。

答：耳神经节为副交感神经节，位于卵圆孔下方，贴附于下颌神经干的内侧。有副交感根、交感根、感觉根和运动根：①副交感根起自下泌涎核，经岩小神经到达此节，交换神经元后经耳颞神经分布于腮腺，控制腮腺的分泌；②交感根来自脑膜中动脉的交感丛；③感觉根来自耳颞神经，分布于腮腺，传导腮腺的一般感觉；④运动根起自三叉神经运动核，经下颌神经到达此节，分布于鼓膜张肌和腭帆张肌。

19. 试述喉上神经、喉返神经的起始、走行及支配。

答：喉上神经起于迷走神经的下神经节处，在颈内动脉内侧下行，于舌骨大角平面分为内、外两支。内侧支为感觉性，分布于舌根、咽、会厌及声门裂以上喉黏膜。外侧支支配环甲肌运动。

喉返神经：右侧喉返神经在颈根部于右锁骨下动脉前方，起于右迷走神经，由下后方勾绕右锁骨下动脉上行；左侧喉返神经在胸部于主动脉弓前方，起于左迷走神经，绕主动脉弓下后方上行。左、右喉返神经均于气管与食管之间的沟内上行至甲状腺后方分支，运动支支配除环甲肌外的所有喉肌，感觉支分布于声门裂以下喉黏膜。

20. 在颈根部手术、肺手术中，如何从神经走行上区分膈神经和迷走神经？

答：在颈根部手术中，走在前斜角肌表面的是膈神经，深部的位于颈动脉鞘内的是迷走神经。肺手术时，走在肺根前方的是膈神经，后方的是迷走神经。

四、病例讨论

1. 男，35岁，2个月前出现左额部疼痛，经对症治疗后有所缓解。1个月后自觉左额部麻木，左眼睑下垂，复视。近10天来，病情加重。查体：左眼睑下垂，眼睑和结膜水肿，角膜反射消失，瞳孔散大，左眼球各方运动不能；左额部浅感觉消失；左眼球凹陷，左面部汗少。

问题：

（1）受损位置位于何处？

（2）指出引起上述症状及体征的解剖学基础。

答：

（1）依据患者现有症状和体征可初步诊断为左侧海绵窦综合征。海绵窦位于蝶鞍两侧，为两层硬脑膜间的不规则腔隙，因腔隙内有许多结缔组织小梁，形似海绵而得名。两侧海绵窦借横支相连。窦腔内有颈内动脉和展神经通过，在窦的外侧壁内，自上而下有动眼神经、滑车神经、三叉神经的分支眼神经（V1）和上颌神经（V2）通过。

（2）海绵窦综合征的病因可为海绵窦外侧壁肿瘤、垂体瘤、蝶骨肿瘤及海绵窦血栓性静脉炎、海绵窦内动脉瘤等，所引起的临床症状及体征等多因肿瘤占位性肿块逐渐压迫穿经海绵窦腔内和外侧壁的Ⅲ、Ⅳ、Ⅵ、Ⅴ（1、2支）脑神经等所致。

病变早期肿瘤较小时压迫刺激三叉神经眼神经，出现患侧眼神经分布区左额部疼痛，随着肿瘤发展、肿大，逐渐出现Ⅲ、Ⅳ、Ⅵ、Ⅴ（第1支）脑神经受压麻痹，即Ⅲ、Ⅳ和Ⅵ脑神经受损，导致眼睑下垂，眼外肌麻痹和瞳孔散大，眼睑和结膜水肿；眼神经受损致角膜反射消失；颈内动脉交感神经丛受损表现为患侧眼球凹陷、左面部汗少等。

2. 男，58岁，受右侧耳鸣的困扰已有2年多。起初，感觉就像是风在耳边吹过发出的"呼呼"声，他没太在意，以为是年龄大、工作劳累引起的。随着时间的推移，耳鸣越来越严重，好像蝉鸣一样连绵不绝，并时有眩晕，且发作在晚上和白天不定，严重时伴恶心、呕吐、面肌抽搐。

最近,患者发现自己用右耳接听手机时声音变得越来越小,努力想听清楚却总感觉有噪声;右眼干涩;吃饭自感味淡,食物常滞留于齿颊之间;右侧额纹变浅,眼睑闭合不全,鼻唇沟不明显,口角下垂。

问题:

(1)指出病变的位置。

(2)指出受累的神经及纤维成分和功能。

答:

(1)患者为右侧听神经瘤患者,受损位置在右侧内耳道。

(2)内耳道有面神经和前庭蜗神经共同经行,因听神经瘤实为起源于位听神经的前庭纤维的鞘膜,故又称前庭神经鞘膜瘤,为良性肿瘤,是常见颅内肿瘤之一,占颅内肿瘤的7%~12%,占桥小脑角肿瘤的80%~95%。该病临床症状和体征主要是瘤体肿块压迫受损面神经和前庭蜗神经而致。

早期多为前庭蜗神经受累而出现听力下降、眩晕、面肌抽搐;中晚期可致面神经和前庭蜗神经同时受累,除听力下降、眩晕外,可出现恶心、呕吐,以及面神经麻痹体征,即右眼干涩;吃饭自感味淡,食物常滞留于齿颊之间;右侧额纹变浅,眼睑闭合不全,鼻唇沟不明显,口角下垂等。

前庭蜗神经又称位听神经,为特殊躯体感觉性脑神经,由前庭神经和蜗神经两部分组成。前庭神经传导平衡觉,其胞体在内耳道底聚集成前庭神经节。双极神经元的周围突穿内耳道底分布于内耳球囊斑、椭圆囊斑和壶腹嵴中的毛细胞;中枢突组成前庭神经,经内耳道、内耳门入颅腔,终止于前庭神经核群和小脑的绒球小结叶等部。蜗神经传导听觉,其胞体在耳蜗的蜗轴内聚集成蜗神经节(螺旋神经节),双极神经元的周围突分布于内耳螺旋器的毛细胞;中枢突集成蜗神经,伴前庭神经行入颅后窝,终于脑干的蜗神经的蜗腹侧核和蜗背侧核。

面神经为混合性脑神经,含4种纤维成分:①特殊内脏运动纤维是面神经中含量最多的纤维,起于脑桥被盖部的面神经核,主要支配表情肌的运动;②一般内脏运动纤维起于脑桥的上泌涎核,属副交感神经节前纤维,分别在翼腭神经节和下颌下神经节交换神经元,节后纤维分布于泪腺、下颌下腺、舌下腺及鼻腔和腭部的黏膜腺,控制其分泌;③特殊内脏感觉纤维,即味觉纤维,其胞体位于颞骨岩部面神经管转折处的膝神经节,周围突分布于舌前2/3黏膜的味蕾,中枢突终止于脑干内的孤束核上部;④一般躯体感觉纤维的胞体亦位于膝神经节内,传导耳部小片皮肤的浅感觉和表情肌的本体感觉至脑干的三叉神经感觉核。

(钱亦华)

三、内脏神经系统

学 习 指 导

(一) 学习目的

能够复述:交感神经低级中枢的位置,交感干及椎旁神经节的位置与组成,椎前神经节的位置及联系;交感神经的分布;副交感神经低级中枢的位置;副交感神经的分布。

能够说明:内脏神经系统的组成;内脏运动神经与躯体运动神经的主要区别;灰、白交通支的概念,交感神经节前、节后纤维分布的一般规律;交感神经与副交感神经的主要区别;主要内脏神经丛的位置、组成和分布;内脏感觉神经分布的特点;牵涉性痛的概念及发生机制。

（二）学习要点

1. 内脏运动神经

（1）内脏运动神经与躯体运动神经在结构和功能上的区别:支配的器官不同;传出神经元数量不同;低级中枢的细胞核（柱）不同;纤维成分和粗细不同;纤维分布形式不同。

（2）交感神经低级中枢位于脊髓 T_1~L_2 或 L_3 节段中间外侧核;椎旁神经节包括颈部 3 或 4 个、胸部 10~12 个、腰部 4 个、骶部 2~4 个、尾部 1 个奇神经节;椎前神经节包括腹腔神经节、主动脉肾神经节、肠系膜上神经节、肠系膜下神经节。

（3）交通支:白交通支、灰交通支。

（4）交感神经节前纤维走行。节前纤维经白交通支进入交感干内,有 3 种去向:①终止于相应节段的椎旁神经节换元;②在交感干内上行或下行一段后,终于上位或下位的椎旁神经节换元;③穿过椎旁神经节,至椎前神经节换元。

（5）交感神经节后纤维 3 种去向:①经灰交通支返回脊神经,随脊神经分布至头颈部、躯干和四肢的血管、汗腺及竖毛肌;②攀附动脉走行,在动脉外膜形成神经丛,并随动脉分布到所支配的器官;③直接到达所支配的脏器。

（6）颈部交感神经:颈上、中、下神经节。颈上神经节,位于第 2、3 颈椎横突前方;颈中神经节,位于第 6 颈椎横突前方;颈下神经节,位于第 7 颈椎横突前方,颈下神经节常与胸 1 神经节合并成颈胸神经节,也称星状神经节。节后纤维分布:①经灰交通支连于 8 对颈神经,并随颈神经的分支分布于头颈和上肢的血管、汗腺、竖毛肌等。②直接攀附邻近的动脉形成神经丛,如颈内动脉丛、颈外动脉丛、锁骨下动脉丛、椎动脉丛等,随动脉的分支至头颈部的腺体、竖毛肌、血管、瞳孔开大肌和上睑板肌。③发出咽支,直接进入咽壁,与迷走神经、舌咽神经的咽支共同组成咽丛。④3 对颈交感干神经节分别发出颈上、中、下心神经,下行进入胸腔,加入心丛。

（7）胸部交感神经:胸交感干由胸神经节（通常 10~12 个）以节间支相连而成。胸交感干发出的分支:①经灰交通支连于 12 对胸神经,并随其分布于胸腹壁的血管、汗腺、竖毛肌等。②由上 5 对胸神经节发出的节后纤维,向前达胸腔脏器和大血管等处,并与迷走神经的分支共同形成神经丛,如胸主动脉丛、食管丛、肺丛及心丛等。③内脏大神经,由穿过第 5~9 胸神经节的节前纤维组成,向前下方行走中合成一干,沿椎体和肋间血管的前面下行,穿过膈脚进入腹腔,主要终于腹腔神经节。④内脏小神经,由穿过第 10、11 胸神经节的节前纤维组成,下行穿过膈脚进入腹腔,主要终于主动脉肾神经节。⑤内脏最小神经,由穿过第 12 胸神经节的节前纤维组成,有时缺如,此神经较细,常与交感干共同穿膈入腹腔,加入肾丛。

（8）腰部交感神经:通常有 4 对腰神经节,以节间支相连成腰交感干,沿腰大肌的内侧缘紧贴脊柱的前外侧下行与盆部相续。腰交感干发出的分支:①灰交通支与 5 对腰神经相连,并随腰神经分布于腹壁和下肢的血管、汗腺、竖毛肌等。②腰内脏神经,由穿过腰神经节的节前纤维组成,加入腹主动脉丛、肠系膜下丛和上腹下丛,在丛内的椎前神经节内换元,节后纤维攀附血管分布于结肠左曲以下的消化管及盆腔内脏,并有纤维伴随髂血管分布至下肢。

（9）盆部交感神经:通常有 2~4 对骶神经节和一个尾神经节,以节间支相连成骶交感干,位于骶骨前面。骶交感干发出的节后纤维分支有:①灰交通支与骶、尾神经相连,随其分布于下肢及会阴部的血管、汗腺和竖毛肌。②发出细小的骶内脏神经加入盆丛,分布于盆腔脏器。

（10）副交感神经低级中枢位于脑干的一般内脏运动核和脊髓 S_2~S_4 节段灰质的骶副交感

核;头部的副交感神经节包括睫状神经节、翼腭神经节、下颌下神经节、耳神经节;迷走神经和骶副交感神经在壁旁或壁内神经节换元。

（11）颅部副交感神经:节前纤维行于第Ⅲ、Ⅶ、Ⅸ、Ⅹ对脑神经内。

1）随动眼神经走行的副交感节前纤维,发自中脑的动眼神经副核,经眶上裂入眶后至睫状神经节交换神经元,节后纤维经睫状短神经入眼球壁,分布于瞳孔括约肌和睫状肌。

2）随面神经走行的副交感节前纤维,发自脑桥的上泌涎核,一部分节前纤维经岩大神经至翼腭窝内的翼腭神经节交换神经元,节后纤维分布于泪腺以及鼻腔、口腔和腭黏膜的腺体。另一部分节前纤维经鼓索加入舌神经,至下颌下神经节交换神经元,节后纤维分布于下颌下腺和舌下腺。

3）随舌咽神经走行的副交感节前纤维,发自延髓的下泌涎核,经鼓室神经至鼓室丛,由丛发出岩小神经至卵圆孔下方的耳神经节交换神经元,节后纤维经耳颞神经分布于腮腺。

4）随迷走神经走行的副交感节前纤维,发自延髓的迷走神经背核,随迷走神经的分支到达胸、腹腔脏器附近或壁内的副交感神经节交换神经元,节后纤维分布于胸、腹腔脏器(结肠左曲以下消化管和盆腔脏器除外)。

（12）骶部副交感神经:由脊髓 $S_2 \sim S_4$ 节段的骶副交感核发出的节前纤维,随骶神经出骶前孔,而后从骶神经分出,组成盆内脏神经加入盆丛,部分纤维随盆丛的分支分布于盆腔脏器;部分纤维自盆丛经上腹下丛分布到降结肠和乙状结肠。在这些脏器附近或壁内的副交感神经节内交换神经元,节后纤维支配结肠左曲以下的消化管及膀胱、生殖器。

（13）交感神经与副交感神经的主要区别:低级中枢(节前神经元)的部位不同;周围部神经节(节后神经元)的位置不同;节前、节后神经元的比例不同;分布范围不同;功能活动不同;释放的神经递质不同。

（14）内脏神经丛:心丛、肺丛、腹腔丛、腹主动脉丛、上腹下丛、下腹下丛(盆丛)。

2. 内脏感觉神经

（1）内脏感觉神经的特点:痛阈较高,弥散的内脏痛。

（2）牵涉性痛:当某些内脏器官发生病变时,常在体表一定区域产生感觉过敏或痛觉,即为牵涉性痛。牵涉性痛可以发生在患病内脏邻近的皮肤区,也可以发生在距患病内脏较远的皮肤区。例如,心绞痛时,常在胸前区及左臂内侧皮肤感到疼痛;肝胆疾病时,常在右肩部感到疼痛等。

复习思考题

一、选择题

（一）A1 型题

1. 内脏大神经主要终止于
    A. 肠系膜上神经节　　　　B. 肠系膜下神经节　　　　C. 腹腔神经节
    D. 主动脉肾神经节　　　　E. 奇神经节
2. **不属于**颅部副交感神经节的是
    A. 睫状神经节　　　　　　B. 三叉神经节　　　　　　C. 耳神经节
    D. 下颌下神经节　　　　　E. 翼腭神经节

3. 支配腮腺的副交感节后纤维发自
    A. 下泌涎核   B. 膝神经节   C. 耳神经节
    D. 翼腭神经节   E. 舌咽神经下神经节

4. 接受交感神经节前纤维支配的是
    A. 松果体   B. 子宫   C. 膀胱
    D. 肾上腺髓质   E. 胰腺

5. 含有副交感神经节前纤维的脑神经是
    A. III、VII、IX、X   B. III、VII、IX、XI   C. V、VII、IX、X
    D. III、VIII、IX、X   E. V、VII、IX、XI

6. 仅含有交感神经纤维成分的神经是
    A. 岩大神经   B. 动眼神经   C. 翼管神经
    D. 岩小神经   E. 岩深神经

7. 属于交感神经椎旁神经节的是
    A. 肠系膜上神经节   B. 肠系膜下神经节   C. 腹腔神经节
    D. 主动脉肾神经节   E. 奇神经节

8. 含胸部交感神经节前纤维的神经或神经丛是
    A. 咽丛   B. 内脏大神经   C. 腹主动脉丛
    D. 肠系膜下丛   E. 颈内动脉丛

9. 不参与组成心丛的是
    A. 颈上心神经   B. 颈中心神经   C. 迷走神经颈心支
    D. 颈下心神经   E. 6~12 胸神经节发出的分支

10. 属于躯体感觉的脑神经节为
    A. 下颌下神经节   B. 舌咽神经下神经节
    C. 迷走神经下神经节   D. 三叉神经节
    E. 睫状神经节

11. 关于内脏神经系统的说法，错误的是
    A. 周围部主要分布于内脏、心血管和腺体
    B. 含有感觉和运动两种纤维
    C. 分为交感神经和副交感神经两部分
    D. 内脏感觉神经元胞体在脊神经节和脑神经节内
    E. 中枢位于脑和脊髓内

12. 交感神经低级中枢位于
    A. T_1~L_3 脊髓节段   B. T_1~T_{12} 脊髓节段   C. S_2~S_4 脊髓节段
    D. T_1~S_3 脊髓节段   E. L_1~L_3 脊髓节段

13. 关于交感神经交通支的说法，错误的是
    A. 分白、灰两种交通支
    B. 白交通支由节前纤维组成
    C. 灰交通支由节后纤维组成
    D. 胸、腰神经与交感干均有白交通支相连
    E. 每对脊神经与交感干均有灰交通支相连

14. 随动眼神经走行的副交感节前纤维,起自中脑的
 - A. 迷走神经核
 - B. 动眼神经核
 - C. 迷走神经背核
 - D. 疑核
 - E. 动眼神经副核

15. 含交感神经节后纤维的是
 - A. 内脏大神经
 - B. 内脏小神经
 - C. 腰内脏神经
 - D. 盆内脏神经
 - E. 股神经

16. 含副交感神经节前纤维的是
 - A. 内脏大神经
 - B. 内脏小神经
 - C. 腰内脏神经
 - D. 盆内脏神经
 - E. 股神经

17. 属于副交感神经节的是
 - A. 三叉神经节
 - B. 心丛内的神经节
 - C. 膝状神经节
 - D. 腹腔神经节
 - E. 肠系膜上神经节

18. 属于交感神经节的是
 - A. 三叉神经节
 - B. 睫状神经节
 - C. 翼腭神经节
 - D. 下颌下神经节
 - E. 腹腔神经节

19. 不参与内脏运动传导通路的结构是
 - A. 额叶皮质
 - B. 下丘脑
 - C. 前脑内侧束
 - D. 红核
 - E. 脑干网状结构

20. 与泪腺分泌有关的神经节是
 - A. 睫状神经节
 - B. 耳神经节
 - C. 翼腭神经节
 - D. 下颌下神经节
 - E. 三叉神经节

21. 控制舌下腺分泌的节后纤维发自
 - A. 睫状神经节
 - B. 耳神经节
 - C. 翼腭神经节
 - D. 下颌下神经节
 - E. 三叉神经节

22. 支配瞳孔开大肌的节后纤维发自
 - A. 动眼神经副核
 - B. 睫状神经节
 - C. 翼腭神经节
 - D. 三叉神经节
 - E. 颈上神经节

23. 交感神经兴奋时
 - A. 皮肤血管舒张
 - B. 冠状动脉收缩
 - C. 支气管平滑肌收缩
 - D. 瞳孔开大
 - E. 促进胃肠蠕动

24. 含副交感神经的神经丛是
 - A. 颈内动脉丛
 - B. 颈外动脉丛
 - C. 锁骨下动脉丛
 - D. 椎动脉丛
 - E. 冠状动脉丛

25. 传导内脏感觉的神经节不包括
 - A. 三叉神经节
 - B. 膝神经节
 - C. 舌咽神经下神经节
 - D. 迷走神经下神经节
 - E. 脊神经节

26. 耳神经节的交感根来自
 - A. 面动脉
 - B. 脑膜中动脉
 - C. 舌动脉
 - D. 耳后动脉
 - E. 颈内动脉

27. 副交感脑神经核**不包括**

　　A. 动眼神经副核　　　　　　　　B. 疑核

　　C. 迷走神经背核　　　　　　　　D. 下泌涎核

　　E. 上泌涎核

28. 关于内脏运动神经的描述,正确的是

　　A. 分交感神经和副交感神经　　　B. 受意识支配

　　C. 不分节前、节后纤维　　　　　D. 分布于骨骼肌

　　E. 低级中枢仅位于 S_2~S_4 脊髓灰质侧角

29. **不属于**胆碱能神经元的是

　　A. 交感节前神经元　　　　　　　B. 副交感节前神经元

　　C. 副交感节后神经元　　　　　　D. 支配汗腺的交感节后神经元

　　E. 支配胸腹腔脏器的交感节后神经元

30. 关于交通支的描述,**错误**的是

　　A. 分灰、白交通支　　　　　　　B. 白交通支存在于脊髓全长

　　C. 灰交通支存在于脊髓全长　　　D. 白交通支由有髓的节前纤维组成

　　E. 灰交通支含有交感干神经节细胞发出的节后纤维

31. 关于交感神经节前纤维的描述,**错误**的是

　　A. 由脊髓中间外侧核发出

　　B. 经脊神经后根、脊神经、灰交通支进入交感干内

　　C. 可终止于相应节段的交感干神经节

　　D. 在交感干内上行或下行一段后,终于上位或下位的交感干神经节

　　E. 穿过交感干神经节后,至椎前神经节

32. 关于内脏小神经的描述,正确的是

　　A. 由穿过第 5~9 胸神经节的节前纤维组成

　　B. 由穿过第 10、11 胸神经节的节前纤维组成

　　C. 终止于腹腔神经节

　　D. 由穿过第 5~9 胸神经节的节后纤维组成

　　E. 由穿过第 10、11 胸神经节的节后纤维组成

33. **不属于**交感神经的是

　　A. 内脏大神经　　　B. 内脏小神经　　　C. 腰内脏神经

　　D. 盆内脏神经　　　E. 骶内脏神经

34. 动眼神经的副交感纤维支配

　　A. 眼外肌　　　　　B. 腮腺　　　　　　C. 瞳孔括约肌和睫状肌

　　D. 舌下腺　　　　　E. 瞳孔开大肌

35. 只有交感神经支配而**没有**副交感神经支配的器官是

　　A. 心　　　　　　　B. 横结肠　　　　　C. 肝

　　D. 胃　　　　　　　E. 肾上腺髓质

36. **不属于**翼腭神经节的副交感节后纤维支配的是

　　A. 泪腺　　　　　　B. 腭黏膜的腺体　　C. 鼻腔黏膜的腺体

　　D. 腮腺　　　　　　E. 口腔黏膜的腺体

37. 只含有交感成分的神经丛是

    A. 肺丛   B. 盆丛   C. 上腹下丛

    D. 椎动脉丛   E. 膀胱丛

38. 副交感神经兴奋时

    A. 瞳孔开大   B. 冠状动脉收缩   C. 支气管扩张

    D. 减少肠蠕动   E. 膀胱逼尿肌舒张

(二) A2 型题

1. 男,45 岁,患下肢血栓闭塞性脉管炎,灼性神经痛症状较重,一般方法疗效不明显。为缓解症状,手术治疗应切除

    A. 内脏大神经   B. 骶内脏神经   C. 盆内脏神经

    D. 腰交感干   E. 骶交感干

2. 女,47 岁,高脂饮食后突感右上腹痛,入院诊断为胆囊结石、急性胆囊炎。该疼痛可放射至

    A. 左肩部   B. 右肩部   C. 胸前区

    D. 左臂内侧   E. 右下腹

3. 男,37 岁,出现左侧瞳孔缩小、上睑下垂、面及颈部无汗的症状,这名患者出现疾病的位置**不可能**是

    A. 颈交感干   B. 第 1 胸神经的灰交通支   C. 颈中神经节

    D. 颈上神经节   E. $T_1 \sim T_5$ 脊髓节段

4. 女,47 岁,常在胸前区及左臂内侧皮肤感到疼痛,牵涉此疼痛的神经**不包括**

    A. 颈上心神经   B. 颈中心神经   C. 颈下心神经

    D. 白交通支   E. 胸心神经

5. 女,35 岁,出现无泪症状,检查提示可能是神经损伤,参与泪腺分泌的神经**不包括**

    A. 面神经   B. 泪腺神经   C. 颧神经

    D. 岩小神经   E. 翼管神经

6. 男,29 岁,右耳患化脓性中耳炎,检查发现右侧舌前 2/3 味觉丧失,且唾液分泌减少,可能受损的神经是

    A. 舌下神经   B. 三叉神经   C. 鼓索

    D. 前庭蜗神经   E. 鼓室神经

7. 男,33 岁,工伤致上腰部严重损伤,CT 检查发现脊柱 $T_{12} \sim L_1$ 椎骨严重骨折,患者除下肢麻痹还出现尿潴留,医生诊断损伤结构是

    A. 腰交感干   B. 坐骨神经   C. 股神经

    D. 骶副交感核   E. 阴部神经

(三) A3 型题

(1~5 题共用题干)

男,56 岁,甲状腺癌行双侧甲状腺全切及右侧颈部淋巴结清扫术后出现饮水呛咳,发音时音调无明显改变,治疗 2 周后恢复,但患者诉右眼睁开受限、右眼视物模糊。请眼科会诊:患者右眼睑下垂,眼裂变小,结膜充血,角膜光滑透明,眼球稍内陷,运动良好,右眼瞳孔直径 1.5mm,左眼瞳孔直径 3.0mm,对光反射存在,VR0.5,VL1.0,散瞳后 VR1.0,眼底见视神经盘边界清,色正,黄斑中央凹反光存在。

1. 术后出现饮水呛咳,可能的原因是
    A. 气管塌陷   B. 颈交感干损伤   C. 喉上神经内支损伤
    D. 喉上神经外支损伤   E. 单侧喉返神经损伤

2. 双眼瞳孔不等大,受累的神经是
    A. 视神经   B. 眼神经   C. 动眼神经
    D. 眼交感神经   E. 眼副交感神经

3. 眼睑下垂、瞳孔缩小还可见于下列情况,除外
    A. 睫状神经节损伤   B. 颈上神经节损伤
    C. 颈胸神经节损伤   D. 第1胸神经的白交通支损伤
    E. 颈部肿瘤压迫交感干

4. 眼睑下垂,有关的肌是
    A. 上睑提肌   B. 上直肌   C. 眼轮匝肌
    D. 枕额肌   E. Müller 肌

5. 传统的甲状腺手术提倡"上靠下离"。下离时,结扎甲状腺下动脉时远离的结构是
    A. 喉上神经   B. 喉返神经   C. 交感干
    D. 椎动脉   E. 颈升动脉

(四) B1 型题

(1~5 题共用备选答案)
    A. 动眼神经   B. 迷走神经   C. 内脏大神经
    D. 内脏小神经   E. 盆内脏神经

1. 使心率减慢的神经是
2. 使瞳孔缩小的神经是
3. 终止于腹腔神经节的神经是
4. 终止于主动脉肾节的神经是
5. 使膀胱逼尿肌收缩的神经是

(6~10 题共用备选答案)
    A. 迷走神经背核   B. 上泌涎核   C. 下泌涎核
    D. 动眼神经副核   E. 副神经核

6. 支配腮腺分泌的是
7. 支配下颌下腺分泌的是
8. 促进胃蠕动的是
9. 支配斜方肌的是
10. 支配睫状肌的是

(11~15 题共用备选答案)
    A. 内脏大神经   B. 内脏小神经   C. 腰内脏神经
    D. 骶内脏神经   E. 盆内脏神经

11. 含节后纤维的是
12. 通常至腹腔神经节换元的是
13. 至器官旁或器官壁内换元的是
14. 换元后支配结肠左曲以下的消化管和盆腔脏器的交感神经是

15. 参与盆丛的交感神经是

（16~20 题共用备选答案）

  A. 睫状神经节   B. 半月神经节   C. 翼腭神经节

  D. 下颌下神经节   E. 耳神经节

16. 与泪腺分泌有关的是

17. 发出纤维支配瞳孔括约肌的是

18. 接受面神经鼓索中一般内脏运动纤维的是

19. 含假单级神经元的是

20. 与舌咽神经有关的是

（21~25 题共用备选答案）

  A. 交感节前纤维   B. 副交感节前纤维   C. 交感节后纤维

  D. 副交感节后纤维   E. 下腹下丛

21. 内脏最小神经属于

22. 含交感、副交感两种纤维的是

23. 耳颞神经含有

24. 迷走神经主要含有

25. 岩深神经属于

（26~30 题共用备选答案）

  A. 鼓索   B. 泪腺神经   C. 盆内脏神经

  D. 腰内脏神经   E. 腹下神经

26. 含副交感节前纤维、交感节后纤维及内脏感觉纤维的是

27. 含副交感节前纤维和内脏感觉纤维的是

28. 含交感节前纤维和内脏感觉纤维的是

29. 含副交感节前纤维和特殊内脏感觉纤维的是

30. 含副交感节后纤维和一般躯体感觉纤维的是

二、名词解释

1. Horner syndrome   2. 牵涉性痛   3. 盆丛

4. 椎前神经节   5. 椎旁神经节   6. 内脏大神经

7. 白交通支   8. 灰交通支   9. 节前/后纤维

10. 壁旁/壁内神经节

三、问答题

1. 简述内脏运动神经与躯体运动神经的主要区别。

2. 简述交感神经节前、节后纤维的分布规律。

3. 简述三大唾液腺的分泌各受何神经支配。

4. 简述交感神经与副交感神经的主要区别。

5. 简述腹腔丛的位置、构成、纤维来源和去向。

6. 简述内脏感觉神经与躯体感觉神经的不同之处。

7. 何为牵涉性痛？请举例说明。

8. 简述结肠左曲上、下的内脏运动神经支配。

9. 简述眼球的内脏运动神经支配。

10. 简述排尿反射的内脏运动神经。

四、病例讨论

男,60 岁,因为出现行走困难、嘴角松弛到医院就诊。通过询问病史,得知约在 5 年前,他有一段时间曾感到眩晕及右耳耳鸣。几年后,患者发现耳鸣消失,但该耳却失聪了。不久,他又发现右眼难以紧闭,右边口角开始下垂,且于微笑时口角不能上扬。最近他感到其右脸间有疼痛感觉,目前则变得麻痹。在过去几个星期内,他走路时有往右摆动的倾向,同时出现了吞咽困难与嘶哑,神经检查也显示他的舌头右边失去味觉,并无法从右眼激发角膜反射。

问题:

(1)指出受损位置。

(2)指出受牵涉构造的名称,并详细说明与每一构造有关的异常。

参 考 答 案

一、选择题

(一) A1 型题

1. C　2. B　3. C　4. D　5. A　6. E　7. E　8. B　9. E　10. D　11. C　12. A　13. D 14. E　15. E　16. D　17. B　18. E　19. D　20. C　21. D　22. E　23. D　24. E　25. A 26. B　27. B　28. A　29. E　30. B　31. C　32. B　33. D　34. C　35. E　36. D　37. D 38. B

(二) A2 型题

1. D　2. B　3. B　4. A　5. D　6. C　7. D

(三) A3 型题

1. C　2. D　3. A　4. E　5. B

(四) B1 型题

1. B　2. A　3. C　4. D　5. E　6. C　7. B　8. A　9. E　10. D　11. D　12. A　13. E 14. C　15. D　16. C　17. A　18. D　19. B　20. E　21. A　22. C　23. D　24. B　25. C 26. E　27. C　28. D　29. A　30. B

二、名词解释

1. Horner syndrome:损伤脊髓颈段、延髓及脑桥外侧部的交感纤维,临床病例除有瞳孔缩小外,还可能出现上眼睑下垂以及同侧汗腺分泌障碍等症状(称 Horner 综合征),是由于交感神经的中枢下行纤维束经过这些部位,同时交感神经除管理瞳孔外,也管理眼睑平滑肌即睑板肌运动(Müller 肌)和头面部汗腺的分泌。

2. 牵涉性痛:当某些内脏器官发生病变时,常在体表一定区域产生感觉过敏或痛觉,即为牵涉性痛。

3. 盆丛:下腹下丛,位于直肠的两侧,经腹下神经连于上腹下丛,并接受骶部交感干发出的骶内脏神经节后纤维和副交感盆内脏神经节前纤维。

4. 椎前神经节:呈不规则团块状,位于脊柱的前方,腹主动脉脏支根部,包括腹腔神经节、肠系膜上神经节、肠系膜下神经节、主动脉肾神经节。

5. 椎旁神经节:位于脊柱两旁,每侧有 19~24 个,经节间支纵行连接成交感干。

6. 内脏大神经:由穿过第 5~9 胸神经节的节前纤维组成,向前下方行走中合成一干,沿椎体两侧下行,穿过膈脚进入腹腔,主要终于腹腔神经节。

7. 白交通支:主要由有髓的节前纤维组成,呈白色,由脊髓 T_1~L_3 节段的中间外侧核发出,经脊神经与交感干神经节相连,白交通支仅存于 T_1~L_3 脊神经与交感干之间。

8. 灰交通支:由交感干神经节细胞发出的节后纤维,多为无髓,色灰暗,每个交感干神经节都有灰交通支连于相应的脊神经前支,故 31 对脊神经均有灰交通支与交感干相连。

9. 节前/后纤维:内脏传出神经由低级中枢到效应器之间有两个神经元。第一个神经元胞体位于脑干和脊髓内,称节前神经元,其轴突为节前纤维;第二个神经元胞体位于周围部的神经节内,称节后神经元,其轴突为节后纤维。

10. 壁旁/壁内神经节:副交感神经的节前纤维较长,终止于器官附近或器官壁内的节后神经元,即壁旁/壁内神经节。

三、问答题

1. 简述内脏运动神经与躯体运动神经的主要区别。

答:

(1)支配的器官不同:躯体运动神经支配骨骼肌的随意运动,一般受意志的控制;内脏运动神经支配平滑肌、心肌和腺体,一定程度上不受意志的控制。

(2)传出神经元数量不同:躯体运动神经由低级中枢到骨骼肌只有一个下运动神经元;内脏运动神经由低级中枢到效应器之间有两个神经元。

(3)低级中枢不同:躯体运动神经元位于脑干躯体运动核和脊髓前角;内脏运动神经元位于脑干一般内脏运动核、脊髓 T_1~L_3 节段的中间外侧核和 S_2~S_4 节段的骶副交感核。

(4)纤维成分和粗细不同:躯体运动神经纤维只有一种,多为较粗的有髓纤维;内脏运动神经包括交感和副交感两种纤维,多为薄髓或无髓的细纤维。

(5)纤维分布形式不同:躯体运动神经常以神经干形式分布,周围分布节段性较明确;内脏运动神经的节后纤维常攀附血管或脏器形成神经丛,节段性分布不明确。

2. 简述交感神经节前、节后纤维的分布规律。

答:节前纤维由脊髓中间外侧核发出,经脊神经、白交通支进入交感干内。有 3 种去向:①终止于相应节段的椎旁神经节,并交换神经元;②在交感干内上行或下行一段后,终于上位或下位的椎旁神经节;③穿过椎旁神经节至椎前神经节换元。

节后纤维有 3 种去向:①由交感干神经节发出的节后纤维经灰交通支返回脊神经,随脊神经分布至头颈部、躯干和四肢的血管、汗腺和竖毛肌等;②攀附动脉形成神经丛,伴随动脉的分支分布到所支配的器官;③由交感神经节发出节后纤维直接到达所支配的脏器。

3. 简述三大唾液腺的分泌各受何神经支配。

答:随面神经走行的副交感节前纤维,发自脑桥的上泌涎核,一部分节前纤维经鼓索加入舌神经,至下颌下神经节交换神经元,节后纤维分布于下颌下腺和舌下腺;随舌咽神经走行的副交感节前纤维,发自延髓的下泌涎核,经鼓室神经至鼓室丛,由丛发出岩小神经至耳神经节交换神经元,节后纤维经耳颞神经分布于腮腺。

4. 简述交感神经与副交感神经的主要区别。

答:

（1）低级中枢的部位不同:交感神经的低级中枢位于脊髓 T_1~L_3 中间外侧核;副交感神经的低级中枢则位于脑干的一般内脏运动核和脊髓 S_2~S_4 的骶副交感核。

（2）周围部神经节不同:交感神经节包括椎旁神经节和椎前神经节两类;副交感神经节也有两类,一类是位于头部可见的神经节,如睫状神经节等,另一类是较小的支配胸腹腔器官的壁内或壁旁神经节。

（3）节前、节后神经元的比例不同:一个交感节前神经元可与多个节后神经元形成突触;而一个副交感节前神经元仅与较少节后神经元形成突触。

（4）分布范围不同:交感神经分布广泛;副交感神经的分布相对较局限,大部分血管、汗腺、竖毛肌和肾上腺髓质等只有交感神经而无副交感神经支配。

（5）功能不同:交感神经的功能突出地表现在应急状况下机体的应变能力,引起心跳呼吸加快、血压升高、瞳孔开大、竖毛肌收缩、消化活动受抑制等。副交感神经侧重于保持机体在平和状况下的生理功能,如心跳减慢、血压下降、支气管收缩、瞳孔缩小、消化活动增强等。

5. 简述腹腔丛的位置、构成、纤维来源和去向。

答:腹腔丛位于第 12 胸椎和第 1 腰椎水平,包绕于腹腔干及肠系膜上动脉根部周围。丛内含有腹腔神经节、肠系膜上神经节和主动脉肾神经节等,接受两侧的内脏大、小神经和迷走神经后干的腹腔支及上位腰内脏神经。内脏大、小神经在该丛神经节换元。迷走神经纤维则到所支配器官附近的壁旁或壁内神经节换元。腹腔丛的纤维形成许多分丛,伴随动脉的分支分布于腹腔脏器(肝、胰腺和结肠左曲以上消化管)。

6. 简述内脏感觉神经与躯体感觉神经的不同之处。

答:

（1）痛阈较高:内脏感觉纤维的数量较少,且多为细纤维,故痛阈较高,一般强度的刺激不引起主观感觉。例如,在外科手术切割或烧灼内脏时,患者并不感觉疼痛,但脏器活动较强烈时,则可产生内脏不适感觉,如手术时牵拉脏器、胃的饥饿收缩、直肠和膀胱的充盈等均可引起感觉。

（2）弥散的内脏痛:内脏感觉的传入途径比较分散,即一个脏器的感觉纤维经过多个节段的脊神经进入中枢,而一条脊神经又包含来自几个脏器的感觉纤维。因此,内脏痛往往是弥散的,定位亦不准确。

7. 何为牵涉性痛? 请举例说明。

答:某些内脏器官发生病变时,常在体表一定区域产生感觉过敏或痛觉,即为牵涉性痛。牵涉性痛可以发生在患病内脏邻近的皮肤区,也可以发生在距患病内脏较远的皮肤区。例如,心绞痛时,常在胸前区及左臂内侧皮肤感到疼痛。肝胆疾病时,常在右肩部感到疼痛等。

8. 简述结肠左曲上、下内脏运动神经支配。

答:结肠左曲以上,①交感神经由内脏大、小神经至腹腔丛内的神经节换元,节后纤维沿血管支配结肠左曲以上消化管;②副交感神经由迷走神经直达壁内神经节换元支配。结肠左曲以下,①交感神经由腰内脏神经至肠系膜下丛内的经节换元,节后纤维沿血管支配结肠左曲以下消化管;②副交感神经由盆内脏神经至盆丛和上腹下丛达壁内神经节换元支配。

9. 简述眼球的内脏运动神经支配。

答:交感神经节前纤维起自脊髓 T_1、T_2 侧角,经白交通支、交感干至颈上神经节换元,节后纤维经颈内动脉丛、海绵丛入眶。一部分纤维穿睫状神经节,经睫状短神经入眼球,分布于瞳孔开大肌和血管,另一部分直接加入睫状长神经,分布到瞳孔开大肌。副交感神经节前纤维发自中脑动眼神经副核,随动眼神经入眶,经睫状神经节短根入睫状神经节换元,节后纤维经睫状短神经进入眼球,分布于瞳孔括约肌和睫状肌。

10. 简述排尿反射的内脏运动神经。

答:交感神经节前纤维起自脊髓 T_{10}~L_2 节段的侧角,经白交通支、交感干、腰内脏神经至肠系膜下丛、腹下丛的神经节换元,节后纤维经盆丛、膀胱丛分布到膀胱括约肌和逼尿肌,交感神经兴奋使括约肌收缩。

副交感神经节前纤维起自脊髓 S_2~S_4 节段的骶副交感核,随骶神经入盆腔后,组成盆内脏神经,加入盆丛、膀胱丛,在丛内或膀胱壁内神经节换元,节后纤维分布于膀胱逼尿肌和括约肌。副交感神经兴奋可使逼尿肌收缩、括约肌松弛。

四、病例讨论

男,60 岁,因为出现行走困难、嘴角松弛到医院就诊。通过询问病史,得知约在 5 年前,他有一段时间曾感到眩晕及右耳耳鸣。几年后,患者发现耳鸣消失,但该耳却失聪了。不久,他又发现右眼难以紧闭,右边口角开始下垂,且于微笑时口角不能上扬。最近他感到其右脸间有疼痛感觉,目前则变得麻痹。在过去几个星期内,他走路时有往右摆动的倾向。同时出现了吞咽困难与嘶哑,神经检查也显示他的舌头右边失去味觉,并无法从右眼激发角膜反射。

问题:

（1）指出受损位置。

（2）指出受牵涉构造的名称,并详细说明与每一构造有关的异常。

答:

（1）该患者经诊断为脑桥小脑三角区受损（肿瘤）。脑桥小脑三角区是位于脑桥、延髓、小脑交界位置的三角区,该位置周围有众多脑神经出入。

（2）受牵涉的构造名称及有关的异常如下。

1）患者出现晕眩及右耳耳鸣,是肿瘤侵犯了右侧前庭蜗神经,前庭蜗神经管理听觉和平衡觉。

2）出现右眼难以紧闭,右边口角开始下垂,且于微笑时口角不能上扬,是肿瘤侵犯到右侧面神经,出现面瘫症状。面神经管理面部表情肌。

3）出现吞咽困难与嘶哑是随着肿瘤长大侵犯到迷走神经。迷走神经颈部分支喉上神经管理喉部感觉和运动。

4）走路时有往右摆动的倾向是肿瘤侵犯到右小脑,小脑管理运动平衡和协调精细运动。

（申新华　马　超）

第四节　神经系统的传导通路

学 习 指 导

(一) 学习目的

能够复述:躯干、四肢、头面部的痛温觉和本体感觉传导通路的组成,各级神经元胞体所在部位、交叉部位,纤维束在中枢内的位置以及到大脑皮质的投射。

能够分析:视觉传导通路的组成以及向大脑皮质的投射规律和各部损伤的表现;瞳孔对光反射通路。

能够说明:锥体系的组成、行程、交叉及对各运动核的支配情况,面神经和舌下神经核上瘫与核下瘫所产生的临床症状及解剖学原理。

了解锥体外系的概念。

(二)学习要点

1. 本体(深)感觉传导通路

(1)躯干和四肢意识性本体感觉和精细触觉传导通路:深感觉传导通路由三级神经元组成。第1级神经元位于脊神经节,其周围突分布于肌、腱、关节等处的本体感受器,中枢突经脊神经后根的内侧部进入脊髓后索。来自第5胸节以下的升支行于后索的内侧部,形成薄束,薄束传导下肢和躯干下部的本体感觉;来自第4胸节以上的升支行于后索的外侧部,形成楔束,楔束传导上肢和躯干上部的本体感觉。两束上行,分别止于延髓的薄束核和楔束核。第2级神经元的胞体在薄、楔束核内,由此二核发出的纤维形成内侧丘系交叉。内侧丘系终止于背侧丘脑的腹后外侧核。第3级神经元的胞体在背侧丘脑的腹后外侧核,由此核发出纤维参与组成丘脑中央辐射,经内囊后肢主要投射至中央后回的中、上部和中央旁小叶后部,部分纤维投射至中央前回。该通路还传导来自皮肤的精细触觉。深感觉传导通路损伤后的主要表现:此通路在内侧丘系交叉的下方或上方的不同部位损伤时,患者在闭眼时不能确定损伤同侧(交叉下方损伤)和损伤对侧(交叉上方损伤)关节的位置和运动方向;此外,患者相应部位皮肤的精细触觉也丧失。

(2)躯干和四肢非意识性本体感觉传导通路:是反射通路的上行部分,将来自肌、肌腱、关节的本体感受器的神经冲动传递至小脑,经锥体外系反射性地调节肌张力和协调运动,以维持身体的平衡和姿势。

2. 痛温觉、粗触觉和压觉(浅)传导通路

(1)躯干和四肢痛温觉、粗触觉和压觉传导通路:第1级神经元为脊神经节细胞,其周围突分布于躯干和四肢皮肤内的感受器,中枢突经后根进入脊髓。第2级神经元胞体主要位于脊髓灰质第 I、IV 到 VIII 层,它们发出纤维经白质前连合时上升1或2个节段,或先上升1或2个节段再经白质前连合交叉至对侧的外侧索和前索内上行,组成脊髓丘脑侧束和脊髓丘脑前束(侧束传导痛温觉,前束传导粗触觉和压觉)。脊髓丘脑侧束和脊髓丘脑前束合称为脊髓丘脑束,终止于背侧丘脑的腹后外侧核。第3级神经元的胞体位于背侧丘脑的腹后外侧核,由此核发出纤维参与组成丘脑中央辐射,经内囊后肢投射到中央后回中、上部和中央旁小叶后部。

在脊髓内,脊髓丘脑束纤维的排列有一定的顺序:自外侧向内侧、由浅入深,依次排列着来自骶、腰、胸、颈部的纤维。因此当脊髓内肿瘤压迫一侧脊髓丘脑束时,痛温觉障碍首先出现在身体对侧上半部(压迫来自颈、胸部的纤维)。若受到脊髓外肿瘤压迫,则发生感觉障碍的顺序相反。

(2)头面部的痛温觉和触压觉传导通路:第1级神经元为三叉神经节(除外耳道和耳甲的皮肤感觉传导外)内假单极神经元,其周围突经相应的三叉神经分支分布于头面部皮肤及口鼻黏膜的相关感受器,中枢突经三叉神经根入脑桥。三叉神经中传导痛温觉的纤维入脑后下降为三叉神经脊束,止于三叉神经脊束核;传导触压觉的纤维终止于三叉神经脑桥核。第2级神经元的胞体在三叉神经脊束核和三叉神经脑桥核内,它们发出纤维交叉到对侧,组成三叉丘脑束,止于背侧丘脑的腹后内侧核。第3级神经元位于腹后内侧核,其传出纤维经内囊后肢投射到中央后回下部。在此通路中,若三叉丘系平面以上受损,则对侧头面部发生痛温觉和触压觉障碍;若三叉丘系平面以下受损,则同侧头面部痛温觉和触压觉发生障碍。

3. 视觉传导通路和瞳孔对光反射通路

(1)视觉传导通路:包括三级神经元。眼球视网膜神经部最外层的视锥细胞和视杆细胞为光感受器细胞,第1级神经元为双极细胞,第2级神经元为节细胞,其轴突在视神经盘处集合成视神经,入颅腔后形成视交叉,延为视束。在视交叉中,来自两眼视网膜鼻侧半的纤维交叉,交叉后加入对侧视束;来自视网膜颞侧半的纤维不交叉,进入同侧视束。视束主要终止于外侧膝状体。第3级神经元胞体在外侧膝状体内,由外侧膝状体核发出视辐射,经内囊后肢投射到端脑距状沟上、下的视区皮质。

视野:眼球固定向前平视时,所能看到的空间范围。中心视野——黄斑部所能感受的空间范围。周边视野——黄斑以外视网膜所感受的空间范围。

视野投射:①鼻侧半视野的光线投射到视网膜颞侧半;②颞侧半视野的光线投射到视网膜鼻侧半;③上半视野的光线投射到视网膜下半;④下半视野的光线投射到视网膜上半。

视觉传导通路不同部位损伤时的视野变化:

一侧视神经损伤→患侧眼全盲;

视交叉中部损伤→双眼视野颞侧偏盲;

视交叉外侧部损伤→患侧视野鼻侧偏盲;

一侧视束损伤→双眼视野对侧同向性偏盲;

一侧视辐射损伤→双眼视野对侧同向性偏盲;

一侧视觉中枢损伤→双眼视野对侧同向性偏盲。

(2)瞳孔对光反射通路:①强光照一侧瞳孔→双侧瞳孔缩小,称为瞳孔对光反射,分直接对光反射(同侧瞳孔缩小)和间接对光反射(对侧瞳孔也缩小)。②反射路径:视网膜→视神经→视交叉→视束→上丘臂→顶盖前区→两侧动眼神经副核→动眼神经→睫状神经节→节后纤维→瞳孔括约肌→瞳孔缩小。③不同部位损伤瞳孔对光反射表现见表9-2。

表9-2 不同部位损伤瞳孔对光反射表现

损伤部位	患侧眼		健康侧眼	
	直接对光反射	间接对光反射	直接对光反射	间接对光反射
视神经损伤	−	+	+	−
动眼神经损伤	−	−	+	+

4. 运动传导通路

(1)锥体系:皮质脊髓束由中央前回上、中部和中央旁小叶前半部等处皮质的锥体细胞轴突集中而成,下行至锥体下端,约75%~90%的纤维交叉至对侧,形成锥体交叉。交叉后的纤维继续于对侧脊髓侧索内下行,称皮质脊髓侧束。此束沿途发出侧支,逐节终止于前角运动神经元(可达骶节),主要支配四肢肌。在延髓锥体交叉处,皮质脊髓束中小部分未交叉的纤维在同侧脊髓前索内下行,称皮质脊髓前束。该束终止于颈髓和上胸髓节段,并经白质前连合逐节交叉至对侧,终止于前角运动神经元,支配躯干和上肢近端肌的运动。躯干肌受两侧大脑皮质支配,而上、下肢肌只受对侧支配,故一侧皮质脊髓束在锥体交叉以上部位受损,主要引起对侧肢体瘫痪,躯干肌运动不受明显影响;在锥体交叉以下部位受损,主要引起同侧肢体瘫痪。

皮质核束主要由中央前回下部锥体细胞的轴突聚集而成,下行经内囊膝,大部分纤维终止于双侧脑神经运动核,这些核发出的纤维依次支配眼球外肌、咀嚼肌、面表情肌上部、咽喉肌、胸锁乳突肌和斜方肌。皮质核束的小部分纤维完全交叉至对侧,终止于面神经核支配下部面肌的神经细胞群和舌下神经核,二者发出的纤维分别支配对侧面部眼裂以下的面肌和舌肌。因此,除支配面下部肌的面神经核和舌下神经核只接受单侧(对侧)皮质核束支配外,其他脑神经运动核均接受双侧皮质核束的纤维。一侧上运动神经元受损,可产生对侧眼裂以下的面肌和对侧舌肌瘫痪,表现为病灶对侧鼻唇沟消失,口角低垂并向病灶侧偏斜,流涎,不能做鼓腮、露齿等动作,伸舌时舌尖偏向病灶对侧,称为核上瘫。一侧面神经核的神经元损伤,可致病灶侧所有的面肌瘫痪,表现为额纹消失、眼不能闭合、口角下垂、鼻唇沟消失等;一侧舌下神经核的神经元损伤,可致病灶侧全部舌肌瘫痪,表现为伸舌时舌尖偏向病灶侧。两者均为下运动神经元损伤,统称为核下瘫(表9-3)。

表9-3 上、下运动神经元损伤后临床表现的比较

损伤部位	瘫痪范围	瘫痪特点	肌张力	深反射	浅反射	腱反射	病理反射	肌萎缩
上运动神经元损伤	较广泛	痉挛性瘫(硬瘫)	增高	亢进	减弱或消失	亢进	有	早期无,晚期为废用性萎缩
下运动神经元损伤	较局限	弛缓性瘫(软瘫)	减低	消失	消失	减弱或消失	无	早期有萎缩

(2)锥体外系:指锥体系以外的影响和控制躯体运动的传导路径。其结构十分复杂,包括大脑皮质、纹状体、背侧丘脑、红核、黑质、前庭神经核和小脑等。主要环路:皮质—纹状体—背侧丘脑—皮质环路,新纹状体—黑质—新纹状体环路,皮质—脑桥—小脑—皮质环路。主要功能为调节肌张力,协调肌肉的活动,维持和调整姿势、体态,进行规律性和习惯的运动以及协调随意活动。

复习思考题

一、选择题

(一) A1 型题

1. 下列关于内侧丘系的描述,正确的是
   A. 纤维来自脊髓后角固有核
   B. 纤维来自薄束核、楔束核
   C. 是二级神经元的交叉前的纤维
   D. 是一级神经元交叉后的纤维
   E. 其纤维在白质前连合交叉
2. 躯干、四肢意识性本体感觉传导通路的交叉部位在
   A. 脊髓颈段　　　B. 延髓　　　C. 脑桥
   D. 中脑　　　E. 内囊
3. 下列关于躯干、四肢意识性本体感觉传导通路的描述,正确的是
   A. 传导皮肤的痛温觉
   B. 第1级神经纤维在脊髓内形成薄束和楔束

    C. 第 2 级神经纤维在脑干的外侧部上行

    D. 第 3 级神经纤维经过内囊膝部

    E. 第 2 级神经纤维交叉后称脊髓丘脑束

4. 关于躯干、四肢皮肤精细触觉传导通路,**不正确**的叙述是

    A. 第 1 级神经纤维由脊神经节细胞的轴突组成

    B. 第 2 级神经纤维在延髓中央管腹侧交叉

    C. 第 2 级神经纤维穿经斜方体

    D. 第 2 级纤维止于背侧丘脑的腹后内侧核

    E. 第 3 级神经纤维经内囊后肢主要投射至中央后回的上、中部

5. 躯干、四肢浅感觉传导通路第 2 级神经元的胞体位于

    A. 脊神经节　　　　　　　　　　　　B. 胸核

    C. 脊髓灰质第 I、IV~VIII 层　　　　　D. 丘脑腹后外侧核

    E. 丘脑腹后内侧核

6. 躯干、四肢浅感觉传导通路中的第 2 级纤维交叉部位

    A. 经脊髓白质后连合　　　　　　　　B. 经脊髓白质前连合

    C. 经延髓的腹侧　　　　　　　　　　D. 经脑桥的腹侧

    E. 经中脑的腹侧

7. 躯干、四肢浅感觉传导通路第 3 级神经元胞体在

    A. 背侧丘脑腹前核　　　　　　　　　B. 背侧丘脑腹外侧核

    C. 背侧丘脑腹后外侧核　　　　　　　D. 背侧丘脑腹后内侧核

    E. 腹前核

8. 与下肢意识性本体感觉传导**无关**的结构是

    A. 脊神经节　　　　B. 薄束　　　　C. 脊髓灰质第 I、IV~VIII 层

    D. 内侧丘系　　　　E. 背侧丘脑腹后外侧核

9. 头面部浅感觉通路的第 3 级神经元胞体在

    A. 腹前核　　　　　　　　　　　　　B. 背侧丘脑腹外侧核

    C. 背侧丘脑腹后内侧核　　　　　　　D. 背侧丘脑腹后外侧核

    E. 中央核群

10. 头面部浅感觉传导通路第 2 级神经元的胞体位于

    A. 脊神经节　　　　B. 脊髓后角固有核　　　C. 下橄榄核

    D. 三叉神经中脑核　　E. 三叉神经脊束核和三叉神经脑桥核

11. 头面部痛温觉的第 1 级神经元胞体位于

    A. 三叉神经节　　　　B. 三叉神经脊束核　　　C. 三叉神经脑桥核

    D. 三叉神经中脑核　　E. 三叉神经运动核

12. 关于左侧视神经损伤,正确的描述是

    A. 左眼视野偏盲

    B. 左眼直接和间接对光反射均消失

    C. 左侧瞳孔散大,直接和间接对光反射均消失

    D. 左眼瞳孔正常,直接对光反射消失,间接对光反射存在

    E. 右眼瞳孔正常,直接和间接对光反射均消失

13. 下列与左侧视束损伤有关的描述,正确的是
    A. 左眼视野全盲,右眼视野正常
    B. 左眼颞侧视野偏盲,右眼鼻侧视野偏盲
    C. 左眼鼻侧视野偏盲,右眼颞侧视野偏盲
    D. 双眼鼻侧视野偏盲
    E. 左眼颞侧视野偏盲

14. 视觉传导通路中的第 2 级神经元是
    A. 视锥细胞   B. 视杆细胞
    C. 双极细胞   D. 节细胞
    E. 外侧膝状体

15. 与听觉传导通路无关的结构是
    A. 双极细胞   B. 蜗腹侧核
    C. 颞横回   D. 内侧丘系
    E. 外侧丘系

16. 与平衡觉传导通路有关的结构是
    A. 球囊斑和椭圆囊斑   B. 小脑上脚
    C. 上丘   D. 下丘
    E. 双极细胞周围突组成前庭神经

17. 皮质核束经过
    A. 内囊前肢   B. 内囊后肢
    C. 内囊膝   D. 大脑脚脚底内侧五分之一
    E. 锥体交叉

18. 皮质脊髓束的纤维来自
    A. 中央后回下部   B. 中央后回中部
    C. 中央后回下部和中央旁小叶前部   D. 中央前回中上部和中央旁小叶前部
    E. 中央旁小叶

19. 分布于左眼裂以下面肌的神经纤维来自
    A. 左侧面神经核上半   B. 左侧面神经核下半
    C. 右侧面神经核上半   D. 右侧面神经核下半
    E. 三叉神经运动核下半

20. 以下关于皮质核束的说法,错误的是
    A. 经内囊膝部下行
    B. 舌下神经核仅受对侧皮质核束支配
    C. 一侧受损,对侧面部表情肌瘫痪
    D. 止于脑干内的脑神经躯体运动核
    E. 止于脑干内的脑神经特殊内脏运动核

21. 左侧面神经核下瘫表现为
    A. 左侧不能闭眼,左口角下垂   B. 左侧不能闭眼,右口角下垂
    C. 右侧不能闭眼,右口角下垂   D. 右侧不能闭眼,左口角下垂
    E. 双侧不能闭眼,双口角下垂

22. 三叉丘系损伤后出现
    A. 同侧面部浅感觉障碍
    B. 对侧面部浅感觉障碍
    C. 同侧眼裂以下浅感觉障碍
    D. 对侧眼裂以下浅感觉障碍
    E. 对侧眼裂以上浅感觉障碍

23. 动眼神经副核发出纤维支配
    A. 舌下腺、下颌下腺
    B. 腮腺
    C. 泪腺
    D. 睫状肌、瞳孔括约肌
    E. 鼻腭黏液腺

24. 脑出血压迫内囊膝与后肢,可引起
    A. 同侧半身浅感觉丧失和随意运动障碍
    B. 同侧半身深感觉丧失和随意运动障碍
    C. 对侧半身浅、深感觉丧失和随意运动障碍
    D. 同侧随意运动障碍
    E. 对侧随意运动障碍

25. 关于上运动神经元损伤,**错误**的描述是
    A. 呈痉挛性瘫痪
    B. 肌张力增高
    C. 腱反射亢进
    D. 病理反射阳性
    E. 瘫痪肌明显萎缩

26. 关于人类锥体外系的描述,**错误**的是
    A. 由多级神经元组成
    B. 主要是协调锥体系的活动
    C. 可单独完成运动功能
    D. 下行终止于脑神经运动核和脊髓前角运动神经元
    E. 调节肌张力,协调肌肉活动

27. **不参与**瞳孔对光反射通路的结构
    A. 视神经
    B. 视束
    C. 动眼神经
    D. 睫状神经节
    E. 滑车神经

(二) A2 型题

1. 女,24 岁,意外事故造成其脊髓第八胸髓段左侧半离断,四肢的功能障碍为
    A. 左上肢硬瘫
    B. 右上肢硬瘫
    C. 左下肢硬瘫
    D. 右下肢硬瘫
    E. 膝跳反射消失

2. 男,35 岁,脊柱外伤骨折后,脐平面以下皮肤感觉消失,其骨折部位可能位于
    A. 第 5、6 胸椎
    B. 第 7、8 胸椎
    C. 第 9、10 胸椎
    D. 第 11、12 胸椎
    E. 第 1、2 腰椎

3. 男,29 岁,右手不能感知其位置,可能是由于损伤了
    A. 左侧薄束
    B. 左侧楔束
    C. 右侧楔束
    D. 右侧薄束
    E. 右侧内侧丘系

4. 女,41 岁,右侧舌肌萎缩,伸舌时舌尖偏向右侧,其病变累及
    A. 右侧舌下神经核
    B. 左侧舌下神经核
    C. 右侧皮质核束
    D. 右侧皮质脊髓束
    E. 右内囊

(三) A3 型题

(1~5 题共用题干)

男,58 岁,在家中观看足球比赛的电视直播,看到自己钟爱的球队输球后,突然晕倒,急诊入院,昏迷 2 天后,意识才恢复。

体格检查:右侧上、下肢痉挛性瘫痪,腱反射亢进,伸舌时舌尖偏向右侧。右侧眼裂以下面肌瘫痪。右半身的位置觉、振动觉和两点辨别性触觉消失,右侧上、下肢及躯干的痛温觉障碍。瞳孔对光反射正常,但两眼右侧半视野缺失。

1. 根据临床症状和体格检查,初步诊断为
   A. 右侧内囊出血
   B. 左侧内囊出血
   C. 左侧大脑半球中央前回受伤
   D. 右侧大脑半球中央前回受伤
   E. 左侧大脑脚底受损

2. 以下关于内囊的描述,正确的是
   A. 在端脑的中部
   B. 位于尾状核、背侧丘脑与杏仁体之间
   C. 由联系大脑皮质和皮质下结构的上、下行纤维构成
   D. 分为前肢和后肢 2 部分
   E. 皮质核束在后肢下行

3. 以下关于内囊的血液供应的描述,正确的是
   A. 来自大脑中动脉的中央支(又称豆纹动脉)
   B. 来自大脑中动脉的皮质支
   C. 豆纹动脉以锐角向上穿入脑实质
   D. 来自大脑前动脉的中央支
   E. 来自大脑前动脉的皮质支

4. 患者出现右侧上、下肢痉挛性瘫痪,是因为
   A. 右侧皮质脊髓束损伤
   B. 左侧皮质脊髓束损伤
   C. 右侧皮质核束损伤
   D. 左侧皮质核束损伤
   E. 损伤了右侧内囊后肢

5. 患者出现伸舌时舌尖偏向右侧、右侧眼裂以下面肌瘫痪,是因为
   A. 右侧舌下神经、面神经核下瘫
   B. 左侧舌下神经、面神经核下瘫
   C. 右侧皮质核束损伤
   D. 左侧皮质脊髓束损伤
   E. 损伤了左侧内囊膝部

(6、7 题共用题干)

上运动神经元损伤是指脊髓前角细胞和脑神经运动核以上的锥体系损伤,表现为随意运动障碍。

6. 上运动神经元损伤的结构是
   A. 脊髓前角细胞
   B. 脑神经运动核
   C. 脊神经
   D. 脑神经
   E. 中央前回锥体细胞

7. 上运动神经元损伤的表现有
   A. 早期肌萎缩
   B. 肌张力增高
   C. 深反射消失
   D. 浅反射亢进
   E. 病理反射消失

（四）B1 型题

（1~5 题共用备选答案）

　　A. 脊神经节　　　　　　B. 后角固有核　　　　　C. 薄束核和楔束核
　　D. 丘脑腹后内侧核　　　E. 丘脑腹后外侧核

1. 躯干和四肢深感觉(本体)传导通路第 1 级神经元的位置是
2. 躯干和四肢深感觉(本体)传导通路第 2 级神经元的位置是
3. 躯干和四肢深感觉(本体)传导通路第 3 级神经元的位置是
4. 躯干和四肢浅感觉(痛温、粗触)传导通路的第 3 级神经元的位置是
5. 头面部浅感觉(痛温、粗触)传导通路的第 3 级神经元的位置是

（6~12 题共用备选答案）

　　A. 动眼神经核　　　　　B. 三叉神经运动核　　　C. 面神经核
　　D. 疑核　　　　　　　　E. 副神经核

6. 支配咽喉肌的是
7. 支配表情肌的是
8. 支配眼外肌的是
9. 支配软腭肌的是
10. 支配咀嚼肌的是
11. 支配胸锁乳突肌的是
12. 支配斜方肌的是

（13~17 共用备选答案）

　　A. 皮质脊髓束　　　　　B. 皮质核束　　　　　　C. 皮质脑桥束
　　D. 顶盖脊髓束　　　　　E. 下运动神经元

13. 支配动眼神经核的纤维束是
14. 由中央前回中、上部和中央旁小叶前半部的锥体细胞发出的轴突是
15. 肢体肌瘫痪，肌张力降低，并出现肌萎缩，可能损伤了
16. 对侧睑裂以下的面肌和对侧舌肌均瘫痪，可能损伤了
17. 同侧上、下肢肌痉挛性瘫痪，而躯干肌不受影响，可能损伤了

二、名词解释

1. 内侧丘系　　　　　2. 内侧丘系交叉　　　　3. 外侧丘系
4. 视野　　　　　　　5. 瞳孔对光反射　　　　6. 上运动神经元
7. 下运动神经元　　　8. 核上瘫　　　　　　　9. 核下瘫
10. 锥体外系　　　　11. 运动传导通路　　　　12. 本体感觉

三、问答题

1. 试述躯干、上下肢的意识性本体感觉和精细触觉传导通路(三级神经元的胞体位置，三级纤维的名称和大致的走行，交叉的名称和位置，投射的部位)。
2. 比较躯干和四肢深、浅部感觉传导通路的异同点。
3. 简述头面部浅部感觉传导通路。
4. 简述视觉传导通路。

5. 简述瞳孔对光反射及其传导通路。

6. 上、下运动神经元损伤会出现哪些不同的临床症状?

7. 管理眼裂以下的一侧面肌、一侧舌肌和一侧上、下肢肌的上、下神经元各位于什么部位?

8. 简述内囊,以及右侧内囊损伤会引起何种感觉和运动障碍。

9. 针扎右手示指的掌侧面产生痛觉,试述其神经传导途径。

10. 右膝关节屈曲状态下,试述判定屈曲状态神经冲动的传导通路。

11. 试述使舌尖伸向左侧的神经传导路径。

12. 试述完成伸膝关节这一动作的神经传导路径。

13. 简述脑脊液的形成和循环。

四、病例讨论

1. 女,53 岁,感觉右上、下肢乏力,右手运动笨拙。说话有些困难,视物时出现重影。几个月前曾感觉额部严重疼痛。此次因上述症状到医院就诊。

体格检查:左侧瞳孔比右侧的大,向前平视时左眼转向外下方。左眼瞳孔直接对光反射和间接对光反射均消失,左上睑下垂。右上、下肢随意运动障碍,呈痉挛性瘫痪。右侧跟腱和髌腱反射亢进,右侧病理反射征(如巴宾斯基征)阳性。右侧眼裂以下面肌瘫痪,伸舌时舌尖偏向右侧。

诊断:大脑脚底综合征。

问题:

(1)大脑脚底包括哪些结构?

(2)出现上述症状的解剖学基础是什么?

(3)为何会出现上、下肢痉挛性瘫痪,腱反射亢进?

2. 男,62 岁,在观看足球赛中突然晕倒,意识丧失 2 天。意识恢复时,右侧上、下肢瘫痪。6 周后检查发现右上、下肢体痉挛性瘫痪,腱反射亢进,伸舌时偏向右侧,无萎缩。右侧眼裂以下面瘫。整个右半身的各种感觉缺损不一,但位置觉、振动觉和两点辨别觉全部丧失。温度觉有些丧失,痛觉未受影响。瞳孔对光反射正常,但患者两眼视野右侧半缺损。

问题:

(1)请运用解剖学知识解释症状。

(2)判断受损部位。

参 考 答 案

一、选择题

(一) A1 型题

1. B　2. B　3. B　4. D　5. C　6. B　7. C　8. C　9. D　10. E　11. A　12. D　13. C　14. D　15. D　16. E　17. C　18. D　19. B　20. C　21. A　22. B　23. D　24. C　25. E　26. C　27. E

(二) A2 型题

1. C　2. B　3. C　4. A

（三）A3 型题

1. B　2. C　3. A　4. B　5. E　6. E　7. B

（四）B1 型题

1. A　2. C　3. E　4. E　5. D　6. D　7. C　8. A　9. D　10. B　11. E　12. E　13. B
14. A　15. E　16. B　17. A

二、名词解释

1. 内侧丘系：躯干和四肢意识性本体感觉和精细触觉传导通路的第 2 级神经元胞体在薄、楔束核内，由此二核发出的纤维形成内弓状纤维，向前绕过延髓中央灰质的腹侧，在中线上与对侧薄、楔束核发出的纤维交叉，称内侧丘系交叉。交叉后的纤维转折向上，在锥体束的背侧呈前后方向排列，行于延髓中线两侧，称内侧丘系。

2. 内侧丘系交叉：躯干和四肢意识性本体感觉和精细触觉传导通路的第 2 级神经元胞体在薄、楔束核内，由此二核发出的纤维形成内弓状纤维，向前绕过延髓中央灰质的腹侧，在中线上与对侧薄、楔束核发出的纤维交叉，称内侧丘系交叉。

3. 外侧丘系：听觉传导通路的第 2 级神经元胞体在蜗腹侧核和蜗背侧核，发出纤维大部分在脑桥内形成斜方体并交叉至对侧，在上橄榄核外侧折向上行，称为外侧丘系。

4. 视野：是指眼球固定向前平视时所能看到的空间范围。

5. 瞳孔对光反射：光照一侧眼的瞳孔，引起两眼瞳孔缩小的反应称为瞳孔对光反射。光照侧眼的反应称为直接对光反射，光未照射侧眼的反应称为间接对光反射。

6. 上运动神经元：为位于大脑皮质的传出神经元。上运动神经元由位于中央前回和中央旁小叶前半部的巨型锥体细胞（也称为 Betz 细胞）和其他类型锥体细胞以及位于额、顶叶部分区域的锥体细胞组成。上述神经元的轴突组成锥体束。

7. 下运动神经元：为脑神经中一般躯体和特殊内脏运动核及脊髓前角运动神经元，其胞体和轴突构成运动传导通路的最后公路。

8. 核上瘫：一侧上运动神经元损伤，可产生对侧眼裂以下的面肌和对侧舌肌瘫痪，表现为病灶对侧鼻唇沟消失，口角低垂并向病灶侧偏斜，流涎，不能做鼓腮、露齿等动作，伸舌时舌尖偏向病灶对侧，称为核上瘫。

9. 核下瘫：一侧面神经核的神经元损伤，可致病灶侧所有的面肌瘫痪，表现为额纹消失，眼不能闭合，口角下垂，鼻唇沟消失等；一侧舌下神经核的神经元损伤，可致病灶侧全部舌肌瘫痪，表现为伸舌时舌尖偏向病灶侧。两者均为下运动神经元损伤，故统称为核下瘫。

10. 锥体外系：指锥体系以外、影响和调控躯体运动的所有传导通路，由多级神经元组成，其结构十分复杂，包括大脑皮质（主要是躯体运动区和躯体感觉区）、纹状体、背侧丘脑、底丘脑、中脑顶盖、红核、黑质、脑桥核、前庭核、小脑和脑干网状结构等以及它们的纤维联系。

11. 运动传导通路：指从大脑皮质至躯体运动效应器和内脏活动效应器的神经联系。

12. 本体感觉：指肌、肌腱、关节等运动器官本身在不同状态（运动或静止）时产生的感觉（例如，人在闭眼时能感知身体各部的位置），本体感觉又称深感觉。

三、问答题

1. 试述躯干、上下肢的意识性本体感觉和精细触觉传导通路（三级神经元的胞体位置，三级纤维的名称和大致的走行，交叉的名称和位置，投射的部位）。

答：该通路由三级神经元组成。第1级神经元位于脊神经节细胞，其周围突分布于肌、肌腱、关节等处的本体感受器和皮肤的精细触觉感受器，中枢突经脊神经后根的内侧部进入脊髓后索。其中，来自第5胸节以下的升支行于后索的内侧部，形成薄束。薄束传导下肢和躯干下部的本体感觉；来自第4胸节以上的升支行于后索的外侧部，形成楔束，楔束传导上肢和躯干上部的本体感觉。两束上行，分别止于延髓的薄束核和楔束核。第2级神经元的胞体在薄、楔束核内，由此二核发出的纤维形成内弓状纤维，向前绕过延髓中央灰质的腹侧，在中线上与对侧薄、楔束核发出的纤维交叉，称内侧丘系交叉。交叉后的纤维转折向上，在锥体束的背侧呈前后方向排列，行于延髓中线两侧，称内侧丘系。内侧丘系在脑桥呈横位，居被盖的前缘，在中脑被盖则位于红核的外侧，最后止于背侧丘脑的腹后外侧核。第3级神经元的胞体在背侧丘脑的腹后外侧核，发出纤维参与组成丘脑中央辐射，经内囊后肢主要投射至中央后回的中、上部和中央旁小叶后部，部分纤维投射至中央前回。

2. 比较躯干和四肢深、浅部感觉传导通路的异同点。

答：相同点为①第1级和2级神经元胞体所在位置相同；②均途经内囊后肢；③左、右交叉的纤维都是第2级神经元发出的；④第3级神经元纤维都到达中央后回中、上部及中央旁小叶后部，而且身体各部在皮质上的投影定位基本相同。

不同点为①第2级神经元所在位置不同；②第1级纤维在脊髓位置不同：深感觉传导通路纤维在后索上行，浅感觉传导通路的第1级纤维在脊髓后角换神经元；③交叉位置不同：浅感觉的纤维在脊髓白质前连合交叉，深感觉的纤维在延髓内侧丘系交叉处交叉。

3. 简述头面部浅部感觉传导通路。

答：头面部的皮肤、黏膜的痛、温、触感受器→三叉神经→三叉神经节→三叉神经感觉根→脑干三叉神经感觉核（三叉神经脑桥核、脊束核）→延髓和脑桥处交叉→三叉丘脑束→丘脑腹后内侧核→内囊后肢→大脑皮质中央后回下部。

4. 简述视觉传导通路。

答：视锥细胞、视杆细胞→视神经、视交叉→视束→外侧膝状体→内囊后肢→距状沟上、下皮质区。

5. 简述瞳孔对光反射及其传导通路。

答：光照一侧眼的瞳孔，引起两眼瞳孔缩小的反应称为瞳孔对光反射。光照侧眼的反应称为直接对光反射，光未照射侧眼的反应称为间接对光反射。

瞳孔对光反射的通路如下：视网膜→视神经→视交叉→两侧视束→上丘臂→顶盖前区→两侧动眼神经副核→动眼神经→睫状神经节→节后纤维→瞳孔括约肌收缩→两侧瞳孔缩小。

6. 上、下运动神经元损伤会出现哪些不同的临床症状？

答：当上运动神经元损伤时，肌张力增高，瘫痪是痉挛性的（硬瘫），肌早期不萎缩，深反射亢进，出现病理反射。当下运动神经元损伤时，表现为肌张力降低，瘫痪是弛缓性的（软瘫），肌肉萎缩，深反射消失，无病理反射（见表9-3）。

7. 管理眼裂以下的一侧面肌、一侧舌肌和一侧上、下肢肌的上、下神经元各位于什么部位？

答：①面肌。上神经元胞体位于对侧中央前回下部，下神经元位于同侧面神经核下半。②舌肌。上神经元胞体位于对侧中央前回下部，下神经元位于同侧舌下神经核。③上肢肌。上神经元胞体位于对侧中央前回中部，下神经元胞体位于同侧颈膨大前角。④下肢肌。上神经元胞体位于对侧中央前回上部和中央旁小叶前部，下神经元胞体位于同侧腰骶膨大前角。

8. 简述内囊,以及右侧内囊损伤会引起何种感觉和运动障碍。

答:内囊是位于尾状核、背侧丘脑与豆状核之间的上、下行纤维密集而成的白质区,可分为内囊前肢、内囊膝和内囊后肢三部分。内囊前肢位于尾状核与豆状核之间;内囊后肢较长,在豆状核与背侧丘脑之间,前、后肢相接的拐角处,称内囊膝。经内囊前肢的投射纤维主要有额桥束;经内囊膝部的投射纤维有皮质核束(皮质延髓束);经内囊后肢的投射纤维主要有皮质脊髓束、丘脑中央辐射,在后肢的后份有视辐射及听辐射通过。当内囊损伤广泛时,患者会出现对侧偏身感觉丧失(丘脑中央辐射受损),对侧偏瘫(皮质脊髓束、皮质核束受损)和对侧偏盲(视辐射受损)的"三偏"症状。

患者右侧内囊损伤可有以下临床表现:①病变累及右侧内囊后肢的丘脑中央辐射时,左侧躯干及上、下肢浅深感觉传导通路受阻,左侧半身浅深感觉丧失;②病变累及内囊后肢皮质脊髓束和内囊膝部皮质核束时,左侧半身痉挛性瘫痪,左侧眼裂以下面肌、舌肌、躯干、上下肢瘫痪;③病变累及视辐射时,双眼病灶对侧视野的光传导通路(病灶侧眼视网膜的颞侧半和健侧眼视网膜的鼻侧半的视觉传导通路)受阻,出现右侧眼鼻侧半视野、左侧颞侧半视野偏盲。

9. 针扎右手示指的掌侧面产生痛觉,试述其神经传导途径。

答:右手示指的掌侧面的浅感觉由右手的正中神经(C_6~T_1)传导,感觉经第1级神经元(脊神经节内假单极神经元)的中枢突,由脊神经后根(C~T)的外侧部入脊髓,经背外侧束再终止于第2级神经元。第2级神经元胞体主要位于第 I、V或Ⅵ层,它们发出纤维上升1或2个节段经白质前连合到对侧上行,组成脊髓丘脑束上行,经延髓下橄榄核的背外侧,脑桥和中脑内侧丘系的外侧,终止于背侧丘脑的腹后外侧核。第3级神经元的胞体在背侧丘脑的腹后外侧核,它们发出的纤维称为丘脑中央辐射,经内囊后肢投射到中央后回中部。

10. 右膝关节屈曲状态下,试述判定屈曲状态神经冲动的传导通路。

答:当右膝关节处于屈曲状态时,关节周围的肌肉、肌腱、关节韧带的深感觉器受到位置觉的刺激,其第1级神经元在腰、骶部脊神经节内,节内细胞周围突参与深感觉器的构成,冲动循此纤维内传,经股神经、闭孔神经和坐骨神经传向腰骶丛,经后根、入脊髓后索上行,形成薄束。此束到延髓的薄束核(为第2级神经元)换元后发纤维呈弓形向前(内弓状纤维),在中央管腹侧通过内侧丘系交叉后上行,即内侧丘系上行。在延髓经锥体深方中线左侧,穿脑桥的斜方体、中脑红核后外向上达丘脑腹后外侧核(第3级神经元),由此核发纤维形成丘脑皮质束(丘脑中央辐射),经内囊后肢终至中央前后回上 1/3 区。

11. 试述使舌尖伸向左侧的传导路径。

答:左侧中央前回下 1/3 的巨型锥体细胞(上神经元)发出纤维,形成皮质核束→内囊膝部→中脑大脑脚底中 3/5 内侧→下行至延髓→右侧舌下神经核(下神经元),在前外侧沟出脑→右舌下神经→舌下神经管→出颅→右侧颏舌肌→右颏舌肌收缩完成这一动作。

12. 试述完成伸膝关节这一动作的神经传导路径。

答:中央前回上部及中央旁小叶前半的巨型锥体细胞(上神经元)发出纤维,形成皮质脊髓束→内囊后脚→中脑上丘平面行于大脑脚底中 3/5 外侧→脑桥平面行于脑桥基底部→延髓平面橄榄体中部平面行于锥体内→延髓下部通过锥体交叉至对侧形成皮质脊髓侧束,脊髓侧索下行→腰 2~4 节→前角细胞(下神经元)换神经元→脊神经前根→腰丛→股神经→股四头肌完成伸膝动作。

13. 简述脑脊液的形成和循环。

答:脑脊液主要由脑室脉络丛产生,少量由室管膜上皮和毛细血管产生。侧脑室脉络丛产生的脑脊液经室间孔流至第三脑室,与第三脑室脉络丛产生的脑脊液一起,经中脑导水管流入第四脑室,再汇合第四脑室脉络丛产生的脑脊液一起经第四脑室正中孔和两个外侧孔流入脑和脊髓周围的蛛网膜下隙,然后脑脊液再沿此隙流向大脑背面的蛛网膜下隙,经蛛网膜粒渗透到硬脑膜窦内(主要是上矢状窦),回流入血液中。

四、病例讨论

1. 女,53岁,感觉右上、下肢乏力,右手运动笨拙。说话有些困难,视物时出现重影。几个月前曾感觉额部严重疼痛。此次因上述症状到医院就诊。

体格检查:左侧瞳孔比右侧的大,向前平视时左眼转向外下方。左眼瞳孔直接对光反射和间接对光反射均消失,左上睑下垂。右上、下肢随意运动障碍,呈痉挛性瘫痪。右侧跟腱和髌腱反射亢进,右侧病理反射征(如巴宾斯基征)阳性。右侧眼裂以下面肌瘫痪,伸舌时舌尖偏向右侧。

诊断:大脑脚底综合征。

问题:

(1)大脑脚底包括哪些结构?

(2)出现上述症状的解剖学基础是什么?

(3)为何会出现上、下肢痉挛性瘫痪,腱反射亢进?

答:

(1)大脑脚底位于中脑的大脑脚。就患者的症状和体征而言,损伤位于中脑的上丘平面,这一部位的主要结构包括动眼神经根、皮质脊髓束和皮质核束等。

(2)大脑后动脉的分支供血营养中脑的大脑脚底区域,当这些动脉狭窄阻塞,就会引起这一区域功能的障碍,即大脑脚底综合征,如为单侧损伤,亦称动眼神经交叉性瘫痪(Weber综合征)。由于患者陈述几个月来头痛,不能排除该区域存在肿瘤的可能性。主要受损结构及临床表现:①左侧动眼神经根受损,使同侧除外直肌和上斜肌以外的所有眼外肌麻痹,瞳孔散大,瞳孔直接对光反射消失,眼外下斜视和上睑下垂;②左侧皮质脊髓束受损,造成右侧上、下肢痉挛性瘫痪,腱反射亢进,表明上运动神经损伤(皮质脊髓束);③左侧皮质核束损伤,出现右侧眼裂以下面肌瘫痪,面神经和舌下神经核上瘫。

(3)上运动神经元为位于大脑皮质投射至脑干中躯体运动脑神经核和脊髓前角运动神经元的传出神经元。下运动神经元为脑干中躯体运动脑神经细胞和脊髓前角运动神经元。上运动神经元(包括皮质脊髓束和皮质核束)的任何部位损伤都可引起随意运动障碍,出现肢体瘫痪。上运动神经元损伤(核上瘫)表现为:随意运动障碍;肌张力增高,称为痉挛性瘫痪(硬瘫)。这是由于上运动神经元对下运动神经元控制丧失;早期肌萎缩不明显,因肌肉尚有脊髓前角运动细胞的支配;深反射亢进,为失去上运动神经元控制的表现;浅反射(如腹壁反射、提睾反射等)减弱或消失,是因锥体束的完整性被破坏;出现病理反射(如巴宾斯基征),是锥体束的功能障碍所致。下运动神经元损伤(核下瘫)表现为:随意运动障碍;肌张力降低,称为弛缓性瘫痪(软瘫),由失去神经直接支配所致;肌肉萎缩,由于神经营养障碍;浅、深反射消失,无病理反射,因所有反射弧中断。

2. 男,62岁,在观看足球赛中突然晕倒,意识丧失2天。意识恢复时,右侧上、下肢瘫痪。6周后检查发现右上、下肢体痉挛性瘫痪,腱反射亢进,伸舌时偏向右侧,无萎缩。右侧睑裂以下面瘫。整个右半身的各种感觉缺损不一,但位置觉、振动觉和两点辨别觉全部丧失。温度觉有些丧失,痛觉未受影响。瞳孔对光反射正常,但患者两眼视野右侧半缺损。

问题:

(1)请运用解剖学知识解释症状。

(2)判断受损部位。

答:

(1)患者右上、下肢痉挛性瘫痪表明上运动神经元损伤。舌麻痹而不萎缩,眼裂以下面瘫,表明皮质脊髓束和皮质核束都受损伤。位置、振动和辨别觉丧失,说明传导深感觉的通路受损,而痛觉可在背侧丘脑水平感知。两眼视野右侧半缺陷提示受损部位在左侧视束以上的脑区。

(2)综合以上分析,可以推断是左侧内囊出血,才会同时造成右上、下肢痉挛性瘫痪,以及右半身深感觉和两眼视觉缺损的症状。

(臧卫东　陈雪梅)